Lineare Algebra

Gregor Kemper · Fabian Reimers

Lineare Algebra

Mit einer Einführung in diskrete Mathematik
und Mengenlehre

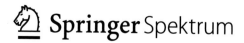 Springer Spektrum

Gregor Kemper
Zentrum Mathematik – M11
Technische Universität München
Garching b. München
Deutschland

Fabian Reimers
Zentrum Mathematik – M11
Technische Universität München
Garching b. München
Deutschland

ISBN 978-3-662-63723-4 ISBN 978-3-662-63724-1 (eBook)
https://doi.org/10.1007/978-3-662-63724-1

Die Deutsche Nationalbibliothek verzeichnet diese Publikation in der Deutschen Nationalbibliografie;
detaillierte bibliografische Daten sind im Internet über http://dnb.d-nb.de abrufbar.

Springer Spektrum
© Springer-Verlag GmbH Deutschland, ein Teil von Springer Nature 2022

Planung/Lektorat: Andreas Rüdinger
Springer Spektrum ist ein Imprint der eingetragenen Gesellschaft Springer-Verlag GmbH, DE und ist ein
Teil von Springer Nature.
Die Anschrift der Gesellschaft ist: Heidelberger Platz 3, 14197 Berlin, Germany

Vorwort

Dieses Buch ist entstanden aus einem Skript zur zweisemestrigen Vorlesung „Lineare Algebra und diskrete Strukturen" für Mathematikstudierende im ersten Studienjahr, die wir gemeinsam mehrfach an der Technischen Universität München gehalten haben. Begleitend zur Vorlesung wurde für interessierte Studierende eine Ergänzung angeboten, in der mengentheoretische Grundlagen und die Konstruktion des Zahlensystems erarbeitet wurden. Hieraus ergeben sich die drei „**Handlungs-stränge**" des vorliegenden Buchs: Lineare Algebra (der Hauptstrang), diskrete Mathematik und Mengenlehre. Hierbei kann der Hauptstrang unabhängig von den beiden „Nebensträngen" gelesen werden. Er bildet dann einen klassischen zweisemestrigen Kurs über lineare Algebra. Das Schaubild direkt nach dem Inhalts-verzeichnis zeigt, wie die Stränge auf die Kapitel des Buchs aufgeteilt sind.

Das Buch behält einen skriptartigen Stil bei, so dass es ebenso als Vorlage für Vorlesungen als auch als Begleittext geeignet sein sollte. Unser Ziel ist es, den Kernstoff in einer leserfreundlichen Art zu präsentieren, nicht eine umfassende Abdeckung des Fachgebiets zu liefern. Viele Abschnitte des Hauptstranges decken sich hierbei inhaltlich mit Vorlesungen „Lineare Algebra für Physik" und „Lineare Algebra für Informatik", die wir ebenfalls in den letzten Jahren an der Technischen Universität München gehalten haben. Vielleicht können also auch Studierende benachbarter Fachrichtungen von der Lektüre des Buches profitieren.

Der relativen Knappheit des abgedeckten Stoffes steht allerdings ein reichhal-tiges Angebot an Übungsaufgaben gegenüber, welches die Leserinnen und Leser nach jedem Abschnitt erwartet. Insgesamt beinhaltet das Buch **355 Aufgaben**. Wir haben darauf verzichtet, die Aufgaben detailliert nach ihrem Schwierigkeitsgrad zu ordnen. Stattdessen kennzeichnen wir einige Aufgaben, die wir als besonders fordernd empfinden, mit dem Symbol einer Kaffeetasse (☕). Dies soll nicht abschrecken, sondern dazu motivieren, die eine oder andere ruhige Minute/Stunde mit ihnen zu verbringen, und dazu vielleicht ein koffeinhaltiges Getränk bereit zu stellen. An einigen Stellen im Buch haben wir Aufgaben zu **Projekten** gebündelt, in welchen die Themen des Haupttextes in verschiedene Richtungen ergänzt werden (z. B. gibt es Projekte zu den Themen Matrixexponential, lineare Rekursionen und Elementarteilersatz). Diese Projekte befinden sich immer am Ende eines Aufgabenabschnitts.

Die meisten unserer Übungsaufgaben sind erprobt durch den langjährigen Einsatz im Übungsbetrieb unserer Vorlesungen. Einige der Aufgaben sind mit dem Symbol einer Kamera (📷) gekennzeichnet. Für diese haben wir **Lösungsvideos** erstellt, die Ihnen unter www.youtube.com/c/FabianReimers frei zur Verfügung stehen. Typischerweise haben wir hierbei Aufgaben ausgewählt, die besonders signifikant für einen Themenbereich sind. Darüber hinaus lassen wir Dozierenden auf Anfrage (etwa per E-Mail unter kemper@ma.tum.de oder reimers@ma.tum.de) gerne die gebündelten Lösungen der Aufgaben zukommen.

Am Ende unseres Buches befindet sich ein **Deutsch-Englisch-Glossar**, in welchem die mathematischen Fachbegriffe des Textes ins Englische übersetzt werden. Während die meisten Mathematikstudierenden hierzulande ihre Anfängervorlesungen nach wie vor auf Deutsch hören, ist spätestens im Masterstudium die englische Sprache unabdingbar.

Während der jahrelangen Benutzung des Skript-Vorläufers des Buches haben wir zahlreiche Kommentare von Studierenden und Kollegen erhalten, die von Hinweisen auf Schreibfehler über inhaltliche Fehler bis hin zu didaktischen Tipps reichten und erheblich zur Verbesserung des Textes beitrugen. Ihnen allen gilt unser Dank, wobei wir Dr. Frank Himstedt, Verena Lachner, Sarah Lumpp und Désirée Rentz gesondert erwähnen möchten, weil sie ganz besonders wertvolle Beiträge leisteten. Ein herzliches Dankeschön schon jetzt allen, die uns weitere Fehlermeldungen, Verbesserungsvorschläge und sonstige Anregungen, an die oben genannten E-Mail-Adressen zukommen lassen.

Außerdem möchten wir uns bei Dr. Andreas Rüdinger und Bianca Alton vom Springer-Verlag bedanken. Tatsächlich entstand die Idee, das vorliegende Skript zu einem Lehrbuch auszubauen, während eines Brainstormings mit Herrn Rüdinger. Frau Alton unterstützte uns auf dem Weg zum druckreifen Manuskript mit großem Engagement.

München, Deutschland   Gregor Kemper
Februar 2021   Fabian Reimers

Inhaltsverzeichnis

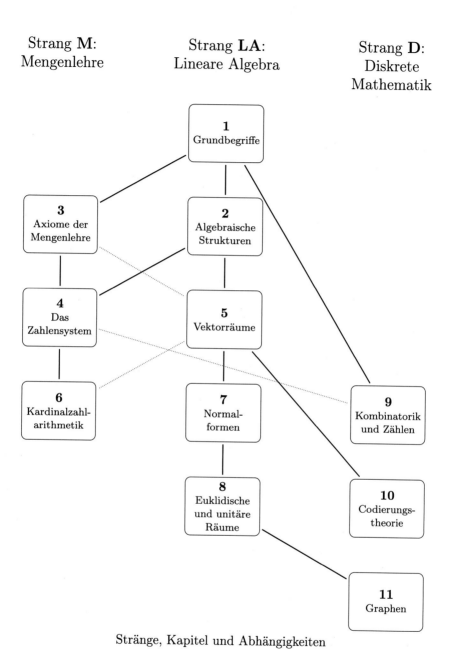

Strang **M**:
Mengenlehre

Strang **LA**:
Lineare Algebra

Strang **D**:
Diskrete
Mathematik

1
Grundbegriffe

3
Axiome der
Mengenlehre

2
Algebraische
Strukturen

4
Das
Zahlensystem

5
Vektorräume

6
Kardinalzahl-
arithmetik

7
Normal-
formen

9
Kombinatorik
und Zählen

8
Euklidische
und unitäre
Räume

10
Codierungs-
theorie

11
Graphen

Stränge, Kapitel und Abhängigkeiten

Kapitel 1
Grundbegriffe (LA)

Zusammenfassung Wenn wir heutzutage den Aufbau der Mathematik erklären wollen, kommen wir um zwei Elemente nicht herum: Logik und Mengenlehre. In diesem Buch werden wir einen naiven, intuitiven Umgang mit der Logik pflegen und logische Strukturen und Sprechweisen im Wesentlichen *en passant* kennenlernen. Ganz anders die Mengenlehre: Diese werden wir im folgenden Abschn. 1.1 zunächst kurz behandeln und damit das Nötige zum praktischen Umgang mit Mengen bereitstellen. Etwas später, in Kap. 3, entwickeln wir für Leserinnen und Leser mit einem tieferen Interesse an Mengen den axiomatischen Zugang nach Zermelo und Fraenkel.

Um starten zu können, erinnern wir kurz an einige Sprachelemente der Logik, deren inhaltliche Bedeutung wir, wie oben angedeutet, dem „gesunden Menschenverstand" überlassen wollen.

Sprachelemente der Logik:

- „und" (bisweilen geschrieben als $\wedge$),
- „oder" (bisweilen geschrieben als $\vee$),
- „nicht" (bisweilen geschrieben als $\neg$), sowie die **Quantoren**
- „für alle" (geschrieben als $\forall$, genannt der **Allquantor**) und
- „es gibt" (geschrieben als $\exists$, genannt der **Existenzquantor**).

Aus diesen Sprachelementen werden neue zusammengesetzt:

- $A \implies B$ („A impliziert B", „aus A folgt B") bedeutet: B oder nicht A.
- $A \iff B$ („A ist äquivalent zu B") bedeutet: $A \implies B$ und $B \implies A$.

Ein typisches Beispiel für die Verwendung von logischen Sprachelementen ist die bekannte Epsilon-Delta-Definition der Stetigkeit: Es seien $f \colon \mathbb{R} \to \mathbb{R}$ eine Funktion und $x_0 \in \mathbb{R}$. Dann heißt f stetig in x_0, falls gilt:

$$\forall \varepsilon > 0 \, \exists \delta > 0 \colon \forall x \in \mathbb{R} \colon \bigl(|x - x_0| < \delta \implies |f(x) - f(x_0)| < \varepsilon \bigr).$$

© Springer-Verlag GmbH Deutschland, ein Teil von Springer Nature 2022
G. Kemper, F. Reimers, *Lineare Algebra*,
https://doi.org/10.1007/978-3-662-63724-1_1

1.1 Mengen

Alle Mathematik Lernenden haben schon mit zahlreichen Mengen zu tun gehabt:
der Menge $\mathbb{R}$ der reellen Zahlen, der Menge $\mathbb{N}$ der natürlichen Zahlen, der Menge
aller Geraden in einer Ebene, der Menge aller stetigen Funktionen $\mathbb{R} \to \mathbb{R}$, der
Menge aller Paare (p, q) von Primzahlen p und q mit $q - p = 2$, und so
weiter. Georg Cantor, den man als Begründer der Mengenlehre bezeichnen kann,
formulierte 1895 folgende Definition:

> „Eine Menge ist eine Zusammenfassung von bestimmten, wohlunterschiedenen Objekten
> unserer Anschauung oder unseres Denkens zu einem Ganzen."

Aus heutiger Sicht mag man diese Definition kritisieren, weil sie nicht exakt
ist und weil die vorkommenden Begriffe ihrerseits einer Definition bedürfen. In
Abschn. 3.1 wird sich außerdem zeigen, dass der Cantor'sche Mengenbegriff in
Widersprüche hineinläuft. Trotzdem kann man den überwiegenden Teil der Mathematik mit diesem naiven Mengenbegriff bestens verstehen und betreiben, so dass
man sich nicht unbedingt mit der in Kap. 3 behandelten axiomatischen Mengenlehre
beschäftigen muss. Es genügen die in diesem Abschnitt zusammengefassten Sprech-
und Schreibweisen.

Die Objekte einer Menge A werden die **Elemente** von A genannt. Wir schreiben:

- $x \in A$ für „x ist ein Element von A" und
- $x \notin A$ für „x ist nicht Element von A".

Wie kann man eine Menge hinschreiben? Die erste Möglichkeit ist, eine Menge
zwischen geschweiften Klammern durch Aufzählen ihrer Elemente anzugeben,
etwa $A = \{-1, 2, 5\}$. Hierbei sind auch Mengen von Mengen möglich wie $\{\mathbb{N}, \mathbb{Z}\}$
oder $\{\mathbb{N}, 1\}$. (Später in Kap. 3 und beim Aufbau des Zahlensystems in Kap. 4 werden
wir sehen, dass für uns jedes mathematische Objekt, also auch eine Funktion oder
eine Zahl, eine Menge ist.) Eine solche Auflistung der Elemente ist nur bei endlichen
Mengen sinnvoll oder bei wohlbekannten Mengen, wo die Auflistung zusammen mit
„..." nur einer Visualierung dienen soll, wie etwa

$$\mathbb{Z} = \{\ldots, -2, -1, 0, 1, 2, \ldots\}.$$

Hingegen ist $B = \{0, 1, 4, 9, 16, \ldots\}$ ohne weitere Erklärung keine geeignete
Mengendefinition.

Die zweite Möglichkeit, eine Menge anzugeben, ist beschreibend über eine Eigenschaft der Elemente. Hierfür benutzen wir Mengenklammern im Zusammenspiel
mit einem senkrechten Strich, der je nach Situation als „mit der Eigenschaft" oder
„für die gilt" gelesen werden kann. Die Menge der Quadratzahlen ganzer Zahlen
können wir auf diese Weise als

$$B = \{x \in \mathbb{Z} \mid \exists\, y \in \mathbb{Z}\colon x = y^2\}$$

aus der Menge $\mathbb{Z}$ aussondern. Häufig werden auch Konstrukte benutzt wie

$$B = \{x^2 \mid x \in \mathbb{Z}\}.$$

Bei dieser Angabe von B ist die „Aufzählung" der x^2 nicht wiederholungsfrei, aber trotzdem liegt jedes Element „nur einmal" in der Menge. Ein weiteres Beispiel für eine Menge, die durch Aussonderung aus $\mathbb{N}$ entsteht, ist die Menge

$$\left\{x \in \mathbb{N} \mid x \neq 1 \text{ und } \forall\, y, z \in \mathbb{N} \colon \big[x = y \cdot z \implies (y = 1 \text{ oder } z = 1)\big]\right\},$$

deren Interpretation den Leserinnen und Lesern nicht schwer fallen wird. Einer Menge, die auf diese Weise beschreibend über eine Eigenschaft angegeben wird, lässt sich nicht immer ansehen, wie viele Elemente sie enthält (oder ob sie überhaupt welche enthält). Beispielsweise sind von der Menge

$$\{n \in \mathbb{N} \mid 2^n + 1 \text{ ist eine Primzahl}\}$$

nur die Elemente 0, 1, 2, 4, 8, 16 bekannt und es ist eine offene Frage, ob sie weitere Elemente enthält.

Prinzipiell können Mengen endlich oder unendlich sein. Hierbei kann man durchaus mit einem intuitiven Endlichkeitsbegriff arbeiten; wer es genauer wissen will, findet in Kap. 6 eine exakte Behandlung. Bei einer endlichen Menge A schreiben wir $|A|$ für die Elementanzahl. Dass die Menge endlich ist, drücken wir symbolisch auch durch $|A| < \infty$ aus, und $|A| = \infty$ heißt dann, dass A unendlich ist.

Die **leere Menge**, also die Menge ohne Elemente, schreiben wir wie üblich als $\emptyset$. Für zwei Mengen A und B schreiben wir $A \subseteq B$ („A ist eine **Teilmenge** von B"), falls jedes Element von A auch Element von B ist. Zwei Mengen A und B sind also gleich, wenn $A \subseteq B$ und $B \subseteq A$ gelten. Wir schreiben $A \subsetneqq B$ („A ist eine **echte Teilmenge** von B"), falls $A \subseteq B$ und $A \neq B$ gelten.

Aus zwei Mengen A und B können wir die **Schnittmenge**

$$A \cap B := \{x \in A \mid x \in B\} = \{x \in B \mid x \in A\}, \tag{1.1}$$

die **Differenzmenge**

$$A \backslash B := \{x \in A \mid x \notin B\}. \tag{1.2}$$

und die **Vereinigungsmenge** $A \cup B$, die die Elemente von A und B zusammenfasst, bilden. (Das Symbol „$:=$" bedeutet hierbei immer: „wird definiert als".) Zwei Mengen A, B heißen **disjunkt**, falls $A \cap B = \emptyset$ ist. In diesem Fall wird die Vereinigungsmenge auch als $A \uplus B$ geschrieben.

Schnitt- und Vereinigungsmengen kann man nicht nur aus zwei, sondern aus beliebig vielen Mengen bilden. Die Idee von „beliebig vielen" Mengen lässt sich adäquat durch ein Mengensystem ausdrücken, also durch eine Menge M, deren Elemente selbst wieder Mengen sind. Die Vereinigungsmenge

$$\bigcup M = \bigcup_{A \in M} A,$$

besteht aus allen Elementen, die Element von mindestens einem $A \in M$ sind. Sind die Mengen in M *paarweise disjunkt* (das heißt für alle $A, B \in M$ mit $A \neq B$ sind A und B disjunkt), so heißt die Vereinigungsmenge auch eine **disjunkte Vereinigung** und wird als

$$\dot{\bigcup}_{A \in M} A$$

geschrieben.

Ist ein Mengensystem M nicht leer, so können wir auch die Schnittmenge

$$\bigcap M = \bigcap_{A \in M} A$$

bilden. Sie besteht aus allen Elementen, die Element von *jedem* $A \in M$ sind.

Zu einer Menge A ist die **Potenzmenge** $\mathfrak{P}(A)$ definiert als Menge, deren Elemente genau die Teilmengen von A sind.

Beispiel 1.1.1 Es sind $\mathfrak{P}(\emptyset) = \{\emptyset\}$ und $\mathfrak{P}(\{\emptyset\}) = \{\emptyset, \{\emptyset\}\}$. Für $x \neq y$ gilt außerdem $\mathfrak{P}(\{x, y\}) = \{\emptyset, \{x\}, \{y\}, \{x, y\}\}$.   ◁

Aus zwei mathematischen Objekten x und y kann man das **geordnete Paar** (x, y) bilden. Auf welche Art diese Bildung vorgenommen wird (eine Möglichkeit stellen wir in Abschn. 3.2 vor) ist dabei fast unerheblich. Wichtig ist nur, dass aus der Gleichheit $(x, y) = (x', y')$ zweier geordneter Paar folgt, dass $x = x'$ und $y = y'$ gelten. Insbesondere gilt $(x, y) \neq (y, x)$, es sei denn es gilt $x = y$. Für Mengen A, B können wir nun auch

$$A \times B := \{(x, y) \mid x \in A \text{ und } y \in B\},$$

das sogenannte **kartesische Produkt**, bilden. Dieses wird in den nächsten beiden Abschnitten eine wichtige Rolle spielen.

Zum Schluss des Abschnitts wollen wir etwas über die Menge der natürlichen Zahlen und das Beweisprinzip der vollständigen Induktion sagen. In Abschn. 4.1 werden wir zeigen, wie man $\mathbb{N}$ mit Hilfe der Mengenlehre konstruieren kann. Bis dahin können wir natürliche Zahlen „naiv" verwenden. Aus der Konstruktion in Abschn. 4.1 geht die Konvention hervor, dass die natürlichen Zahlen mit 0 beginnen, also

$$\mathbb{N} = \{0, 1, 2, 3, \ldots\}.$$

Wir schreiben außerdem $\mathbb{N}_{>0} := \{1, 2, 3, \ldots\}$.

Ein wichtiges Beweismittel ist das Prinzip der **vollständigen Induktion**, auch kurz Induktion genannt. Es funktioniert folgendermaßen. Es sei $\mathcal{A}(n)$ eine Aussage über n, wobei n ein Platzhalter für eine natürliche Zahl ist. Falls es gelingt zu beweisen, dass

(1.) $\mathcal{A}(0)$ gilt und
(2.) für alle $n \in \mathbb{N}$ die Implikation $\big[\mathcal{A}(n) \Rightarrow \mathcal{A}(n+1)\big]$ gilt,

so folgt, dass $\mathcal{A}(n)$ für alle $n \in \mathbb{N}$ gilt. Intuitiv leuchtet die Gültigkeit des Prinzips der vollständigen Induktion ein, es ist aber dennoch beweisbedürftig. Der Beweis wird in Abschn. 4.1 auf Seite 69 gegeben. In diesem Buch kommen zahlreiche Induktionsbeweise vor, so dass darauf verzichtet werden soll, an dieser Stelle Beispiele zu präsentieren.

Aufgaben

1.1.1 Zeigen Sie unter Benutzung der entsprechenden logischen Gesetze, dass für Mengen A, B, C die „Distributivgesetze"

$$A \cup (B \cap C) = (A \cup B) \cap (A \cup C), \quad A \cap (B \cup C) = (A \cap B) \cup (A \cap C)$$

und die De-Morgan'schen Regeln

$$A \backslash (B \cup C) = (A \backslash B) \cap (A \backslash C), \quad A \backslash (B \cap C) = (A \backslash B) \cup (A \backslash C).$$

gelten.

1.1.2 Die **symmetrische Differenz** zweier Mengen A und B ist definiert als

$$A \,\triangle\, B := (A \backslash B) \cup (B \backslash A).$$

Zeigen Sie, dass für Mengen A, B, C gelten:

(a) $A \,\triangle\, A = \emptyset$,
(b) $A \,\triangle\, \emptyset = A$,
(c) $A \,\triangle\, B = (A \cup B) \backslash (A \cap B)$,
(d) $(A \,\triangle\, B) \cap C = (A \cap C) \,\triangle\, (B \cap C)$.

Das folgende Venn-Diagramm dient zur Veranschaulichung der symmetrischen Differenz:

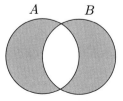

1.1.3 Geben Sie die Potenzmengen von $A = \{1\}$, $B = \{1, 2\}$ und $C = \big\{1, 2, \{1, 2\}\big\}$ explizit an (d. h. durch Auflistung all ihrer Elemente).

1.1.4 📷 *(Video-Link siehe Vorwort, Seite VI)*

(a) Zeigen Sie, dass für Mengen A, B gilt: $\mathfrak{P}(A \cap B) = \mathfrak{P}(A) \cap \mathfrak{P}(B)$.

(b) Gilt auch $\mathfrak{P}(A \cup B) = \mathfrak{P}(A) \cup \mathfrak{P}(B)$ für alle Mengen A, B? Geben Sie einen Beweis oder ein Gegenbeispiel an.

1.1.5 Gegeben seien die folgenden Teilmengen von $\mathbb{N}$:

$$A = \{0, 1, 2, 3\}, \quad B = \{0, 3, 6\}, \quad C = \{2, 3, 5\}, \quad G = \{n \in \mathbb{N} \mid \exists\, m \in \mathbb{N} : n = 2m\}.$$

Geben Sie die folgenden endlichen Mengen explizit an (d. h. als Auflistung von geordneten Paaren (x, y)):

(a) $(A \cap B) \times C$,

(b) $(A \times G) \cap (G \times B)$,

(c) $(A \times B) \backslash (G \times G)$.

1.1.6 Beweisen Sie mit vollständiger Induktion, dass für alle $n \in \mathbb{N}$ gelten:

$$\sum_{k=1}^{n} k = \frac{n(n+1)}{2}, \qquad \sum_{k=1}^{n} k^2 = \frac{n(n+1)(2n+1)}{6}.$$

1.2 Abbildungen

Der Begriff einer Abbildung (gleichbedeutend: Funktion) ist zentral in allen Teilgebieten der Mathematik. Die Mathematik hat lange um einen tragfähigen Funktionsbegriff gerungen, beispielsweise um die Fragen, ob eine Funktion durch eine Abbildungsvorschrift gegeben sein muss und inwieweit diese eindeutig sein muss. Wir benutzen die moderne Definition.

Definition 1.2.1 *Es seien A, B Mengen. Eine Teilmenge $f \subseteq A \times B$ heißt eine* **Abbildung** *(=* **Funktion***) von A in B, falls es für jedes $x \in A$ genau ein $y \in B$ gibt mit $(x, y) \in f$. (Mit „genau ein" ist hierbei gemeint, dass über die Existenz von y hinaus für alle $y' \in B$ gilt: $(x, y') \in f \implies y' = y$.)*

Für dieses y schreiben wir $y = f(x)$ und nennen es das **Bild** *von x unter f. A heißt der* **Definitionsbereich**, *B der* **Bildbereich** *von f.*

Um auszudrücken, dass f eine Abbildung von A in B ist, schreiben wir $f\colon A \to B$. Falls eine Abbildungsvorschrift bekannt ist und angegeben werden soll, schreibt man $f\colon A \to B$, $x \mapsto \ldots$, wobei die Pünktchen für die Abbildungsvorschrift, die das Bild von x definiert, stehen. Diese wird in der Regel aus bereits definierten Abbildungen und anderen mathematischen Objekten („Konstanten"), bisweilen mit Fallunterscheidungen, gebildet.

Bevor wir Beispiele betrachten, machen wir ein paar Anmerkungen und eine weitere Definition.

Anmerkung

(a) In der Literatur findet man bisweilen die Schreibweise $f(x)$ für eine Funktion. Wir folgen dem Standard, dass $f(x)$ immer für das Bild eines Elements x des Definitionsbereichs steht, und schreiben f für die Funktion selbst.

(b) Es gibt keine Funktionen mit „mehreren Argumenten". Allerdings gibt es etwa Funktionen $f: A \times B \to C$, deren Bilder man zweckmäßigerweise als $f(x, y)$ statt $f((x, y))$ schreibt.

(c) Zu jeder Abbildung müssen Definitions- und Bildbereich angegeben werden. Laut unserer Definition wird allerdings B nicht eindeutig bestimmt durch die Angabe der Teilmenge $f \subseteq A \times B$. Um dies zu erreichen, wäre es besser, eine Abbildung als ein geordnetes Tripel $f = (A, B, C)$ zu definieren, wobei $C \subseteq A \times B$ die Bedingung aus Definition 1.2 erfüllt. Auch wenn sie formal besser wäre, würden wir mit einer solchen Definition vom gängigen Standard abweichen.

(d) Aus Definition 1.2.1 und Proposition 3.2.11 ergibt sich folgender Gleichheitsbegriff für zwei Abbildungen $f, g: A \to B$:

$$f = g \iff \forall x \in A: f(x) = g(x).$$

◁

Es folgen weitere Begriffe und Schreibweisen, die mit Abbildungen zu tun haben.

Definition 1.2.2 *Es seien A, B Mengen und $f: A \to B$ eine Abbildung.*

(a) Für eine Teilmenge $A' \subseteq A$ heißt

$$f(A') := \{ f(x) \mid x \in A' \} = \{ y \in B \mid \exists x \in A': y = f(x) \} \subseteq B$$

*das **Bild** von A' unter f.*

(b) Die Teilmenge

$$\text{Bild}(f) := f(A) \subseteq B$$

*heißt das **Bild** von f.*

*(c) Die Abbildung f heißt **surjektiv**, falls $f(A) = B$ ist. Man spricht dann auch von einer Abbildung von A **auf** B (statt **in** B).*

(d) Für eine Teilmenge $B' \subseteq B$ heißt

$$f^{-1}(B') := \{ x \in A \mid f(x) \in B' \} \subseteq A$$

*das **Urbild** von B' unter f.*

*(e) Die Abbildung f heißt **injektiv**, falls für alle $x, x' \in A$ gilt:*

$$f(x) = f(x') \implies x = x'.$$

Gleichbedeutend ist die Bedingung, dass für $x, x' \in A$ mit $x \neq x'$ auch $f(x) \neq f(x')$ gilt, oder auch, dass für alle $y \in \text{Bild}(f)$ das Urbild $f^{-1}(\{y\})$ genau ein Element hat.

(f) *Die Abbildung f heißt* **bijektiv**, *falls f surjektiv und injektiv ist. Gleichbedeutend ist die Bedingung, dass für alle $y \in B$ das Urbild $f^{-1}(\{y\})$ aus genau einem Element besteht. Falls f bijektiv ist, so existiert eine* **Umkehrabbildung**

$$f^{-1} : B \to A, \quad y \mapsto x \text{ mit } f(x) = y.$$

Formaler lässt sich f^{-1} definieren als

$$f^{-1} := \{(y, x) \in B \times A \mid (x, y) \in f\}.$$

Es ist klar, dass f^{-1} dann auch bijektiv ist. Statt Umkehrabbildung sagt man bisweilen auch **inverse Abbildung** *oder* **Inverse**. *Es besteht Verwechselungsgefahr bei den Schreibweisen für das Urbild einer Menge und für die Umkehrabbildung. Eine bessere Notation wäre hier nützlich, stünde aber außerhalb jeder Tradition.*

Beispiel 1.2.3

(1) Die Abbildung $f: \mathbb{R} \to \mathbb{R}$, $x \mapsto x^2$ ist weder injektiv noch surjektiv.

(2) Mit $\mathbb{R}_{\geq 0} := \{x \in \mathbb{R} \mid x \geq 0\}$ definiert

$$f := \left\{(x, y) \in \mathbb{R}_{\geq 0} \times \mathbb{R}_{\geq 0} \mid y^2 = x\right\}$$

eine Abbildung $f: \mathbb{R}_{\geq 0} \to \mathbb{R}_{\geq 0}$. Erst nach Einführung des Wurzel-Symbols können wir für f die Abbildungsvorschrift $x \mapsto \sqrt{x}$ angeben, die aber nichts anderes als eine Abkürzung für $f(x)$ ist. Die Abbildung f ist bijektiv mit $f^{-1}: \mathbb{R}_{\geq 0} \to \mathbb{R}_{\geq 0}$, $x \mapsto x^2$. Im Gegensatz zur Abbildung im Beispiel (1) ist f^{-1} bijektiv, weil Definitions- und Bildbereich anders festgelegt sind.

(3) Es sei A eine Menge. Die **Identität** auf A ist definiert durch

$$\text{id}_A : A \to A, \quad x \mapsto x.$$

Sie ist bijektiv und ihre eigene Umkehrabbildung.

(4) Es sei $A = \emptyset$ und B eine beliebige Menge. Gibt es eine Abbildung $A \to B$? Das kartesische Produkt ist $A \times B = \emptyset$, also ist $\emptyset$ die einzige Teilmenge von $A \times B$. Die leere Menge erfüllt die Bedingung aus Definition 1.2.1 an eine Abbildung, weil nichts gefordert wird, also ist sie eine Abbildung. Es gibt also genau eine Abbildung $\emptyset \to B$. Sie ist injektiv und das Bild ist $\emptyset$.

Im Kontrast hierzu gibt es nur dann eine Abbildung $A \to \emptyset$, wenn $A = \emptyset$.

(5) Die Abbildung $f: \mathbb{N} \to \mathbb{N}$, $x \mapsto 3x$ ist injektiv, aber nicht surjektiv.

(6) Die Abbildung $f: \mathbb{R} \to \mathbb{R}_{\geq 0}$, $x \mapsto x^2$ ist surjektiv, aber nicht injektiv.

(7) Die Exponentialfunktion $\exp\colon \mathbb{R} \to \mathbb{R}_{>0}$ ist bijektiv. Die Umkehrabbildung ist (definitionsgemäß) der natürliche Logarithmus.

(8) Die Abbildung

$$f : \mathbb{N} \to \{0, 1\}, \quad x \mapsto \begin{cases} 0, & \text{falls } x \text{ gerade ist,} \\ 1, & \text{sonst} \end{cases}$$

ist surjektiv, aber nicht injektiv. Das Urbild $f^{-1}(\{1\})$ ist die Menge aller ungeraden Zahlen.

(9) Die Addition und Multiplikation auf $\mathbb{N}$ (und auf den weiteren Zahlenbereichen) sind durch Abbildungen $a, m\colon \mathbb{N} \times \mathbb{N} \to \mathbb{N}$ definiert (siehe Abschn. 4.1). Statt $a(i, j)$ bzw. $m(i, j)$ benutzt man die Schreibweisen $i + j$ bzw. $i \cdot j$.

(10) Ist A eine Menge und $n \in \mathbb{N}_{>0}$, so können wir ein n-**Tupel** von Elementen in A definieren als eine Abbildung

$$\{1, \ldots, n\} \to A, \quad i \mapsto a_i,$$

wobei $\{1, \ldots, n\} := \{i \in \mathbb{N} \mid 1 \le i \le n\}$. Ein n-Tupel schreiben wir als $(a_1, \ldots, a_n)$. Mit

$$A^n := \big\{(a_1, \ldots, a_n) \mid \forall i \in \{1, \ldots, n\}\colon a_i \in A\big\}$$

bezeichnen wir die Menge aller n-Tupel von Elementen in A. ◁

Es folgt eine weitere Definition.

Definition 1.2.4 *Es seien A, B Mengen und $f\colon A \to B$ eine Abbildung.*

*(a) Es sei $A' \subseteq A$ eine Teilmenge. Die **Einschränkung** von f auf A' ist*

$$f|_{A'} : A' \to B, \quad x \mapsto f(x).$$

Ebenso könnte man schreiben $f|_{A'} := \big\{(x, y) \in f \mid x \in A'\big\}$.

*(b) Es sei M eine Menge mit $A \subseteq M$. Eine Abbildung $g\colon M \to B$ heißt eine **Fortsetzung** von f auf M, falls $g|_A = f$ gilt. Man beachte, dass eine Funktion im Normalfall mehrere Fortsetzungen hat, da die Bilder der Elemente von $M \setminus A$ willkürlich festgelegt werden können.*

*(c) Es seien C eine Menge und $g\colon B \to C$ eine weitere Funktion. Die **Komposition** (= **Hintereinanderausführung**) von f und g ist definiert als*

$$g \circ f : A \to C, \quad x \mapsto g(f(x)).$$

Ebenso gut könnte man schreiben

$$g \circ f := \{(x, z) \in A \times C \mid \exists y \in B: (x, y) \in f \text{ und } (y, z) \in g\}.$$

Die Schreibweise $g \circ f$ sorgt manchmal für Verwirrung, weil die zweitgenannte Funktion f als erste ausgeführt wird.

Anmerkung 1.2.5

(a) Sind $f: A \to B$, $g: B \to C$ und $h: C \to D$ Abbildungen, so gilt das *Assoziativgesetz*

$$h \circ (g \circ f) = (h \circ g) \circ f.$$

(b) Es seien $f, g: A \to A$ Abbildungen. Obwohl $f \circ g$ und $g \circ f$ definiert sind, ist das *Kommutativgesetz*

$$f \circ g = g \circ f$$

im Allgemeinen falsch. Als Beispiel betrachten wir

$$f: \mathbb{N} \to \mathbb{N}, \ x \mapsto 2x \quad \text{und} \quad g: \mathbb{N} \to \mathbb{N}, \ x \mapsto x + 1,$$

also gilt für $x \in \mathbb{N}$:

$$(f \circ g)(x) = 2x + 2 \quad \text{und} \quad (g \circ f)(x) = 2x + 1.$$

Die Ungleichheit von $f \circ g$ und $g \circ f$ sieht man z. B. durch Einsetzen von $x = 0$.

(c) Ist $f: A \to B$ bijektiv, so gelten

$$f \circ f^{-1} = \text{id}_B \quad \text{und} \quad f^{-1} \circ f = \text{id}_A.$$

(d) Die Einschränkung einer nicht injektiven Abbildung kann injektiv sein.

(e) Fortsetzungen von Abbildungen sind vor allem dann interessant, wenn man von der Fortsetzung gewisse Eigenschaften (z. B. Stetigkeit) fordert. Dadurch kann es je nach Situation passieren, dass gar keine solche Fortsetzung existiert, oder eine Fortsetzung eindeutig bestimmt ist.   ◁

Der folgende Satz stellt die Begriffe injektiv und surjektiv in interessante Zusammenhänge. Um den Beweis des Teils (b) formal korrekt zu geben, benötigt man das Auswahlaxiom, das in Abschn. 3.2 eingeführt wird (siehe Axiom 3.2.12). Wir geben hier trotzdem einen „naiven" Beweis und werden diesen dann später auf Seite 58 reparieren.

Satz 1.2.6 (Charakterisierung von injektiv und surjektiv) *Es seien A, B Mengen mit $A \neq \emptyset$ und $f: A \to B$ eine Abbildung.*

(a) *Genau dann ist f injektiv, wenn es eine Abbildung $g\colon B \to A$ gibt mit*

$$g \circ f = \mathrm{id}_A\,.$$

(Eine solche Abbildung g heißt dann eine **Linksinverse** *von f.)*
(b) *Genau dann ist f surjektiv, wenn es eine Abbildung $g\colon B \to A$ gibt mit*

$$f \circ g = \mathrm{id}_B\,.$$

(Eine solche Abbildung g heißt dann eine **Rechtsinverse** *von f.)*

Anmerkung 1.2.7 Wegen (b) ist das g aus (a) surjektiv, und wegen (a) ist das g aus (b) injektiv. ◁

Beweis von Satz 1.2.6 (a) Wir setzen zunächst voraus, dass f injektiv ist. Wir bilden $g\colon B \to A$, indem wir jedem $y \in \mathrm{Bild}(f)$ sein eindeutig bestimmtes Urbild zuordnen und die Elemente von $B \setminus \mathrm{Bild}(f)$ auf ein willkürlich gewähltes Element von A abbilden. Formal führen wir den Beweis folgendermaßen: Wegen $A \neq \emptyset$ existiert $a \in A$, also auch

$$g := \Big\{(y,x) \in B \times A \mid (x,y) \in f \text{ oder } \big[y \notin \mathrm{Bild}(f) \text{ und } x = a\big]\Big\}.$$

Zu $y \in \mathrm{Bild}(f)$ existiert wegen der Injektivität von f ein eindeutiges x mit $(y,x) \in g$, und zu $y \in B \setminus \mathrm{Bild}(f)$ ist $x = a$ das eindeutige x mit $(y,x) \in g$. Also ist g eine Abbildung. Für $x \in A$ gilt $(x, f(x)) \in f$, also $(f(x), x) \in g$ und damit $(x,x) \in g \circ f$. Damit ist $g \circ f = \mathrm{id}_A$ gezeigt.

Umgekehrt nehmen wir an, dass es $g\colon B \to A$ mit $g \circ f = \mathrm{id}_A$ gibt. Für $x, x' \in A$ mit $f(x) = f(x')$ folgt dann

$$x = \mathrm{id}_A(x) = g\big(f(x)\big) = g\big(f(x')\big) = \mathrm{id}_A(x') = x',$$

also ist f injektiv.

(b) Wir nehmen zunächst an, dass f surjektiv ist. Zu jedem $y \in B$ können wir also ein $x \in A$ wählen mit $f(x) = y$. Da dieses x von y abhängt, schreiben wir es als x_y. Nun definieren wir $g\colon B \to A$, $y \mapsto x_y$. Dann folgt $f\big(g(y)\big) = f(x_y) = y$ für alle $y \in B$, also $f \circ g = \mathrm{id}_B$.

Umgekehrt setzen wir voraus, dass $g\colon B \to A$ mit $f \circ g = \mathrm{id}_B$ existiert. Für $y \in B$ gilt dann

$$y = \mathrm{id}_B(y) = f\big(g(y)\big) \in \mathrm{Bild}(f),$$

also ist f surjektiv. □

Anmerkung Warum benötigt der Beweis von Teil (b) das Auswahlaxiom? Die ehrliche Antwort ist, dass die Konstruktion der Rechtsinversen g mit den restlichen

Axiomen der Zermelo-Fraenkel-Mengenlehre nicht möglich ist. Eine noch bessere Antwort ist, dass sich das Auswahlaxiom sogar aus Teil (b) des Satzes herleiten lässt. Eine intuitivere und jetzt schon verständliche Antwort ist die folgende: Im oben gegebenen Beweis müssen für die Konstruktion von g (potenziell) unendlich viele Auswahlen (nämlich die der x_y) „simultan" getroffen werden. Und genau für solche Prozesse ist das Auswahlaxiom zuständig. Im Gegensatz dazu wird im Beweis von (a) nur eine Auswahl getroffen (die des Elements a), was problemlos ohne Anwendung des Auswahlaxioms geht. Ebenso problemlos ist der Beweis der Umkehrung (also „Rechtsinverse $\Rightarrow$ surjektiv") in Teil (b).   ◁

Aufgaben

1.2.1 Es seien A, B Mengen und $f : A \to B$ eine Abbildung. Weiter seien $A_1, A_2 \subseteq A$ und $B_1, B_2 \subseteq B$. Zeigen Sie für die Urbilder:

$$f^{-1}(B_1 \cup B_2) = f^{-1}(B_1) \cup f^{-1}(B_2), \quad f^{-1}(B_1 \cap B_2) = f^{-1}(B_1) \cap f^{-1}(B_2).$$

Zeigen Sie für die Bilder:

$$f(A_1 \cup A_2) = f(A_1) \cup f(A_2), \quad f(A_1 \cap A_2) \subseteq f(A_1) \cap f(A_2),$$

und geben Sie außerdem ein Beispiel an, bei dem in der letzten Formel nicht Gleichheit gilt.

1.2.2 Untersuchen Sie die folgenden Abbildungen auf die Eigenschaften injektiv, surjektiv, bijektiv, wobei die Abbildung in (f) für jede Menge A untersucht werden soll:

(a) $f : \mathbb{N} \to \mathbb{N}, n \mapsto n^2$,

(b) $f : \mathbb{Z} \to \mathbb{N}, n \mapsto n^2$,

(c) $f : \mathbb{R} \to \mathbb{R}, x \mapsto x^3 - x$,

(d) $f : \mathbb{R}^2 \to \mathbb{R}^2, (x, y) \mapsto (x, x + y - 2)$,

(e) $f : \mathbb{N} \to \mathbb{N}, n \mapsto \begin{cases} n/2, & \text{falls } n \text{ gerade ist,} \\ (n-1)/2, & \text{falls } n \text{ ungerade ist,} \end{cases}$

(f) $f_A : A \times A \to \mathfrak{P}(A), (x, y) \mapsto \{x, y\}$.

1.2.3 Es seien A, B Mengen und $f : A \to B$ eine Abbildung.

(a) Beweisen Sie die Äquivalenz:

$$f \text{ ist surjektiv} \quad \Longleftrightarrow \quad \text{für alle } B' \subseteq B \text{ gilt: } f(f^{-1}(B')) = B'.$$

(b) Beweisen Sie die Äquivalenz:

$$f \text{ ist injektiv} \quad \Longleftrightarrow \quad \text{für alle } A' \subseteq A \text{ gilt: } f^{-1}(f(A')) = A'.$$

1.2.4 Gegeben seien die Funktionen $f, g, h : \mathbb{R} \to \mathbb{R}$ mit den Abbildungsvorschriften

$$f(x) := x^2, \qquad g(x) := x + 1, \qquad h(x) := e^x.$$

Bestimmen Sie Abbildungsvorschriften für $f \circ g$, $g \circ f$, $h \circ g$ und $f \circ g \circ h$.

1.2.5 Es seien A, B, C Mengen und $f : A \to B$ sowie $g : B \to C$ Abbildungen.

(a) Zeigen Sie: Ist $g \circ f$ injektiv, so ist auch f injektiv.
(b) Zeigen Sie: Ist $g \circ f$ surjektiv, so ist auch g surjektiv.
(c) Geben Sie ein Beispiel an, in dem $g \circ f$ bijektiv ist, aber weder f surjektiv noch g injektiv ist.

1.2.6 Es seien A, B Mengen und $f : A \to B$ eine Abbildung. Zeigen Sie, dass f genau dann bijektiv ist, wenn eine Abbildung $g : B \to A$ mit $f \circ g = \mathrm{id}_B$ und $g \circ f = \mathrm{id}_A$ existiert. In diesem Fall ist g die eindeutige Umkehrabbildung $g = f^{-1}$ von f.

1.2.7 Es seien A, B Mengen und $f : A \to B$ eine Abbildung. Wir betrachten die Abbildung

$$f^* : \mathfrak{P}(B) \to \mathfrak{P}(A), \qquad B' \mapsto f^{-1}(B').$$

Zeigen Sie:

(a) Es ist f genau dann injektiv, wenn f^* surjektiv ist.
(b) Es ist f genau dann surjektiv, wenn f^* injektiv ist.

1.3 Relationen

Ebenso wie beim Funktionsbegriff unternehmen wir auch beim Begriff einer Relation keinen Versuch einer „inhaltlichen" Definition.

Definition 1.3.1 *Es sei A eine Menge. Eine* **Relation** *auf A ist eine Teilmenge $R \subseteq A \times A$. Falls R eine Relation ist und $x, y \in A$, schreiben wir häufig $x R y$ statt $(x, y) \in R$ und sagen, dass x in der Relation R zu y steht.*

Anmerkung Bisweilen werden Relationen auch allgemeiner als Teilmengen eines kartesischen Produkts $A \times \ldots \times A$ von k Exemplaren von A definiert (*k-stellige Relation*). Eine Relation wie in Definition 1.3.1 nennt man auch eine *binäre Relation*.

Noch allgemeiner kann man Relationen als Teilmengen eines kartesischen Produkts $A_1 \times A_2 \times \ldots \times A_k$ mit Mengen A_i definieren.   ◁

Beispiel 1.3.2

(1) Durch $R = \{(x, y) \in A \times A \mid x = y\} = \{(x, x) \mid x \in A\}$ wird die Gleichheitsrelation auf einer Menge A definiert.

$R' := \{(x, y) \in A \times A \mid x \neq y\}$ ist die „Ungleichheitsrelation".

(2) Beispiele für Relationen auf $\mathbb{N}$ sind:

- die Relationen „$\leq$", „$\geq$", „$<$", gegeben durch

$$R = \{(x, x + a) \mid x, a \in \mathbb{N}\}$$

und so weiter;
- die *Teilbarkeitsrelation*, gegeben durch

$$x \mid y \quad :\Longleftrightarrow \quad \exists a \in \mathbb{N}: y = ax$$

(gelesen als: „x teilt y");
- die „Parität", gegeben durch

$$x \equiv y \quad :\Longleftrightarrow \quad 2 \mid (x - y);$$

- die „Nachfolgerrelation", gegeben durch

$$R = \{(x, x + 1) \mid x \in \mathbb{N}\}.$$

(3) Sind A, B Mengen und $f: A \to B$ eine Abbildung, so ist

$$R = \{(x, y) \in A \times A \mid f(x) = f(y)\}$$

eine Relation.

(4) Für eine Menge A sind $A \times A$ bzw. $\emptyset$ immer Relationen (alles steht in Relation bzw. nichts steht in Relation). ◁

Ist R eine Relation auf einer Menge A, so lässt sich R auf eine Teilmenge $A' \subseteq A$ *einschränken*, indem man $(A' \times A') \cap R$ bildet.

Wie bei Abbildungen definieren wir nun auch für Relationen einige grundlegende Eigenschaften.

Definition 1.3.3 *Es sei $R \subseteq A \times A$ eine Relation auf einer Menge A.*

(a) *R heißt **reflexiv**, falls für alle $x \in A$ gilt:*

$$(x, x) \in R, \ d.h. \ xRx.$$

(b) *R heißt* **symmetrisch**, *falls für alle* $x, y \in A$ *gilt:*

$$x\,R\,y \implies y\,R\,x.$$

(c) *R heißt* **antisymmetrisch**, *falls für alle* $x, y \in A$ *gilt:*

$$x\,R\,y \quad und \quad y\,R\,x \implies x = y.$$

(d) *R heißt* **transitiv**, *falls für alle* $x, y, z \in A$ *gilt:*

$$x\,R\,y \quad und \quad y\,R\,z \implies x\,R\,z.$$

(e) *R heißt eine* **Äquivalenzrelation**, *falls R reflexiv, symmetrisch und transitiv ist.*

(f) *R heißt eine* **Ordnungsrelation**, *falls R reflexiv, antisymmetrisch und transitiv ist.*

Beispiel 1.3.4 Wir prüfen die Eigenschaften der in Beispiel 1.3.2(2) betrachteter Relationen auf $\mathbb{N}$.

	reflexiv	symm.	antisymm.	transitiv	Äquiv.-/Ordnungsrel.
$=$	ja	ja	ja	ja	beides
$\neq$	nein	ja	nein	nein	weder noch
$\leq$	ja	nein	ja	ja	Ordnungsrelation
$\geq$	ja	nein	ja	ja	Ordnungsrelation
$<$	nein	nein	ja	ja	weder noch
Teilbarkeit	ja	nein	ja	ja	Ordnungsrelation
Parität	ja	ja	nein	ja	Äquivalenzrelation
Nachfolger	nein	nein	ja	nein	weder noch
$\mathbb{N} \times \mathbb{N}$	ja	ja	nein	ja	Äquivalenzrelation
$\emptyset$	nein	ja	ja	ja	weder noch

◁

Wir beschäftigen uns nun zunächst etwas ausführlicher mit Äquivalenzrelationen. Ist R eine Äquivalenzrelation auf einer Menge A, so schreiben wir der besseren Lesbarkeit halber $x \sim y$ statt $x\,R\,y$ und sprechen auch von der Äquivalenzrelation „$\sim$".

Definition 1.3.5 *Es sei* „$\sim$" *eine Äquivalenzrelation auf einer Menge A.*

(a) *Für* $x \in A$ *heißt*

$$[x]_\sim := \{y \in A \mid x \sim y\}$$

die **Äquivalenzklasse** *von x. Offenbar ist* $[x]_\sim \subseteq A$ *eine Teilmenge und es gilt* $x \in [x]_\sim$.

(b) *Die Menge*

$$A/\!\!\sim \; := \{[x]_\sim \mid x \in A\} = \{C \subseteq A \mid \exists x \in A \colon C = [x]_\sim\} \subseteq \mathfrak{P}(A)$$

aller Äquivalenzklassen heißt die **Faktormenge** *(auch:* **Quotientenmenge***) von A nach „~".*

(c) *Für $C \in A/\sim$ heißt jedes $x \in C$ ein* **Vertreter** *(auch:* **Repräsentant***) der Klasse C.*

(d) *Die Abbildung*

$$\pi : A \to A/\!\sim, \quad x \mapsto [x]_\sim$$

heißt die **kanonische Projektion.**

Beispiel 1.3.6

(1) Die Gleichheit ist eine Äquivalenzrelation. Die Äquivalenzklassen sind alle einelementig, also $[x]_= = \{x\}$ und die Faktormenge $A/\!=$ ist gleich

$$\{\{x\} \mid x \in A\}\,,$$

was nicht dasselbe wie A ist.

(2) Die Paritätsrelation lässt sich auch auf $\mathbb{Z}$ definieren durch

$$x \equiv y \quad :\!\Longleftrightarrow \quad 2 \mid (x - y).$$

Es gibt zwei Klassen: $[0]_\equiv$, die Klasse aller geraden Zahlen, und $[1]_\equiv$, die Klasse aller ungeraden Zahlen. Die Faktormenge $\mathbb{Z}/\!\equiv$ hat also zwei Elemente.

(3) Allgemeiner sei $m \in \mathbb{N}_{>0}$ fest gewählt. Für $x, y \in \mathbb{Z}$ schreiben wir

$$x \equiv y \mod m \quad :\!\Longleftrightarrow \quad m \mid (x - y)$$

und sagen dann, dass x **kongruent** zu y **modulo** m ist. Es ist leicht zu sehen, dass die Kongruenz modulo m eine Äquivalenzrelation ist. Die Äquivalenzklasse von $x \in \mathbb{Z}$ lässt sich schreiben als

$$[x]_\sim = \{x + km \mid k \in \mathbb{Z}\}$$

und wird auch als die *Restklasse* von x modulo m bezeichnet. Die Faktormenge wird geschrieben als $\mathbb{Z}/(m)$. Sie hat genau die m Elemente

$$\mathbb{Z}/(m) = \{[0]_\sim, [1]_\sim, \ldots, [m-1]_\sim\}\,,$$

wobei man statt $[0]_\sim$ ebenso gut $[m]_\sim$ schreiben könnte und so weiter.

(4) Es sei $A = \{0, 1\} \times \{0, 1\} \times \{0, 1\}$ das dreifache kartesische Produkt der Menge $\{0, 1\}$. Zwei Tripel (a, b, c) und (a', b', c') aus A seien äquivalent, wenn sie bis auf die Reihenfolge übereinstimmen. Es gibt vier Äquivalenzklassen:

$$[(0, 0, 0)]_\sim = \{(0, 0, 0)\},$$

$$[(1, 1, 1)]_\sim = \{(1, 1, 1)\},$$

$$[(0, 0, 1)]_\sim = \{(0, 0, 1), (0, 1, 0), (1, 0, 0)\} \text{ und}$$

$$[(1, 1, 0)]_\sim = \{(1, 1, 0), (1, 0, 1), (0, 1, 1)\}.$$

(5) Die Relation aus Beispiel 1.3.2(3) ist eine Äquivalenzrelation. Die Äquivalenzklassen sind die Urbilder $f^{-1}(\{y\})$ der einelementigen Teilmengen der Bildmenge $f(A)$.

(6) Für jede Menge A ist $A \times A$ eine Äquivalenzrelation. Für alle $x, y \in A$ gilt $x \sim y$. Falls A nicht leer ist, folgt $A/\sim = \{A\}$. ◁

Es sei $[x]_\sim$ eine Äquivalenzklasse bezüglich einer Äquivalenzrelation auf einer Menge A. Weiter sei $y \in [x]_\sim$, also $x \sim y$. Für alle $z \in [y]_\sim$ gilt dann wegen der Transitivität von „$\sim$" auch $x \sim z$, also $z \in [x]_\sim$. Wir erhalten $[y]_\sim \subseteq [x]_\sim$. Wegen der Symmetrie von „$\sim$" folgt aus $y \in [x]_\sim$ auch $x \in [y]_\sim$, das gleiche Argument mit vertauschten Rollen liefert also $[x]_\sim \subseteq [y]_\sim$, und wir schließen $[x]_\sim = [y]_\sim$. Wir haben gezeigt, dass jedes Element $y \in C$ einer Äquivalenzklasse C die Klasse „vertritt" in dem Sinne, dass $C = [y]_\sim$ gilt. Daher nennt man die Elemente von Äquivalenzklassen auch Vertreter. Alle Vertreter sind gleichberechtigt, und jede Auswahl eines bestimmten Vertreters ist ein Akt der Willkür.

Außerdem folgt, dass zwei Äquivalenzklassen, die auch nur ein Element gemeinsam haben, identisch sind. Außerdem sind Äquivalenzklassen wegen der Reflexivität nie leer, und ihre Vereinigung ergibt ganz A. Wir haben bewiesen:

Satz 1.3.7 (Eigenschaften der Faktormenge) *Es seien „$\sim$" eine Äquivalenzrelation auf einer Menge A und $M := A/\sim$ die Faktormenge. Dann sind die Elemente von M nicht leer und paarweise disjunkt. Außerdem gilt $\bigcup M = A$.*

Als ein **Vertretersystem** bezeichnet man eine Teilmenge $X \subseteq A$, die zu jeder Äquivalenzklasse genau einen Vertreter enthält. Beispielsweise bildet die Menge $X = \{0, 1, \dots, m - 1\}$ ein Vertretersystem der Kongruenzrelation modulo m aus Beispiel 1.3.6(3). Gibt es zu jeder Äquivalenzrelation ein Vertretersystem? Dazu ist es erforderlich, (potenziell) unendlich viele Auswahlen „simultan" zu treffen, was nach einer Anwendung des Auswahlaxioms klingt. In der Tat werden wir in Abschn. 3.2 mit Hilfe des Auswahlaxioms die Existenz eines Vertretersystems für jede Äquivalenzrelation zeigen (siehe Proposition 3.2.13).

Für den Rest des Abschnitts beschäftigen wir uns mit Ordnungsrelationen. Ist R eine Ordnungsrelation, so schreiben wir standardmäßig $x \leq y$ statt xRy und sprechen von der Ordnungsrelation „$\leq$". Eine Menge mit einer Ordnungsrelation heißt auch eine **geordnete Menge**.

Beispiel 1.3.8

(1) Die bekannten Zahlenbereiche $\mathbb{N}$, $\mathbb{Z}$, $\mathbb{Q}$ und $\mathbb{R}$ sind in herkömmlicher Weise geordnet. Beispielsweise gilt für $x, y \in \mathbb{Z}$ genau dann $x \leq y$, wenn $y - x \in \mathbb{N}$. Auf $\mathbb{C}$ gibt es keine natürliche Ordnungsrelation.

(2) Die Teilbarkeitsbeziehung auf $\mathbb{N}$ (siehe Beispiel 1.3.2(2)) ist eine Ordnungsre-
    lation. Für $x = 3$ und $y = 5$ gilt weder $x \mid y$ noch $y \mid x$. Jede natürliche Zahl
    teilt 0 und ist durch 1 teilbar.

(3) Man kann die Teilbarkeitsbeziehung auch auf $\mathbb{Z}$ definieren. Dies ergibt al-
    lerdings keine Ordnungsrelation, da die Antisymmetrie fehlt. Beispielsweise
    gelten $-1 \mid 1$ und $1 \mid -1$. Die Teilbarkeitsbeziehung auf $\mathbb{N}$ ist die Einschrän-
    kung der Teilbarkeitsbeziehung auf $\mathbb{Z}$.

(4) Auf $A = \{1, 2, 3, 4\}$ ist eine Ordnungsrelation definiert durch

$$R = \{(3, 3), (3, 2), (3, 1), (1, 1), (1, 2), (2, 2), (4, 4)\}.$$

Es gilt also $3 \leq 1 \leq 2$.

(5) Ist A eine Menge, so ist die Potenzmenge $\mathfrak{P}(A)$ durch die Teilmengenbezie-
    hung geordnet, für $B, C \subseteq A$ ist also

$$B \leq C \quad :\Longleftrightarrow \quad B \subseteq C.$$

(6) Ist „$\leq$" eine Ordnungsrelation auf einer Menge A, so erhalten wir eine neue
    Ordnungsrelation „$\preceq$" auf A, indem wir für $x, y \in A$ definieren:

$$x \preceq y \quad \Longleftrightarrow \quad y \leq x.$$

(7) Auf jeder Menge A ist $\{(x, x) \mid x \in A\}$ eine Ordnungsrelation.   ◁

Ist „$\leq$" eine Ordnungsrelation auf einer Menge A, so benutzt man häufig folgende
Schreib- und Sprechweisen für $x, y \in A$:

- $x \geq y :\Leftrightarrow y \leq x$,
- $x < y :\Leftrightarrow x \leq y$ und $x \neq y$,
- $x > y :\Leftrightarrow y < x$,
- x und y heißen *vergleichbar*, falls $x \leq y$ oder $y \leq x$ gelten.

An den obigen Beispielen haben wir gesehen, dass in einer geordneten Menge A
nicht unbedingt alle $x, y \in A$ vergleichbar sind. Dies (und anderes) wird in
folgender Definition thematisiert.

Definition 1.3.9 *Es sei „$\leq$" eine Ordnungsrelation auf einer Menge A.*

(a) *Die Ordnungsrelation „$\leq$" heißt eine* **totale Ordnung**, *falls alle $x, y \in A$
    vergleichbar sind. In diesem Fall heißt A eine* **total geordnete Menge**. *Falls
    „$\leq$" nicht total ist, spricht man auch von einer* partiellen Ordnung *und nennt A
    eine* partiell geordnete Menge.

(b) *Eine Teilmenge $B \subseteq A$ heißt eine* **Kette** *(oder auch* total geordnete Teilmenge*),
    falls die auf B eingeschränkte Ordnungsrelation total ist.*

(c) *Ein Element $a \in A$ heißt* **maximal** *bzw.* **minimal**, *falls es kein $x \in A$ gibt mit
    $x > a$ bzw. $x < a$.*

(d) *Ein Element a ∈ A heißt* **größtes** *bzw.* **kleinstes Element,** *falls für alle x ∈ A gilt: x ≤ a bzw. a ≤ x.*

(e) *Die Menge A heißt* **wohlgeordnet** *(und die Ordnungsrelation „≤" entsprechend eine* **Wohlordnung**)*, falls jede nicht leere Teilmenge B ⊆ A ein kleinstes Element besitzt. Jede Wohlordnung ist also insbesondere total.*

(f) *Eine Teilmenge B ⊆ A heißt* **nach oben** *bzw.* **nach unten beschränkt,** *falls es ein a ∈ A gibt, so dass x ≤ a bzw. a ≤ x für alle x ∈ B gilt. Ein solches a heißt dann eine* **obere** *bzw.* **untere Schranke** *von B.*

Die durchaus subtilen Unterscheidungen dieser Definition illustrieren wir nun an Beispielen.

Beispiel 1.3.10

(1) Die herkömmlichen Ordnungsrelationen auf $\mathbb{N}$, $\mathbb{Z}$, $\mathbb{Q}$ und $\mathbb{R}$ sind total. Damit ist auch jede Teilmenge eine Kette. Der Ausdruck „Kette" kann irreführend sein, weil er suggeriert, dass man die Elemente einer Kette als $a_1, a_2, a_3, \ldots$ schreiben kann mit $a_1 < a_2 < a_3 < \ldots$. Das Beispiel der Kette $\mathbb{R}$ zeigt, dass dies nicht so ist.

Die geordnete Menge $\mathbb{N}$ hat das kleinste Element 0. Ansonsten gibt es in den bekannten Zahlenbereichen keine kleinsten oder größten Elemente und ebenso wenig maximale oder minimale Elemente.

Das offene Intervall $\{x \in \mathbb{R} \mid x < 1\}$ hat keine größten, kleinsten, maximalen oder minimalen Elemente, es ist aber nach oben beschränkt durch die obere Schranke 1. Jede Zahl ≥ 1 ist eine obere Schranke, obere Schranken sind also im Allgemeinen nicht eindeutig bestimmt.

(2) Die Menge $\mathbb{N}$ ist durch die Teilbarkeitsbeziehung partiell geordnet. Die Menge aller Zweierpotenzen ist eine Kette. Das kleinste Element ist 1, das größte 0. Wenn man die Teilbarkeitsbeziehung auf $\mathbb{N}\backslash\{1\}$ einschränkt, sind die minimalen Elemente genau die Primzahlen. Minimale Elemente sind also im Allgemeinen nicht eindeutig bestimmt.

(3) Die Ordnungsrelation aus Beispiel 1.3.8(4) ist partiell. Die Elemente 3 und 4 sind minimal, 2 und 4 sind maximal.

(4) Das Standardbeispiel für eine wohlgeordnete Menge ist $\mathbb{N}$ mit der herkömmlichen Ordnungsrelation. Intuitiv dürfte klar sein, dass $\mathbb{N}$ wohlgeordnet ist. Den Nachweis führen wir am Ende von Abschn. 4.1 (Satz 4.1.11) in unserem Kapitel über das Zahlensystem.

Wir merken an, dass jede wohlgeordnete Menge totalgeordnet ist, aber nicht umgekehrt, wie die Beispiele $\mathbb{Z}$, $\mathbb{Q}$ und $\mathbb{R}$ zeigen.

(5) Es seien A eine Menge und $\mathfrak{P}(A)$ die Potenzmenge mit der Teilmengenbeziehung als Ordnungsrelation (siehe Beispiel 1.3.8(5)). Die Ordnung ist nur dann total, wenn A höchstens ein Element enthält. Das kleinste Element von $\mathfrak{P}(A)$ ist $\emptyset$, das größte ist A. Jede Teilmenge $M \subseteq \mathfrak{P}(A)$ ist nach oben beschränkt durch $\bigcup M$ (dies ist sogar die *kleinste obere Schranke*) und nach unten durch $\bigcap M$ (*größte unterer Schranke*) falls $M \neq \emptyset$, sonst durch jede beliebige Teilmenge.

(6) In jeder geordneten Menge A sind alle einelementigen Teilmengen Ketten. Ebenso ist die leere Menge eine Kette in A.   ◁

Nur in partiell geordneten Mengen gibt es einen Unterschied zwischen größten und maximalen Elementen (bzw. zwischen kleinsten und minimalen). Die folgende Proposition handelt vom Verhältnis dieser beiden Begriffe.

Proposition 1.3.11 (maximale und größte Elemente) *Falls es in einer geordneten Menge A ein größtes Element a gibt, so ist dies eindeutig bestimmt, und für alle $b \in A$ gilt:*

$$b \text{ ist maximal} \quad \Longleftrightarrow \quad b = a.$$

Entsprechendes gilt für kleinste und minimale Elemente.

Beweis Da jedes größte Element maximal ist, geht die Eindeutigkeit des größten Elements aus der zweiten Behauptung hervor, und es ist nur die Implikation „⇒" zu zeigen. Ist b maximal, so ist $a > b$ unmöglich. Andererseits gilt nach Voraussetzung $a \geq b$, also folgt $a = b$.

Der Beweis für die entsprechenden Aussagen über kleinste und minimale Elemente läuft analog.   □

Wir schließen den Abschnitt mit der Vorstellung einer Variante der vollständigen Induktion ab, der sogenannten **starken Induktion**. Diese beruht auf der Wohlgeordnetheit von $\mathbb{N}$, die wir in Beispiel 1.3.10(4) erwähnt haben, und später als Satz 4.1.11 beweisen werden. Wie bei der vollständigen Induktion sei $\mathcal{A}(n)$ eine Aussage über eine natürliche Zahl n. Man darf nun voraussetzen, dass $\mathcal{A}(k)$ für alle natürlichen Zahlen $k < n$ gilt (Induktionsannahme), und muss daraus folgern, dass $\mathcal{A}(n)$ gilt. Dann ist $\mathcal{A}(n)$ für alle $n \in \mathbb{N}$ bewiesen.

Für den Beweis, dass dies tatsächlich zutrifft, nehmen wir an, dass es natürliche Zahlen n gibt, für die $\mathcal{A}(n)$ nicht gilt. Dann ist die Menge

$$M := \left\{ n \in \mathbb{N} \mid \mathcal{A}(n) \text{ gilt nicht} \right\} \subseteq \mathbb{N}$$

nicht leer. Weil $\mathbb{N}$ wohlgeordnet ist, hat M ein kleinstes Element $n_0 \in M$. Für $k \in \mathbb{N}$ mit $k < n_0$ folgt demnach $k \notin M$, also gilt $\mathcal{A}(k)$ für $k < n_0$. Da man hieraus schließen kann, dass auch $\mathcal{A}(n_0)$ gilt, folgt $n_0 \notin M$, ein Widerspruch.

Ein typisches Beispiel für starke Induktion ist der Beweis des folgenden wichtigen Satzes.

Satz 1.3.12 (Primzerlegung) *Jede natürliche Zahl $n \geq 2$ lässt sich als Produkt von Primzahlen schreiben.*

Beweis Es sei $n \in \mathbb{N}$. Falls $n < 2$, so ist nichts zu zeigen, wir nehmen also $n \geq 2$ an. Ist n eine Primzahl so sind wir fertig. Andernfalls gibt es eine Zerlegung $n = a \cdot b$ mit $2 \leq a, b < n$. Gemäß der Induktionsannahme sind a und b Produkte von Primzahlen, also auch n.   □

Der Satz enthielt nicht die Aussage, dass die Zerlegung als Produkt von Primzahlen bis auf die Reihenfolge eindeutig ist. Dies werden wir (wesentlich) später beweisen, siehe Satz 7.3.14.

Es fällt auf, dass das Prinzip der starken Induktion keinen Induktionsanfang benötigt.

Aufgaben

1.3.1 Wir betrachten die Teilbarkeitsrelation auf $\mathbb{N}$ und die Teilmenge

$$A = \{0, 1, 2, 3, 4, 5, 6, 7, 8, 9, 10, 11, 12\} \subseteq \mathbb{N}.$$

Bestimmen Sie für die eingeschränkten Ordnungsrelationen auf A, $A \setminus \{0\}$, $A \setminus \{1\}$ jeweils alle minimalen, maximalen, kleinsten und größten Elemente. Geben Sie außerdem eine obere Schranke von $A \setminus \{0\}$ in $\mathbb{N}$ an.

1.3.2 Es seien R, S Relationen auf einer Menge A. Dann sind auch $R \cap S$ und $R \cup S$ Relationen auf A. Untersuchen Sie für jede der sechs Eigenschaften aus Definition 1.3.3, ob für alle Mengen A und alle Relationen R, S auf A gilt: Wenn R und S diese Eigenschaft haben, dann auch $R \cap S$ bzw. $R \cup S$.

1.3.3 Es seien $G = \{n \in \mathbb{N} \mid n \text{ ist gerade}\}$ und $U = \{n \in \mathbb{N} \mid n \text{ ist ungerade}\}$. Wir definieren eine Relation R auf $\mathbb{N}$ durch

$$x R y \quad :\Longleftrightarrow \quad xy \in G.$$

(a) Untersuchen Sie R auf die Eigenschaften reflexiv, irreflexiv (siehe Aufgabe 1.3.7 für die Definition), symmetrisch, antisymmetrisch, transitiv.

(b) Untersuchen Sie auch die Einschränkungen $R \cap (G \times G)$ bzw. $R \cap (U \times U)$ von R auf G bzw. auf U auf diese fünf Eigenschaften.

1.3.4 Zeigen Sie, dass die folgenden Relationen auf $\mathbb{R}^2$ Äquivalenzrelationen sind. Zeichnen Sie außerdem in jeder Teilaufgabe die Äquivalenzklassen von $(1, 0)$, $(1, 1)$, $(2, 2)$ und $(2, -2)$. Für $x = (x_1, x_2)$, $y = (y_1, y_2) \in \mathbb{R}^2$ sei jeweils definiert:

(a) $x \sim y \quad :\Longleftrightarrow \quad x_1^2 + x_2^2 = y_1^2 + y_2^2$,

(b) $x \sim y \quad :\Longleftrightarrow \quad \max\{|x_1|, |x_2|\} = \max\{|y_1|, |y_2|\}$,

(c) $x \sim y \quad :\Longleftrightarrow \quad |x_1| + |x_2| = |y_1| + |y_2|$,

(d) $x \sim y \quad :\Longleftrightarrow \quad x_1 \cdot x_2 = y_1 \cdot y_2$,

(e) $x \sim y \quad :\Longleftrightarrow \quad (x_1 y_2 = x_2 y_1 \wedge x_1 x_2 \neq 0 \wedge y_1 y_2 \neq 0) \vee (x = y = (0, 0))$.

1.3.5 Es sei A eine Menge und es sei $\mathcal{A}$ eine **Partition** von A, d. h. $\mathcal{A} \subseteq \mathfrak{P}(A)$ ist eine Menge von nichtleeren und paarweise disjunkten Teilmengen von A, sodass $\bigcup_{M \in \mathcal{A}} M = A$ gilt.

(a) Zeigen Sie als Umkehrung zu Satz 1.3.7, dass für $x, y \in A$ durch

$$x \sim y \quad :\Longleftrightarrow \quad \exists\, M \in \mathcal{A} : x, y \in M.$$

eine Äquivalenzrelation auf A definiert wird und dass $\mathcal{A} = A/\!\sim$ gilt.

(b) Geben Sie alle Partitionen der Menge $A = \{1, 2, 3\}$ an und untersuchen Sie, wie viele verschiedene Äquivalenzrelationen es auf A gibt.

1.3.6

(a) Führen Sie den Nachweis, dass die Kongruenz modulo m in Beispiel 1.3.6(3) eine Äquivalenzrelation ist.

(b) Als Beispiel sei $m = 7$ und es seien $x_1, \ldots, x_{12} \in \{1, \ldots, 365\}$ die Nummern der Tage 13. Januar, 13. Februar, 13. März, usw., wenn die Wochentage im Jahr von 1. Januar mit 1 bis 31. Dezember mit 365 durchnummeriert sind. Bestimmen Sie für $i = 1, \ldots, 12$ den eindeutigen Vertreter $y_i \in \{0, \ldots, 6\}$ der Restklasse von x_i modulo 7. Wiederholen Sie dies dann für den Fall eines Schaltjahres, wo die Tage von 1 bis 366 durchnummeriert sind. Folgern Sie aus den Ergebnissen, dass es in jedem Jahr in den Monaten Mai bis November genau einen Freitag den 13. gibt.

1.3.7 Es sei A eine Menge. Eine Relation $R \subseteq A \times A$ heißt **irreflexiv**, wenn für alle $x \in A$ gilt: $(x, x) \notin R$.

(a) Es sei „$\leq$" eine Ordnungsrelation auf A. Zeigen Sie, dass die auf Seite 18 mit Hilfe von „$\leq$" definierte Relation „$<$" irreflexiv und transitiv ist.

(b) Jetzt sei umgekehrt eine irreflexive und transitive Relation „$<$" auf A gegeben. Zeigen Sie, dass dann durch

$$x \leq y \quad :\Longleftrightarrow \quad x < y \ \text{ oder } \ x = y.$$

eine Ordnungsrelation auf A definiert wird.

1.3.8 📷 *(Video-Link siehe Vorwort, Seite VI)*
Mit Hilfe der gewöhnlichen Ordnungsrelation von $\mathbb{R}$ definieren wir eine Relation auf $\mathbb{R}^2$ durch

$$(x_1, x_2) \preceq (y_1, y_2) \quad :\Longleftrightarrow \quad x_1 \leq y_1 \ \text{ und } \ x_2 \leq y_2.$$

(a) Zeigen Sie, dass „$\preceq$" eine Ordnungsrelation ist.

(b) Zeichnen Sie die Menge

$$\Delta := \{(x_1, x_2) \in \mathbb{R}^2 \mid 0 \leq x_1 \leq 3,\ 0 \leq x_2 \leq x_1\}$$

und den Punkt $P = (4, 1)$ in ein kartesisches Koordinatensystem und bestimmen Sie alle minimalen, maximalen, kleinsten und größten Elemente bzgl. „$\preceq$" von $\varDelta \cup \{P\}$.

1.3.9 Es sei A eine geordnete Menge. Zeigen Sie, dass auf A^n eine Ordnungsrelation (die sog. **lexikographische Ordnung**) definiert wird, wenn man für $x = (x_1, \ldots, x_n)$, $y = (y_1, \ldots, y_n) \in A^n$ setzt:

$$x \leq y \quad :\Longleftrightarrow \quad x = y \text{ oder } x_k < y_k \text{ für } k = \min\{i \in \{1, \ldots, n\} \mid x_i \neq y_i\}.$$

Zeigen Sie weiter: Ist A total geordnet, so ist auch die lexikographische Ordnung auf A^n eine totale Ordnung.

1.3.10 Es sei R eine Relation auf einer Menge A. Die **transitive Hülle** R^+ von R ist eine Relation auf A definiert über:

$$x R^+ y \quad :\Longleftrightarrow \quad \exists n \in \mathbb{N}_{\geq 1} \, \exists x_0, \ldots, x_n \in A : x_0 = x, \, x_n = y$$

$$\text{und } x_i R x_{i+1} \text{ für } i = 0, \ldots, n-1.$$

(a) Bestimmen Sie die transitive Hülle der Nachfolgerrelation auf $\mathbb{N}$.

(b) Zeigen Sie, dass R^+ transitiv ist und dass für jede transitive Relation S auf A mit $R \subseteq S$ gilt: $R^+ \subseteq S$.

(c) Untersuchen Sie, ob für alle Mengen A und alle Relationen R auf A gilt: Ist R reflexiv und antisymmetrisch, so ist R^+ eine Ordnungsrelation.

(d) Untersuchen Sie, ob für alle Mengen A und alle Relationen R auf A gilt: Ist R reflexiv und symmetrisch, so ist R^+ eine Äquivalenzrelation.

1.3.11 Es seien A und B geordnete Mengen. Eine Abbildung $f : A \to B$ heißt **ordnungserhaltend**, wenn für alle $a_1, a_2 \in A$ gilt:

$$a_1 \leq a_2 \quad \Longrightarrow \quad f(a_1) \leq f(a_2).$$

Eine Bijektion $f : A \to B$ heißt **Ordnungsisomorphismus**, wenn f und f^{-1} ordnungserhaltend sind.

(a) Zeigen Sie: Es gibt keine ordnungserhaltenden und surjektiven Abbildungen $f : \mathbb{N} \to \mathbb{Z}$ bzw. $g : \mathbb{Z} \to \mathbb{Q}$ (wobei $\mathbb{N}$, $\mathbb{Z}$, $\mathbb{Q}$ mit den gewöhnlichen Ordnungsrelationen versehen sind).

(b) Geben Sie zwei geordnete Mengen A, B und eine ordnungserhaltende und bijektive Abbildung $f : A \to B$ an, die kein Ordnungsisomorphismus ist.

(c) ✒ Jetzt sei A wohlgeordnet und es sei $f : A \to A$ ein Ordnungsisomorphismus. Zeigen Sie, dass dann $f = \mathrm{id}_A$ gilt.

Kapitel 2
Algebraische Strukturen (LA)

Zusammenfassung Algebraische Strukturen bestehen aus Mengen zusammen mit Verknüpfungen auf oder zwischen diesen Mengen, so dass gewisse Rechenregeln (in diesem Kontext „Axiome" genannt) erfüllt sind. Wir beschäftigen uns in diesem Kapitel mit den grundlegenden algebraischen Strukturen: Gruppen, Ringen und Körpern. Diese bestehen jeweils aus einer Menge zusammen mit einer oder zwei Verknüpfungen auf dieser Menge. Wir werden jeweils die Grundbegriffe und einige Beispiele besprechen.

2.1 Gruppen

Wir beginnen mit der Definition einer Gruppe. Mit nur einer Verknüpfung bilden die Gruppen vielleicht die grundlegendste algebraische Struktur.

Definition 2.1.1 *Eine* **Gruppe** *ist eine Menge G zusammen mit einer Abbildung $p\colon G \times G \to G$, die wir* **Produkt** *oder* **Verknüpfung** *nennen und für die wir die Schreibweise $p(a, b) = a \cdot b = ab$ verwenden, so dass die folgenden Axiome gelten:*

$$\text{Für alle } a, b, c \in G \text{ gilt:} \quad (a \cdot b) \cdot c = a \cdot (b \cdot c). \tag{AG}$$

$$\text{Es existiert ein } e \in G, \text{ so dass für alle } a \in G \text{ gilt:} \quad e \cdot a = a. \tag{NE}$$

$$\text{Für alle } a \in G \text{ existiert ein } a' \in G \text{ mit} \quad a' \cdot a = e. \tag{IE}$$

(Hierbei ist (IE) *eigentlich eine weitere Eigenschaft von e.)*
Eine Gruppe G heißt **abelsch** *oder auch kommutativ, falls zusätzlich gilt:*

$$\text{Für alle } a, b \in G \text{ gilt:} \quad a \cdot b = b \cdot a. \tag{KG}$$

Anmerkung Unsere Ausdrucksweise „eine Menge ... zusammen mit einer Abbildung" ist eigentlich ungenau. Formal befriedigender wäre es, eine Gruppe als ein

© Springer-Verlag GmbH Deutschland, ein Teil von Springer Nature 2022
G. Kemper, F. Reimers, *Lineare Algebra*,
https://doi.org/10.1007/978-3-662-63724-1_2

geordnetes Paar (G, p) zu definieren, wobei G eine Menge und $p\colon G \times G \to G$ eine Abbildung ist, so dass die obigen Axiome gelten. ◁

Bevor wir Beispiele von Gruppen betrachten, beweisen wir das folgende Resultat:

Satz 2.1.2 *Für jede Gruppe G gelten:*

(a) *Es gibt genau ein $e \in G$, das (NE) erfüllt. Dieses e heißt das* **neutrale Element** *von G.*

(b) *Für jedes $a \in G$ gibt es genau ein $a' \in G$, das (IE) erfüllt. Dieses a' heißt das* **inverse Element** *zu a und wird mit $a' = a^{-1}$ bezeichnet.*

(c) *Für jedes $a \in G$ gelten*

$$ae = a \quad und \quad aa^{-1} = e.$$

Beweis Wir beginnen mit (c). Für $a \in G$ gibt es wegen (IE) ein $a' \in G$ mit $a'a = e$ und zu a' gibt es wiederum wegen (IE) ein $a'' \in G$ mit $a''a' = e$. Es folgt

$$aa' \underset{(\mathrm{NE})}{=} e(aa') \underset{(\mathrm{IE})}{=} (a''a')(aa') \underset{(\mathrm{AG})}{=} a''\big(a'(aa')\big)$$
$$\underset{(\mathrm{AG})}{=} a''\big((a'a)a'\big) \underset{(\mathrm{IE})}{=} a''(ea') \underset{(\mathrm{NE})}{=} a''a' \underset{(\mathrm{IE})}{=} e, \tag{2.1}$$

und weiter folgt

$$ae \underset{(\mathrm{IE})}{=} a(a'a) \underset{(\mathrm{AG})}{=} (aa')a \underset{(2.1)}{=} ea \underset{(\mathrm{NE})}{=} a. \tag{2.2}$$

Damit ist (c) nachgewiesen. Zum Beweis von (a) sei $\tilde{e} \in G$ ein weiteres Element, das (NE) erfüllt. Dann folgt

$$\tilde{e} \underset{(2.2)}{=} \tilde{e}e \underset{(\mathrm{NE})}{=} e,$$

was die behauptete Eindeutigkeit liefert. Zum Beweis von (b) sei $\tilde{a} \in G$ ein weiteres Element mit $\tilde{a}a = e$. Dann folgt

$$\tilde{a} \underset{(2.2)}{=} \tilde{a}e \underset{(2.1)}{=} \tilde{a}(aa') \underset{(\mathrm{AG})}{=} (\tilde{a}a)a' = ea' \underset{(\mathrm{NE})}{=} a'.$$

Dies schließt den Beweis ab. □

Beispiel 2.1.3

(1) Die Mengen $\mathbb{Z}$, $\mathbb{Q}$ und $\mathbb{R}$ zusammen mit der gewöhnlichen Addition als Verknüpfung sind abelsche Gruppen mit 0 als neutralem Element. Zu jedem a ist hierbei $-a$ das inverse Element. (Die Konstruktion dieser Zahlenbereiche und der Addition und Multiplikation auf ihnen findet sich in unserem Teilstrang über Mengenlehre in Kap. 4.)

(2) Die Mengen $\mathbb{Q} \setminus \{0\}$ und $\mathbb{R} \setminus \{0\}$ zusammen mit dem gewöhnlichen Produkt sind abelsche Gruppen mit 1 als neutralem Element.

(3) Die Menge $\mathbb{Z} \setminus \{0\}$ mit dem gewöhnlichen Produkt ist keine Gruppe, da (IE) verletzt ist. Aber $\{1, -1\} \subseteq \mathbb{Z}$ ist mit dem gewöhnlichen Produkt eine Gruppe.

(4) Für reelle Zahlen $a, b \in \mathbb{R}$ betrachten wir die Abbildung

$$f_{a,b} : \mathbb{R} \to \mathbb{R}, \quad x \mapsto ax + b.$$

Für a, b, c, d und $x \in \mathbb{R}$ haben wir

$$f_{a,b}\big(f_{c,d}(x)\big) = f_{a,b}(cx + d) = acx + ad + b,$$

also

$$f_{a,b} \circ f_{c,d} = f_{ac,ad+b}.$$

Die Menge

$$G := \{f_{a,b} \mid a, b \in \mathbb{R}, \, a \neq 0\}$$

ist also abgeschlossen unter der Komposition. Außerdem enthält G die Identität $\mathrm{id}_{\mathbb{R}} = f_{1,0}$, und für $f_{a,b} \in G$ gilt $f_{a^{-1}, -a^{-1}b} \circ f_{a,b} = \mathrm{id}_{\mathbb{R}}$. Da bei der Komposition von Abbildungen das Assoziativgesetz automatisch gilt (siehe Anmerkung 1.2.5(a)), erhalten wir, dass G ein Gruppe ist. Ist G abelsch? Nein, denn beispielsweise ist

$$f_{2,0} \circ f_{1,1} \neq f_{1,1} \circ f_{2,0}.$$

(5) Die Menge $G = \{e\}$ mit $e \cdot e = e$ bildet eine Gruppe, die *triviale Gruppe*.

(6) Die Menge aller Drehungen, die ein Quadrat in sich selbst überführen, ist mit der Komposition eine Gruppe. Hierbei benutzen wir unsere geometrische Anschauung. Erst später mit dem Begriff der linearen Abbildung können wir dies formalisieren (siehe Aufgabe 5.4.7 und Abschn. 11.5). Diese Gruppe hat vier Elemente und wird die *Drehgruppe* des Quadrates genannt. Nimmt man noch Spiegelungen mit hinzu, so landet man bei der vollen *Symmetriegruppe* des Quadrates. Auch andere geometrische Objekte haben Dreh- und Symmetriegruppen, ebenso Kristalle oder Moleküle. Am Ende von Abschn. 11.5 werden wir weitere Beispiele kennenlernen. ◁

Aus den Gruppenaxiomen bzw. aus Satz 2.1.2 ergeben sich für eine Gruppe G direkt die folgenden Rechenregeln für alle $a, b \in G$:

$$(a^{-1})^{-1} = a \quad \text{und} \quad (ab)^{-1} = b^{-1}a^{-1}.$$

Des Weiteren verwenden wir die folgenden Schreibweisen, die durch das Assoziativgesetz legitimiert werden. Statt $(a \cdot b) \cdot c = a \cdot (b \cdot c)$ schreiben wir $a \cdot b \cdot c$, und entsprechend $a \cdot b \cdot c \cdot d$ und so weiter. Für $n \in \mathbb{N}_{>0}$ setzen wir

$$a^n := \underbrace{a \cdot \ldots \cdot a}_{n \text{ mal}}, \quad a^0 := e \quad \text{und} \quad a^{-n} := (a^n)^{-1}.$$

Abelsche Gruppen schreiben wir oft *additiv*, also $a + b$ statt $a \cdot b$. In diesem Fall schreiben wir 0 für das neutrale Element und $-a$ für das inverse Element von $a \in G$.

Das für uns wichtigste Beispiel einer Gruppe ist die symmetrische Gruppe, die wir nun einführen. Als Verknüpfung dient hierbei die Komposition von Abbildungen, welche nach Anmerkung 1.2.5(a) das Assoziativgesetz erfüllt.

Definition 2.1.4 *Für eine Menge A ist*

$$S_A := \{f \colon A \to A \mid f \text{ ist bijektiv}\}$$

zusammen mit dem Produkt $f \cdot g := f \circ g$ (Komposition) eine Gruppe, die sogenannte **symmetrische Gruppe** *auf A. Hierbei ist die Identität id_A das neutrale Element und zu jedem $f \in S_A$ ist die Umkehrabbildung f^{-1} das inverse Element. Die Elemente von S_A heißen* **Permutationen**. *Besonders wichtig ist der Fall $A = \{1, \ldots, n\}$ mit $n \in \mathbb{N}$. Hier schreiben wir S_n statt S_A und sprechen von der symmetrischen Gruppe auf n Ziffern.*

Beispiel 2.1.5

(1) Für $n = 2$ ist

$$S_n = \{\mathrm{id}, \sigma\}$$

mit $\sigma(1) = 2$ und $\sigma(2) = 1$. Es gilt $\sigma^2 = \mathrm{id}$ und S_2 ist abelsch.

(2) Die Gruppe S_3 hat sechs Elemente, denn es gibt $6 = 3!$ viele bijektive Abbildungen $\{1, 2, 3\} \to \{1, 2, 3\}$. Wir benutzen folgende Schreibweise: $(1, 2, 3)$ steht für die Permutation aus S_3 mit $1 \mapsto 2 \mapsto 3 \mapsto 1$, und $(1, 2)$ steht für die Permutation mit $1 \mapsto 2 \mapsto 1$ und $3 \mapsto 3$ (und entsprechend für andere Ziffern). Dann gilt

$$S_3 = \Big\{ \mathrm{id}, \underbrace{(1, 2, 3)}_{=:\sigma}, (3, 2, 1), \underbrace{(1, 2)}_{=:\tau}, (1, 3), (2, 3) \Big\}.$$

Es gilt

$$\sigma \cdot \tau = (1, 3) \neq (2, 3) = \tau \cdot \sigma.$$

(Man beachte, dass für die Bildung von $\sigma \cdot \tau$ zuerst τ und dann σ ausgeführt werden muss.) Also ist S_3 nicht abelsch.   ◁

Das obige Beispiel zeigt, dass S_n für $n \geq 3$ nicht abelsch ist. Es gilt allgemein

$$|S_n| = n!,$$

wobei $n! = n(n-1) \cdot \ldots \cdot 2 \cdot 1$ wie immer für die **Fakultät** von n steht.

Anmerkung 2.1.6 Wie schon im obigen Beispiel gezeigt, benutzt man für Elemente der symmetrischen Gruppe S_n oft eine Darstellung durch *elementfremde Zykel*, die hier kurz erklärt werden soll. Zunächst ist ein **Zykel** eine Permutation, die gewisse Zahlen $a_1, \ldots, a_r \in \{1, \ldots, n\}$ zyklisch vertauscht, d. h. a_i wird auf a_{i+1} abgebildet ($1 \leq i \leq r-1$), a_r wird auf a_1 abgebildet, und alle anderen Zahlen bleiben fest. Man schreibt diese Permutation als $(a_1, \ldots, a_r)$ und spricht auch von einem r-**Zykel**. Durch einen Induktionsbeweis kann man einsehen, dass sich jede Permutation $\sigma \in S_n$ schreiben lässt als ein Produkt

$$\sigma = (a_{1,1}, a_{1,2}, \ldots, a_{1,r_1}) \cdot (a_{2,1}, \ldots, a_{2,r_2}) \cdot \ldots \cdot (a_{s,1}, \ldots, a_{s,r_s}), \qquad (2.3)$$

wobei die $a_{i,j}$ paarweise verschieden sind. Aufgrund dieser Verschiedenheit nennt man die vorkommenden Zykel *elementfremd*. Wegen der Elementfremdheit spielt die Reihenfolge der Zykel in (2.3) keine Rolle.

Beispielsweise hat die Permutation $\sigma \in S_5$ mit $\sigma(1) = 4$, $\sigma(2) = 5$, $\sigma(3) = 1$, $\sigma(4) = 3$ und $\sigma(5) = 2$ die Darstellung $\sigma = (1, 4, 3)(2, 5)$. ◁

Wir behandeln in diesem Abschnitt noch drei wichtige Begriffe aus der Gruppentheorie: Untergruppen, Erzeugung und Homomorphismen.

Definition 2.1.7 *Eine nichtleere Teilmenge $H \subseteq G$ einer Gruppe heißt* **Untergruppe**, *falls für alle $a, b \in H$ auch das Produkt $a \cdot b$ und das Inverse a^{-1} Elemente von H sind. Insbesondere liegt dann das neutrale Element von G in H, und H ist zusammen mit der Einschränkung der Verknüpfung selbst eine Gruppe.*

Beispiel 2.1.8

(1) Für jede Gruppe G sind $\{e\} \subseteq G$ und $G \subseteq G$ Untergruppen.
(2) In $\mathbb{Z}$ (als Gruppe zusammen mit der Addition) ist $n \cdot \mathbb{Z} := \{nx \mid x \in \mathbb{Z}\}$ für jedes $n \in \mathbb{Z}$ eine Untergruppe.
(3) In $\mathbb{R} \setminus \{0\}$ (zusammen mit dem herkömmlichen Produkt) ist $\{1, -1\}$ eine Untergruppe. Hingegen ist $\{1, 2, -1, -2\}$ keine Untergruppe.
(4) Die Gruppe G aus Beispiel 2.1.3(4) hat die Untergruppen

$$H = \left\{ f_{a,0} \mid a \in \mathbb{R} \setminus \{0\} \right\} \quad \text{und} \quad N = \{ f_{1,b} \mid b \in \mathbb{R} \}.$$

(5) In S_3 sind

$$A_3 = \{\text{id}, (1, 2, 3), (3, 2, 1)\} \quad \text{und} \quad H = \{\text{id}, (1, 2)\}$$

Untergruppen, und ebenso $H' = \{\text{id}, (1, 3)\}$ und $H'' = \{\text{id}, (2, 3)\}$. ◁

Anmerkung Es ist leicht einzusehen, dass der Schnitt zweier Untergruppen einer Gruppe G wieder eine Untergruppe ist. Dies gilt auch für den Schnitt beliebig vieler Untergruppen.

Allerdings ist die Vereinigung von Untergruppen in der Regel keine Untergruppe, wie man etwa anhand der Untergruppe A_3 und H aus Beispiel 2.1.8(5) sieht.   ◁

Definition 2.1.9 *Es seien G eine Gruppe und $M \subseteq G$ eine Teilmenge. Die von M **erzeugte Untergruppe** von G ist die Menge aller Elemente von G, die sich als Produkte $a_1 a_2 \cdot \ldots \cdot a_k$ beliebiger Länge k schreiben lassen, wobei für jedes i gilt: $a_i \in M$ oder $a_i^{-1} \in M$. Die Faktoren a_i in einem solchen Produkt müssen nicht verschieden sein. Die von M erzeugte Untergruppe ist tatsächlich eine Untergruppe, genauer gesagt die kleinste Untergruppe, die alle Elemente von M enthält.*

Falls die von M erzeugte Untergruppe ganz G ist, so sagen wir, dass G von M erzeugt wird.

Anmerkung Die von einer Teilmenge $M \subseteq G$ erzeugte Untergruppe lässt sich auch als der Schnitt aller Untergruppen $H \subseteq G$ mit $M \subseteq H$ definieren. Es kommt dabei dasselbe heraus wie in Definition 2.1.9.   ◁

Beispiel 2.1.10

(1) Die Gruppe $\mathbb{Z}$ mit der gewöhnlichen Addition wird durch $M = \{1\}$ (man sagt auch: durch das Element 1) erzeugt.

(2) Die Drehgruppe des Quadrats (siehe Beispiel 2.1.3(6)) wird durch eine Drehung um $90°$ erzeugt.

(3) Die von der Permutation $(1, 2, 3)$ erzeugte Untergruppe der S_3 ist die A_3 (siehe Beispiel 2.1.8(5)).

(4) Die S_3 wird von $\sigma = (1, 2, 3)$ und $\tau = (1, 2)$ erzeugt. Dies kann man leicht nachrechnen.   ◁

Die folgende Proposition gibt ein Erzeugendensystem der symmetrischen Gruppe S_n an. Als eine **Transposition** bezeichnen wir eine Permutation mit Zykeldarstellung von der Form (i, j): Zwei Zahlen werden vertauscht, alle anderen festgelassen. Transpositionen sind ihre eigenen Inversen.

Proposition 2.1.11 *Die Gruppe S_n wird von Transpositionen erzeugt.*

Beweis Wir benutzen Induktion nach n. Für $n \leq 1$ ist $|S_n| = 1$, also erzeugt durch die leere Menge. Wir setzen ab jetzt $n \geq 2$ voraus und müssen zeigen, dass jede Permutation $\sigma \in S_n$ ein Produkt von Transpositionen ist. Zunächst betrachten wir den Fall $\sigma(n) = n$. Dann liefert die Einschränkung von σ auf $\{1, \ldots, n-1\}$ ein Element von S_{n-1}, welches nach Induktion ein Produkt von Transpositionen ist. Also ist auch σ ein Produkt von Transpositionen.

Schließlich betrachten wir den Fall $\sigma(n) \neq n$. Wir setzen $k := \sigma(n)$ und bilden

$$\tau := (k, n) \cdot \sigma.$$

Es folgt $\tau(n) = n$, also ist τ nach dem obigen Fall ein Produkt von Transpositionen, und $\sigma = (k, n) \cdot \tau$ auch. $\qquad\square$

Anmerkung Man kann zeigen, dass die S_n auch von den beiden Permutationen $\sigma = (1, 2, \ldots, n)$ und $\tau = (1, 2)$ erzeugt wird. $\qquad\triangleleft$

Definition 2.1.12 *Es seien G und H Gruppen. Eine Abbildung $\varphi\colon G \to H$ heißt ein **Homomorphismus** (von Gruppen), falls für alle $a, b \in G$ gilt:*

$$\varphi(ab) = \varphi(a)\varphi(b).$$

Für einen Homomorphismus $\varphi\colon G \to H$ heißt

$$\mathrm{Kern}(\varphi) := \{a \in G \mid \varphi(a) = e_H\}$$

*der **Kern** von φ. (Hierbei ist e_H das neutrale Element von H.)*

Beispiel 2.1.13

(1) Die Exponentialfunktion liefert einen Homomorphismus von $\mathbb{R}$ mit der Addition in $\mathbb{R} \setminus \{0\}$ mit der Multiplikation. Der Kern ist $\{0\}$ und das Bild ist $\mathbb{R}_{>0}$. Auch die Exponentialfunktion von $\mathbb{C}$ liefert einen Homomorphismus von der additiven Gruppe von $\mathbb{C}$ in $\mathbb{C} \setminus \{0\}$. Der Kern ist $\mathbb{Z} \cdot 2\pi i$.

(2) Die Abbildung $\varphi\colon \mathbb{Z} \to \{1, -1\}$, $i \mapsto (-1)^i$ ist ein Homomorphismus von der additiven Gruppe von $\mathbb{Z}$ in die multiplikative Gruppe $\{\pm 1\}$. Der Kern besteht aus allen geraden Zahlen.

(3) Für eine positive natürliche Zahl n ist $\varphi_n\colon \mathbb{Z} \to \mathbb{Z}$, $x \mapsto nx$ ein injektiver Homomorphismus.

(4) Es sei G die Gruppe aus Beispiel 2.1.3(4). Dann ist

$$\varphi : G \to \mathbb{R} \setminus \{0\}, \quad f_{a,b} \mapsto a$$

ein Homomorphismus in die multiplikative Gruppe von $\mathbb{R}$. Der Kern ist die Untergruppe N aus Beispiel 2.1.8(4). Allerdings ist

$$\psi : G \to \mathbb{R}, \quad f_{a,b} \mapsto b$$

kein Homomorphismus in die additive Gruppe.

(5) Sind G und H Gruppen, so ist $\varphi\colon G \to H$, $a \mapsto e_H$ (das neutrale Element von H) ein Homomorphismus.

(6) Es sei G eine Gruppe. Die Abbildung $\varphi\colon G \to G$, $a \mapsto a^{-1}$ ist nur dann ein Homomorphismus, wenn G abelsch ist.

(7) Es seien G eine Gruppe und $a \in G$. Dann ist

$$\varphi_a : G \to G, \quad x \mapsto axa^{-1}$$

ein Homomorphismus. $\qquad\triangleleft$

Proposition 2.1.14 *Es seien G, H Gruppen und φ: G → H ein Homomorphismus.*
Dann gelten:

(a) *φ(e_G) = e_H (wobei e_G und e_H die neutralen Elemente von G bzw. H sind).*
(b) *Für alle a ∈ G gilt φ(a^{-1}) = φ(a)$^{-1}$.*
(c) *Es ist Bild(φ) eine Untergruppe von H.*
(d) *Es ist Kern(φ) eine Untergruppe von G.*
(e) *Genau dann ist φ injektiv, wenn Kern(φ) = {e_G}.*

Beweis

(a) Es gilt

$$\varphi(e_G) = \varphi(e_G \cdot e_G) = \varphi(e_G) \cdot \varphi(e_G).$$

Durch Multiplikation mit $\varphi(e_G)^{-1}$ ergibt sich die Behauptung.
(b) Für $a \in G$ gilt:

$$\varphi(a^{-1}) \cdot \varphi(a) = \varphi(a^{-1}a) = \varphi(e_G) \underset{(a)}{=} e_H.$$

Hieraus folgt die Behauptung.
(c) Es seien $x, y \in$ Bild(φ). Dazu gibt es $a, b \in G$ mit $x = \varphi(a)$ und $y = \varphi(b)$.
Also

$$xy = \varphi(a)\varphi(b) = \varphi(ab) \in \text{Bild}(\varphi)$$

und

$$x^{-1} = \varphi(a)^{-1} \underset{(b)}{=} \varphi(a^{-1}) \in \text{Bild}(\varphi).$$

(d) Wegen (a) gilt $e_G \in$ Kern(φ), also Kern(φ) $\neq \emptyset$. Weiter gilt für $a, b \in$ Kern(φ):

$$\varphi(ab) = \varphi(a)\varphi(b) = e_H e_H = e_H \quad \text{und} \quad \varphi(a^{-1}) \underset{(b)}{=} e_H^{-1} = e_H,$$

also $ab \in$ Kern(φ) und $a^{-1} \in$ Kern(φ).
(e) Wir nehmen zunächst an, dass φ injektiv sei. Für $a \in$ Kern(φ) gilt dann

$$\varphi(a) = e_H \underset{(a)}{=} \varphi(e_G) \quad \Longrightarrow \quad a = e_G.$$

Nach (a) ist außerdem immer $e_G \in$ Kern(φ). Es folgt Kern(φ) = {e_G}.
    Wir nehmen nun umgekehrt Kern(φ) = {e_G} an. Es seien $a, b \in G$ mit
$\varphi(a) = \varphi(b)$. Dann folgt

$$e_H = \varphi(a)\varphi(b)^{-1} \underset{(b)}{=} \varphi(a)\varphi(b^{-1}) = \varphi(ab^{-1}),$$

also $ab^{-1} \in \mathrm{Kern}(\varphi)$. Nach Voraussetzung folgt $ab^{-1} = e_G$, also $a = b$. Die Injektivität von φ ist damit nachgewiesen.

□

Anmerkung Ist $a \in \mathrm{Kern}(\varphi)$ im Kern eines Homomorphismus $\varphi\colon G \to H$, so gilt für alle $b \in G$:

$$\varphi(bab^{-1}) = \varphi(b)\varphi(a)\varphi(b)^{-1} = \varphi(b)\varphi(b)^{-1} = e_H,$$

also $bab^{-1} \in \mathrm{Kern}(\varphi)$. Man sagt, dass $\mathrm{Kern}(\varphi)$ ein **Normalteiler** von G ist, also eine Untergruppe H, bei der für jedes Element $a \in H$ auch die *konjugierten* Elemente bab^{-1} ($b \in G$) in H liegen. ◁

Ein bijektiver Homomorphismus $G \to H$ zwischen zwei Gruppen heißt auch ein **Isomorphismus**. Zwei Gruppen G und H heißen **isomorph**, falls es einen Isomorphismus $G \to H$ gibt.

Beispielsweise sind die Gruppen S_2 und $\{1, -1\}$ isomorph. Nicht isomorph sind die S_3 und die Drehgruppe G des regelmäßigen Sechsecks (definiert wie in Beispiel 2.1.3(6)), obwohl beide Gruppen sechs Elemente haben; denn S_3 ist nicht abelsch, G aber schon. Isomorphe Gruppen haben exakt dieselben gruppentheoretischen Eigenschaften.

Aufgaben

2.1.1 Es seien G eine Gruppe und $a \in G$. Zeigen Sie, dass die Abbildungen $f_a : G \to G$, $x \mapsto ax$ und $g_a : G \to G$, $x \mapsto xa$ bijektiv sind. Für welche Gruppenelemente $a \in G$ sind diese Abbildungen Homomorphismen?

2.1.2 Eine **Verknüpfungstafel** einer endlichen Gruppe $G = \{g_1, \ldots, g_n\}$ gibt die Ergebnisse aller Produkte $g_i g_j$ in einer Tabelle mit n Zeilen und Spalten an, die jeweils mit $g_1, \ldots, g_n$ beschriftet sind.

(a) Zeigen Sie, dass in jeder Zeile und jeder Spalte einer Verknüpfungstafel einer endlichen Gruppe G jedes Element aus G genau einmal vorkommt.

(b) Es sei $G = \{e, a, b, c\}$ eine vierelementige Gruppe mit neutralem Element e und es gelte $a^2 = b$. Geben Sie eine Verknüpfungstafel von G an. Zeigen Sie dann, dass sich G als Untergruppe von $\mathbb{C} \setminus \{0\}$ realisieren lässt.

2.1.3 Von der Verknüpfung $\cdot : G \times G \to G$ einer Gruppe $G = \{a, b, c, x, y, z\}$ mit sechs Elementen sind nur einige Werte bekannt. Vervollständigen Sie die Verknüpfungstafel von G:

·	a	b	c	x	y	z
a					c	b
b	x	z				
c		y				
x				x		
y						
z	a				x	

2.1.4 Es sei G eine Gruppe mit neutralem Element $e \in G$ und es gelte $a^2 = e$ für alle $a \in G$. Zeigen Sie, dass G abelsch ist.

2.1.5 Mit Hilfe der üblichen Addition und Multiplikation auf $\mathbb{R}$ definieren wir eine Verknüpfung:

$$* : \mathbb{R} \times \mathbb{R} \to \mathbb{R}, \quad (x, y) \mapsto x * y := x + y + x \cdot y.$$

(a) Zeigen Sie, dass für $x, y \in \mathbb{R}$ mit $x \neq -1$, $y \neq -1$ auch $x * y \neq -1$ ist.
Es sei nun $G := \mathbb{R} \setminus \{-1\}$. Nach (a) haben wir eine Abbildung $* : G \times G \to G$.
(b) Zeigen Sie, dass G zusammen mit $*$ eine abelsche Gruppe ist.
(c) Bestimmen Sie alle $x \in G$ mit $2 * x * 3 = 17$.

2.1.6 Gelegentlich wird eine Permutation $\sigma \in S_n$ wie folgt durch ihre Wertetabelle angegeben:

$$\sigma = \begin{pmatrix} 1 & 2 & \dots & n \\ \sigma(1) & \sigma(2) & \dots & \sigma(n) \end{pmatrix}.$$

In der symmetrischen Gruppe S_7 seien die folgenden Permutationen in dieser „Tabellenschreibweise" gegeben:

$$\sigma := \begin{pmatrix} 1\,2\,3\,4\,5\,6\,7 \\ 7\,3\,4\,1\,5\,6\,2 \end{pmatrix}, \quad \tau := \begin{pmatrix} 1\,2\,3\,4\,5\,6\,7 \\ 3\,4\,5\,6\,7\,2\,1 \end{pmatrix}.$$

(a) Geben Sie $\sigma\tau$, $\tau\sigma$, τ^{-1} sowohl in Tabellenschreibweise als auch als Produkte von elementfremden Zykeln (sog. „Zykelschreibweise") an.
(b) Berechnen Sie σ^2, σ^3, σ^4, σ^{-1} und τ^{1000} in der Zykelschreibweise.

2.1.7

(a) Bestimmen Sie die von $\zeta := -\frac{1}{2} + \frac{1}{2}\sqrt{3}i$ erzeugte Untergruppe U von $\mathbb{C} \setminus \{0\}$.
(b) Bestimmen Sie die von $\{6, 10\}$ erzeugte Untergruppe V von $\mathbb{Z}$.

2.1.8 Es seien G eine Gruppe und $U \subseteq G$. Zeigen Sie, dass U genau dann eine Untergruppe von G ist, wenn gelten:

(i) $U \neq \emptyset$,
(ii) für alle $a, b \in U$ ist $ab^{-1} \in U$.

2.1.9 Es seien G, H Gruppen. Zeigen Sie, dass $G \times H$ zusammen mit dem Produkt

$$(g_1, h_1) \cdot (g_2, h_2) := (g_1 \cdot g_2, h_1 \cdot h_2)$$

eine Gruppe ist. Zeigen Sie weiter: Sind G und H abelsch, so ist auch $G \times H$ abelsch.

2.1.10 Wir betrachten die Menge $G = \{e, a, b, c\} \subseteq \mathbb{R} \times \mathbb{R}$, wobei

$$e := (1, 1), \quad a := (-1, 1), \quad b := (1, -1), \quad c := (-1, -1).$$

Mit komponentenweiser Multiplikation $(x_1, x_2) \cdot (y_1, y_2) := (x_1 y_1, x_2 y_2)$ ist G nach Aufgabe 2.1.9 eine abelsche Gruppe. Dies ist eine Instanz der **Klein'schen Vierergruppe**.

(a) Geben Sie die Verknüpfungstafel von G an.
(b) Geben Sie alle Untergruppen von G an.
(c) Geben Sie einen injektiven Homomorphismus $\varphi : G \to S_4$ an.

2.1.11 📷 *(Video-Link siehe Vorwort, Seite VI)*
Es seien G eine Gruppe und U eine Untergruppe von G.

(a) Zeigen Sie, dass durch

$$a \sim b \quad :\Longleftrightarrow \quad a^{-1} b \in U$$

eine Äquivalenzrelation auf G definiert wird.
(b) Zeigen Sie: Für jedes $a \in G$ bildet die Abbildung f_a aus Aufgabe 2.1.1 die Menge U auf die Äquivalenzklasse $[a]_\sim$ der Relation aus (a) ab.
(c) Beweisen Sie den **Satz von Lagrange**: Ist $|G| < \infty$, so ist $|U|$ ein Teiler von $|G|$ für jede Untergruppe U von G.

2.2 Ringe und Körper

Ringe und Körper sind algebraische Strukturen mit zwei Verknüpfungen, der sogenannten Addition und Multiplikation. Da Körper einen Spezialfall der Ringe bilden, kann man beide Strukturen gemeinsam behandeln.

Definition 2.2.1 *Ein **Ring** ist eine Menge R zusammen mit zwei Abbildungen $R \times R \to R$, $(a, b) \mapsto a + b$ („Summe") und $R \times R \to R$, $(a, b) \mapsto a \cdot b$ („Produkt"), so dass gelten:*

(a) *Zusammen mit der Addition ist R eine abelsche Gruppe. (Wir benutzen additive Notation und schreiben 0 für das neutrale Element.)*
(b) *Für alle $a, b, c \in R$ gilt:*

$$(a \cdot b) \cdot c = a \cdot (b \cdot c).$$

(c) *Es gibt ein Element* $1 \in R$, *so dass für alle* $a \in R$ *gilt:*

$$1 \cdot a = a \cdot 1 = a.$$

(d) *Für alle* $a, b, c \in R$ *gelten:*

$$a \cdot (b + c) = a \cdot b + a \cdot c \quad und \quad (a + b) \cdot c = a \cdot c + b \cdot c.$$

Ein Ring R *heißt* **kommutativ**, *falls zusätzlich für alle* $a, b \in R$ *gilt:*

$$a \cdot b = b \cdot a.$$

Ein kommutativer Ring R *heißt ein* **Körper**, *falls* $0 \neq 1$ *ist und zu jedem* $a \in R$ *mit* $a \neq 0$ *ein* $a^{-1} \in R$ *existiert mit* $a^{-1}a = 1$. *Dies ist gleichbedeutend damit, dass* $R \setminus \{0\}$ *mit dem Produkt eine abelsche Gruppe bildet.*

Anmerkung Manchmal wird die Forderung (c) weggelassen und zwischen „Ringen mit Eins" und „Ringen ohne Eins" unterschieden.   ◁

Bevor wir Beispiele von Ringen anschauen, beweisen wir ein paar wichtige Rechenregeln in Ringen.

Satz 2.2.2 *Es sei* R *ein Ring.*

(a) *Für alle* $a \in R$ *gilt:*

$$0 \cdot a = a \cdot 0 = 0.$$

(b) *Für alle* $a, b \in R$ *gilt:*

$$(-a) \cdot b = a \cdot (-b) = -(a \cdot b).$$

Beweis

(a) Wir haben

$$0 \cdot a = 0 \cdot a + a - a = 0 \cdot a + 1 \cdot a - a$$
$$= (0 + 1) \cdot a - a = 1 \cdot a - a = a - a = 0,$$

und ebenso folgt $a \cdot 0 = 0$.

(b) Es gilt

$$(-a) \cdot b = (-a) \cdot b + a \cdot b - (a \cdot b) = (-a + a) \cdot b - (a \cdot b)$$
$$= 0 \cdot b - (a \cdot b) \underset{(a)}{=} -(a \cdot b),$$

und ebenso folgt $a \cdot (-b) = -(a \cdot b)$.   □

Beispiel 2.2.3

(1) Die Zahlbereiche $\mathbb{Z}$, $\mathbb{Q}$, $\mathbb{R}$ und $\mathbb{C}$ sind mit der gewöhnlichen Addition und Multiplikation kommutative Ringe. Hierbei sind $\mathbb{Q}$, $\mathbb{R}$ und $\mathbb{C}$ sogar Körper.

(2) Der kleinste Ring ist der sogenannte Nullring $R = \{0\}$ mit $0 + 0 = 0$ und $0 \cdot 0 = 0$. In diesem Ring gilt $1 = 0$.

(3) Es seien S eine Menge und A ein Ring. Dann wird

$$R = A^S := \{f : S \to A \mid f \text{ ist eine Abbildung}\}$$

mit *punktweiser* Addition und Multiplikation, d. h.

$$f \overset{+}{\cdot} g : S \to A, \quad x \mapsto f(x) \overset{+}{\cdot} g(x)$$

zu einem Ring. (Hierbei wurden auf der rechten Seite die Verknüpfungen von A benutzt.) Das Nullelement von A^S ist nun die Nullabbildung $S \to A$, $s \mapsto 0$, und das Einselement ist die Einsabbildung. Ist A kommutativ, so ist auch A^S kommutativ.

(4) Unter Benutzung der herkömmlichen Operationen von $\mathbb{R}$ versehen wir $R := \mathbb{R}^3$ mit einer Summe und einem Produkt durch

$$(a_1, a_2, a_3) + (b_1, b_2, b_3) := (a_1 + b_1, a_2 + b_2, a_3 + b_3)$$

und

$$(a_1, a_2, a_3) \cdot (b_1, b_2, b_3) := (a_1 \cdot b_1, a_2 \cdot b_2, a_1 b_3 + a_3 b_2).$$

Die Bedingungen (a) und (d) aus Definition 2.2.1 sind unmittelbar klar. Das Assoziativgesetz in (b) bestätigt man durch Nachrechnen. Weiter gelten für $(a_1, a_2, a_3) \in \mathbb{R}^3$:

$$(1, 1, 0) \cdot (a_1, a_2, a_3) = (a_1, a_2, a_3)$$

und

$$(a_1, a_2, a_3) \cdot (1, 1, 0) = (a_1, a_2, a_3),$$

also gilt auch (c). Ist R kommutativ? Die Antwort lautet *nein*, denn

$$(1, 0, 0) \cdot (0, 0, 1) = (0, 0, 1), \quad \text{aber} \quad (0, 0, 1) \cdot (1, 0, 0) = (0, 0, 0).$$

An der letzten Gleichung sieht man, dass das Produkt zweier Ringelemente, die beide ungleich 0 sind, trotzdem 0 sein kann. Dieses Phänomen kann auch bei kommutativen Ringen auftreten (siehe Beispiel 2.2.6(2)). ◁

Wir haben in Beispielen schon verschiedentlich über Teilbarkeit von ganzen Zahlen gesprochen. Dies verallgemeinern wir auf allgemeine kommutative Ringe R, indem wir für $a, b \in R$ sagen, dass a ein **Teiler** von b ist (gleichbedeutend: a teilt b, oder auch: b ist Vielfaches von a), falls es ein $c \in R$ gibt mit

$$b = ac.$$

Wir benutzen hierfür die Schreibweise $a \mid b$. Man beachte, dass die Teilbarkeit von dem gewählten Ring abhängt. In $R = \mathbb{Q}$ gilt beispielsweise $2 \mid 3$. Der folgende Satz ist zugleich auch eine Definition.

Satz 2.2.4 *Es seien R ein kommutativer Ring und $a \in R$.*

(a) *Durch*

$$x \equiv y \mod a \quad :\Longleftrightarrow \quad a \mid (x - y) \quad \textit{für} \quad x, y \in R$$

*wird eine Äquivalenzrelation auf R definiert. Falls $x \equiv y \mod a$, so sagen wir, dass x und y **kongruent modulo** a sind.*

(b) *Die Äquivalenzklasse eines $x \in R$ ist*

$$[x]_\equiv = \{x + ya \mid y \in R\} =: x + Ra$$

*und wird auch die **Restklasse** von x modulo a genannt. Die Faktormenge schreiben wir als*

$$R/(a) := \{x + Ra \mid x \in R\} = R/\equiv \, .$$

(c) *Die Faktormenge $R/(a)$ wird ein kommutativer Ring durch folgende Definition der Summe und des Produkts: Für $C_1, C_2 \in R/(a)$ wählen wir $x, y \in R$ mit $x \in C_1$ und $y \in C_2$ und setzen*

$$C_1 + C_2 := (x + y) + Ra \quad \textit{und} \quad C_1 \cdot C_2 = xy + Ra.$$

*Dann heißt $R/(a)$ der **Restklassenring** von R modulo a.*

Beweis

(a) Für alle $x \in R$ ist $x - x = 0 = a \cdot 0$ (wegen Satz 2.2.2(a)), also gilt die Reflexivität. Zum Nachweis der Symmetrie seien $x, y \in R$ mit $x \sim y \mod a$, also $x - y = ac$ mit $c \in R$. Dann folgt

$$y - x = -(ac) = a(-c)$$

(wegen Satz 2.2.2(b)), also gilt die Symmetrie. Zum Nachweis der Transitivität seien $x, y, z \in R$ mit $x \sim y \mod a$ und $y \sim z \mod a$, also $x - y = ac$ und $y - z = ad$ mit $c, d \in R$. Dann folgt

$$x - z = (x - y) + (y - z) = ac + ad = a(c + d),$$

also $x \sim z \mod a$. Damit gilt auch die Transitivität.

(b) Für $z \in R$ sind äquivalent:

$$z \in [x]_\sim \quad \Longleftrightarrow \quad \exists\, y \in R \colon z - x = ya \quad \Longleftrightarrow \quad z \in x + Ra.$$

Dies zeigt die behauptete Gleichheit.

(c) Das Entscheidende ist hier der Nachweis der *Wohldefiniertheit*, also dass sowohl $C_1 + C_2$ als auch $C_1 \cdot C_2$ nicht von der Wahl der Vertreter x, y abhängen. Es seien also $x' \in C_1$ und $y' \in C_2$ weitere Vertreter. Dann existieren $c, d \in R$ mit $x' - x = ca$ und $y' - y = da$. Es folgt

$$(x' + y') - (x + y) = (c + d) \cdot a, \quad \text{also} \quad (x' + y') + Ra = (x + y) + Ra,$$

und weiter

$$x'y' - xy = x'y' - x'y + x'y - xy = x'da + cay = (x'd + cy) \cdot a,$$

also $x'y' + Ra = xy + Ra$. Damit ist die Wohldefiniertheit gezeigt. Die Ringaxiome vererben sich von R auf $R/(a)$. Exemplarisch rechnen dies anhand des Assoziativgesetzes der Multiplikation nach: Es seien $C_1, C_2, C_3 \in R/(a)$ und $x \in C_1$, $y \in C_2$ und $z \in C_3$. Dann gelten $xy \in C_1 \cdot C_2$ und $yz \in C_2 \cdot C_3$, also

$$(C_1 \cdot C_2) \cdot C_3 = (xy)z + Ra \quad \text{und} \quad C_1 \cdot (C_2 \cdot C_3) = x(yz) + Ra,$$

also $(C_1 \cdot C_2) \cdot C_3 = C_1 \cdot (C_2 \cdot C_3)$. Das Nullelement von $R/(a)$ ist $0 + Ra = Ra$, und das Einselement ist $1 + Ra$.

□

Anmerkung 2.2.5 Satz 2.2.4 lässt sich verallgemeinern, indem man die Menge Ra durch ein sogenanntes **Ideal** ersetzt, d. h. durch eine nichtleere Teilmenge I des kommutativen Rings R, so dass die Summe zweier Elemente von I wieder in I liegt, und für $c \in I$ und $r \in R$ gilt: $rc \in I$. Die Äquivalenzrelation ist dann durch die Bedingung $x - y \in I$ definiert, und die Äquivalenzklassen sind von der Form $x + I$. Die Faktormenge wird dann als R/I geschrieben, und der Beweis, dass diese wieder ein kommutativer Ring ist, überträgt sich direkt von Satz 2.2.4(c). Auch R/I heißt Restklassenring.

Die allgemeineren Restklassenringe R/I sind Standardstoff in jeder Algebra-Vorlesung. In diesem Buch werden sie nur für die Konstruktion der reellen Zahlen in Abschn. 4.3 benutzt. ◁

Wir beschäftigen uns nun mit dem Ring $R = \mathbb{Z}/(m)$, wobei $m \in \mathbb{N}_{>0}$ eine fest gewählte positive natürliche Zahl ist. Für $x \in \mathbb{Z}$ schreiben wir $\bar{x} := x + \mathbb{Z}m$ für die

Restklasse von x in $\mathbb{Z}/(m)$. Es gilt also

$$\mathbb{Z}/(m) = \left\{ \overline{0}, \overline{1}, \ldots, \overline{m-1} \right\}.$$

Beispiel 2.2.6

(1) Für $m = 3$ werden Summe und Produkt in folgenden Tabellen gegeben:

+	$\overline{0}$	$\overline{1}$	$\overline{2}$
$\overline{0}$	$\overline{0}$	$\overline{1}$	$\overline{2}$
$\overline{1}$	$\overline{1}$	$\overline{2}$	$\overline{0}$
$\overline{2}$	$\overline{2}$	$\overline{0}$	$\overline{1}$

und

$\cdot$	$\overline{0}$	$\overline{1}$	$\overline{2}$
$\overline{0}$	$\overline{0}$	$\overline{0}$	$\overline{0}$
$\overline{1}$	$\overline{0}$	$\overline{1}$	$\overline{2}$
$\overline{2}$	$\overline{0}$	$\overline{2}$	$\overline{1}$

Wir sehen hieran, dass $\mathbb{Z}/(3)$ ein Körper ist. Es gilt $\overline{1} + \overline{1} + \overline{1} = \overline{0}$.
(2) Für $m = 4$ ergibt sich folgende Multiplikationstabelle:

$\cdot$	$\overline{0}$	$\overline{1}$	$\overline{2}$	$\overline{3}$
$\overline{0}$	$\overline{0}$	$\overline{0}$	$\overline{0}$	$\overline{0}$
$\overline{1}$	$\overline{0}$	$\overline{1}$	$\overline{2}$	$\overline{3}$
$\overline{2}$	$\overline{0}$	$\overline{2}$	$\overline{0}$	$\overline{2}$
$\overline{3}$	$\overline{0}$	$\overline{3}$	$\overline{2}$	$\overline{1}$

Also ist $\mathbb{Z}/(4)$ kein Körper, denn $\overline{2}$ ist nicht invertierbar. Es gilt $\overline{2} \cdot \overline{2} = \overline{0}$.
(3) Für $m = 1$ ist $\mathbb{Z}/(m) = \{\overline{0}\}$ der Nullring.   ◁

Im Beispiel haben wir beobachtet, dass $\mathbb{Z}/(3)$ ein Körper ist, $\mathbb{Z}/(4)$ hingegen nicht. Dies sind Instanzen des folgenden Satzes. Wir erinnern daran, dass eine natürliche Zahl $n \in \mathbb{N}$ eine **Primzahl** heißt, falls $n > 1$ ist und n nur die Teiler 1 und n hat.

Satz 2.2.7 *Für $m \in \mathbb{N}_{>0}$ ist der Restklassenring $\mathbb{Z}/(m)$ genau dann ein Körper, wenn m eine Primzahl ist.*

Beweis Wir setzen zunächst voraus, dass $\mathbb{Z}/(m)$ ein Körper ist. Aus $\overline{1} \neq \overline{0}$ folgt dann $m > 1$. Es sei $m = xy$ mit $x, y \in \mathbb{N}$ und $y > 1$. Wir müssen $y = m$ zeigen. Wegen $1 \leq x < m$ ist $\overline{x} \neq \overline{0}$, also ist $\overline{x}$ nach Voraussetzung invertierbar. Wir erhalten

$$\overline{y} = \overline{x}^{-1} \cdot \overline{x} \cdot \overline{y} = \overline{x}^{-1} \cdot \overline{m} = \overline{x}^{-1} \cdot \overline{0} = \overline{0}.$$

Es folgt $m \mid y$, also $y = m$.

Nun sei umgekehrt m eine Primzahl. Aus $m > 1$ folgt dann $\overline{1} \neq \overline{0}$. Es sei $\overline{y} \in \mathbb{Z}/(m) \setminus \{\overline{0}\}$. Die Abbildung

$$\varphi : \mathbb{Z}/(m) \to \mathbb{Z}/(m), \quad \overline{x} \mapsto \overline{x} \cdot \overline{y}$$

ist (wegen des Distributivgesetzes) ein Homomorphismus der additiven Gruppe von $\mathbb{Z}/(m)$. Wir wollen das Kriterium aus Proposition 2.1.14(e) benutzen, um die Injektivität von φ zu zeigen. Es sei also $\varphi(\overline{x}) = \overline{0}$. Dies bedeutet $m \mid (x \cdot y)$. Weil m eine Primzahl ist und $m \nmid y$, folgt $m \mid x$, also $\overline{x} = \overline{0}$. Nach Proposition 2.1.14(e) folgt die Injektivität von φ. Als injektive Selbstabbildung einer endlichen Menge ist φ also auch surjektiv (siehe Satz 6.1.8, in dem die Theorie der Endlichkeit auf eine solide Grundlage gestellt wird). Insbesondere existiert $\overline{x} \in \mathbb{Z}/(m)$ mit $\varphi(\overline{x}) = \overline{1}$, also $\overline{x} \cdot \overline{y} = \overline{1}$. Damit ist jedes $\overline{y} \in \mathbb{Z}/(m) \setminus \{\overline{0}\}$ invertierbar, und damit ist $\mathbb{Z}/(m)$ ein Körper. □

Anmerkung 2.2.8

(a) Im obigen Beweis kam folgender Schluss vor: Falls eine Primzahl ein Produkt ganzer Zahlen teilt, so teilt sie mindestens einen der Faktoren. Für diesen Schluss haben wir stillschweigend den Satz über eindeutige Primzerlegung in $\mathbb{N}$ benutzt. Dieser wird in Abschn. 7.3 bewiesen (siehe Satz 7.3.14).

(b) Ist p eine Primzahl, so schreiben wir standardmäßig $\mathbb{F}_p$ statt $\mathbb{Z}/(p)$.

(c) Die effiziente Berechnung von Inversen in $\mathbb{F}_p$ lässt sich mit Hilfe des *euklidischen Algorithmus* durchführen, den wir in Abschn. 7.3 als Nebenprodukt erhalten werden (siehe Aufgabe 7.3.7).

(d) Zu jeder Primzahlpotenz $q = p^n$ (mit $n \in \mathbb{N}_{>0}$) gibt es einen Körper $\mathbb{F}_q$ mit genau q Elementen. Es handelt sich dabei (im Fall $n > 1$) *nicht* um den Ring $\mathbb{Z}/(q)$; die Konstruktion ist komplizierter. ◁

Definition 2.2.9 *Es sei R ein Ring. Falls es ein $m \in \mathbb{N}_{>0}$ gibt mit*

$$\underbrace{1 + \ldots + 1}_{m \; mal} = 0,$$

*so heißt das kleinste m mit dieser Eigenschaft die **Charakteristik** von R, geschrieben als* $\mathrm{char}(R)$. *Falls es kein solches m gibt, setzen wir* $\mathrm{char}(R) := 0$.

Beispiel 2.2.10

(1) Es sind $\mathrm{char}(\mathbb{Z}) = \mathrm{char}(\mathbb{Q}) = \mathrm{char}(\mathbb{R}) = \mathrm{char}(\mathbb{C}) = 0$.

(2) Es sind $\mathrm{char}(\mathbb{Z}/(m)) = m$ und $\mathrm{char}(\mathbb{F}_p) = p$. ◁

Anmerkung Die Charakteristik eines Körpers ist eine Primzahl oder 0. Wir stellen den Beweis dieser Aussage als Aufgabe 2.2.9. ◁

Im Rest dieses Abschnitts beschäftigen wir uns mit Polynomen. Nach dem naiven Polynombegriff sind Polynome Funktionen von einer bestimmten Form, nämlich

$$f = a_n x^n + a_{n-1} x^{n-1} + \ldots + a_1 x + a_0.$$

Wenn wir das Polynom $f = x^2 - x$ als Polynom mit Koeffizienten in $\mathbb{F}_2$ betrachten, sehen wir, dass $f(0) = f(1) = 0$, also müsste f nach diesem Polynombegriff das Nullpolynom sein. Wir möchten aber auch Elemente aus größeren Ringen in Polynome einsetzen können, und dabei können z. B. bei dem obigen Polynom Werte ungleich Null herauskommen. Wir benötigen also einen anderen Polynombegriff. Die Idee ist, dass Polynome durch die Folgen ihrer Koeffizienten $a_0, a_1, \ldots$ gegeben sein sollen. Es ist naheliegend, sie entsprechend als nichts anderes als Koeffizientenfolgen zu definieren.

Definition 2.2.11 *Es sei R ein kommutativer Ring.*

(a) *Ein* **Polynom** *über R ist eine Abbildung $f \colon \mathbb{N} \to R$, $i \mapsto a_i$ (d. h. eine R-wertige Folge), bei der höchstens endlich viele der a_i ungleich 0 sind. Die a_i heißen die* **Koeffizienten** *von f.*

(b) *Falls bei einem Polynom f mindestens eines der a_i ungleich 0 ist, so heißt das maximale i mit $a_i \neq 0$ der* **Grad** *von f, geschrieben als $\deg(f)$. Falls alle a_i gleich 0 sind, so setzen wir $\deg(f) = -\infty$.*

(c) *Für zwei Polynome $f \colon \mathbb{N} \to R$, $i \mapsto a_i$ und $g \colon \mathbb{N} \to R$, $i \mapsto b_i$ definieren wir unter Benutzung der Verknüpfungen von R:*

$$f + g : \mathbb{N} \to R, \quad i \mapsto a_i + b_i$$

und

$$f \cdot g : \mathbb{N} \to R, \quad i \mapsto \sum_{j=0}^{i} a_j b_{i-j} = \sum_{\substack{j,k \in \mathbb{N} \\ \text{mit } j+k=i}} a_j \cdot b_k.$$

(d) *Mit x bezeichnen wir das spezielle Polynom, bei dem $1 \in \mathbb{N}$ auf $1 \in R$ und alle anderen $i \in \mathbb{N}$ auf $0 \in R$ abgebildet werden. Für $a \in R$ bezeichnen wir das Polynom mit $0 \mapsto a$ und $i \mapsto 0$ für $i > 0$ wieder mit a. (Anders gesagt: Wir fassen die Elemente von R als spezielle Polynome auf.)*

(e) *Die Menge aller Polynome über R heißt der* **Polynomring** *über R und wird mit $R[x]$ bezeichnet.*

Satz 2.2.12 *Es sei R ein kommutativer Ring. Dann gilt:*

(a) *Der Polynomring $R[x]$ ist ein kommutativer Ring.*

(b) *Für ein Polynom $f \colon \mathbb{N} \to R$, $i \mapsto a_i$ und $n \in \mathbb{N}$ mit $a_i = 0$ für alle $i > n$ ist*

$$f = a_n x^n + a_{n-1} x^{n-1} + \ldots + a_1 x + a_0 = \sum_{i=0}^{n} a_i x^i, \tag{2.4}$$

wobei wir $x^0 := 1$ gesetzt haben.

Beweis

(a) Es ist klar, dass $R[x]$ mit der Summe aus Definition 2.2.11(c) eine abelsche Gruppe bildet, wobei das Nullelement gegeben ist durch die Folge, die konstant gleich Null ist. Für den Nachweis der weiteren Ringaxiome seien $f: \mathbb{N} \to R$, $i \mapsto a_i$, $g: \mathbb{N} \to R$, $i \mapsto b_i$ und $h: \mathbb{N} \to R$, $i \mapsto c_i$ drei Polynome. Der i-te Koeffizient von $(f \cdot g) \cdot h$ ist

$$\sum_{j=0}^{i} (j\text{-ter Koeffizient von } f \cdot g) \cdot c_{i-j} =$$

$$\sum_{j=0}^{i} \left(\sum_{k=0}^{j} a_k b_{j-k} \right) c_{i-j} = \sum_{j=0}^{i} \sum_{k=0}^{j} a_k b_{j-k} c_{i-j} = \sum_{\substack{j,k,l \in \mathbb{N} \\ \text{mit } j+k+l=i}} a_j b_k c_l.$$

Da die entsprechende Rechnung für $f \cdot (g \cdot h)$ zu demselben Ergebnis führt, folgt die Bedingung (b) von Definition 2.2.1. Man sieht sofort, dass das Kommutativgesetz $f \cdot g = g \cdot f$ gilt. Weiter ergibt sich der i-te Koeffizient von $f \cdot (g + h)$ zu

$$\sum_{j=0}^{i} a_j (b_{i-j} + c_{i-j}) = \sum_{j=0}^{i} a_j b_{i-j} + \sum_{j=0}^{i} a_j c_{i-j},$$

welches auch der i-te Koeffizient von $f \cdot g + f \cdot h$ ist. Zusammen mit dem Kommutativgesetz ergibt dies Definition 2.2.1(d). Das Polynom mit $0 \mapsto 1$ und $i \mapsto 0$ für $i > 0$ liefert ein Einselement. Insgesamt ist $R[x]$ ein kommutativer Ring.

(b) Wir schreiben

$$\delta_{i,j} := \begin{cases} 1, & \text{falls } i = j, \\ 0, & \text{sonst.} \end{cases}$$

Also ist x definiert als die Folge $j \mapsto \delta_{1,j}$. Für $i \in \mathbb{N}$ behaupten wir, dass x^i die Folge $j \mapsto \delta_{i,j}$ ist. Für den Beweis benutzen wir Induktion nach i. Für $i = 0$ ist die Behauptung korrekt. Falls sie für ein i gilt, so ist $x^{i+1} = x \cdot x^i$ die Folge

$$j \mapsto \sum_{k=0}^{j} \delta_{1,k} \delta_{i,j-k} = \delta_{i,j-1} = \delta_{i+1,j},$$

also gilt die Behauptung auch für $i + 1$. Für $a \in R$ bezeichnen wir die Folge $j \mapsto a \cdot \delta_{0,j}$ mit a. Also ist $a \cdot x^i$ die Folge

$$j \mapsto \sum_{k=0}^{j} a \cdot \delta_{0,k} \delta_{i,j-k} = a \cdot \delta_{i,j},$$

und für $a_0, \ldots, a_n \in R$ ist $\sum_{i=0}^{n} a_i x^i$ die Folge

$$j \mapsto \sum_{i=0}^{n} a_i \cdot \delta_{i,j} = a_j.$$

Es folgt (2.4).

□

Von nun an schreiben wir Polynome nur noch in der Form (2.4).

Die folgende Definition erlaubt es, Elemente des zugrundeliegenden Ringes in Polynome einzusetzen.

Definition 2.2.13 *Es seien R ein kommutativer Ring, $f = \sum_{i=0}^{n} a_i x^i \in R[x]$ ein Polynom und $c \in R$.*

(a) *Das Element*

$$f(c) := \sum_{i=0}^{n} a_i c^i \in R$$

*heißt die **Auswertung** von f bei c.*
(b) *Falls $f(c) = 0$ ist, so heißt c eine **Nullstelle** von f.*
(c) *Die Abbildung*

$$R \to R, \quad a \mapsto f(a)$$

*heißt die zu f gehörige **Polynomfunktion**.*

Anmerkung 2.2.14

(a) Wir können in ein Polynom aus $R[x]$ auch Elemente aus einem Ring S, der R umfasst, einsetzen. Dafür muss S nicht einmal kommutativ sein.
(b) Für $f, g \in R[x]$ und $c \in R$ gelten:

$$(f + g)(c) = f(c) + g(c) \quad \text{und} \quad (f \cdot g)(c) = f(c) \cdot g(c).$$

Die Abbildung $R[x] \to R, \ f \mapsto f(c)$ ist also ein *Ring-Homomorphismus*.
(c) Ist $f \in R[x]$ ein Polynom vom Grad 0 oder $-\infty$, so ist die zugehörige Polynomfunktion konstant. Man nennt f ein *konstantes Polynom*, falls $\deg(f) \leq 0$.

◁

Von nun an beschäftigen wir uns mit Polynomen über Körpern. In diesem Fall können wir Polynome nicht nur addieren und multiplizieren, sondern es gibt auch eine *Division mit Rest* („Polynomdivision"), die im folgenden Satz behandelt wird.

Satz 2.2.15 (Polynomdivision) *Es seien K ein Körper und $f, g \in K[x]$ Polynome mit $g \neq 0$. Dann gibt es $q, r \in K[x]$ mit*

$$f = q \cdot g + r \quad und \quad \deg(r) < \deg(g).$$

Beweis Wir schreiben

$$f = \sum_{i=0}^{n} a_i x^i \quad und \quad g = \sum_{i=0}^{m} b_i x^i$$

mit $a_i, b_i \in K$, $b_m \neq 0$, und benutzen Induktion nach n. Im Fall $n < m$ stimmt der Satz mit $q = 0$ und $r = f$. Falls $n \geq m$, bilden wir

$$\widetilde{f} := f - b_m^{-1} a_n x^{n-m} \cdot g.$$

Dann gilt $\widetilde{f} = \sum_{i=0}^{n-1} c_i x^i$ mit $c_i \in K$. Nach Induktion gibt es $\widetilde{q}, r \in K[x]$ mit

$$\widetilde{f} = \widetilde{q} \cdot g + r \quad und \quad \deg(r) < \deg(g).$$

Es folgt

$$f = \widetilde{f} + b_m^{-1} a_n x^{n-m} \cdot g = \underbrace{\left(\widetilde{q} + b_m^{-1} a_n x^{n-m} \right)}_{=:q} \cdot g + r.$$

Dies schließt den Beweis ab. □

Beispiel 2.2.16 Für $f = x^4$ und $g = x^2 + 1$ ergibt sich

$$x^4 = (x^2 + 1)(x^2 - 1) + 1,$$

also $q = x^2 - 1$ und $r = 1$. ◁

Wir bemerken, dass für zwei Polynome $f, g \in K[x]$ über einem Körper die Formel

$$\deg(f \cdot g) = \deg(f) + \deg(g) \tag{2.5}$$

gilt. (Die Konvention $\deg(0) := -\infty$ war dadurch motiviert, dass diese Gleichung auch für das Nullpolynom gelten sollte.) Die obige Formel kann schiefgehen über Ringen, in denen zwei Elemente ungleich Null trotzdem das Produkt 0 haben können.

Korollar 2.2.17 (Linearfaktoren) *Es sei* $f \in K[x] \setminus \{0\}$ *ein Polynom über einem Körper K und $c \in K$ eine Nullstelle. Dann gilt*

$$f = (x - c) \cdot g \tag{2.6}$$

mit $g \in K[x]$ *und* $\deg(g) = \deg(f) - 1$.

Beweis Division mit Rest liefert

$$f = (x - c) \cdot g + r$$

mit $g, r \in K[x]$, $\deg(r) < \deg(x - c) = 1$. Also ist r konstant. Einsetzen von c liefert

$$0 = f(c) = (c - c) \cdot g(c) + r(c) = r.$$

Hieraus folgt (2.6). Die Aussage über den Grad von g folgt aus (2.5). $\square$

Korollar 2.2.18 (Nullstellen) *Es sei* $f \in K[x] \setminus \{0\}$ *ein Polynom über einem Körper. Dann hat f höchstens* $\deg(f)$ *Nullstellen (in K).*

Beweis Wir führen den Beweis durch Induktion nach $n := \deg(f)$. Im Falle $n = 0$ ist f konstant und ungleich Null, also gibt es keine Nullstellen.

Im Weiteren sei $n > 0$ und $c \in K$ eine Nullstelle von f. Nach Korollar 2.2.17 gilt $f = (x - c) \cdot g$ mit $g \in K[x]$ und $\deg(g) = n - 1$. Für jede weitere Nullstelle $b \in K$ von f gilt

$$0 = f(b) = (b - c)g(b).$$

Falls $b \neq c$, liefert Multiplikation mit $(b - c)^{-1}$, dass $g(b) = 0$ sein muss. Nach Induktion hat aber g höchstens $n - 1$ Nullstellen, und es folgt die Behauptung. $\square$

Beispiel 2.2.19

(1) Wir betrachten $f = x^4 - 1 \in \mathbb{R}[x]$. Wegen $f(1) = 0$ ist f durch $x - 1$ teilbar:

$$x^4 - 1 = (x - 1) \underbrace{(x^3 + x^2 + x + 1)}_{=:g}.$$

Für g finden wir die Nullstelle -1, und es gilt

$$g = (x + 1)(x^2 + 1),$$

also

$$f = (x - 1)(x + 1)(x^2 + 1).$$

Das Polynom $x^2 + 1$ hat keine Nullstelle in $\mathbb{R}$.

(2) Um zu sehen, dass die Voraussetzung in Korollar 2.2.18, dass K ein Körper ist, nicht weggelassen werden kann, betrachten wir den Ring $R = \mathbb{Z}/(8)$ und das Polynom $f = x^2 - 1 \in R[x]$. Wir finden die Nullstellen $\bar{1}, \bar{3}, \bar{5}$ und $\bar{7}$ von f, also mehr, als der Grad angibt. ◁

Ist $f \in K[x] \setminus \{0\}$ ein Polynom über einem Körper und c eine Nullstelle, so gilt also $f = (x - c) \cdot g$ mit $g \in K[x]$ nach Korollar 2.2.17. Hierbei heißt der Term $x - c$ ein *Linearfaktor* von f. Nun kann es passieren, dass c auch eine Nullstelle von g ist. In diesem Fall folgt $f = (x - c)^2 h$ mit $h \in K[x]$, und man kann fortfahren, bis das verbleibende Polynom c nicht mehr als Nullstelle hat. Der höchste Exponent e, so dass $(x - c)^e$ ein Teiler von f ist, heißt die **Vielfachheit** der Nullstelle c von f. Insbesondere spricht man von *einfachen* ($e = 1$) und *mehrfachen* ($e > 1$) Nullstellen.

Nachdem alle Linearfaktoren $(x - c)$ zur Nullstelle c von f abgespalten wurden, kann man weitere Nullstellen des verbleibenden Polynoms suchen und die entsprechenden Linearfaktoren abspalten. Falls dieser Prozess mit einem konstanten Polynom endet, also

$$f = a \cdot \prod_{i=1}^{n} (x - c_i)$$

mit $a, c_i \in K$, $a \neq 0$ (wobei die c_i nicht unbedingt verschieden sein müssen), so sagen wir, dass f (über K) in *Linearfaktoren zerfällt*.

Beispiel 2.2.20 Wir setzen $K = \mathbb{R}$.

(1) Das Polynom

$$f = x^5 - 2x^3 + x = x(x^2 - 1)^2 = x(x - 1)^2(x + 1)^2$$

zerfällt in Linearfaktoren. Es hat die Nullstellen ± 1 mit der Vielfachheit 2 und 0 als einfache Nullstelle.

(2) Das Polynom $x^4 - 1$ aus Beispiel 2.2.19(1) zerfällt über $\mathbb{R}$ nicht in Linearfaktoren. ◁

Definition 2.2.21 *Ein Körper K heißt* **algebraisch abgeschlossen,** *falls jedes nichtkonstante Polynom $f \in K[x]$ eine Nullstelle in K hat.*

Ist K algebraisch abgeschlossen, so zerfällt jedes nichtkonstante Polynom $f \in K[x]$ in Linearfaktoren.

Der Körper $\mathbb{R}$ ist nicht algebraisch abgeschlossen, z. B. fehlt dem Polynom $x^2 + 1$ eine Nullstelle in $\mathbb{R}$. Das wichtigste Beispiel für einen algebraisch abgeschlossenen

Körper ist $\mathbb{C}$, der Körper der komplexen Zahlen (den wir in Abschn. 4.4 konstruieren werden):

Satz 2.2.22 (Fundamentalsatz der Algebra) *Der Körper $\mathbb{C}$ ist algebraisch abgeschlossen.*

Wir können den Beweis weder hier noch in Abschn. 4.4 führen, da er Methoden aus der Funktionentheorie (= komplexe Analysis) oder der Analysis benötigt.[1]

Aufgaben

2.2.1 Es sei R ein Ring. Ein Element $a \in R$ heißt eine **Einheit** oder **invertierbar**, wenn ein $a' \in R$ mit $aa' = 1 = a'a$ existiert. Zeigen Sie, dass

$$R^\times := \{a \in R \mid a \text{ ist eine Einheit}\}$$

zusammen mit der Einschränkung der Multiplikation von R auf $R^\times$ eine Gruppe ist. Das ist die sog. **Einheitengruppe** von R. Es folgt zudem aus Satz 2.1.2, dass $a' = a^{-1}$ als das Inverse zu a eindeutig bestimmt ist.

2.2.2 Bestimmen Sie die Einheitengruppen der folgenden Ringe:

(a) $\mathbb{Z}$,
(b) K, wobei K ein Körper ist,
(c) $R = \mathbb{R}^3$ aus Beispiel 2.2.3(4),
(d) $\mathbb{Z}/(4)$.

2.2.3 Es sei R ein kommutativer Ring. Ein Element $a \in R \setminus \{0\}$ heißt ein **Nullteiler**, wenn ein $b \in R \setminus \{0\}$ mit $ab = 0$ existiert.

(a) Zeigen Sie: Ist $a \in R$ eine Einheit, so ist a kein Nullteiler. Was folgt damit für Körper?
(b) Bestimmen Sie alle Einheiten und alle Nullteiler in $\mathbb{Z}/(6)$, $\mathbb{Z}/(7)$ und $\mathbb{Z}/(8)$.

2.2.4 🎦 *(Video-Link siehe Vorwort, Seite VI)*
Es sei $R = \{0, 1, a\}$ eine Menge mit $|R| = 3$. Geben Sie alle möglichen Verknüpfungstafeln für „+" und „·" auf R an, die R zu einem Ring mit Nullelement 0 und Einselement 1 machen:

+	0	1	a		·	0	1	a
0					0			
1					1			
a					a			

---

[1]Eine recht zugängliche Beweisvariante findet man im vierten Kapitel von *H.-D. Ebbinghaus et al.*, Zahlen, *Springer-Verlag 1992.*

2.2.5 Bestimmen Sie jeweils die Lösungsmenge der angegebenen Gleichung im Restklassenring $\mathbb{Z}/(6)$:

(a) $\overline{2}x = \overline{4}$
(b) $\overline{5}x = \overline{2}$
(c) $\overline{3}x = \overline{2}$
(d) $\overline{5}x^2 = \overline{2}$

2.2.6 Es sei $K = \{0, 1, a, b\}$ ein Körper mit Nullelement 0, Einselement 1 und $|K| = 4$. Bestimmen Sie die Verknüpfungstafeln von „+" und „·" für K, und geben Sie die Charakteristik von K an.

2.2.7 Es seien X eine Menge und $R := \mathfrak{P}(X)$. Zeigen Sie, dass $\mathfrak{P}(X)$ zusammen mit der symmetrischen Differenz „Δ" (siehe Aufgabe 1.1.2) als Addition und Durchschnitt „$\cap$" als Multiplikation ein kommutativer Ring ist.

2.2.8 Eine Teilmenge $T \subseteq K$ eines Körpers K heißt ein **Teilkörper** von K, wenn $0, 1 \in T$ sind und für alle $a, b \in T$ gelten:

$$a + b \in T, \ -a \in T, \ ab \in T \text{ und } a^{-1} \in T \text{ (falls } a \neq 0).$$

Dann ist T zusammen mit den Einschränkungen von „+" und „·" ebenfalls ein Körper. Zeigen Sie, dass $\mathbb{Q}[\sqrt{2}] := \{a + b\sqrt{2} \mid a, b \in \mathbb{Q}\}$ ein Teilkörper von $\mathbb{R}$ ist.

2.2.9 Es sei K ein Körper mit positiver Charakteristik $n := \mathrm{char}(K) > 0$. Zeigen Sie, dass n eine Primzahl ist.

2.2.10 Im Folgenden sind Polynome $f, g \in K[x]$ über einem Körper K gegeben. Bestimmen Sie mittels jeweils Polynome $q, r \in K[x]$ mit $\deg(r) < \deg(g)$ und $f = qg + r$.

(a) $f = x^4$, $\quad g = x^2 - x + 2 \in \mathbb{R}[x]$.
(b) $f = x^5 + x^3 + \overline{1}$, $\quad g = x^4 + x^3 + \overline{1} \in \mathbb{F}_2[x]$.
(c) $f = \overline{3}x^4 + \overline{2}x + 1$, $\quad g = \overline{2}x^2 + x \in \mathbb{F}_5[x]$.

2.2.11 Schreiben Sie die folgenden Polynome jeweils als ein Produkt von Linearfaktoren:

(a) $f_1 := x^4 - 5x^2 + 6 \in \mathbb{R}[x]$,
(b) $f_2 := x^3 - 3x^2 + 4 \in \mathbb{R}[x]$,
(c) $f_3 := x^4 - 1 \in \mathbb{C}[x]$,
(d) $f_4 := x^2 + 5 \in \mathbb{C}[x]$,
(e) $f_5 := x^4 + 1 \in \mathbb{F}_2[x]$.

2.2.12 Es sei K ein Körper. Bestimmen Sie jeweils alle Lösungen der quadratischen Gleichung $t^2 - 1 = 0$ in

(i) K,
(ii) $K[x]$,

(iii) $\mathbb{Z}/(4)$,
(iv) $\mathbb{Z}/(8)$.

Zeigen Sie außerdem, dass diese Gleichung in $(\mathbb{Z}/(4))[x]$ unendlich viele Lösungen hat.

2.2.13 📷 *(Video-Link siehe Vorwort, Seite VI)*
Es sei K ein Körper und es seien $n + 1$ paarweise verschiedene Elemente $a_0, \ldots, a_n \in K$ gegeben. Wir definieren die zugehörigen **Lagrange-Polynome**

$$L_j := \prod_{\substack{i=0 \\ i \neq j}}^{n} \frac{x - a_i}{a_j - a_i} \in K[x] \qquad (\text{für } j = 0, \ldots, n).$$

(a) Zeigen Sie für alle $j, k \in \{0, \ldots, n\}$:

$$L_j(a_k) = \delta_{j,k} := \begin{cases} 1, & \text{falls } j = k, \\ 0, & \text{sonst.} \end{cases}$$

(b) Beweisen Sie den **Interpolationssatz von Lagrange**: Zu $b_0, \ldots, b_n \in K$ gibt es genau ein Polynom $f \in K[x]$ vom Grad $\leq n$ mit $f(a_k) = b_k$ für $k = 0, \ldots, n$. Man sagt, dass f die Punkte (a_k, b_k) *interpoliert*.

Kapitel 3
Axiome der Mengenlehre (M)

Zusammenfassung In diesem Kapitel führen wir in Grundzügen die axiomatische Mengenlehre nach Zermelo-Fraenkel ein. Wie im Vorwort angekündigt, stellt dieses Kapitel zusammen mit den Kap. 4 und 6 einen Teilstrang über Mengenlehre innerhalb des Buches dar, der für das Verständnis der anderen Kapitel, und insbesondere des Hauptstranges über lineare Algebra nicht essenziell ist. Leserinnen und Leser ohne spezielles Interesse an Mengenlehre können also direkt in Kap. 5 weiterlesen. Als einzige Lücke wird dann der Beweis des Basissatzes (Satz 5.3.6 und Korollar 5.3.7) unvollständig bleiben.

Wir beginnen mit einem wichtigen Grund, weswegen sich die Mathematik nicht auf der Basis des Cantor'schen Mengenbegriffs (siehe Abschn. 1.1) aufbauen lässt.

3.1 Die Russell'sche Antinomie

Gemäß dem Cantor'schen Mengenbegriff müsste es auch die Menge aller Mengen geben, die hier mit X bezeichnet werden soll. Insbesondere gilt $X \in X$. Weiter können wir auch

$$R := \{A \in X \mid A \notin A\},$$

also die Menge aller Mengen, die nicht Element von sich selbst sind, bilden. Es gilt $R \in R$ oder $R \notin R$. Falls $R \in R$, wäre die Bedingung $A \notin A$ für $A = R$ nicht erfüllt, also definitionsgemäß $R \notin R$. Falls $R \notin R$, wäre $A \notin A$ für $A = R$ erfüllt, also definitionsgemäß $R \in R$. Wir erhalten also in beiden Fällen einen Widerspruch.

Bei diesem Widerspruch, der unter dem Namen *Russell'sche Antinomie* bekannt ist und 1903 entdeckt wurde, handelt es sich nicht nur um eine augenscheinliche Paradoxie, wie sie in einigen mathematischen Spielereien konstruiert wird, sondern um einen echten, unumgänglichen Widerspruch. So hat die Russell'sche Antinomie tatsächlich das Ende der naiven, Cantor'schen Mengenlehre hervorgerufen. Aber nicht das Ende der Mathematik. Es gab mehrere Schulen, die neue Begründungen der Mengenlehre entwickelten. Hiervon hat sich die *Zermelo-Fraenkel-Mengenlehre* durchgesetzt, die wir hier in Grundzügen besprechen wollen.

© Springer-Verlag GmbH Deutschland, ein Teil von Springer Nature 2022
G. Kemper, F. Reimers, *Lineare Algebra*,
https://doi.org/10.1007/978-3-662-63724-1_3

3.2 Zermelo-Fraenkel-Axiome

In der Zermelo-Fraenkel-Mengenlehre wird kein Versuch unternommen, den Mengenbegriff oder die Elementbeziehung inhaltlich zu definieren. Es werden lediglich Regeln („Axiome") postuliert. Ein weiteres Merkmal ist, dass sämtliche mathematische Objekte Mengen sind. (Eine Variante lässt auch sogenannte *Urelemente* zu.) Die Zutaten der Zermelo-Fraenkel-Mengenlehre sind:

- Logik,
- das Symbol „$\in$", gelesen als „ist Element von",
- Axiome,
- vereinbarte Schreibweisen, Abkürzungen und Sprechweisen.

Die folgenden Axiome werden in der Zermelo-Fraenkel-Mengenlehre postuliert:

- Extensionalitätsaxiom (Seite 52),
- Aussonderungsaxiom (Seite 54),
- Vereinigungsmengenaxiom (Seite 55),
- Zweiermengenaxiom (Seite 55),
- Potenzmengenaxiom (Seite 55),
- Unendlichkeitsaxiom (Seite 68),
- Fundiertheitsaxiom (wird hier nicht behandelt),
- Ersetzungsaxiom (wird hier nicht behandelt),
- Auswahlaxiom (Seite 57).

In einigen Darstellungen der Zermelo-Fraenkel-Mengenlehre wird das *Leermengenaxiom* hinzugenommen oder das Auswahlaxiom als optionale Erweiterung angesehen. Wir beginnen mit einer Schreib- und Sprechweise, die den Gleichheitsbegriff definiert.

Definition 3.2.1 *Zwei Mengen A, B heißen **gleich**, falls sie sich bezüglich „$\in$" identisch verhalten. Formaler: Wir schreiben $A = B$, falls gilt:*

$$\forall X: \big[X \in A \iff X \in B \big] \text{ und } \big[A \in X \iff B \in X \big].$$

Aus Definition 3.2.1 folgen sofort:

(a) Für alle A gilt: $A = A$. („Reflexivität"),
(b) Für alle A, B gilt: $\big[A = B \iff B = A \big]$ („Symmetrie"),
(c) Für alle A, B, C gilt: $\big[A = B \text{ und } B = C \implies A = C \big]$ („Transitivität").

Nun können wir das erste Axiom der Zermelo-Fraenkel-Mengenlehre formulieren.

Axiom 3.2.2 (Extensionalitätsaxiom) *Falls zwei Mengen dieselben Elemente haben, sind sie gleich. Formaler: Für alle A, B gilt:*

$$\forall x: \big[x \in A \iff x \in B \big] \implies A = B.$$

Mit einem intuitiven, inhaltlichen Verständnis der Mengenlehre erscheint die Gültigkeit von Axiom 3.2.2 selbstverständlich. Dass es nicht inhaltsleer ist, zeigen Beispiele, in denen die Elementbeziehung mit einem neuen, andersartigen Inhalt gefüllt ist. Solche Beispiele sind auch nützlich, um zu illustrieren, dass in der axiomatischen Mengenlehre das Symbol „$\in$" und der Begriff „Menge" eben keine festgelegte semantische Bedeutungen haben.

Beispiel 3.2.3

(1) Für zwei Menschen x, y schreiben wir $x \in y$, falls x ein Kind von y ist. Es gilt also $x = y$ genau dann, wenn x und y identisch oder Geschwister sind und dieselben Kinder haben. Axiom 3.2.2 würde dann besagen, dass zwei Menschen, die dieselben Kinder haben, Geschwister sind – ein Unfug. Axiom 3.2.2 gilt in diesem Beispiel also nicht.

(2) Für zwei Menschen x, y schreiben wir $x \in y$, falls das Geburtsjahr von x nach dem von y liegt. Es gilt also $x = y$ genau dann, wenn x und y dasselbe Geburtsjahr haben. In diesem Beispiel gilt Axiom 3.2.2.

(3) Für zwei natürliche Zahlen x, y schreiben wir $x \in y$, falls $x < y$ gilt. Dies ergibt den gewöhnlichen Gleichheitsbegriff. Auch in diesem Beispiel gilt Axiom 3.2.2.

(4) Für zwei natürliche Zahlen x, y schreiben wir $x \in y$, falls $x + 1 = y$. Dies liefert den gewöhnlichen Gleichheitsbegriff. Es gilt Axiom 3.2.2.   ◁

Die Schreibweisen $x \notin A$ und $x \neq y$ für die Negationen der Element- und Gleichheitsbeziehung sollten selbstverständlich sein, und ebenso die Schreib- und Sprechweisen $A \subseteq B$ und $A \subsetneq B$ für (echte) Teilmengen, die man wortwörtlich aus Abschn. 1.1 übernehmen kann. Dass aus $A \subseteq B$ und $B \subseteq A$ die Gleichheit $A = B$ folgt, ist nun eine Konsequenz von Axiom 3.2.2.

Um in gewohnter Weise Mengenlehre betreiben zu können, müssen wir Mengen durch Aussonderung von Elementen bilden können, wie wir es in Abschn. 1.1 zum Beispiel mit

$$B = \{x \in \mathbb{Z} \mid \exists\, y \in \mathbb{Z} \colon x = y^2\}$$

getan haben. Da die Existenz solcher Mengen nicht aus Axiom 3.2.2 hervorgeht, brauchen wir ein weiteres Axiom. Dies soll erlauben, Mengen zu konstruieren, indem wir aus einer gegebenen Menge alle Elemente, die eine gewisse Bedingung erfüllen, aussondern. Was heißt hierbei „Bedingung"? Die Antwort fällt in den Bereich der Logik. Etwas vergröbert kann man sagen, dass eine Bedingung ein Ausdruck $\mathcal{C}(x)$ ist, der aus dem Symbol „$\in$", logischen Operatoren, mathematischen Objekten und „Variablen" gebildet ist, und in dem x als „freie Variable" vorkommt, während alle anderen Variablen durch Quantoren ($\forall$ und $\exists$) gebunden sind. In der Sprache der Prädikatenlogik würde man sagen: $\mathcal{C}(x)$ ist ein einstelliges Prädikat erster Stufe.

Axiom 3.2.4 (Aussonderungsaxiom) *Für jede Bedingung $C(x)$ und jede Menge A existiert eine Menge B mit:*

$$\forall x: \left[x \in B \iff x \in A \text{ und } C(x) \text{ gilt} \right].$$

Wegen Axiom 3.2.2 ist die obige Menge B eindeutig bestimmt, und wir können die übliche Schreibweise

$$B = \{ x \in A \mid C(x) \}$$

verwenden.

Beispiel 3.2.5 Wir kommen auf die Beispiele in 3.2.3 zurück.

(1) Für dieses Beispiel gilt Axiom 3.2.4 nicht. Man betrachte die Bedingung $C(x)$: $\forall y: y \notin x$, die besagt, dass x kinderlos ist. Axiom 3.2.4 würde nun bedeuten, dass es zu jedem Menschen A einen Menschen B gibt, dessen Kinder genau die kinderlosen Kinder von A sind. Das ist Unfug!

(2) Auch hier gilt Axiom 3.2.4 nicht. Wir betrachten $C(x)$: $x \notin$ Lorenz, wobei Lorenz 2010 geboren wurde. $C(x)$ bedeutet, dass x im Jahr 2010 oder früher geboren wurde. Martin wurde 2008 geboren. Nach Axiom 3.2.4 müsste es einen Menschen B geben, so dass die Menschen, deren Geburtsjahr nach dem von B liegt, genau diejenigen sind mit $2008 <$ Geburtsjahr ≤ 2010. Das ist Unfug.

(3) Auch hier gilt Axiom 3.2.4 nicht. Man betrachte $A = 5$ und die Bedingung $C(x)$: $x = 4$. Axiom 3.2.4 würde bedeuten, dass es eine natürliche Zahl B gibt, so dass für alle natürlichen Zahlen x gilt: $x < B \iff x = 4$. Auch das ist Unfug!

(4) In diesem Beispiel hat jede positive natürliche Zahl A nur das einzige Element $A - 1$, und die 0 hat gar kein Element. Ist $C(x)$ eine Bedingung und A eine natürliche Zahl, so können wir $B = A$ setzen, falls $C(A-1)$ gilt, und andernfalls $B = 0$. Dann wird Axiom 3.2.4 durch B erfüllt, es gilt also.   ◁

Falls überhaupt eine Menge A existiert (dies folgt aus Axiom 4.1.2 auf Seite 68), dann gibt es nach Axiom 3.2.4 auch

$$\emptyset := \{ x \in A \mid x \neq x \},$$

die leere Menge, die nach Axiom 3.2.2 eindeutig bestimmt ist, unabhängig von der Wahl von A. Weiter existieren zu Mengen A, B auch die Schnittmenge $A \cap B$ und die Differenzmenge $A \setminus B$, definiert gemäß (1.1) und (1.2). Problemlos ist nun auch die Schnittmenge beliebig vieler Mengen: Ist M eine nichtleere Menge (wobei wir uns erinnern, dass nach unserer Auffassung jedes mathematische Objekt eine Menge, also jede Menge ein „Mengensystem" ist), so können wir $B \in M$ wählen und die Schnittmenge

$$\bigcap M := \{ x \in B \mid \forall A \in M: x \in A \}$$

bilden, die wegen Axiom 3.2.2 unabhängig von der Wahl von B ist.

Unsere bisherigen Axiome garantieren also die Existenz von Schnittmengen. Können wir auch die Existenz von Vereinigungsmengen folgern? Das Beispiel 3.2.3(4) zeigt, dass die Antwort nein ist. Jede Menge in diesem Beispiel hat höchstens ein Element, also kann man hier keine Vereinigungsmengen bilden, obwohl die bisherigen Axiome 3.2.2 und 3.2.4 gelten. Wir benötigen also ein weiteres Axiom. Da wir nicht nur die Vereinigung zweier Mengen bilden wollen, sondern die Vereinigung beliebig vieler, fassen wir das Axiom weiter.

Axiom 3.2.6 (Vereinigungsmengenaxiom) *Zu jeder Menge M existiert eine Menge B, so dass gilt:*

$$\forall x\colon \left[x \in B \iff \exists A\colon A \in M \text{ und } x \in A \right].$$

Die Menge B aus Axiom 3.2.6 ist wieder eindeutig bestimmt und wird wie in Abschn. 1.1 mit $\bigcup M$ bezeichnet.

Können wir mit den bisherigen Axiomen die Existenz der Vereinigung *zweier* Mengen A, B garantieren? Dazu bräuchten wir eine Menge M, deren Elemente genau A und B sind. Dies liefert das folgende Axiom.

Axiom 3.2.7 (Zweiermengenaxiom) *Für alle x, y existiert eine Menge A, so dass gilt:*

$$\forall z\colon \left[z \in A \iff z = x \text{ oder } z = y \right].$$

Die durch Axiom 3.2.7 gegebene, eindeutig bestimmte Menge wird als $A = \{x, y\}$ geschrieben, bzw. $A = \{x\}$ im Falle $x = y$. Man beachte den Unterschied zwischen x und $\{x\}$. Beispielsweise ist $\{\emptyset\} \neq \emptyset$. Ebenso beachte man den Unterschied zwischen $A \cup B$ und $\{A, B\}$. Durch Anwendung der Axiome 3.2.6 und 3.2.7 kann man auch Dreiermengen $\{x, y, z\}$ bilden und so weiter.

Das folgende Axiom garantiert die Existenz der Potenzmenge.

Axiom 3.2.8 (Potenzmengenaxiom) *Zu jeder Menge A existiert eine Menge B, deren Elemente genau die Teilmengen von A sind, es gilt also:*

$$\forall x\colon \left[x \in B \iff x \subseteq A \right].$$

Wir haben darauf verzichtet, die Gültigkeit der Axiome 3.2.6 bis 3.2.8 in unseren bisherigen Beispielen zu überprüfen. Es folgt nun ein interessantes Beispiel, in dem sie alle erfüllt sind.

Beispiel 3.2.9 Da dies ein Beispiel ist und nicht Teil des Aufbaus der Mathematik, ist es legitim, unser Wissen über natürliche Zahlen und unseren intuitiven Begriff von Endlichkeit zu verwenden. Jede natürliche Zahl n hat eine Binärdarstellung $n = \sum_{i=0}^{m_n} a_i 2^i$ mit $a_i = 0$ oder $a_i = 1$ für alle i. Ist k eine weitere natürliche Zahl, so schreiben wir $k \in n$, falls $k \leq m_n$ und $a_k = 1$. (Man könnte auch sagen, dass $k \in n$ gilt, falls die größte natürliche Zahl, die $\leq \frac{n}{2^k}$ ist, ungerade ist.) Es gilt also beispielsweise $2 \in 5$, aber $1 \notin 5$.

Es ergibt sich der gewöhnliche Gleichheitsbegriff. Axiom 3.2.2 besagt, dass zwei natürliche Zahlen mit derselben Binärdarstellung gleich sind, das Axiom gilt also. Wir beobachten, dass jede natürliche Zahl endlich viele Elemente enthält. Sind umgekehrt $k_1, \ldots, k_s$ endlich viele paarweise verschiedene natürliche Zahlen, so enthält $n := \sum_{i=1}^{s} 2^{k_i}$ genau die Elemente $k_1, \ldots, k_s$.

Aus dieser Beobachtung folgt die Gültigkeit der Axiome 3.2.4 und 3.2.6 bis 3.2.8. (In der Tat gelten in diesem Beispiel alle Axiome der Zermelo-Fraenkel-Mengenlehre bis auf das Unendlichkeitsaxiom 4.1.2. Das Beispiel liefert ein Modell für die Mengenlehre endlicher Mengen.)

Wir betrachten ein paar Beispiele zu den Axiomen. Zu 2 und 5 existiert nach Axiom 3.2.7 die Menge $\{2, 5\}$, nämlich $\{2, 5\} = 2^2 + 2^5 = 36$. Die Einermenge $\{4\}$ ist $\{4\} = 16$. Was ist die Potenzmenge von 5? Es gilt $5 = \{0, 2\}$, also

$$\mathfrak{P}(5) = \big\{\emptyset, \{0\}, \{2\}, \{0, 2\}\big\} = \{0, 1, 4, 5\} = 2^0 + 2^1 + 2^4 + 2^5 = 51.$$

Es sei den Leserinnen und Lesern überlassen, die Vereinigungsmenge $\bigcup M$ von $M = 4\,294\,968\,320 = 2^{32} + 2^{10}$ zu bilden und die Menge $\Big\{\big\{\emptyset, \{\{\emptyset\}\}\big\}, \big\{\emptyset, \{\emptyset\}\big\}, \{\emptyset\}\Big\}$ zu bestimmen.   ◁

In unserer Auflistung der Zermelo-Fraenkel-Axiome auf Seite 52 erscheint nach dem Potenzmengenaxiom das Unendlichkeitsaxiom. Dieses werden wir erst im nächsten Kapitel einführen, da es die Konstruktion der Menge $\mathbb{N}$ der natürlichen Zahlen und daraus der weiteren Zahlenbereiche erlaubt. Im jetzigen Abschnitt behandeln wir als Nächstes das berühmte Auswahlaxiom. Da in unserer (und auch der allgemein gebräuchlichen) Formulierung Funktionen vorkommen, tragen wir an dieser Stelle die gegen Ende von Abschn. 1.1 angekündigte Konstruktion von geordneten Paaren nach.

Ziel ist es, zu x, y ein neues Objekt (x, y) zu konstruieren, so dass für alle x, y, x', y' die Gleichheit $(x, y) = (x', y')$ impliziert, dass $x = x'$ und $y = y'$ gelten.

Definition 3.2.10

(a) *Zu x, y definieren wir die Schreibweise*

$$(x, y) := \big\{\{x\}, \{x, y\}\big\}$$

und nennen (x, y) ein **geordnetes Paar**.

(b) *Für Mengen A, B ist*

$$A \times B := \{(x, y) \mid x \in A \text{ und } y \in B\}$$

das kartesisches Produkt von A und B. Dessen Existenz und Eindeutigkeit wird durch unsere Axiome garantiert, denn

$$A \times B = \left\{ C \in \mathfrak{P}\left(\mathfrak{P}(A \cup B)\right) \mid \exists\, x \in A,\ \exists\, y \in B\colon C = \big\{\{x\}, \{x, y\}\big\} \right\}.$$

Proposition 3.2.11 *Für alle x, y, x', y' gilt:*

$$(x, y) = (x', y') \quad \Longleftrightarrow \quad x = x' \text{ und } y = y'.$$

Beweis Es ist klar, dass die Gleichheiten $x = x'$ und $y = y'$ auch $(x, y) = (x', y')$ implizieren. Umgekehrt sei $(x, y) = (x', y')$. Mit $C := (x, y) = \big\{\{x\}, \{x, y\}\big\}$ und $C' := (x', y') = \big\{\{x'\}, \{x', y'\}\big\}$ folgt

$$\{x\} = \bigcap C = \bigcap C' = \{x'\},$$

also $x = x'$. Weiter gilt

$$\left(\bigcup C\right) \setminus \left(\bigcap C\right) = \begin{cases} \{y\}, & \text{falls } x \neq y, \\ \emptyset, & \text{falls } x = y, \end{cases}$$

und entsprechendes für C', x' und y'. Wegen $C = C'$ folgt hieraus auch $y = y'$. $\square$

Von nun an kann man die exakte (und recht willkürliche) Definition von geordneten Paaren vergessen. Es wird nur noch die Schreibweise (x, y) benutzt und die Eigenschaft aus Proposition 3.2.11. Durch die Konstruktion von geordneten Paaren haben wir nun die in den Abschn. 1.2 und 1.3 eingeführten Begriffe von Abbildungen und Relationen, und alle dort behandelten Konstrukte und Eigenschaften nachträglich „legitimiert". Wir können also von nun an im Rahmen der Zermelo-Fraenkel-Mengenlehre von Abbildungen und Relationen sprechen.

Man kann auch *geordnete Tripel* (x, y, z) durch $(x, y, z) := ((x, y), z)$ definieren und so weiter, entsprechend das kartesische Produkt $A \times B \times C := (A \times B) \times C$ für A, B und C Mengen. Eine alternative Konstruktion für mehrfache kartesische Produkte wurde in Beispiel 1.2.3(10) gegeben.

Nun kommen wir schließlich zum Auswahlaxiom, sicherlich das „prominenteste" unter den Axiomen der Zermelo-Fraenkel-Mengenlehre. Bisweilen wird es als Erweiterung der Zermelo-Fraenkel-Mengenlehre betrachtet. Man kann einen substanziellen Teil der Mathematik ohne Verwendung des Auswahlaxioms betreiben. Es gibt Mathematiker, die diejenigen Teile der Mathematik, bei denen das Auswahlaxiom benötigt wird, markieren und gewissermaßen mit einem mentalen Warnschild versehen. Es gibt sogar solche, die das Auswahlaxiom ablehnen.

Axiom 3.2.12 (Auswahlaxiom) *Zu jeder Menge M gibt es eine Funktion $f\colon \mathfrak{P}(M) \setminus \{\emptyset\} \to M$, so dass für alle nichtleeren Teilmengen $A \subseteq M$ gilt:*

$$f(A) \in A.$$

Eine solche Funktion f heißt dann eine **Auswahlfunktion** für M; sie wählt aus jeder nichtleeren Teilmenge ein Element aus. Ebenso wie die anderen bisherigen Axiome der Zermelo-Fraenkel-Mengenlehre erscheint das Auswahlaxiom vor dem Hintergrund eines intuitiven Verständnisses von Mengen und Funktionen einleuchtend.

Für das Auswahlaxiom gibt es zahlreiche alternative Formulierungen (siehe z. B. Anmerkung 3.2.14 und Aufgabe 3.2.5), deren Äquivalenz (unter Voraussetzung der übrigen Axiome der Zermelo-Fraenkel-Mengenlehre) jeweils recht leicht einzusehen sind.

Das Auswahlaxiom ist von den übrigen Axiomen der Zermelo-Fraenkel-Mengenlehre in folgendem Sinne unabhängig: Unter der Annahme, dass die übrigen Axiome der Zermelo-Fraenkel-Mengenlehre widerspruchsfrei sind, ist sowohl die Zermelo-Fraenkel-Mengenlehre *mit* dem Auswahlaxiom also auch die Zermelo-Fraenkel-Mengenlehre mit der *Negation* des Auswahlaxioms widerspruchsfrei. Es ist also prinzipiell unmöglich, das Auswahlaxiom aus den übrigen Axiomen zu beweisen oder zu widerlegen.

Als erste Anwendung des Auswahlaxioms werden wir nun den Beweis von Satz 1.2.6(b) präzisieren. In Abschn. 1.1 haben wir ja darauf hingewiesen, dass ein formal korrekter Beweis das Auswahlaxiom benötigt.

Beweis von Satz 1.2.6(b) Zu zeigen ist, dass es zu jeder surjektiven Abbildung $f\colon A \to B$ eine Rechtsinverse $g\colon B \to A$ gibt, für die also $f \circ g = \mathrm{id}_B$ gilt. In dem in Abschn. 1.1 gegebenen Beweis wird g gebildet, indem jedem Element $y \in B$ ein willkürlich ausgewähltes Urbild zugeordnet wird. Diese Auswahl präzisieren wir nun mit Hilfe einer Auswahlfunktion $G\colon \mathfrak{P}(A) \setminus \{\emptyset\} \to A$, indem wir $g(y) = G\big(f^{-1}(\{y\})\big)$ setzen, woraus wie gewünscht $f\big(g(y)\big) = y$ folgt. Wer g explizit als Teilmenge von $B \times A$ sehen will, wird durch

$$g = \Big\{ (y, x) \in B \times A \mid \big(f^{-1}(\{y\}), x \big) \in G \Big\}$$

zufriedengestellt.   □

In Abschn. 1.3 ist die Frage offen geblieben, ob es zu jeder Äquivalenzrelation ein Vertretersystem gibt. Diese können wir nun als zweite Anwendung des Auswahlaxioms beantworten.

Proposition 3.2.13 (Existenz von Vertretersystemen) *Ist „$\sim$" eine Äquivalenzrelation auf einer Menge A, so existiert ein Vertretersystem, also eine Teilmenge $X \subseteq A$, die zu jeder Äquivalenzklasse genau ein Element enthält.*

Beweis Wir beginnen mit einer Auswahlfunktion $f\colon \mathfrak{P}(A) \setminus \{\emptyset\} \to A$ und setzen

$$X := \big\{ f([x]_\sim) \mid x \in A \big\} = \big\{ y \in A \mid \exists\, x \in A\colon ([x]_\sim, y) \in f \big\}.$$

Dann ist X ein Vertretersystem.   □

Anmerkung 3.2.14 Es lässt sich zeigen, dass das Auswahlaxiom äquivalent ist zu der Aussage, dass jede surjektive Abbildung eine Rechtsinverse hat, und ebenso zu der Aussage, dass es zu jeder Äquivalenzrelation ein Vertretersystem gibt. Wir stellen den Beweis als Aufgabe 3.2.6. ◁

Inzwischen dürfte es deutlich geworden sein, woher die Bezeichnung „Auswahlaxiom" rührt. Man hüte sich allerdings davor, bei jedem Auftreten des Wortes „(aus-)wählen" in einem mathematischen Beweis eine versteckte Anwendung des Auswahlaxioms zu vermuten.

Die zwei verbleibenden Axiome der Zermelo-Fraenkel-Mengenlehre, das Fundiertheitsaxiom und das Ersetzungsaxiom, werden hier nicht behandelt, weil sich der allergrößte Teil der Mathematik ohne Benutzung dieser beiden Axiome entwickeln lässt. Mathematiker, die sich nicht mit einigen speziellen Fragen, insbesondere in der Mengenlehre selbst, beschäftigen, werden niemals mit diesen beiden Axiomen konfrontiert werden, weder explizit noch implizit.

Aufgaben

3.2.1 📷 *(Video-Link siehe Vorwort, Seite VI)*
Es sei A eine Menge. Begründen Sie anhand der Axiome, dass eine Menge B existiert, deren Elemente genau die einelementigen Teilmengen von A sind, also

$$B = \big\{ \{x\} \mid x \in M \big\}.$$

3.2.2 Wir betrachten ein Modell eines kleinen Nahrungsnetzes mit vier Tierarten:

$$F(\text{orelle}), \ A(\text{dler}), \ S(\text{teinkrebs}) \text{ und } K(\text{ormoran}).$$

Wir schreiben $X \in Y$ für „X ist Beute von Y". Dabei sollen genau die folgenden Jäger-Beute-Beziehungen gelten: Steinkrebs ist Beute von Forelle und Kormoran, Forelle ist Beute von Kormoran und Adler, Kormoran ist Beute von Adler.

(a) Überprüfen Sie, dass bei dem durch $\in$ definierten Gleichheitsbegriff alle vier Objekte wirklich unterschiedlich sind.

(b) Gilt in diesem Modell das Extensionalitätsaxiom? Was wäre, wenn Krebse auch Ihre Artgenossen fressen würden (also zusätzlich $S \in S$ gälte)?

(c) Gilt das Zweiermengenaxiom?

3.2.3 Es sei M eine Menge. Begründen Sie anhand der Axiome, dass eine Menge P existiert, deren Elemente genau die Potenzmengen der Elemente von A sind, also

$$P = \big\{ \mathfrak{P}(A) \mid A \in M \big\}.$$

3.2.4 Es sei M eine Menge. Ähnlich wie in der Russell'schen Antinomie können wir nun nach dem Aussonderungsaxiom die Menge

$$R := \{ X \in M \mid X \notin X \}$$

bilden. Zeigen Sie $R \notin M$ und folgern Sie, dass es keine „Menge aller Mengen" gibt, also keine Menge, deren Elemente sämtliche Mengen sind.

3.2.5 Zeigen Sie, dass das Auswahlaxiom äquivalent ist zur folgenden „abbildungs-freien" Formulierung: Zu jeder Menge M, deren Elemente nichtleere, paarweise disjunkte Mengen sind, gibt es eine Menge X, die jedes $A \in M$ in genau einem Element schneidet, d. h.

$$\forall A \in M : \exists a \in A : X \cap A = \{a\}.$$

3.2.6 Beweisen Sie Anmerkung 3.2.14.

3.2.7 Diese Aufgabe spielt mit dem in unserem Buch nicht formal definierten Begriff der „Bedingung". Inspiriert vom Aussonderungsaxiom wollen wir folgende Mengendefinition versuchen:

$$B := \{n \in \mathbb{N} \mid n \text{ lässt sich im Deutschen mit weniger als}$$

$$\text{eintausend Buchstaben eindeutig beschreiben}\}.$$

Also zum Beispiel $n = 100000007 \in B$, denn n ist „die kleinste Primzahl größer als zehn hoch acht". Erläutern Sie mit Hilfe der Wohlordnung von $\mathbb{N}$ (siehe Satz 4.1.11), dass die Menge B zu einem Widerspruch führt (sog. **Berry-Paradoxon**).

3.3   Das Zorn'sche Lemma und der Wohlordnungssatz

Das Ziel dieses Abschnitts ist, aus dem Auswahlaxiom zwei Aussagen herzuleiten, die auf den ersten Blick völlig andersartig aussehen: das Zorn'sche Lemma und den Wohlordnungssatz.

Der folgende Satz macht zunächst nicht den Eindruck, ein bedeutendes Resultat zu sein. Ein Blick auf den Index-Eintrag zum Zorn'schen Lemma in diesem Buch gibt aber schon einen ersten Eindruck von der Wichtigkeit.

Satz 3.3.1 (Zorn'sches Lemma) *Falls in einer geordneten Menge M jede Kette nach oben beschränkt ist, so gibt es in M mindestens ein maximales Element.*

Anmerkung Bisweilen wird zusätzlich gefordert, dass M nicht leer ist. Diese Forderung ist jedoch in den Voraussetzungen von Satz 3.3.1 enthalten, denn es wird insbesondere für die leere Kette die Existenz einer oberen Schranke vorausgesetzt.   ◁

Der Beweis ist aufwändig und kompliziert. Als ersten Schritt reduzieren wir die Behauptung auf folgendes Lemma.

Lemma 3.3.2 *Es sei $\mathcal{M}$ ein Mengensystem, geordnet durch die Teilmengenbeziehung „$\subseteq$", so dass gelten:*

(1) *Für jede Kette $\mathcal{K} \subseteq \mathcal{M}$ gilt $\bigcup \mathcal{K} \in \mathcal{M}$.*
(2) *Für jedes $A \in \mathcal{M}$ und jede Teilmenge $B \subseteq A$ gilt $B \in \mathcal{M}$.*

Dann enthält $\mathcal{M}$ ein maximales Element.

Lemma 3.3.2 ist ein Spezialfall von Satz 3.3.1, denn es handelt nicht von irgendeiner geordneten Menge, sondern spezieller von einem durch die Teilmengenbeziehung geordnetes Mengensystem. Außerdem sind die Voraussetzungen einschneidender: In (1) wird nicht die Existenz irgendeiner oberen Schranke verlangt, sondern dass eine ganz bestimmte obere Schranke (nämlich die Vereinigung) in $\mathcal{M}$ liegt, und die Voraussetzung (2) ist ganz neu.

Obwohl das Lemma ein Spezialfall ist, lässt sich der allgemeine Fall auf diesen reduzieren, wie wir nun zeigen werden.

Beweis von „Lemma 3.3.2 $\Rightarrow$ *Satz* 3.3.1" Unter den Voraussetzungen von Satz 3.3.1 betrachten wir die Menge

$$\mathcal{M} := \{A \subseteq M \mid A \text{ ist eine Kette}\}$$

und behaupten, dass $\mathcal{M}$ die Voraussetzungen des Lemmas erfüllt. Für (1) sei also $\mathcal{K} \subseteq \mathcal{M}$ eine Kette. (An dieser Stelle, wie auch an anderen Stellen des Beweises des Zorn'schen Lemmas, ist eine gewisse Gelassenheit und Nüchternheit im Umgang mit den Begriffen vonnöten: die Menge $\mathcal{K}$ ist bezüglich der Teilmengenbeziehung totalgeordnet, während jedes Element von $\mathcal{K}$ durch die Ordnungsrelation „$\leq$" von M totalgeordnet ist.) Um zu zeigen, dass $\bigcup \mathcal{K} \subseteq M$ eine Kette ist, nehmen wir beliebige Elemente $a, b \in \bigcup \mathcal{K}$, also $a \in A$ und $b \in B$ mit $A, B \in \mathcal{K}$. Wegen der Ketteneigenschaft von $\mathcal{K}$ gilt $A \subseteq B$ oder $B \subseteq A$. Ohne Einschränkung können wir das Erste annehmen, also folgt $a, b \in B$. Wegen $B \in \mathcal{K} \subseteq \mathcal{M}$ ist B eine Kette, also $a \leq b$ oder $b \leq a$. Damit ist gezeigt, dass $\bigcup \mathcal{K}$ eine Kette ist, also $\bigcup \mathcal{K} \in \mathcal{M}$. Wir haben also gesehen, dass (1) von Lemma 3.3.2 erfüllt ist.

Die Voraussetzung (2) ist viel einfacher: Ist $A \in \mathcal{M}$ und $B \subseteq A$ eine Teilmenge, so ist auch $B \subseteq M$ eine Kette, also $B \in \mathcal{M}$.

Wir können nun Lemma 3.3.2 anwenden und erhalten ein maximales Element A_0 von $\mathcal{M}$, also eine maximale Kette in M. Nach Voraussetzung von Satz 3.3.1 gibt es für A_0 eine obere Schranke $a_0 \in M$. Wir behaupten, dass a_0 ein maximales Element ist. Es sei also $a_1 \in M$ mit $a_1 \geq a_0$. Zu zeigen ist $a_1 = a_0$. Da a_0 eine obere Schranke von A_0 ist, folgt dies auch für a_1. Also ist $A_0 \cup \{a_1\}$ eine Kette. Aus der Maximalität folgt nun $a_1 \in A_0$. Da a_0 eine obere Schranke von A_0 ist, folgt insbesondere $a_1 \leq a_0$, also wie behauptet $a_1 = a_0$. Dies schließt den Beweis ab. □

Für den weiteren Beweis können wir die geordnete Menge M vergessen und uns auf das Mengensystem $\mathcal{M}$ konzentrieren.

Beweis von Lemma 3.3.2 Wir starten mit einer Anwendung des Auswahlaxioms auf die Vereinigungsmenge $X := \bigcup \mathcal{M}$, was eine Auswahlfunktion $f : \mathfrak{P}(X) \backslash \{\emptyset\} \to A$ liefert. Für $A \in \mathcal{M}$ setzen wir $\hat{A} := \{x \in X \backslash A \mid A \cup \{x\} \in \mathcal{M}\}$ und definieren die Abbildung

$$g : \mathcal{M} \to \mathcal{M}, \quad A \mapsto \begin{cases} A \cup \{f(\hat{A})\}, & \text{falls } \hat{A} \neq \emptyset, \\ A, & \text{sonst.} \end{cases}$$

Im ersten Fall der obigen Definition lässt sich $g(A)$ als Nachfolger der Menge A interpretieren. Die Differenzmenge $g(A) \setminus A$ enthält höchstens ein Element.

Behauptung 1 Falls ein $A \in \mathcal{M}$ die Gleichung $g(A) = A$ erfüllt, so ist A ein maximales Element von $\mathcal{M}$.

Zur Begründung sei $A \in \mathcal{M}$ nicht maximal, es gebe also $B \in \mathcal{M}$ mit $A \subsetneq B$. Wegen Voraussetzung (2) folgt dann für $x \in B \setminus A$, dass $A \cup \{x\} \in \mathcal{M}$ ist, also $\hat{A} \neq \emptyset$. Wir erhalten $f(\hat{A}) \in \hat{A} \subseteq X \setminus A$, also $f(\hat{A}) \in g(A) \setminus A$ und damit $A \neq g(A)$.

Nachdem Behauptung 1 gezeigt ist, genügt es nun, ein $A \in \mathcal{M}$ zu finden mit $g(A) = A$. Dies wird ein längerer Weg sein, den wir mit der Einführung folgender Ad-hoc-Terminologie beginnen: Wir nennen eine Teilmenge $\mathcal{T} \subseteq \mathcal{M}$ einen **Turm**, falls folgende zwei Bedingungen gelten:

(1) Für alle $A \in \mathcal{T}$ gilt $g(A) \in \mathcal{T}$.
(2) Für jede Kette $\mathcal{K} \subseteq \mathcal{T}$ gilt $\bigcup \mathcal{K} \in \mathcal{T}$.

Gibt es Türme? Die Antwort ist ja, denn $\mathcal{M}$ selbst ist ein Turm. Also können wir auch den Durchschnitt

$$\mathcal{T}_0 := \bigcap_{\substack{\mathcal{T} \subseteq \mathcal{M} \\ \mathcal{T} \text{ ist ein Turm}}} \mathcal{T}$$

aller Türme bilden.

Behauptung 2 Es ist $\mathcal{T}_0$ ein Turm.

Zur Begründung sei $A \in \mathcal{T}_0$, also $A \in \mathcal{T}$ für jeden Turm $\mathcal{T}$. Dann folgt $g(A) \in \mathcal{T}$ für jeden Turm $\mathcal{T}$, also $g(A) \in \mathcal{T}_0$. Weiter sei $\mathcal{K} \subseteq \mathcal{T}_0$ eine Kette. Dann ist $\mathcal{K}$ in jedem Turm $\mathcal{T}$ enthalten, und es folgt $\bigcup K \in \mathcal{T}$. Damit ist $\bigcup K$ auch Element in der Schnittmenge $\mathcal{T}_0$.

Die nächste Behauptung ist weitreichend und überraschend.

Behauptung 3 Es ist $\mathcal{T}_0$ eine Kette.

Wenn wir für einen Moment davon ausgehen, dass Behauptung 3 bewiesen ist, dann folgt wegen Behauptung 2 aus der Eigenschaft (2) eines Turms, dass $A_0 := \bigcup \mathcal{T}_0 \in \mathcal{T}_0$, und dann aus Eigenschaft (1), dass auch $g(A_0) \in \mathcal{T}_0$. Aus der Definition von A_0 folgt nun $g(A_0) \subseteq A_0$, und aus der Definition der Funktion g folgt $A_0 \subseteq g(A_0)$, insgesamt also $g(A_0) = A_0$. Aus Behauptung 1 erhalten wir dann, dass A_0 maximal ist in $\mathcal{M}$, und der Beweis ist abgeschlossen. Wir müssen also nur noch Behauptung 3 beweisen.

Für den Beweis der Behauptung betrachten wir das Mengensystem

$$\mathcal{U} := \big\{ C \in \mathcal{T}_0 \mid \text{für alle } A \in \mathcal{T}_0 : A \subseteq C \text{ oder } C \subseteq A \big\}.$$

Behauptung 3 ist gleichbedeutend mit $\mathcal{U} = \mathcal{T}_0$.

Behauptung 4 Es ist $\mathcal{U}$ ein Turm.

Gehen wir erneut davon aus, dass diese Behauptung bewiesen ist, so folgt aus der Definition von $\mathcal{T}_0$, dass $\mathcal{T}_0 \subseteq \mathcal{U}$. Da die umgekehrte Teilmengenbeziehung aus der Definition von $\mathcal{U}$ folgt, erhalten wir $\mathcal{U} = \mathcal{T}_0$, also Behauptung 3. Wir sind also nun in der Situation, dass alles auf Behauptung 4 reduziert ist.

Wir müssen die Eigenschaften (1) und (2) eines Turms nachweisen, und beginnen mit (2), die auf den ersten Blick schwieriger aussieht. Wir werden sogar die (formal stärkere) Aussage beweisen, dass (2) für jede Teilmenge $\mathcal{K} \subseteq \mathcal{U}$, die nicht unbedingt eine Kette sein muss, gilt. Um zu zeigen, dass $\bigcup \mathcal{K}$ ein Element von $\mathcal{U}$ ist, nehmen wir ein beliebiges $A \in \mathcal{T}_0$. Für jedes $C \in \mathcal{U}$, also insbesondere für jedes $C \in \mathcal{K}$ gilt nach Definition von $\mathcal{U}$: $A \subseteq C$ oder $C \subseteq A$. Wir unterscheiden zwei Fälle: erstens den Fall, dass $C \subseteq A$ für alle $C \in \mathcal{K}$ gilt, und zweitens, dass es ein $C \in \mathcal{K}$ gibt mit $A \subseteq C$. Im ersten Fall folgt $\bigcup \mathcal{K} \subseteq A$, und im zweiten $A \subseteq \bigcup \mathcal{K}$. In jedem Fall ist die Bedingung in der Definition von $\mathcal{U}$ für A und mit $\bigcup \mathcal{K}$ anstelle von C erfüllt. Es folgt $\bigcup \mathcal{K} \in \mathcal{U}$, also gilt die Eigenschaft (2) für $\mathcal{U}$.

Wir kommen nun zu der Eigenschaft (1), die sich, vielleicht unerwartet, als die schwierigere herausstellt. Wir nehmen also ein beliebiges Element $C \in \mathcal{U}$ und müssen $g(C) \in \mathcal{U}$ nachweisen. Zu diesem Zweck betrachten wir das Mengensystem

$$\mathcal{L}_C := \big\{ A \in \mathcal{T}_0 \mid A \subseteq C \text{ oder } g(C) \subseteq A \big\}.$$

Nach dem bisherigen Verlauf des Beweises mag die nächste (und letzte) Behauptung nicht allzu überraschend sein.

Behauptung 5 Es ist $\mathcal{L}_C$ ein Turm.

Aus dieser Behauptung folgt (wie aus Behauptung 4) wegen der Definition von $\mathcal{T}_0$, dass $\mathcal{T}_0 \subseteq \mathcal{L}_C$, und dann $\mathcal{L}_C = \mathcal{T}_0$. Dann gilt aber für alle $A \in \mathcal{T}_0$ entweder $A \subseteq C$ (was wegen $C \subseteq g(C)$ zu $A \subseteq g(C)$ führt) oder $g(C) \subseteq A$. Dadurch ist dann $g(C) \in \mathcal{U}$ gezeigt und der Beweis von Behauptung 4 abgeschlossen. Mit dem Nachweis von Behauptung 5 ist unser Lemma und damit Satz 3.3.1 also bewiesen.

Wir beginnen wieder mit dem Nachprüfen, dass die Eigenschaft (2) für $\mathcal{L}_C$ gilt, und tun dies wie oben für eine beliebige Teilmenge $\mathcal{K} \subseteq \mathcal{L}_C$. Für jedes $A \in \mathcal{K}$ gilt $A \subseteq C$ oder $g(C) \in A$, und wir betrachten wieder die Fälle, dass $A \subseteq C$ für alle $A \in \mathcal{K}$ gilt, oder dass es ein A gibt mit $g(C) \in A$. Im ersten Fall folgt $\bigcup \mathcal{K} \subseteq C$, und im zweiten $g(C) \subseteq \bigcup \mathcal{K}$. Jedenfalls gilt $\bigcup \mathcal{K} \in \mathcal{L}_C$, womit (2) nachgewiesen ist.

Für den Nachweis von (1) sei $A \in \mathcal{L}_C$ beliebig. Wir müssen $g(A) \in \mathcal{L}_C$ zeigen und unterscheiden hierfür drei Fälle: Der erste Fall ist $g(C) \subseteq A$. Wegen $A \subseteq g(A)$ impliziert dies $g(C) \subseteq g(A)$, also wie gewünscht $g(A) \in \mathcal{L}_C$. Der zweite Fall ist $A = C$, woraus $g(C) = g(A)$, also wieder $g(A) \in \mathcal{L}_C$ folgt. Der letzte zu betrachtende Fall ist $A \subsetneq C$. Wir erinnern uns, dass C ein Element von $\mathcal{U}$ ist, und dass wegen $A \in \mathcal{T}_0$ und wegen Behauptung 2 auch $g(A) \in T_0$ gilt. Wir erhalten also $g(A) \subseteq C$ oder $C \subsetneq g(A)$. Wenn wir die zweite Möglichkeit ausschließen können, folgt $g(A) \in \mathcal{L}_C$, und wir sind fertig. Unter der Annahme der zweiten Möglichkeit folgt aber $A \subsetneqq C \subsetneqq g(A)$, es gibt also Elemente $x \in C \setminus A$ und $y \in g(A) \setminus C$, die nicht gleich sein können und beide in $g(A) \setminus A$ liegen. Dies ist ein Widerspruch zur Definition von $g(A)$, denn nach dieser hat $g(A) \setminus A$ höchstens ein Element.

Dieser Widerspruch zeigt, dass in allen Fällen $g(A)$ in $\mathcal{L}_C$ liegt. Dies schließt den Beweis der Behauptung 5 ab, und wir haben ja schon gesehen, dass nun die Behauptungen 4 und 3 und daraus das Lemma folgen.   □

Unser nächstes Ziel ist es, aus dem Zorn'schen Lemma den Wohlordnungssatz (Satz 3.3.3) herzuleiten. In Aufgabe 3.3.1 wird dann aus dem Wohlordnungssatz das Auswahlaxiom gefolgert, so dass insgesamt die Äquivalenz

$$\text{Auswahlaxiom} \iff \text{Zorn'sches Lemma} \iff \text{Wohlordnungssatz}$$

gezeigt ist, gewissermaßen die Dreieinigkeit der Mengenlehre.

Satz 3.3.3 (Wohlordnungssatz) *Auf jeder Menge X gibt es eine Wohlordnung.*

Beweis Der Beweis beruht auf folgender Idee: Wir werden Teilmengen $A \subseteq X$ betrachten, die wohlgeordnet sind. Mit Hilfe des Zorn'schen Lemmas möchten wir nachweisen, dass es ein maximale solche Teilmenge gibt, und dann zeigen, dass diese ganz X sein muss. Für die Anwendung des Zorn'schen Lemmas müssen wir eine geeignete Ordnungsrelation auf den wohlgeordneten Teilmengen betrachten. Es stellt sich heraus, dass der Beweis funktioniert, wenn wir diese Ordnungsrelation so definieren, dass die „größere" Teilmenge aus der „kleineren" durch Hinzufügen von lauter größeren Elementen entsteht. Nun kommen wir zu dem formalen Beweis, bei dem es notationstechnisch geschickter ist, nicht „Teilmengen zusammen mit Wohlordnungen", sondern nur die Wohlordnungen selbst zu betrachten.

Wir betrachten die „erste Projektion" $\pi \colon X \times X \to X$, $(a, b) \mapsto a$ und definieren

$$\mathcal{M} := \left\{ R \subseteq X \times X \mid R \text{ ist eine Wohlordnung auf } \pi(R) \right\}.$$

Für $R \in \mathcal{M}$ mit $A := \pi(R)$ muss insbesondere $R \subseteq A \times A$ gelten. Für zwei Elemente $R, S \in \mathcal{M}$ mit $A := \pi(R)$ und $B := \pi(S)$ schreiben wir

$$R \le S \quad :\iff \quad R = (B \times A) \cap S. \qquad (3.1)$$

Hieraus folgt sofort $R \subseteq S$ und damit $A \subseteq B$. Außerdem folgt

$$A \times (B \setminus A) \subseteq S, \qquad (3.2)$$

denn für $a \in A$ und $b \in B \setminus A$ ist $(b, a) \in S$ wegen $(B \times A) \cap S = R \subseteq A \times A$ unmöglich; es muss also $(a, b) \in S$ gelten, weil S eine Totalordnung auf B ist.

Behauptung 1 Durch (3.1) wird eine Ordnungsrelation auf $\mathcal{M}$ definiert.

Für den Nachweis der Behauptung sind Reflexivität, Antisymmetrie und Transitivität zu zeigen. Die Reflexivität ist unmittelbar klar, und die Antisymmetrie folgt, weil $R \leq S$ immer $R \subseteq S$ impliziert. Für die Transitivität seien $R \leq S$ und $S \leq T$ mit $R, S, T \in \mathcal{M}$. Wir schreiben $A := \pi(R)$, $B := \pi(S)$, $C := \pi(T)$, und erhalten $R \leq T$ aus

$$(C \times A) \cap T = (C \times A) \cap (C \times B) \cap T = (C \times A) \cap S = (B \times A) \cap S = R,$$

wobei die vorletzte Gleichheit aus $S \subseteq B \times B$ folgt. Damit ist Behauptung 1 gezeigt.

Nun sei $\mathcal{K} \subseteq \mathcal{M}$ eine Kette. Wir bilden $T := \bigcup \mathcal{K}$ und setzen $C := \pi(T)$.

Behauptung 2 Es ist $T \in \mathcal{M}$.

Für den Nachweis der Behauptung zeigen wir zunächst, dass T eine Relation auf C ist, also $T \subseteq C \times C$. Für jedes $(a, b) \in T$ gibt es nämlich ein $R \in \mathcal{K}$ mit $(a, b) \in R$, also $a, b \in \pi(R) \subseteq \pi(T) = C$.

Als Nächstes ist zu zeigen, dass T eine Ordnungsrelation auf C ist. Für die Reflexivität sei $a \in C = \pi(T)$, also gibt es $R \in \mathcal{K}$ mit $a \in \pi(R)$. Weil R reflexiv ist, folgt $(a, a) \in R \subseteq T$. Für die Antisymmetrie seien $a, b \in C$ mit $(a, b) \in T$ und $(b, a) \in T$. Dann gibt es $R, S \in \mathcal{K}$ mit $(a, b) \in R$ und $(b, a) \in S$. Weil $\mathcal{K}$ eine Kette ist, gelten $R \subseteq S$ oder $S \subseteq R$. In beiden Fällen liegen (a, b) und (b, a) in derselben Ordnungsrelation (je nach Fall S oder R), also $a = b$. Ganz ähnlich funktioniert der Nachweis der Transitivität: Zwei Paare $(a, b) \in T$ und $(b, c) \in T$ liegen in ein und derselben Ordnungsrelation aus $\mathcal{K}$, also auch $(a, c) \in T$.

Schließlich ist zu zeigen, dass T eine Wohlordnung auf C ist. Es sei also $Y \subseteq C$ eine nichtleere Teilmenge. Wir haben ein Element $a \in Y$. Wegen $a \in C = \pi(T)$ gibt es $R \in \mathcal{K}$ mit $a \in A := \pi(R)$, also ist $A \cap Y$ eine nichtleere Teilmenge von A. Nun ist A durch R wohlgeordnet, also hat $A \cap Y$ ein kleinstes Element a_0. Es gilt also $\{a_0\} \times (A \cap Y) \subseteq R \subseteq T$. Wenn wir zeigen können, dass $\{a_0\} \times Y \subseteq T$, dann ist a_0 ein kleinstes Element von Y, und Behauptung 2 ist gezeigt. Es sei also $y \in Y \setminus A$. Es gibt $S \in \mathcal{K}$ mit $y \in B := \pi(S)$. Weil $\mathcal{K}$ eine Kette ist, gilt $R \leq S$ oder $S \leq R$. Wegen $y \in B \setminus A$ ist das Zweite unmöglich. Doch nun folgt $(a_0, y) \in S \subseteq T$ aus (3.2).

Behauptung 3 Es ist T eine obere Schranke von $\mathcal{K}$.

Für den Nachweis der Behauptung sei $R \in \mathcal{K}$. Mit $A := \pi(R)$ ist $R = (C \times A) \cap T$ zu zeigen. Wegen $R \subseteq A \times A$ folgt die Inklusion „$\subseteq$" sofort. Für die umgekehrte Inklusion sei $(c, a) \in (C \times A) \cap T$. Es gibt $S \in \mathcal{K}$ mit $(c, a) \in S$, also $c \in \pi(S) =: B$. Falls $S \leq R$, dann $(c, a) \in R$, und wir sind fertig. Andernfalls gilt $R \leq S$ wegen der Ketteneigenschaft von $\mathcal{K}$, also $(c, a) \in (B \times A) \cap S = R$. Damit ist Behauptung 3 gezeigt.

Nun ist die Voraussetzung des Zorn'schen Lemmas (Satz 3.3.1) nachgewiesen, und dies liefert die Existenz eines maximalen Elements $R \in \mathcal{M}$. Wir setzten $A := \pi(R)$ und behaupten $\pi(R) = X$, woraus der Wohlordnungssatz folgt. Wir führen einen Widerspruchsbeweis, nehmen also an, dass ein $x \in X \setminus A$ existiert. Wir setzen $B := A \cup \{x\}$ und $S := R \cup (B \times \{x\})$. Jetzt setzt S die Ordnungsrelation R auf B fort, indem x als größtes Element von B definiert wird. Also ist S eine Wohlordnung auf B. Weiter gilt

$$(B \times A) \cap S = \big((B \times A) \cap R\big) \cup \big((B \times A) \cap (B \times \{x\})\big) = R \cup \emptyset = R,$$

also $R \subsetneqq S$, im Widerspruch zur Maximalität von R. Dies schließt den Beweis ab.

$\square$

Aufgaben

3.3.1 Zeigen Sie, dass das Auswahlaxiom (unter Benutzung der übrigen Zermelo-Fraenkel-Axiome) aus dem Wohlordnungssatz folgt.

3.3.2 In einer wohlgeordneten Menge M heißt ein Element $a \in M$ der *Vorgänger* eines Elements $b \in M$ (bzw. b der *Nachfolger* von a), falls b das kleinste Element in der Menge $\{x \in M \mid a < x\}$ ist.

(a) Geben Sie eine Menge M mit $\mathbb{N} \subseteq M$ sowie eine Wohlordnung auf M an, die die gewöhnliche Ordnungsrelation von $\mathbb{N}$ fortsetzt, so dass mindestens zwei Elemente von M keinen Vorgänger besitzen.

(b) Geben Sie eine Wohlordnung auf $\mathbb{N}$ an, bei der mindestens zwei Elemente keinen Vorgänger besitzen.

Kapitel 4
Das Zahlensystem (M)

Zusammenfassung In der Schule werden Rechenregeln wie das Kommutativ- und Assoziativgesetz für die gängigen Zahlenbereiche als „Erfahrungs-" und „Verkündigungswahrheiten" vermittelt. Damit kann man gut leben, aber eine ernsthaftere Beschäftigung mit Mathematik würde doch auch für diese Dinge nach Beweisen fragen. Nun ist es prinzipiell unmöglich, solche Beweise zu erbringen, solange die Rechenbereiche nicht klar und als mathematische Objekte definiert sind. Ziel dieses Kapitels ist es, die gängigen Rechenbereiche zu definieren und die grundlegenden Rechenregeln zu beweisen, wobei wir einige Arbeit unseren Leserinnen und Lesern als Übungsaufgaben überlassen werden.

Wie bereits erwähnt gehört dieses Kapitel zusammen mit den Kap. 3 und 6 zum Teilstrang über Mengenlehre innerhalb des Buches, der für das Verständnis der anderen Kapitel, und insbesondere des Hauptstranges über lineare Algebra nicht essenziell ist. Wer also weiterhin mit einer naiven Benutzung des Zahlensystems und seiner Rechenregeln zufrieden ist, kann ohne sonstige Einbußen direkt bei Kap. 5 weiterlesen.

Auch möglich ist es, nach Lesen dieses Kapitels direkt in Kap. 6 einzusteigen, in dem der Mengenlehre-Strang weiter entwickelt wird. Nur ganz am Ende benötigt Kap. 6 Material aus dem Kap. 5 über Vektorräume.

4.1 Natürliche Zahlen

Der erste Schritt ist die Konstruktion der natürlichen Zahlen. Damit stellen wir uns in den Gegensatz zu dem Mathematiker Leopold Kronecker (1823–1881), der gesagt haben soll: „Die natürlichen Zahlen hat der liebe Gott gemacht, alles andere ist Menschenwerk." Die folgenden Festlegungen könnten etwas willkürlich erscheinen, und sind es möglicherweise auch. Sie gehen zurück auf John von Neumann und haben sich in der Literatur durchgesetzt. Wir setzen

© Springer-Verlag GmbH Deutschland, ein Teil von Springer Nature 2022
G. Kemper, F. Reimers, *Lineare Algebra*,
https://doi.org/10.1007/978-3-662-63724-1_4

$$0 := \emptyset,$$

$$1 := \{0\} = \{\emptyset\},$$

$$2 := \{0, 1\} = 1 \cup \{1\} = \big\{\emptyset, \{\emptyset\}\big\},$$

$$3 := \{0, 1, 2\} = 2 \cup \{2\} = \Big\{\emptyset, \{\emptyset\}, \big\{\emptyset, \{\emptyset\}\big\}\Big\},$$

$$\vdots$$

Um hieraus eine mathematische Definition zu machen und die Menge der natürlichen Zahlen konstruieren zu können, machen wir folgende Definition:

Definition 4.1.1

(a) *Für eine Menge A ist*

$$A^+ := A \cup \{A\}$$

der **Nachfolger** *von A.*

(b) *Eine Menge M heißt* **induktiv**, *falls gelten:*

(1) $\emptyset \in M$ *und*
(2) *für alle* $A \in M$ *ist* $A^+ \in M$.

Es folgt das letzte Axiom in unserer Darstellung der Zermelo-Fraenkel-Mengenlehre.

Axiom 4.1.2 (Unendlichkeitsaxiom) *Es gibt eine induktive Menge.*

Nun können wir die Menge $\mathbb{N}$ der natürlichen Zahlen konstruieren. Zunächst beobachten wir, dass die Schnittmenge einer Menge von induktiven Mengen wieder induktiv ist. Es sei nun M eine induktive Menge, deren Existenz von Axiom 4.1.2 geliefert wird. Wir setzen

$$\mathcal{I}_M := \big\{M' \in \mathfrak{P}(M) \mid M' \text{ ist induktiv}\big\}.$$

Wegen $M \in \mathcal{I}_M$ ist $\mathcal{I}_M$ nicht leer, und wir können

$$\mathbb{N}_M := \bigcap \mathcal{I}_M$$

setzen. Damit ist $\mathbb{N}_M$ induktiv, genauer ist $\mathbb{N}_M$ die kleinste induktive Teilmenge von M.

Proposition 4.1.3 *Sind M und N induktive Mengen, so gilt* $\mathbb{N}_M = \mathbb{N}_N$.

Beweis Die Schnittmenge $\mathbb{N}_M \cap N$ ist induktiv, also $\mathbb{N}_M \cap N \in \mathcal{I}_N$. Nach Konstruktion folgt $\mathbb{N}_N \subseteq \mathbb{N}_M \cap N \subseteq \mathbb{N}_M$. Ebenso zeigt man $\mathbb{N}_M \subseteq \mathbb{N}_N$. □

Nachdem die Unabhängigkeit von der Wahl von M geklärt ist, können und werden wir statt $\mathbb{N}_M$ immer $\mathbb{N}$ schreiben. Damit ist $\mathbb{N}$ die kleinste induktive Menge überhaupt. Wie schon zu Beginn des Abschnitts festgelegt schreiben wir $0 := \emptyset$ und $1 := 0^+$. Später, nach der Einführung der Addition auf $\mathbb{N}$, werden wir für $n \in \mathbb{N}$ statt n^+ die gebräuchlichere Schreibweise $n + 1$ benutzen.

Schon jetzt können wir, wie in Abschn. 1.1 auf Seite 5 versprochen, die Gültigkeit des Beweisprinzips der **vollständigen Induktion** nachweisen. Es sei also $\mathcal{A}(n)$ eine Aussage über n (genauer: ein Prädikat erster Stufe mit n als freier Variable), für die der Induktionsanfang und Induktionsschritt gemacht worden sind; es gelten also

(a) $\mathcal{A}(0)$ und
(b) für alle $n \in \mathbb{N}$ die Implikation $\left[\mathcal{A}(n) \implies \mathcal{A}(n^+)\right]$.

Die Menge

$$S := \{n \in \mathbb{N} \mid \mathcal{A}(n) \text{ gilt}\}$$

ist nun wegen (a) und (b) induktiv. Nach Konstruktion ist $\mathbb{N}$ aber die kleinste induktive Menge, und es folgt $S = \mathbb{N}$. Damit ist gezeigt, dass $\mathcal{A}(n)$ für alle $n \in \mathbb{N}$ gilt. Das Prinzip der vollständigen Induktion ist hiermit gerechtfertigt.

Unser nächster Schritt ist der Nachweis der sogenannten **Peano-Axiome**. Deren Ziel war es, die Eigenschaften von $\mathbb{N}$ mit einem System von Axiomen vollständig zu charakterisieren. Da wir die natürlichen Zahlen aus der Mengenlehre heraus konstruiert haben und nicht etwa der Auffassung von L. Kronecker gefolgt sind, bekommen die Peano-Axiome für uns den Status eines beweisbaren Satzes:

Satz 4.1.4 (Peano-Axiome) *Für die Menge $\mathbb{N}$ der natürlichen Zahlen gelten:*

(P1) $\mathbb{N}$ *enthält das Element 0.*
(P2) Jede natürliche Zahl n hat einen Nachfolger $n^+ \in \mathbb{N}$.
(P3) Das Element 0 ist kein Nachfolger, also $n^+ \neq 0$ für alle $n \in \mathbb{N}$.
(P4) Für natürliche Zahlen $n, m \in \mathbb{N}$ mit $n^+ = m^+$ gilt $n = m$.
(P5) Jede induktive Teilmenge von $\mathbb{N}$ (also jede Teilmenge, die 0 enthält und mit jedem Element n auch dessen Nachfolger n^+ enthält) ist gleich $\mathbb{N}$.

Beweis Die Behauptungen (P1) und (P2) folgen direkt aus der Konstruktion von $\mathbb{N}$. Außerdem besagt (P5) nichts anderes als die Minimalität von $\mathbb{N}$ unter den induktiven Mengen, die ebenso aus der Konstruktion folgt. Für jedes $n \in \mathbb{N}$ (so wie für jede Menge überhaupt) gilt nach Definition 4.1.1(a) $n \in n^+$, also $n^+ \neq \emptyset = 0$. Dies liefert (P3). Zu zeigen bleibt (P4), für deren Nachweis wir folgende etwas seltsam klingende Hilfsbehauptung aufstellen:

Behauptung Für jedes $n \in \mathbb{N}$ und jedes Element $x \in n$ gilt $x \subseteq n$.

Wir beweisen die Behauptung per Induktion. Im Fall $n = 0 = \emptyset$ gibt es keine Elemente $x \in n$, also ist nicht zu zeigen. Nachdem der Induktionsanfang hiermit gemacht ist, nehmen wir ein beliebiges $n \in \mathbb{N}$, von dem wir die Gültigkeit der Behauptung annehmen dürfen. Es sei nun $x \in n^+$. Zu zeigen ist $x \subseteq n^+$.

Nach Definition 4.1.1(a) gilt $x \in n$ oder $x = n$. Im ersten Fall liefert die Induktionsannahme $x \subseteq n$, also $x \subseteq n^+$, denn $n \subseteq n^+$ gilt nach Konstruktion. Die letztgenannte Inklusion liefert aber auch $x \subseteq n^+$ im zweiten zu betrachtenden Fall $x = n$. Damit ist der Induktionsschritt getan und die Behauptung bewiesen.

Nun wenden wir uns (P4) zu, es gelte also $n^+ = m^+$ für zwei natürliche Zahlen n und m. Es folgt $n \in n^+ = m^+ = m \cup \{m\}$. Wäre $n \neq m$, dann hieße das $n \in m$, und ebenso würde $m \in n$ folgen. Wegen obiger Behauptung ergeben sich dann $n \subseteq m$ und $m \subseteq n$, also doch $n = m$. □

Der Beweis von Satz 4.1.4 stellt einen wichtigen Schritt dar. Denn ab jetzt werden wir die weitere Entwicklung der Theorie der natürlichen Zahlen ausschließlich auf die Peano-Axiome stützen und nicht mehr auf irgendwelche Details in der Konstruktion von $\mathbb{N}$ zurückgreifen. Auch das Prinzip der vollständigen Induktion ist im Axiom (P5) kodifiziert, das ja die Minimalität von $\mathbb{N}$ innerhalb der induktiven Mengen besagt. Sind die Peano-Axiome einmal nachgewiesen, so wird die genaue Konstruktion von $\mathbb{N}$ ab dann irrelevant und darf vergessen werden.

Unser nächstes Hauptziel ist die Einführung der arithmetischen Operationen „+" und „·". Für beide Operationen werden wir *rekursive* Definitionen geben, siehe die Definitionen 4.1.6 und 4.1.8. Intuitiv dürfte es klar sein, dass solche Definitionen zulässig sind. Trotzdem ist dies eine beweisbedürftige (und gar nicht so einfache) Tatsache, die wir in folgendem Satz formulieren.

Satz 4.1.5 (Rekursionssatz) *Gegeben seien eine Menge A, ein Element $a_0 \in A$ und eine Abbildung $g: A \to A$. Dann gibt es genau eine Abbildung $f: \mathbb{N} \to A$ mit*

(1) $f(0) = a_0$ *und*
(2) $f(n^+) = g\big(f(n)\big)$ *für alle $n \in \mathbb{N}$.*

Beweis Der Hauptteil des Beweises befasst sich mit der Existenz von f, welches eine Teilmenge des kartesischen Produkts $\mathbb{N} \times A$ sein muss. Wir orientieren uns an den gewünschten Eigenschaften und betrachten die Menge $\mathcal{M}$ aller Teilmengen $f' \subseteq \mathbb{N} \times A$, die die Bedingungen

(1) $(0, a_0) \in f'$ und
(2) mit jedem Element $(n, a) \in f'$ gilt auch $\big(n^+, g(a)\big) \in f'$

erfüllen. Es ist $\mathcal{M}$ nicht leer, denn $\mathbb{N} \times A \in \mathcal{M}$. Deshalb können wir die Schnittmenge $f := \bigcap \mathcal{M}$ bilden. Man überlegt sich schnell, dass f die Bedingungen (1) und (2) erfüllt, also $f \in \mathcal{M}$. Wäre f eine Abbildung von $\mathbb{N}$ in A, so würden demnach die gewünschten Eigenschaften folgen. Wir müssen also nachweisen, dass f eine Abbildung $\mathbb{N} \to A$ ist. Hierzu ist zu zeigen, dass es für alle $n \in \mathbb{N}$ genau ein $a \in A$ gibt mit $(n, a) \in f$. Wir führen den Nachweis per Induktion.

Im Fall des Induktionsanfangs $n = 0$ gilt $(0, a_0) \in f$. Wir nehmen an, dass es ein weiteres $b \in A$ mit $(0, b) \in f$ aber $b \neq a_0$ gibt, und bilden $f^* := f \setminus \{(0, b)\}$. Für f^* gilt wegen $b \neq a_0$ die Bedingung (1). Es gilt aber auch (2), denn für $(n, a) \in f^*$ gilt $(n, a) \in f$, also $\big(n^+, g(a)\big) \in f$. Wegen $n^+ \neq 0$ (dies ist das dritte Peano-

Axiom) ist $(n^+, g(a)) \neq (0, b)$, also $(n^+, g(a)) \in f^*$. Insgesamt folgt $f^* \in \mathcal{M}$, was mit der Definition von f den Widerspruch

$$f \subseteq f^* \subsetneqq f$$

liefert. Damit ist $b = a_0$ das einzige Element von A mit $(0, b) \in f$, womit der Induktionsanfang abgeschlossen ist.

Für den Induktionsschritt sei $n \in \mathbb{N}$, für das es genau ein $a \in A$ gibt mit $(n, a) \in f$. Wir müssen dasselbe für n^+ zeigen. Wegen $f \in \mathcal{M}$ gilt jedenfalls $(n^+, g(a)) \in f$. Nun nehmen wir an, dass es ein weiteres $b \in A$ gibt mit $(n^+, b) \in f$ aber $b \neq g(a)$. Ähnlich wie oben bilden wir

$$f^* := f \setminus \{(n^+, b)\}$$

und behaupten, dass f^* die Bedingungen (1) und (2) erfüllt. Wegen $0 \neq n^+$ haben wir $(0, a_0) \in f^*$, die erste Bedingung gilt also. Für den Nachweis von (2) sei nun $(m, c) \in f^*$. Wegen $(m, c) \in f$ und $f \in \mathcal{M}$ gilt dann $(m^+, g(c)) \in f$. Im Fall $m \neq n$ gilt dann $m^+ \neq n^+$ (dies ist das vierte Peano-Axiom), also $(m^+, g(c)) \in f^*$. Dies gilt aber auch im Fall $m = n$, denn in diesem Fall muss $c = a$ und deshalb $b \neq g(c)$ gelten. Insgesamt folgt, wie behauptet, $f^* \in \mathcal{M}$, und damit derselbe Widerspruch wie oben. Damit ist der Induktionsschritt vollzogen.

Durch den gerade gegebenen Induktionsbeweis ist es gelungen nachzuweisen, dass f eine Abbildung $\mathbb{N} \to A$ ist. Wie oben ausgeführt, schließt dies den Existenzteil des Beweises ab. Es bleibt die Eindeutigkeit von f zu zeigen. Wir nehmen also an, dass $\widetilde{f} \colon \mathbb{N} \to A$ eine weitere Abbildung ist, die die Bedingungen (1) und (2) aus dem Satz erfüllt. Wieder per Induktion zeigen wir nun, dass dann für alle $n \in \mathbb{N}$ die Gleichheit $f(n) = \widetilde{f}(n)$ gilt. Für $n = 0$ folgt dies sofort aus (1). Für den Induktionsschritt setzen wir $f(n) = \widetilde{f}(n)$ voraus. Es folgt

$$f(n^+) = g(f(n)) = g(\widetilde{f}(n)) = \widetilde{f}(n^+),$$

der Induktionsschritt ist also bereits gelungen. Damit ist die Gleichheit $f = \widetilde{f}$, also die Eindeutigkeit von f nachgewiesen. □

Nun können wir für die Addition natürlicher Zahlen definieren.

Definition 4.1.6 *Die Addition zweier natürlicher Zahlen $a, b \in \mathbb{N}$ ist rekursiv definiert durch*

$$a + 0 := a \quad und \quad a + (b^+) := (a + b)^+. \tag{4.1}$$

Formaler betrachten wir die Menge

$$F := \{(a, b, c) \in \mathbb{N} \times \mathbb{N} \times \mathbb{N} \mid es\ gibt\ eine\ Funktion\ f \colon \mathbb{N} \to \mathbb{N}\ mit$$

$$f(0) = a,\ f(n^+) = f(n)^+\ für\ alle\ n \in \mathbb{N}\ und\ f(b) = c\}.$$

Der Rekursionssatz (Satz 4.1.5) zeigt, dass es zu jedem $a \in \mathbb{N}$ genau eine Funktion f gibt, die die beiden ersten Bedingungen erfüllt, also gibt es zu jedem Paar $(a, b) \in \mathbb{N} \times \mathbb{N}$ genau ein c mit $(a, b, c) \in F$. Damit ist F eine Abbildung $\mathbb{N} \times \mathbb{N} \to \mathbb{N}$, und indem wir die Notation $a + b := F(a, b)$ einführen, erhalten wir (4.1).

Wir hatten bereits die Schreibweise $1 := 0^+$ vereinbart. Nun folgt für alle $a \in \mathbb{N}$

$$a + 1 = a + (0^+) = (a + 0)^+ = a^+.$$

Dies veranlasst uns, künftig meist $a + 1$ statt a^+ für den Nachfolger einer natürlichen Zahl a zu schreiben.

Im nächsten Schritt leiten wir Rechenregeln für die Addition her. Der folgende Satz umfasst die Regeln, die für die weitere Entwicklung der Theorie gebraucht werden.

Satz 4.1.7 (Additionsregeln in $\mathbb{N}$) *Für natürliche Zahlen a, b, c gelten:*

(a) *$(a + b) + c = a + (b + c)$ (Assoziativgesetz),*
(b) *$a + b = b + a$ (Kommutativgesetz), und*
(c) *falls $a + c = b + c$, dann $a = b$ (additive „Kürzungsregel").*

All diese Regeln werden durch Induktionsbeweise nachgewiesen. Exemplarisch behandeln wir hier nur das Assoziativgesetz und stellen die weiteren Nachweise als Aufgabe 4.1.2.

Beweis (Beweis von Satz 4.1.7(a)) Wir benutzen Induktion nach c. Der Induktionsanfang wird durch

$$(a + b) + 0 = a + b = a + (b + 0)$$

geliefert, wobei beide Gleichungen direkt aus (4.1) folgen. Für den Induktionsschritt nehmen wir $(a + b) + c = a + (b + c)$ an und rechnen

$$(a + b) + c^+ = \big((a + b) + c\big)^+ = \big(a + (b + c)\big)^+ = a + (b + c)^+ = a + (b + c^+),$$

wobei für die erste, dritte und vierte Gl. (4.1) benutzt wurde. Dies liefert die behauptete Aussage für c^+.   □

Wir können uns nun der Multiplikation natürlicher Zahlen zuwenden.

Definition 4.1.8 *Die Multiplikation zweier natürlicher Zahlen $a, b \in \mathbb{N}$ ist rekursiv definiert durch*

$$a \cdot 0 := 0 \quad und \quad a \cdot (b + 1) := a \cdot b + a.$$

Wie in Definition 4.1.6 kann man auch hier die Multiplikation formaler als Abbildung $\mathbb{N} \times \mathbb{N} \to \mathbb{N}$ definieren.

Satz 4.1.9 (Rechenregeln in $\mathbb{N}$) *Für natürliche Zahlen a, b, c gelten:*

(a) $a \cdot (b + c) = a \cdot b + a \cdot c$ *(Distributivgesetz),*
(b) $(a \cdot b) \cdot c = a \cdot (b \cdot c)$ *(Assoziativgesetz),*
(c) $a \cdot b = b \cdot a$ *(Kommutativgesetz),*
(d) $0 \cdot a = 0$, $1 \cdot a = a$, *und*
(e) *falls* $a \cdot b = 0$, *dann* $a = 0$ *oder* $b = 0$.

Wir stellen erneut alle Beweise bis auf einen als Übungsaufgabe. Als Einziges möchten wir hier den Nachweis von (e) präsentieren, für den wir ein Lemma mit einem etwas degeneriertem Induktionsbeweis benötigen.

Lemma 4.1.10 *Jede natürliche Zahl* $a \in \mathbb{N}$ *mit* $a \neq 0$ *ist Nachfolger einer natürlichen Zahl, d. h. es gibt ein* $b \in \mathbb{N}$ *mit* $a = b + 1$.

Beweis Wir benutzen Induktion. Für $a = 0$ ist nichts zu zeigen. Im Induktionsschritt müssen wir die Aussage für $a + 1$ anstelle von a zeigen. Sie gilt in der Tat mit $b = a$.   □

Beweis (Beweis von Satz 4.1.9(e)) Wir zeigen, dass aus $a \neq 0$ und $b \neq 0$ folgt, dass $a \cdot b \neq 0$. Nach Lemma 4.1.10 gibt es $x, y \in \mathbb{N}$ mit $a = x + 1$ und $b = y + 1$, also

$$a \cdot b = (x + 1) \cdot (y + 1) = (x + 1) \cdot y + (x + 1) = \big((x + 1) \cdot y + x\big) + 1,$$

welches nach dem Peano-Axiom (P3) nicht 0 ist.   □

Nach der Definition der arithmetischen Operationen müssen wir als Nächstes eine Ordnungsrelation auf $\mathbb{N}$ einführen, um mit natürlichen Zahlen in der gewohnten Weise umgehen zu können. Dies tun wir, indem wir für $a, b \in \mathbb{N}$ festlegen:

$$a \leq b \quad :\Longleftrightarrow \quad \text{es gibt ein } x \in \mathbb{N} \text{ mit } b = a + x. \tag{4.2}$$

Satz 4.1.11 *Die durch* (4.2) *definierte Relation ist eine Wohlordnung auf* $\mathbb{N}$. *Insbesondere ist sie eine totale Ordnung.*

Beweis Zunächst ist die Reflexivität, Transitivität und Antisymmetrie von „$\leq$" nachzuweisen. Dabei können Reflexivität und Transitivität „im Kopf" erledigt werden. Für die Antisymmetrie setzen wir $a \leq b$ und $b \leq a$ voraus, also $b = a + x$ und $a = b + y$ mit $x, y \in \mathbb{N}$. Es folgt $a = a + x + y$ und mit Satz 4.1.7(c) dann $x + y = 0$. Wäre $y \neq 0$, so ergäbe dies mit Lemma 4.1.10 einen Widerspruch zum Peano-Axiom (P3). Damit ist bewiesen, dass „$\leq$" eine Ordnungsrelation ist. Zu zeigen bleibt, dass wir sogar eine Wohlordnung haben.

Um zu beweisen, dass jede nichtleere Teilmenge von $A \subseteq \mathbb{N}$ ein kleinstes Element hat, zeigen wir per Induktion nach a, dass folgende Aussage für jedes $a \in \mathbb{N}$ gilt: Ist $A \subseteq \mathbb{N}$ eine Menge, die mindestens eine Zahl b mit $b \leq a$ enthält, so hat A ein kleinstes Element.

Der Induktionsanfang $a = 0$ funktioniert folgendermaßen: Nach Annahme gibt es ein $b \in A$ mit $b \leq 0$. Andererseits gilt $b = 0 + b \geq 0$, also $b = 0$. Nun gilt $c \geq 0$ für jedes $c \in A$, also ist 0 kleinstes Element von A.

Für den Induktionsschritt ist die Voraussetzung, dass es ein $b \in A$ mit $b \leq a + 1$ gibt. Falls es auch ein $b \in A$ mit $b \leq a$ gibt, so folgt die Behauptung per Induktion. Wir dürfen also voraussetzen, dass es *kein* $b \in A$ mit $b \leq a$ gibt. Wir behaupten, dass dann $a + 1$ ein kleinstes Element von A ist. Es sei $c \in A$ beliebig. Die Menge $\{a, c\}$ hat nach Induktionsvoraussetzung ein kleinstes Element, und da $c \leq a$ *nicht* gilt, muss dieses a sein, also $a < c$. Dies bedeutet $c = a + x$ mit $0 \neq x \in \mathbb{N}$, also nach Lemma 4.1.10 $x = y + 1$ mit $y \in \mathbb{N}$. Wir erhalten

$$c = a + y + 1 \geq a + 1.$$

Dies zeigt, dass $a + 1$ eine untere Schranke von A ist. Da A aber eine Zahl $\leq a + 1$ enthält, muss diese gleich $a + 1$ sein, und damit ist $a + 1$ ein kleinstes Element. □

Was kann man außer Addieren, Multiplizieren und Vergleichen mit natürlichen Zahlen tun? Primzerlegung, deren Existenz wir schon in Satz 1.3.12 bewiesen haben und deren Eindeutigkeit wir in Satz 7.3.14 nachweisen werden, kommt in den Sinn. Grundlegender ist jedoch die Division mit Rest, die übrigens massiv in den Beweis der Eindeutigkeit der Primzerlegung eingeht. Deshalb schließen wir diesen Abschnitt mit der Division mit Rest ab, bei der die Konzepte Addition, Multiplikation und Vergleichen zusammenlaufen.

Satz 4.1.12 (Division mit Rest) *Für $a, b \in \mathbb{N}$ mit $b \neq 0$ gibt es $q, r \in \mathbb{N}$ mit*

$$a = b \cdot q + r \quad und \quad r < b.$$

Beweis Die Menge

$$R := \{r \in \mathbb{N} \mid \text{es gibt ein } q \in \mathbb{N} \text{ mit } a = b \cdot q + r\}$$

ist nicht leer (denn $a \in R$), hat also nach Satz 4.1.11 ein kleinstes Element, das wir mit r bezeichnen. Wir haben also $a = b \cdot q + r$ mit $q \in \mathbb{N}$, und es ist $r < b$ zu zeigen. Wir nehmen $r \geq b$ an. Dies bedeutet $r = b + x$ mit $x \in \mathbb{N}$, aber dann folgt $a = b \cdot (q + 1) + x$, also $x \in R$. Wegen $b \neq 0$ bedeutet die Gleichung $r = b + x$ aber auch, dass $x < r$, und wir erhalten einen Widerspruch zu der Tatsache, dass r kleinstes Element von R ist. □

Aufgaben

4.1.1 Zeigen Sie, dass die natürlichen Zahlen durch die Peano-Axiome „bis auf eindeutige Isomorphie" eindeutig bestimmt sind. Es sei dazu (A, a, f) ein Tripel von Mengen mit folgenden Eigenschaften:

(1) $a \in A$.
(2) f ist eine Abbildung von A nach A.
(3) a liegt nicht im Bild von f.

(4) f ist injektiv.

(5) Jede Teilmenge $A' \subseteq A$, die a enthält und zu jedem $x \in A$ auch $f(x)$ enthält, ist gleich A.

Zeigen Sie, dass dann genau eine bijektive Abbildung $\varphi : \mathbb{N} \to A$ existiert mit $\varphi(0) = a$ und $\varphi(n^+) = f(\varphi(n))$ für alle $n \in \mathbb{N}$.

4.1.2 Führen Sie die Beweise für Satz 4.1.7(b) und (c).

Tipp: Zeigen Sie als Vorbereitung für (b) zunächst $0 + a = a$ und $a^+ + b = a + b^+$ für alle $a, b \in \mathbb{N}$.

4.1.3 Führen Sie die Beweise für Satz 4.1.9(a)–(d).

Tipp: Zeigen Sie (d) vor dem Kommutativgesetz.

4.1.4 Es seien $a, b, c \in \mathbb{N}$. Zeigen Sie, dass die Ordnung auf $\mathbb{N}$ wie folgt mit den arithmetischen Operationen kompatibel ist:

(a) $a \le b \iff a + c \le b + c$,

(b) $a \le b \implies ac \le bc$.

4.1.5 Wir erinnern an die Teilbarkeitsrelation auf $\mathbb{N}$ aus Beispiel 1.3.2(2):

$$a \mid b \quad :\iff \quad \text{es gibt ein } c \in \mathbb{N} \text{ mit } ac = b.$$

Zeigen Sie: Ist $a \mid b$ und $b \ne 0$, so ist $a \le b$.

4.1.6 🕭 Zeigen Sie als Ergänzung zum Rekursionssatz (Satz 4.1.5), dass auch rekursive Definitionen mit mehr als einem Startwert möglich sind. Gegeben seien dazu eine Menge A, eine natürliche Zahl $k \ge 1$, Elemente $a_0, \ldots, a_{k-1} \in A$ und eine Abbildung $g : A^k \to A$. Zeigen Sie, dass dann genau eine Abbildung $f : \mathbb{N} \to A$ mit $f(i) = a_i$ für $i = 0, \ldots, k-1$ und

$$f(n+k) = g(f(n), f(n+1), \ldots, f(n+k-1))$$

für alle $n \in \mathbb{N}$ existiert.

4.1.7 Gegeben seien eine Menge A, ein Element $a_0 \in A$ und eine Relation R auf A, so dass für alle $x \in A$ ein $y \in A$ mit $x R y$ existiert. Zeigen Sie, dass dann eine Abbildung $f : \mathbb{N} \to A$ mit $f(0) = a_0$ und $f(n) R f(n^+)$ für alle $n \in \mathbb{N}$ existiert.

Tipp: Benutzen Sie das Auswahlaxiom zusammen mit dem Rekursionssatz.

4.2 Ganze und rationale Zahlen

In diesem Abschnitt werden die Rechenbereiche $\mathbb{Z}$ und $\mathbb{Q}$ konstruiert. Der Übergang von $\mathbb{N}$ zu $\mathbb{Z}$ stellt die erste Erweiterung des Zahlensystems dar. Diese lässt beispielsweise dadurch motivieren, dass man Lösungen für Gleichungen wie $x + 3 = 1$ haben möchte, oder dadurch, dass in $\mathbb{N}$ zwar die gängigen Rechenregeln gelten, $\mathbb{N}$

aber wegen des Fehlens von additiven Inversen kein Ring ist. Man kann $\mathbb{Z}$ als „Doppelung" von $\mathbb{N}$ konstruieren, muss dann aber bei den arithmetischen Operationen und Vergleichsoperationen zahlreiche Fallunterscheidungen machen. Eleganter ist die Idee, eine Zahl wie -2, motiviert durch obige Gleichung, als Differenz $1 - 3$ aufzufassen und dann durch ihre „Komponenten" $(1, 3)$ zu repräsentieren. Dass -2 auch als $0 - 2$, $2 - 4$ und so weiter aufgefasst werden kann, führt dann auf eine Äquivalenzrelation.

Wir beginnen die Konstruktion von $\mathbb{Z}$ also, indem wir eine Relation auf $\mathbb{N} \times \mathbb{N}$ erklären durch

$$(a, b) \sim (c, d) \quad \Longleftrightarrow \quad a + d = b + c$$

für $a, b, c, d \in \mathbb{N}$. Dass diese Relation reflexiv und symmetrisch ist, ist unmittelbar klar. Für den Nachweis der Transitivität seien e, f weitere natürliche Zahlen, und es gelte $(a, b) \sim (c, d)$ und $(c, d) \sim (e, f)$. Dann folgt

$$a + d + f = b + c + f = b + d + e,$$

und hieraus $(a, b) \sim (e, f)$ mit Hilfe von Satz 4.1.7(c). Da nun feststeht, dass „$\sim$" eine Äquivalenzrelation ist, können wir $\mathbb{Z}$ definieren als $\mathbb{Z} := (\mathbb{N} \times \mathbb{N})/\!\sim$, die Menge der Äquivalenzklassen.

Die Interpretation einer Klasse $[(a, b)]_\sim \in \mathbb{Z}$ als Differenz $a - b$ gibt nun die Idee, wie Addition, Multiplikation und die Ordnungsrelation auf $\mathbb{Z}$ definiert werden können. Für $a, b, c, d \in \mathbb{N}$ setzen wir dieser Idee folgend

$$[(a, b)]_\sim + [(c, d)]_\sim := [(a + c, b + d)]_\sim,$$

$$[(a, b)]_\sim \cdot [(c, d)]_\sim := [(ac + bd, ad + bc)]_\sim \quad \text{und}$$

$$[(a, b)]_\sim \leq [(c, d)]_\sim \quad :\Longleftrightarrow \quad a + d \leq b + c,$$

wobei auf der rechten Seite die Operationen und die Ordnungsrelation von $\mathbb{N}$ benutzt werden. Hierbei muss die Wohldefiniertheit gezeigt werden, also dass das jeweils auf der rechten Seite Definierte unabhängig von der Wahl der Vertreter ist. Wir stellen dies als Aufgabe 4.2.1. Den Nachweis, dass durch „$\leq$" eine totale Ordnung auf $\mathbb{Z}$ definiert wird, verschieben wir in Aufgabe 4.2.2.

Ist $\mathbb{Z}$ nun ein Ring? Als Null fungiert $[(0, 0)]_\sim$, und zu $[(a, b)]_\sim \in \mathbb{Z}$ ist in der Tat $[(b, a)]_\sim$ ein Negatives (= additives Inverses). Das Nachrechnen der weiteren Ringaxiome stellen wir als Aufgabe 4.2.3 und halten hier das Ergebnis fest:

Satz 4.2.1 *Es ist $\mathbb{Z}$ ein kommutativer Ring ohne Nullteiler. Letzteres heißt, dass für $a, b \in \mathbb{Z}$ mit $a \neq 0 \neq b$ stets $a \cdot b \neq 0$ gilt.*

Wir haben eine injektive Abbildung $\varepsilon \colon \mathbb{N} \to \mathbb{Z}$, $a \mapsto [(a, 0)]_\sim$. Diese respektiert die Operationen auf $\mathbb{N}$ und $\mathbb{Z}$, d. h. für $a, b \in \mathbb{N}$ gilt $\varepsilon(a + b) = \varepsilon(a) + \varepsilon(b)$ und dasselbe für „$\cdot$". Deshalb können wir $\mathbb{N}$ mit dem Bild $\varepsilon(\mathbb{N})$ identifizieren und $\mathbb{N}$ als Teilmenge von $\mathbb{Z}$ auffassen. (Eine Alternativroute für Leserinnen und Leser, denen die Ausdrücke „identifizieren" und „auffassen" suspekt sind, wofür es gute Gründe gibt, ist die folgende: Man bezeichne die in Abschn. 4.1 konstruierte Menge mit $\mathbb{N}'$ statt mit $\mathbb{N}$, und setze nun hier $\mathbb{N} := \varepsilon(\mathbb{N}')$.) Für natürliche Zahlen a, b gibt es wegen Satz 4.1.11 ein $x \in \mathbb{N}$ mit $a = b + x$ oder $b = a + x$. Im ersten Fall folgt $[(a, b)]_\sim = [(x, 0)]_\sim = \varepsilon(x)$, und im zweiten $[(a, b)]_\sim = [(0, x)]_\sim = -\varepsilon(x)$. Mit unserer Identifikation (oder alternativen Definition von $\mathbb{N}$) ist also jede ganze Zahl eine natürliche Zahl oder das Negative einer natürlichen Zahl, und kann auch so geschrieben werden, also als x oder $-x$.

Die zweite Erweiterung des Zahlensystems – die Konstruktion von $\mathbb{Q}$ – gleicht der ersten in mancher Hinsicht. Motiviert wird sie dadurch, dass $\mathbb{Z}$ kein Körper ist, oder, anders ausgedrückt, dass Gleichungen wie $6x = 2$ in $\mathbb{Z}$ unlösbar sind. Die Idee ist auch hier, den zu konstruierenden Bruch $\frac{2}{6}$ durch ein das Paar $(2, 6)$ zu repräsentieren, wobei gewünschte Gleichheiten wie $\frac{2}{6} = \frac{1}{3} = \frac{3}{9}$ wieder durch „Herausfaktorisieren" einer Äquivalenzrelation realisiert werden.

Wir beginnen die Konstruktion mit der Definition der benötigten Äquivalenzrelation. Sie ist auf dem kartesischen Produkt $\mathbb{Z} \times \mathbb{N}_{>0}$ erklärt durch

$$(a, b) \sim (c, d) \quad :\Longleftrightarrow \quad ad = bc$$

für $a, c \in \mathbb{Z}$ und $b, d \in \mathbb{N}_0$. Auch hier sind Reflexivität und Symmetrie direkt klar. Für die Transitivität seien $a, c, e \in \mathbb{Z}$ und $b, d, f \in \mathbb{N}_{>0}$ mit $(a, b) \sim (c, d)$ und $(c, d) \sim (e, f)$. Dann gilt $adf = bcf = bde$ und damit $d \cdot (af - be) = 0$. Wegen der Nullteilerfreiheit von $\mathbb{Z}$ folgt $af - be = 0$, also $(a, b) \sim (e, f)$. Nun können wir $\mathbb{Q} := (\mathbb{Z} \times \mathbb{N}_{>0})/\sim$ setzen. Für $a \in \mathbb{Z}$ und $b \in \mathbb{N}_{>0}$ benutzen wir die Schreibweise

$$\frac{a}{b} := [(a, b)]_\sim,$$

zuweilen auch alternativ a/b oder ab^{-1}. Bei der Definition der arithmetischen Operationen und der Ordnungsrelation orientieren wir uns an unserer Intuition und Erfahrung mit Brüchen. So setzen wir für $a, c \in \mathbb{Z}$ und $b, d \in \mathbb{N}_{>0}$

$$\frac{a}{b} + \frac{c}{d} := \frac{ad + bc}{bd},$$

$$\frac{a}{b} \cdot \frac{c}{d} := \frac{ac}{bd} \quad \text{und}$$

$$\frac{a}{b} \leq \frac{c}{d} \quad :\Longleftrightarrow \quad ad \leq bc.$$

Auch hier ist der Nachweis der Wohldefiniertheit ein wichtiger Punkt, den wir in Aufgabe 4.2.7 verlagern.

Wir erkennen in $\mathbb{Q}$ sofort ein Nullelement $\frac{0}{1}$ und ein Einselement $\frac{1}{1}$. Haben Elemente von $\mathbb{Q}$ nun Inverse? In der Tat gilt für $a, b \in \mathbb{N}_{>0}$, dass $\frac{a}{b} \cdot \frac{b}{a} = \frac{1}{1}$

und $\frac{-a}{b} \cdot \frac{-b}{a} = \frac{1}{1}$. Da außer der Null alle Elemente von $\mathbb{Q}$ die Form $\frac{a}{b}$ oder $\frac{-a}{b}$ mit $a, b \in \mathbb{N}_{>0}$ haben, ist damit das Ziel erreicht. Insgesamt gilt:

Satz 4.2.2 *Es ist $\mathbb{Q}$ ein Körper.*

Den Beweis stellen wir als Aufgabe 4.2.8.

Schließlich haben wir, ähnlich wie beim Übergang von $\mathbb{N}$ zu $\mathbb{Z}$, eine injektive Abbildung $\mathbb{Z} \rightarrow \mathbb{Q}$ gegeben durch $a \mapsto \frac{a}{1}$. Wie zuvor erlaubt es diese, $\mathbb{Z}$ als Teilmenge von $\mathbb{Q}$ aufzufassen.

Aufgaben

4.2.1 In dieser Aufgabe soll die Wohldefiniertheit der Operationen und der Ordnungsrelation auf $\mathbb{Z}$ nachgewiesen werden. Hierzu seien sowohl a, b, c, d als auch $a', b', c', d' \in \mathbb{N}$ natürliche Zahlen mit

$$(a, b) \sim (a', b') \quad \text{und} \quad (c, d) \sim (c', d').$$

Zeigen Sie:

(a) $(a + c, b + d) \sim (a' + c', b' + d')$,
(b) $(ac + bd, ad + bc) \sim (a'c' + b'd', a'd' + b'c')$,
   Tipp: Addieren Sie zu beiden Seiten der gewünschten Gleichung ad' hinzu.
(c) $a + d \leq b + c \iff a' + d' \leq b' + c'$.

4.2.2 📷 *(Video-Link siehe Vorwort, Seite VI)*
Beweisen Sie, dass durch die auf Seite 76 gegebene Definition von „$\leq$" wirklich eine totale Ordnung auf $\mathbb{Z}$ definiert wird.

4.2.3 Beweisen Sie Satz 4.2.1.

4.2.4 Es sei $x \in \mathbb{Z}$. Zeigen Sie, dass mit unserer Identifizierung von $\mathbb{N}$ mit einer Teilmenge von $\mathbb{Z}$ gilt:

$$0 \leq x \quad \iff \quad x \in \mathbb{N}.$$

4.2.5 Es seien $x, y, z \in \mathbb{Z}$.

(a) Zeigen Sie: $x \leq y \iff x + z \leq y + z$.
(b) Nun sei $0 \leq z$. Zeigen Sie: $x \leq \implies xz \leq yz$, und falls $z \neq 0$, so gilt auch die Umkehrung.

4.2.6 Zeigen Sie, dass die Division mit Rest wie folgt auch in $\mathbb{Z}$ möglich ist: Für $x, y \in \mathbb{Z}$ mit $y \neq 0$ existieren $q \in \mathbb{Z}$ und $r \in \mathbb{N}$ mit $x = qy + r$ und $r < |y|$. (Hierbei ist der Betrag wie in Aufgabe 4.2.10 definiert).

4.2.7 In dieser Aufgabe soll die Wohldefiniertheit der Operationen und der Ordnungsrelation auf $\mathbb{Q}$ nachgewiesen werden. Hierzu seien $a, c, a', c' \in \mathbb{Z}$ und $b, d, b', d' \in \mathbb{N}_{>0}$ mit

$$(a, b) \sim (a', b') \quad \text{und} \quad (c, d) \sim (c', d').$$

Zeigen Sie:

(a) $(ad + bc, bd) \sim (a'd' + b'c', b'd')$,
(b) $(ac, bd) \sim (a'c', b'd')$,
(c) $ad \leq bc \iff a'd' \leq b'd'$.

4.2.8 Beweisen Sie Satz 4.2.2.

4.2.9 Ein **angeordneter Körper** ist ein Körper K zusammen mit einer totalen Ordnung „$\leq$" auf K, so dass für alle $x, y, z \in K$ gelten:

$$x \leq y \implies x + z \leq y + z, \tag{A1}$$

$$(x \leq y \text{ und } 0 \leq z) \implies x \cdot z \leq y \cdot z. \tag{A2}$$

(a) Zeigen Sie, dass $\mathbb{Q}$ ein angeordneter Körper ist.
(b) Zeigen Sie, dass in jedem angeordneten Körper K für $x, y, z \in K$ die folgenden Rechenregeln gelten:

    (i) $x \geq y \implies -y \geq -x$,
    (ii) $x \geq 0$ oder $-x \geq 0$,
    (iii) $x^2 \geq 0$,
    (iv) $1 > 0$,
    (v) $x > 0 \implies x^{-1} > 0$,
    (vi) $x > y > 0 \implies y^{-1} > x^{-1} > 0$.

4.2.10 Es sei K ein angeordneter Körper wie in Aufgabe 4.2.9. Wir definieren eine Abbildung $|\cdot| : K \to K_{\geq 0}$ über

$$|x| := \begin{cases} x, & \text{falls } x \geq 0, \\ -x, & \text{sonst.} \end{cases}$$

Zeigen Sie, dass für $x, y \in K$ folgende Regeln gelten:

(a) $|x| = 0 \iff x = 0$,
(b) $|x \cdot y| = |x| \cdot |y|$,
(c) $|x + y| \leq |x| + |y|$ (Dreiecksungleichung).

4.2.11 Es seien $a, b \in \mathbb{Q}$ mit $a < b$.

(a) Zeigen Sie, dass es eine rationale Zahl x mit $a < x < b$ gibt.
    Tipp: Betrachten Sie das arithmetische Mittel von a und b.
(b) Geben Sie unendlich viele rationale Zahlen x mit $a < x < b$ an.

4.3   Reelle Zahlen

Die reellen Zahlen liefern die dritte Erweiterung des Zahlensystems. Sie werden gebraucht, um Analysis betreiben zu können. Genauer benötigt Analysis einen **vollständigen** Rechenbereich, also einen, in dem jede Cauchy-Folge konvergiert. In diesem Abschnitt werden wir ein paar Detailüberlegungen in die Aufgaben verlagern. Die wesentlichen Dinge werden aber im Text bewiesen.

Wir erinnern an die Begriffe Cauchy-Folge und Konvergenz und konkretisieren diese für rationale Folgen: Ein Folge $(a_n)_{n \in \mathbb{N}}$ mit $a_n \in \mathbb{Q}$ heißt eine **Cauchy-Folge**, falls es für jedes rationale $\varepsilon > 0$ ein $k \in \mathbb{N}$ gibt, so dass $|a_n - a_m| < \varepsilon$ für alle $n, m \in \mathbb{N}$ mit $n, m \geq k$. Der Absolutbetrag ist hier wie üblich durch Fallunterscheidung definiert (siehe auch Aufgabe 4.2.10). Die Folge $(a_n)_{n \in \mathbb{N}}$ heißt **konvergent** gegen ein $a \in \mathbb{Q}$, falls es für jedes rationale $\varepsilon > 0$ ein $k \in \mathbb{N}$ gibt, so dass $|a_n - a| < \varepsilon$ für alle $n \in \mathbb{N}$ mit $n \geq k$, und eine **Nullfolge**, falls $a = 0$. Jede konvergente Folge ist eine Cauchy-Folge, aber nicht umgekehrt, wie etwa das Beispiel in Aufgabe 4.3.1 zeigt. Eine weitere Sprechweise brauchen wir noch: Eine Folge $(a_n)_{n \in \mathbb{N}}$ heißt **positiv**, falls es ein rationales $\delta > 0$ gibt, so dass $a_n \geq \delta$ für fast alle $n \in \mathbb{N}$ (d. h. alle außer endlich viele) gilt; sie heißt **negativ**, falls $(-a_n)_{n \in \mathbb{N}}$ positiv ist.

Proposition 4.3.1 (Beschränktheit und Trichotomie)

(a) *Jede Cauchy-Folge ist beschränkt.*

(b) *Jede Cauchy-Folge ist entweder positiv oder negativ oder Nullfolge, und nur eine dieser Möglichkeiten trifft zu.*

Beweis Es sei $(a_n)_{n \in \mathbb{N}}$ eine Cauchy-Folge.

(a) Für $\varepsilon := 1$ gibt es ein $k \in \mathbb{N}$ mit $|a_n - a_m| < 1$ für $n, m \geq k$. Für $n \geq k$ folgt also

$$|a_n| = |a_n - a_k + a_k| \leq |a_n - a_k| + |a_k| < |a_k| + 1.$$

Damit ist $\max\{|a_0|, |a_1|, \ldots, |a_{k-1}|, |a_k| + 1\}$ eine obere Schranke für alle $|a_n|$.

(b) Dass nur eine der genannten Möglichkeiten zutreffen kann, folgt direkt aus den Definitionen. Wir nehmen an, dass $(a_n)_{n \in \mathbb{N}}$ keine Nullfolge ist und müssen Positivität oder Negativität zeigen. Es gibt ein $\varepsilon > 0$, so dass $|a_n| \geq \varepsilon$ für unendlich viele n gilt. Weiter gibt es ein k, so dass $|a_n - a_m| \leq \frac{\varepsilon}{2} =: \delta$ für $n, m \geq k$. Es gibt ein $m \geq k$ mit $|a_m| \geq \varepsilon$, also $a_m \geq \varepsilon$ oder $a_m \leq -\varepsilon$. Im ersten Fall folgt für alle $n \geq k$

$$-\delta \leq a_n - a_m \leq \delta \quad \Longrightarrow \quad a_n \geq -\delta + a_m \geq -\delta + \varepsilon = \delta,$$

also ist die Folge positiv. Im zweiten Fall folgt $a_n \leq \delta + a_m \leq -\delta$, also Negativität.   □

Für zwei Folgen $(a_n)_{n\in\mathbb{N}}$ und $(b_n)_{n\in\mathbb{N}}$ können wir die Summen- und Produktfolge $(a_n+b_n)_{n\in\mathbb{N}}$ und $(a_n \cdot b_n)_{n\in\mathbb{N}}$ bilden. Man prüft sofort nach, dass die Folgen so einen kommutativen Ring bilden, dessen Null- und Einselement durch die konstanten Folgen mit $a_n = 0$ bzw. $a_n = 1$ gegeben sind. Durch einfache Abschätzungen unter Verwendung von Proposition 4.3.1(a) lässt sich zeigen, dass Summe und Produkt zweier Cauchy-Folgen wieder Cauchy-Folgen sind. Außerdem ist die Summe zweier Nullfolgen wieder eine Nullfolge, und das Produkt einer Nullfolge mit einer Cauchy-Folge ist eine Nullfolge. Den Beweis stellen wir als Aufgabe 4.3.2. Wir halten hier das Ergebnis in ringtheoretischer Sprechweise fest:

Proposition 4.3.2

(a) *Die Menge R aller Cauchy-Folgen bildet einen kommutativen Ring.*
(b) *Die Menge I aller Nullfolgen ist ein Ideal in R. (Siehe Anmerkung 2.2.5 für den Idealbegriff.)*

Wie in Anmerkung 2.2.5 erklärt können wir also den Restklassenring R/I bilden. Einer Idee von Cantor folgend, setzen wir nun $\mathbb{R} := R/I$. Eine reelle Zahl ist also nichts anderes als die Restklasse einer rationalen Cauchy-Folge modulo dem Ideal der Nullfolgen.

Satz 4.3.3 *Es ist $\mathbb{R}$ ein Körper.*

Beweis Nach Anmerkung 2.2.5 ist $\mathbb{R}$ ein kommutativer Ring. In $\mathbb{R}$ gilt außerdem $1 \neq 0$, weil die konstante Folge mit $a_n = 1$ keine Nullfolge ist. Es bleibt also zu zeigen, dass die Restklasse einer Folge $(a_n)_{n\in\mathbb{N}} \in R \setminus I$ invertierbar ist. Nach Proposition 4.3.1(b) gibt es ein rationales $\delta > 0$ mit $|a_n| \geq \delta$ für fast alle n. Wir ändern die Folge, indem wir die endliche vielen a_n mit $|a_n| < \delta$ auf $a_n := \delta$ setzen. Da die Differenz zwischen der ursprünglichen und der geänderten Folge eine Nullfolge ist, dürfen wir diese Änderung vornehmen, ohne die Restklasse $(a_n)_{n\in\mathbb{N}} + I$ zu verändern. Nun gilt also $|a_n| \geq \delta$ für alle n.

Wir setzen $b_n := a_n^{-1}$. Wenn wir zeigen können, das $(b_n)_{n\in\mathbb{N}}$ eine Cauchy-Folge ist, dann ist sie eine Inverse von $(a_n)_{n\in\mathbb{N}}$ in R, und damit ist auch die Restklasse $(a_n)_{n\in\mathbb{N}} + I$ invertierbar. Es sei also $\varepsilon > 0$ rational. Es gibt ein $k \in \mathbb{N}$, so dass $|a_n - a_m| < \delta^2\varepsilon$ für $n, m \geq k$ gilt. Für diese n und m folgt dann

$$|b_n - b_m| = \left| \frac{a_m - a_n}{a_n a_m} \right| < \frac{\delta^2\varepsilon}{\delta^2} = \varepsilon.$$

Also ist $(b_n)_{n\in\mathbb{N}}$ eine Cauchy-Folge, was den Beweis abschließt. □

Für zwei reelle Zahlen α und β, gegeben durch Restklassen $\alpha = (a_n)_{n\in\mathbb{N}} + I$ und $\beta = (b_n)_{n\in\mathbb{N}} + I$, schreiben wir

$$\alpha \leq \beta \quad :\Longleftrightarrow \quad \alpha = \beta \quad \text{oder} \quad (b_n - a_n)_{n\in\mathbb{N}} \quad \text{ist positiv.}$$

Wir stellen es als Aufgabe 4.3.3 nachzuweisen, dass die Bedingung auf der rechten Seite unabhängig von der Vertreterwahl ist, und dass so eine totale Ordnung auf $\mathbb{R}$

definiert wird, die mit den Rechenoperationen auf die übliche Weise verträglich ist (siehe hierzu Aufgabe 4.2.9).

Wir können und werden $\mathbb{Q}$ als Teilmenge von $\mathbb{R}$ auffassen vermöge der injektiven Abbildung $\mathbb{Q} \to \mathbb{R}$, die jeder rationaler Zahl a die Klasse der konstanten Folge mit $a_n = a$ zuordnet. Diese Abbildung ist kompatibel mit der Ordnungsrelation und den arithmetischen Operationen. Hiermit ergeben die Aussagen in folgendem Lemma Sinn. Die erste davon wird manchmal als *archimedisches Axiom* bezeichnet.

Lemma 4.3.4 *Für jede reelle Zahl α gilt:*

(a) *Es gibt es $n \in \mathbb{N}$ mit $n \geq \alpha$.*
(b) *Es gibt eine (eindeutig bestimmte) kleinste ganze Zahl k mit $k \geq \alpha$.*

Beweis

(a) Wir haben $\alpha = (a_n)_{n\in\mathbb{N}} + I$ mit $a_n \in \mathbb{Q}$. Wegen Proposition 4.3.1(a) gibt es $c \in \mathbb{Q}$ mit $a_n \leq c$ für alle n. Dann ist $\alpha > c$ unmöglich (denn das hieße $a_n > c$ für fast alle n), also $c \geq \alpha$. Da wir $c \geq 0$ annehmen können, liefert der Zähler n von c nun eine obere Schranke in $\mathbb{N}$.

(b) Nach Teil (a) gibt es $m \in \mathbb{N}$ mit $m \geq -\alpha$. Alle ganzzahligen oberen Schranken von $\alpha + m$ liegen also in $\mathbb{N}$. Nach (a) hat $\alpha + m$ obere Schranken in $\mathbb{N}$, und wegen der Wohlgeordnetheit von $\mathbb{N}$ (Satz 4.1.11) gibt es eine kleinste davon. Diese wird durch Subtraktion von m zu einer kleinsten ganzzahligen oberen Schranke von α. Die Eindeutigkeit gilt für ein kleinstes Elemente immer, falls es existiert (siehe Proposition 1.3.11). $\qquad\square$

Mit der Ordnungsrelation haben wir auf $\mathbb{R}$ auch einen Absolutbetrag (durch die übliche Fallunterscheidung, siehe Aufgabe 4.2.10) und können von Konvergenz und Cauchy-Folgen sprechen, wobei hier konsequenterweise reelle $\varepsilon > 0$ zugelassen werden. Für $\alpha = (a_n)_{n\in\mathbb{N}} + I \in \mathbb{R}$ verifiziert man durch Fallunterscheidung, dass $|\alpha| = (|a_n|)_{n\in\mathbb{N}} + I$.

Satz 4.3.5 (Vollständigkeit von $\mathbb{R}$) *Jede reelle Cauchy-Folge konvergiert.*

Beweis Es sei $(\alpha_n)_{n\in\mathbb{N}}$ eine Cauchy-Folge mit $\alpha_n \in \mathbb{R}$. Für jedes $n \in \mathbb{N}$ gibt es nach Lemma 4.3.4(b) eine kleinste ganzzahlige obere Schranke z_n von $n \cdot \alpha_n$. Es folgt $z_n - 1 < n \cdot \alpha_n \leq z_n$, also $0 \leq z_n - n\alpha_n < 1$. Für $n > 0$ gilt daher mit $a_n := \frac{z_n}{n} \in \mathbb{Q}$

$$|a_n - \alpha_n| < \frac{1}{n}. \tag{4.3}$$

Der Vollständigkeit halber setzen wir $a_0 := 0$ und behaupten, dass die a_n eine Cauchy-Folge bilden. Für $\varepsilon > 0$ gibt es nach Lemma 4.3.4(a) ein $k \in \mathbb{N}$ mit $k \geq \frac{3}{\varepsilon}$. Weil die α_n eine Cauchy-Folge bilden, können wir k so groß wählen, dass (zusätzlich zu $k \geq \frac{3}{\varepsilon}$) für $n, m \geq k$ gilt: $|\alpha_n - \alpha_m| < \frac{\varepsilon}{3}$. Für diese n, m folgt dann unter Verwendung von (4.3)

$$|a_n - a_m| = |a_n - \alpha_n + \alpha_n - \alpha_m + \alpha_m - a_m|$$

$$\leq |a_n - \alpha_n| + |\alpha_n - \alpha_m| + |\alpha_m - a_m|$$

$$< \frac{1}{n} + \frac{\varepsilon}{3} + \frac{1}{m} \leq \frac{2}{k} + \frac{\varepsilon}{3} \leq \varepsilon.$$

Die a_n bilden also tatsächlich eine Cauchy-Folge, und wir können daher $\alpha :=$ $(a_n)_{n \in \mathbb{N}} + I \in \mathbb{R}$ setzen. Wir behaupten, dass die Folge der α_n gegen α konvergiert. Es sei also erneut ein reelles $\varepsilon > 0$ vorgegeben. Es gibt ein $l \in \mathbb{N}$ mit $l \geq \frac{2}{\varepsilon}$. Weiter gibt es ein $k \in \mathbb{N}$, so dass $|a_n - a_m| < \frac{1}{l}$ für $n, m \geq k$ gilt. Es sei nun $n \geq k$. Aus der Annahme $|a_n - \alpha| > \frac{1}{l}$ (wobei hier a_n als die Restklasse der konstanten Folge mit Wert a_n zu interpretieren ist) würde folgen, dass $|a_n - a_m| > \frac{1}{l}$ für fast alle m gilt, was aber nicht zutrifft. Es folgt $|a_n - \alpha| \leq \frac{1}{l}$. Ist nun $n \geq \max\{k, l\}$, so erhalten wir mit (4.3)

$$|\alpha_n - \alpha| \leq |\alpha_n - a_n| + |a_n - \alpha| < \frac{1}{n} + \frac{1}{l} \leq \frac{2}{l} \leq \varepsilon.$$

Damit ist gezeigt, dass $(\alpha_n)_{n \in \mathbb{N}}$ konvergiert. $\qquad\square$

Satz 4.3.5 zeigt, dass die Idee, $\mathbb{R}$ als Restklassenring der rationalen Cauchy-Folgen modulo der Nullfolgen zu konstruieren, erfolgreich war: Wir erhalten tatsächlich einen vollständigen Körper. Weitere Untersuchungen dieses Körpers gehören nun in die Analysis. Beispielhaft sei das Ergebnis erwähnt, dass jede nichtnegative reelle Zahl eine Quadratwurzel in $\mathbb{R}$ hat.

Aufgaben

4.3.1 Es sei $(f_n)_{n \in \mathbb{N}}$ die rekursiv definierte Folge

$$f_0 := 1, \quad f_1 := 1, \quad f_{n+2} := f_{n+1} + f_n \quad \text{(für alle } n \in \mathbb{N})$$

der Fibonacci-Zahlen. Gemäß Aufgabe 4.1.6 ist diese Definition zulässig. Wegen $f_n \in \mathbb{N}_{>0}$ für alle $n \in \mathbb{N}$ können wir setzen:

$$q_n := \frac{f_{n+1}}{f_n}.$$

Zeigen Sie:

(a) Für alle $n \in \mathbb{N}$ ist $q_{n+1} = 1 + \frac{1}{q_n}$.

(b) Die rationale Folge $(q_n)_{n \in \mathbb{N}}$ ist eine Cauchy-Folge.
Tipp: Zeigen Sie zunächst $|q_{n+1} - q_n| \leq \frac{1}{2}|q_n - q_{n-1}|$ für alle $n \geq 1$.

(c) In $\mathbb{R}$ konvergiert die Folge $(q_n)_{n \in \mathbb{N}}$ gegen den Goldenen Schnitt $\Phi := \frac{1+\sqrt{5}}{2}$.

4.3.2 Beweisen Sie Proposition 4.3.2.

4.3.3 Beweisen Sie, dass durch die auf Seite 81 gegebene Definition von „$\leq$"
wirklich eine totale Ordnung auf $\mathbb{R}$ definiert wird. Zeigen Sie anschließend, dass
$\mathbb{R}$ zusammen mit „$\leq$" ein angeordneter Körper (siehe Aufgabe 4.2.9) ist.

4.3.4 ☝ Für eine geordnete Menge A und eine Teilmenge $B \subseteq A$ heißt ein $s \in A$
das **Supremum** von B, falls s das kleinste Element in der Teilmenge $S \subseteq A$ aller
oberen Schranken von B ist. Zeigen Sie, dass jede nichtleere, nach oben beschränkte
Teilmenge $B \subseteq \mathbb{R}$ ein Supremum in $\mathbb{R}$ hat.

Tipp: Definieren Sie rekursiv eine Folge $(x_n, y_n)_{n \in \mathbb{N}}$ in $B \times S$ über eine Fallunter-
scheidung, ob $\frac{x_n + y_n}{2}$ eine obere Schranke ist oder nicht.

Projekt: p-adische Zahlen

Neben den reellen Zahlen gibt es noch weitere Zahlbereiche, die aus $\mathbb{Q}$ durch den
in Abschn. 4.3 beschriebenen Prozess der Vervollständigung hervorgehen. Entscheidend ist hierzu, dass auf andere Weise als durch den gewöhnlichen Absolutbetrag
„gemessen" werden kann, ob zwei rationale Zahlen „nah beieinander liegen". Zu
jeder Primzahl p gibt es einen p-adischen Betrag auf $\mathbb{Q}$. Beispielsweise sind die
Zahlen 2^{10} und 2^{11} sehr nah beieinander in der 2-adischen Metrik. Auf diese Weise
entstehen die Körper $\mathbb{Q}_p$ der p-**adischen Zahlen**, welche in der Zahlentheorie von
großer Bedeutung sind.

Es sei nun p eine fest gewählte Primzahl. Für $a \in \mathbb{Z} \setminus \{0\}$ schreiben wir $v_p(a)$
für das maximale $n \in \mathbb{N}$ mit $p^n \mid a$. Im Folgenden darf benutzt werden, dass im
Ring $\mathbb{Z}$ gilt: Wenn die Primzahl p ein Produkt teilt, so teilt p mindestens einen der
Faktoren (siehe Satz 7.3.14 bzw. Beweis dort).

4.3.5 Zeigen Sie, dass die Abbildung $v_p : \mathbb{Z} \setminus \{0\} \to \mathbb{N}$ für alle $a, b \in \mathbb{Z} \setminus \{0\}$
folgende Eigenschaften hat:

(a) $v_p(ab) = v_p(a) + v_p(b)$,
(b) $v_p(a + b) \geq \min\{v_p(a), v_p(b)\}$.

Für $x = \frac{a}{b} \in \mathbb{Q} \setminus \{0\}$ setzen wir nun $v_p(x) := v_p(a) - v_p(b)$.

4.3.6 Zeigen Sie, dass $v_p : \mathbb{Q} \setminus \{0\} \to \mathbb{Z}$ wohldefiniert ist und dass die
Eigenschaften (a) und (b) aus Aufgabe 4.3.5 nun für alle $x, y \in \mathbb{Q} \setminus \{0\}$ gelten.

Für $x \in \mathbb{Q}$ setzen wir weiter

$$|x|_p := \left(\frac{1}{p}\right)^{v_p(x)}, \quad \text{falls } x \neq 0,$$

bzw. $|0|_p := 0$ für $x = 0$, und nennen dies den p-**adischen Betrag** auf $\mathbb{Q}$.

4.3.7 Zeigen Sie, dass der p-adische Betrag die Eigenschaften eines Betrags auf $\mathbb{Q}$
aus Aufgabe 4.2.10 erfüllt, wobei sogar eine Verschärfung der Dreiecksungleichung
gilt:

$$|x + y|_p \leq \max\{|x|_p, |y|_p\}.$$

Für eine Folge $(a_n)_{n\in\mathbb{N}}$ rationaler Zahlen ersetzen wir nun in der Definition der Begriffe Cauchy-Folge, konvergente Folge und Nullfolge den gewöhnlichen Absolutbetrag durch den p-adischen Betrag. Gelegentlich betonen wir diese Ersetzung des Betrags, indem wir z. B. von p-adischer Cauchy-Folge oder von Konvergenz bzgl. des p-adischen Betrags sprechen.

4.3.8 Zeigen Sie, dass Proposition 4.3.1(a) weiterhin gilt und dass anstelle von (b) folgende Aussage gilt: Zu jeder p-adischen Cauchy-Folge $(a_n)_{n\in\mathbb{N}}$, die keine Nullfolge ist, existiert ein rationales $\delta > 0$ mit $|a_n|_p \geq \delta$ für fast alle $n \in \mathbb{N}$.

4.3.9 Zeigen Sie, dass Proposition 4.3.2 weiterhin gilt.

Es sei nun R_p der Ring der p-adischen Cauchy-Folgen und I_p das Ideal aller Nullfolgen in R_p. Wir setzen $\mathbb{Q}_p := R_p/I_p$ für den Restklassenring.

4.3.10 Zeigen Sie analog zu Satz 4.3.3, dass $\mathbb{Q}_p$ ein Körper ist.

Wir haben also zu jeder Primzahl p einen Erweiterungskörper $\mathbb{Q}_p$ von $\mathbb{Q}$ gefunden, der ganz analog zu $\mathbb{R}$ konstruiert werden kann. Erwähnt sei noch, dass die Körper $\mathbb{Q}_p$ im Gegensatz zu $\mathbb{R}$ nicht sinnvoll angeordnet werden können. Motivierte Leserinnen und Leser können noch den zu Satz 4.3.5 analogen Beweis führen, dass $\mathbb{Q}_p$ vollständig ist, zuvor muss allerdings der p-adische Betrag von $\mathbb{Q}$ auf $\mathbb{Q}_p$ fortgesetzt werden. Für diese und weitere Untersuchungen p-adischer Zahlen verweisen wir auf die Literatur.[1]

4.4 Komplexe Zahlen

Die letzte Erweiterung des Zahlensystems wird motiviert durch das Fehlen von Quadratwurzeln negativer Zahlen. Da nichtnegative Zahlen Quadratwurzeln in $\mathbb{R}$ haben, lässt sich dies auf das Fehlen von $\sqrt{-1}$ in $\mathbb{R}$ reduzieren. Früher hat man sich damit beholfen, dass man bisweilen $\sqrt{-1}$ in Rechnungen einbezog, sie jedoch als imaginierte Zahl ansah und ihr das Symbol i gab. Heutzutage gibt es verschiedene Möglichkeiten, komplexe Zahlen ebenso wie alle anderen Rechenbereiche konkret als mathematische Objekte zu konstruieren. Eine davon präsentieren wir hier.

Wir beginnen mit dem Polynomring $\mathbb{R}[x]$ und betrachten speziell das Polynom x^2+1. Gemäß Satz 2.2.4 können wir also den Restklassenring $\mathbb{R}[x]/(x^2+1)$ bilden. Wir setzen nun $\mathbb{C} := \mathbb{R}[x]/I$, womit die Konstruktion bereits abgeschlossen ist. Elemente von $\mathbb{C}$ nennen wir **komplexe Zahlen**.

Es sei nun $f \in \mathbb{R}[x]$ ein Polynom. Division mit Rest ergibt

$$f = (x^2 + 1)q + r,$$

---

[1] Beispielsweise Kapitel 9 in *A. Schmidt, Einführung in die algebraische Zahlentheorie, Springer-Verlag, Berlin, Heidelberg 2007.*

wobei $q, r \in \mathbb{R}[x]$ mit $\deg(r) < 2$, also $r = a + bx$ mit $a, b \in \mathbb{R}$. Es folgt $f \equiv r$ mod (x^2+1). Dies zeigt, dass sich jede komplexe Zahl schreiben lässt als Restklasse eines Polynoms der Form $a + bx$, und dies ist eindeutig, wie man leicht nachprüft. Wir führen nun die Schreibweise $i := x + \mathbb{R}[x] \cdot (x^2 + 1)$ für die Restklasse von x ein. Indem wir reelle Zahlen als Restklassen von konstanten Polynomen ansehen, können wir $\mathbb{R}$ als Teilmenge von $\mathbb{C}$ auffassen. Damit ist die Restklasse des obigen Polynoms r gleich (nicht nur kongruent zu) $a + bi$. Es folgt

$$\mathbb{C} = \{a + bi \mid a, b \in \mathbb{R}\}.$$

Für eine komplexe Zahl $z = a + bi$ mit $a, b \in \mathbb{R}$ heißt $\mathrm{Re}(z) := a$ der **Realteil** und $\mathrm{Im}(z) := b$ der **Imaginärteil** von z. Wie funktionieren die arithmetischen Operationen in $\mathbb{C}$? Aus $x^2 \equiv -1 \mod (x^2 + 1)$ erhalten wir $i^2 = -1$, also enthält der Körper $\mathbb{C}$ wirklich eine Wurzel aus -1. Mit dem Distributivgesetz ergibt sich nun die zweite der folgenden Formeln:

$$(a + bi) + (c + di) = (a + c) + (b + d)i \quad \text{und}$$

$$(a + bi) \cdot (c + di) = (ac - bd) + (ad + bc)i$$

für $a + bi, c + di \in \mathbb{C}$. Für $a + bi \neq 0$ ergibt sich

$$(a + bi)\left(\frac{a}{a^2 + b^2} - \frac{b}{a^2 + b^2}i\right) = 1, \qquad (4.4)$$

also sind komplexe Zahlen $\neq 0$ invertierbar. Hierbei erweist sich die Tatsache, dass Quadrate reeller Zahlen nie negativ sind, als Glücksfall, denn dadurch wird in obiger Formel eine Nulldivision ausgeschlossen. Wir haben gezeigt:

Satz 4.4.1 *Es ist $\mathbb{C}$ ein Körper.*

Alle bisherigen Rechenbereiche hatten eine „sinnvolle" Ordnungsrelation. Eine solche fehlt auf $\mathbb{C}$. Man könnte zwar auf $\mathbb{C}$ auf verschiedene Arten eine Ordnungsrelation definieren, jedoch nicht so, dass $\mathbb{C}$ dadurch zu einem angeordnetem Körper (siehe Aufgabe 4.2.9) wird. Trotzdem kann man auf $\mathbb{C}$ Analysis betreiben, wie wir nun zeigen werden. Wir beginnen mit der **komplexen Konjugation**: Zu jeder komplexen Zahl $z = a + bi$ bilden wir

$$\overline{z} := a - bi$$

und nennen $\overline{z}$ die **komplex konjugierte** Zahl (oder kurz **Konjugierte**) von z. Wir stellen nun den Nachweis einiger einfacher Rechenregeln als Übungsaufgabe. Zunächst rechnet man für $z, w \in \mathbb{C}$ die Regeln

$$\overline{z + w} = \overline{z} + \overline{w} \quad \text{und} \quad \overline{z \cdot w} = \overline{z} \cdot \overline{w} \qquad (4.5)$$

nach. Außerdem gelten

$$z + \overline{z} = 2\operatorname{Re}(z), \quad z - \overline{z} = 2i\operatorname{Im}(z) \quad \text{und} \quad z \cdot \overline{z} = a^2 + b^2 \in \mathbb{R}_{\geq 0} \qquad (4.6)$$

wodurch die Definition des **komplexen Betrags**

$$|z| := \sqrt{\overline{z} \cdot z} \in \mathbb{R}_{\geq 0},$$

der den Betrag von $\mathbb{R}$ fortsetzt, möglich wird. Mit diesen Schreibweisen bekommen wir aus (4.4) eine übersichtliche Formel für die Inversion eine komplexen Zahl $z \neq 0$:

$$z^{-1} = \frac{\overline{z}}{|z|^2}.$$

Für $z \in \mathbb{C}$ ist $|z| = 0$ genau wenn $z = 0$. Für $z, w \in \mathbb{C}$ gelten außerdem

$$|zw| = |z| \cdot |w| \qquad (4.7)$$

und

$$|z + w| \leq |z| + |w| \quad \text{(„Dreiecksungleichung")},$$

wobei die Dreiecksungleichung aus

$$|z + w|^2 = (z + w)(\overline{z} + \overline{w}) = \underbrace{z\overline{z}}_{=|z|^2} + \underbrace{z\overline{w} + \overline{z}w}_{=2\operatorname{Re}(z\overline{w})} + \underbrace{w\overline{w}}_{=|w|^2}$$

$$\leq |z|^2 + 2\underbrace{|z\overline{w}|}_{=|z||\overline{w}|=|z||w|} + |w|^2 = (|z| + |w|)^2$$

folgt.

Mithilfe des komplexen Betrags kann man nun Cauchy-Folgen und Konvergenz definieren. Ebenso kann man für Funktionen Begriffe wie Stetigkeit und Differenzierbarkeit definieren. Es stellt sich die Frage, ob $\mathbb{C}$ vollständig ist. Um diese zu beantworten, nehmen wir eine Cauchy-Folge $(z_n)_{n\in\mathbb{N}}$ her. Weil für jedes $z \in \mathbb{C}$ die Ungleichungen $|\operatorname{Re}(z)| \leq |z|$ und $|\operatorname{Im}(z)| \leq |z|$ gelten, können wir schließen, dass die Folgen $\left(\operatorname{Re}(z_n)\right)_{n\in\mathbb{N}}$ und $\left(\operatorname{Im}(z_n)\right)_{n\in\mathbb{N}}$ reelle Cauchy-Folgen sind, beide konvergieren also. Wenn a bzw. b die Grenzwerte sind, so konvergiert $(z_n)_{n\in\mathbb{N}}$ aber gegen $z := a + bi$, denn für $\varepsilon > 0$ gilt mit der Dreiecksungleichung

$$|z_n - z| \leq |\operatorname{Re}(z_n) - a| + |\operatorname{Im}(z_n) - b| < \varepsilon,$$

wenn n groß genug ist, damit $|\operatorname{Re}(z_n) - a|$ und $|\operatorname{Im}(z_n) - b|$ kleiner als $\frac{\varepsilon}{2}$ sind. Wir haben damit die Vollständigkeit von $\mathbb{C}$ nachgewiesen, womit $\mathbb{C}$ ein „analysisfähiger"

Rechenbereich ist. Im Rahmen der Entwicklung der komplexen Analysis wird dann beispielsweise bewiesen, dass sich jede komplexe Zahl z in Polarform schreiben lässt, d. h.

$$z = r \cdot \big(\cos(\varphi) + i \sin(\varphi) \big) = r e^{i\varphi}$$

mit $r = |z|$ und $-\pi < \varphi \le \pi$.

Ein tatsächlich fundamentales Resultat über komplexe Zahlen ist der Fundamentalsatz der Algebra, den wir bereits als Satz 2.2.22 formuliert haben.

Aufgaben

4.4.1 Beweisen Sie für alle $z, w \in \mathbb{C}$ die Rechenregeln (4.5), (4.6) und (4.7) aus dem Text.

4.4.2 Stellen Sie die folgenden komplexen Zahlen jeweils in der Form $a + bi$ mit $a, b \in \mathbb{R}$ dar:

$$z_1 = (4 - i) \cdot (1 + 4i), \; z_2 = (1 + i)^4, \; z_3 = \frac{2}{1 - 3i} \cdot \frac{20 - 5i}{1 + 3i}, \; z_4 = \frac{7i - 1}{4 + 2i}.$$

4.4.3 Zeigen Sie, dass jede komplexe Zahl $z = a + bi \in \mathbb{C}$ eine Quadratwurzel in $\mathbb{C}$ hat, also ein $w \in \mathbb{C}$ mit $w^2 = z$. Sie dürfen hierbei benutzen, dass jede nichtnegative reelle Zahl eine Quadratwurzel in $\mathbb{R}$ hat. Können Sie den Beweis auch ohne Benutzung der Polarform führen?

4.4.4 Im nächsten Kapitel werden unter anderem Matrizen eingeführt. Für Leserinnen und Leser, die schon mit dem Rechnen mit Matrizen vertraut sind (siehe die Seiten 130 und 131 in Abschn. 5.5), geben wir in dieser Aufgabe eine alternative Konstruktion des Körpers $\mathbb{C}$ an.

Zeigen Sie, dass die Menge

$$C := \left\{ \begin{pmatrix} a & -b \\ b & a \end{pmatrix} \mid a, b \in \mathbb{R} \right\} \subseteq \mathbb{R}^{2 \times 2}$$

zusammen mit der Addition und Multiplikation von reellen (2×2)-Matrizen einen Körper bildet, der isomorph zu $\mathbb{C}$ ist. Wo findet sich $\mathbb{R}$ als Teilkörper in C? Wo findet sich die imaginäre Einheit i in C?

4.4.5 Mit der Konstruktion des vollständigen und algebraisch abgeschlossenen Körpers $\mathbb{C}$ haben wir unseren Aufbau des Zahlensystems in diesem Abschnitt beendet. Dennoch gibt es weitere interessante Zahlbereiche, die über die komplexen Zahlen hinausgehen. Das prominenteste Beispiel sind die **Quaternionen**, die zu Ehren ihres Entdeckers William Rowan Hamilton (1805–1865) mit dem Buchstaben $\mathbb{H}$ bezeichnet werden. In dieser Aufgabe werden wir die Quaternionen konstruieren, wobei wir ähnlich wie in Aufgabe 4.4.4 das Rechnen mit Matrizen aus Abschn. 5.5 bereits voraussetzen.

Zeigen Sie, dass die Menge

$$\mathbb{H} := \{ \begin{pmatrix} z & -w \\ \overline{w} & \overline{z} \end{pmatrix} \mid z, w \in \mathbb{C} \} \subseteq \mathbb{C}^{2 \times 2}$$

zusammen mit der Addition und Multiplikation von komplexen (2×2)-Matrizen einen **Schiefkörper** bildet, also einen (nicht notwendigerweise kommutativen) Ring, in dem jedes Element $\neq 0$ invertierbar ist. Mit

$$E := \begin{pmatrix} 1 & 0 \\ 0 & 1 \end{pmatrix}, \quad I := \begin{pmatrix} i & 0 \\ 0 & -i \end{pmatrix}, \quad J := \begin{pmatrix} 0 & -1 \\ 1 & 0 \end{pmatrix}, \quad K := \begin{pmatrix} 0 & -i \\ -i & 0 \end{pmatrix}$$

lässt sich jede Quaternion eindeutig schreiben als $aE + bI + cJ + dK$ mit $a, b, c, d \in \mathbb{R}$. Verifizieren Sie die fundamentalen Gleichungen

$$I^2 = J^2 = K^2 = IJK = -E.$$

Kapitel 5
Vektorräume (LA)

Zusammenfassung In diesem Kapitel kommen wir zu den Kernthemen der linearen Algebra. Auf der abstrakten Seite ist dies die Theorie der *Vektorräume*, welche nach den in Kap. 2 eingeführten algebraischen Strukturen eine weitere darstellt. Auf der rechnerischen Seite ist dies die Untersuchung von *linearen Gleichungssystemen*. Zentral ist der Begriff einer *Matrix*. Matrizen erweisen sich als universelles Werkzeug in der linearen Algebra. Sie helfen beim Rechnen, dienen aber auch zur Darstellung von abstrakteren Objekten. Bei der Untersuchung der Struktur der Lösungsmengen von linearen Gleichungssystemen landen wir automatisch bei weiteren wichtigen Begriffen der Vektorraum-Theorie: Unterräume, Basis und Dimension.

5.1 Vektorräume und Unterräume

In diesem Abschnitt steht K immer für einen Körper. Leserinnen und Leser, die zum ersten Mal in die Theorie der Vektorräume einsteigen, verlieren nichts Wesentliches, wenn sie sich zunächst $K = \mathbb{R}$ oder $K = \mathbb{C}$ vorstellen.

Wir definieren nun die zentrale algebraische Struktur.

Definition 5.1.1 *Ein K-Vektorraum (auch: **Vektorraum über** K) ist eine Menge V zusammen mit zwei Abbildungen, einer Addition $\boxplus : V \times V \to V$, $(v, w) \mapsto v \boxplus w$ und einer skalaren Multiplikation $\boxdot : K \times V \to V$, $(a, v) \mapsto a \boxdot v$, so dass folgende Axiome gelten:*

(1) *Es ist V zusammen mit „$\boxplus$" als Verknüpfung eine abelsche Gruppe (in additiver Schreibweise).*

(2) *Für alle $a \in K$ und $v, w \in V$ gilt*

$$a \boxdot (v \boxplus w) = a \boxdot v \boxplus a \boxdot w$$

(wobei wir auf der rechten Seite die Konvention „Punkt vor Strich" benutzen, also $a \boxdot v \boxplus a \boxdot w := (a \boxdot v) \boxplus (a \boxdot w)$.)

G. Kemper, F. Reimers, *Lineare Algebra*,
https://doi.org/10.1007/978-3-662-63724-1_5

(3) *Für alle $a, b \in K$ und $v \in V$ gilt*

$$(a + b) \boxdot v = a \boxdot v \boxplus b \boxdot v.$$

(4) *Für alle $a, b \in K$ und $v \in V$ gilt*

$$(a \cdot b) \boxdot v = a \boxdot (b \boxdot v).$$

(5) *Für alle $v \in V$ gilt*

$$1 \boxdot v = v.$$

Die Elemente eines Vektorraums heißen **Vektoren**. *Das neutrale Element bzgl.* „$\boxplus$" *heißt dementsprechend* **Nullvektor**. *Die Elemente von K werden in diesem Zusammenhang* **Skalare** *genannt, was die Bezeichnung skalare Multiplikation erklärt. Wir haben die Symbole* „$\boxplus$" *und* „$\boxdot$" *für die Unterscheidung von der Addition und Multiplikation im Körper K verwendet. Ab jetzt werden wir immer $v + w$ für $v \boxplus w$ und $a \cdot v$ oder av für $a \boxdot v$ schreiben.*

Wir hätten einen Vektorraum auch formaler als ein Tripel $(V, \boxplus, \boxdot)$ definieren können. Wir verwenden jedoch den etwas laxeren Sprachgebrauch „eine Menge … zusammen mit Abbildungen …".

Beispiel 5.1.2

(1) Für eine natürliche Zahl $n \in \mathbb{N}_{>0}$ wird das n-fache kartesische Produkt

$$K^n = \underbrace{K \times \ldots \times K}_{n \text{ mal}}$$

zu einem K-Vektorraum durch

$$(x_1, \ldots, x_n) + (y_1, \ldots, y_n) := (x_1 + y_1, \ldots, x_n + y_n) \quad (\text{für } x_i, y_i \in K)$$

und

$$a \cdot (x_1, \ldots, x_n) := (ax_1, \ldots, ax_n) \quad (\text{für } a, x_i \in K).$$

Die Axiome aus Definition 5.1.1 folgen nun aus den Körperaxiomen und sind schnell nachgeprüft. Der Nullvektor ist $(0, \ldots, 0)$. Man nennt K^n auch den **n-dimensionalen Standardraum**.

(2) Es sei $V = \{0\}$ eine abelsche Gruppe mit nur einem Element 0. Dann wird V durch die Definition $a \cdot 0 := 0$ für $a \in K$ zu einem K-Vektorraum. Dieser Vektorraum heißt der **Nullraum**.

(3) Es ist K selbst ein K-Vektorraum (mit der Addition und Multiplikation von K).

(4) Es ist $\mathbb{C}$ ein $\mathbb{R}$-Vektorraum (mit der Addition von $\mathbb{C}$ und der Multiplikation von $\mathbb{C}$ eingeschränkt in der ersten Komponente zu einer Abbildung $\mathbb{R} \times \mathbb{C} \to \mathbb{C}$). Auf die gleiche Weise ist $\mathbb{R}$ ein $\mathbb{Q}$-Vektorraum.

(5) Der Polynomring $K[x]$ ist ein K-Vektorraum (mit der üblichen Polynomaddition und dem üblichen Produkt einer Konstanten aus K und eines Polynoms).

(6) Für $d \in \mathbb{N}$ ist $K[x]_{<d} := \{f \in K[x] \mid \deg(f) < d\}$ ein K-Vektorraum.

(7) Es sei S eine Menge und

$$V := K^S = \{f \colon S \to K \mid f \text{ ist eine Abbildung}\}.$$

Für $f, g \in V$ und $a \in K$ definieren wir $f + g$ und $a \cdot f \in V$ durch

$$f + g : S \to K, \quad x \mapsto f(x) + g(x),$$
$$a \cdot f : S \to K, \quad x \mapsto a \cdot f(x),$$

d. h. die Summe von Funktionen und das skalare Vielfache einer Funktion werden *punktweise* definiert. Wie bei K^n in Beispiel (1) ist das Nachprüfen der Vektorraum-Axiome nun stures Nachrechnen. Der Nullvektor ist hierbei die sogenannte *Nullfunktion* $f_0 : S \to K, x \mapsto 0$.

(8) Gegenbeispiel: Es sei V eine abelsche Gruppe mit neutralem Element 0, aber $V \neq \{0\}$. Wir setzen $a \cdot v := 0$ für alle $a \in K$ und $v \in V$. Dann sind die Axiome (1) bis (4) in Definition 5.1.1 erfüllt, aber (5) nicht.

Viele weitere interessante Gegenbeispiele, in denen jeweils eines oder mehrere der Axiome nicht erfüllt sind, verstecken sich in Aufgabe 5.1.1.

Anmerkung 5.1.3 Ersetzt man in Definition 5.1.1 den Körper K durch einen Ring R, so wird der Begriff eines R-**Moduls** definiert. Ein Modul ist also dasselbe wie ein Vektorraum, nur über einem Ring statt über einem Körper.

Beispielsweise wird jede (additiv geschriebene) abelsche Gruppe G zu einem $\mathbb{Z}$-Modul, indem wir für $n \in \mathbb{N}$ und $x \in G$

$$n \cdot x := \underbrace{x + \ldots + x}_{n \text{ mal}} \quad \text{und} \quad (-n) \cdot x := -(n \cdot x)$$

setzen. ◁

Aus den Vektorraumaxiomen ergeben sich weitere Rechenregeln:

Proposition 5.1.4 *Es sei V ein K-Vektorraum. Dann gelten für alle $a \in K$ und $v \in V$:*

(a) $a \cdot 0 = 0$ *und* $0 \cdot v = 0$.

   (Hier treten sowohl die Null von K als auch der Nullvektor auf.)

(b) $(-a) \cdot v = a \cdot (-v) = -(a \cdot v)$.

(c) $a \cdot v = 0 \implies a = 0 \text{ oder } v = 0$.

Beweis Wir verwenden nur die Vektorraum- und Körperaxiome.

(a) Es gelten

$$a \cdot 0 \underset{(1)}{=} a \cdot 0 + a \cdot 0 - (a \cdot 0) \underset{(2)}{=} a \cdot (0+0) - (a \cdot 0) \underset{(1)}{=} a \cdot 0 - (a \cdot 0) \underset{(1)}{=} 0$$

und

$$0 \cdot v \underset{(1)}{=} 0 \cdot v + 0 \cdot v - (0 \cdot v) \underset{(3)}{=} (0+0) \cdot v - (0 \cdot v) = 0 \cdot v - (0 \cdot v) \underset{(1)}{=} 0.$$

(b) Es gelten

$$(-a)v \underset{(1)}{=} (-a)v + av - (av) \underset{(3)}{=} (-a+a)v - (av) = 0v - (av) \underset{(a)}{=} -(av)$$

und

$$a(-v) \underset{(1)}{=} a(-v) + av - (av) \underset{(2)}{=} a(-v+v) - (av) \underset{(1)}{=} a0 - (av) \underset{(a)}{=} -(av).$$

(c) Es sei $a \cdot v = 0$ aber $a \neq 0$. Dann folgt

$$v \underset{(5)}{=} 1 \cdot v = (a^{-1}a) \cdot v \underset{(4)}{=} a^{-1} \cdot (av) = a^{-1} \cdot 0 \underset{(a)}{=} 0.$$

$\square$

Definition 5.1.5 *Es sei V ein K-Vektorraum. Eine Teilmenge $U \subseteq V$ heißt ein* **Unterraum** *(auch: Untervektorraum, Teilraum) von V, falls gelten:*

(1) *$U \neq \emptyset$.*
(2) *Für alle $v, w \in U$ ist auch $v + w \in U$.*
(3) *Für alle $a \in K$ und $v \in U$ gilt: $a \cdot v \in U$.*

Aus der Definition folgt (zusammen mit Proposition 5.1.4(a)) sofort:

- Jeder Unterraum enthält den Nullvektor.
- Mit den Operationen „+" und „·" von V wird ein Unterraum U selbst ein K-Vektorraum.
- Für den Nachweis, dass eine nichtleere Teilmenge $U \subseteq V$ ein Unterraum ist, genügt es zu zeigen, dass für alle $v, w \in U$ und alle $a \in K$ auch $av + w$ in U liegt.

Beispiel 5.1.6

(1) Es sei $V = \mathbb{R}^2$. Jede Gerade durch den Nullpunkt ist ein Unterraum. Dies gilt sogar für jeden Vektorraum V. Eine Gerade durch den Nullpunkt ist hierbei eine Menge der Form $K \cdot v := \{a \cdot v \mid a \in K\}$ mit festem $v \in V$. Geraden, die nicht durch den Nullpunkt gehen, sind keine Unterräume.

(2) Für jeden Vektorraum V sind $U = \{0\}$ und $U = V$ Unterräume von V.
(3) Im Polynomring $V = K[x]$ ist für jedes $d \in \mathbb{N}$ die Menge

$$U = K[x]_{<d} = \{f \in K[x] \mid \deg(f) < d\}$$

ein Unterraum von V (siehe Beispiel 5.1.2(5) und (6)).
(4) Es sei S eine Menge und $V = K^S$ (siehe Beispiel 5.1.2(7)). Wähle $x \in S$ fest. Dann ist

$$U := \{f \in V \mid f(x) = 0\} \subseteq V$$

ein Unterraum. Die Bedingung $f(x) = 1$ würde hingegen nicht zu einem Unterraum führen.
(5) Die Menge aller stetigen (oder auch differenzierbaren) Funktionen $\mathbb{R} \to \mathbb{R}$ bildet einen Unterraum von $\mathbb{R}^{\mathbb{R}}$.
(6) Die Vereinigungsmenge zweier Geraden $U_1, U_2 \subseteq \mathbb{R}^2$ durch den Nullpunkt ist kein Unterraum, außer wenn $U_1 = U_2$ ist.   ◁

Das letzte Beispiel zeigt, dass Vereinigungen von Unterräumen im Allgemeinen keine Unterräume sind. Die folgende Proposition beschäftigt sich unter anderem mit Schnitten von Unterräumen.

Proposition 5.1.7 *Es seien V ein K-Vektorraum und U_1, U_2 Unterräume von V. Dann gelten:*

(a) *$U_1 \cap U_2$ ist ein Unterraum von V.*
(b) *$U_1 + U_2 := \{v + w \mid v \in U_1,\ w \in U_2\}$ ist ein Unterraum von V.*
(c) *Ist $\mathcal{M} \neq \emptyset$ eine nichtleere Menge, deren Elemente Unterräume von V sind, so ist auch der Schnitt*

$$\bigcap \mathcal{M} = \bigcap_{U \in \mathcal{M}} U$$

ein Unterraum von V.

Beweis Wir müssen nur (b) und (c) zeigen, da (a) ein Spezialfall von (c) ist.

(b) Es gilt $U_1 + U_2 \neq \emptyset$. Es seien $v + w$ und $v' + w'$ Elemente von $U_1 + U_2$ mit $v, v' \in U_1$, $w, w' \in U_2$. Dann folgt

$$(v + w) + (v' + w') = (v + v') + (w + w') \in U_1 + U_2,$$

und für $a \in K$ folgt $a \cdot (v + w) = av + aw \in U_1 + U_2$. Also ist $U_1 + U_2$ ein Unterraum.
(c) Wir schreiben $W := \bigcap_{U \in \mathcal{M}} U$. Für alle $U \in \mathcal{M}$ gilt $0 \in U$, also $0 \in W$. Weiter gilt für $v, w \in W$, dass v und w in allen $U \in \mathcal{M}$ liegen. Damit auch

$v + w \in U$ für alle $U \in \mathcal{M}$, also $v + w \in W$. Ebenso folgt $a \cdot v \in W$ für $a \in K$ und $v \in W$. Damit ist gezeigt, dass W ein Unterraum ist.   □

Der Unterraum $U_1 + U_2$ aus Proposition 5.1.7(b) heißt der **Summenraum** von U_1 und U_2. Auch aus mehr als zwei Unterräumen können wir einen Summenraum bilden. Proposition 5.1.7(c) besagt, dass die Unterräume eines Vektorraums ein *durchschnittsabgeschlossenes System* bilden. Dies macht die folgende Definition möglich.

Definition 5.1.8 *Es seien V ein K-Vektorraum und $S \subseteq V$ eine Teilmenge. Wir betrachten die Menge $\mathcal{M} := \{U \subseteq V \mid U \text{ ist ein Unterraum und } S \subseteq U\}$ und bilden*

$$\langle S \rangle := \bigcap_{U \in \mathcal{M}} U. \tag{5.1}$$

*Dann heißt $\langle S \rangle$ der von S **erzeugte Unterraum** (auch: aufgespannter Unterraum, Erzeugnis) von V. Falls $S = \{v_1, \ldots, v_n\}$ endlich ist, so schreiben wir $\langle S \rangle$ auch als*

$$\langle v_1, \ldots, v_n \rangle.$$

Nach Proposition 5.1.7(c) ist $\langle S \rangle$ wirklich ein Unterraum. Per Konstruktion ist $\langle S \rangle$ nun der kleinste Unterraum von V, der S enthält, genauer: Jeder Unterraum von V, der S enthält, enthält auch $\langle S \rangle$.

Die obige Definition ist konzeptionell elegant. Sie wirft jedoch die Frage auf, wie sich der von S erzeugte Unterraum explizit beschreiben lässt. Dieser Frage nachzugehen, ist nun unser letztes Thema dieses Abschnitts.

Beispiel 5.1.9

(1) Es sei $v \in V$ ein Vektor. Wie sieht $\langle v \rangle$ aus? Die Antwort lautet:

$$\langle v \rangle = K \cdot v = \{a \cdot v \mid a \in K\},$$

denn offenbar ist $K \cdot v$ ein Unterraum, der v enthält, und andererseits ist $K \cdot v$ in jedem Unterraum U mit $v \in U$ enthalten.

(2) Noch einfacher ist der Fall $S = \emptyset$. Hier ist $\langle \emptyset \rangle = \{0\}$ der Nullraum.   ◁

Wir betrachten nun den Fall, dass S die Vereinigung zweier Unterräume ist.

Proposition 5.1.10 (Summenraum als Erzeugnis) *Es sei V ein K-Vektorraum und es seien U_1, U_2 zwei Unterräume von V. Dann ist der Summenraum $U_1 + U_2$ der kleinste Unterraum von V, der U_1 und U_2 enthält, also*

$$\langle U_1 \cup U_2 \rangle = U_1 + U_2.$$

Beweis Wir setzen $S := U_1 \cup U_2$. Nach Proposition 5.1.7(b) ist $U_1 + U_2$ ein Unterraum. Außerdem liegt jedes $v \in U_1$ (als $v+0$) und jedes $w \in U_2$ (als $0+w$) in $U_1 + U_2$. Damit ist $U_1 + U_2$ einer der Räume U, die in (5.1) zum Schnitt kommen, also ist $\langle S \rangle \subseteq U_1 + U_2$.

Umgekehrt sei $U \subseteq V$ ein Unterraum mit $S \subseteq U$. Für $v \in U_1$ und $w \in U_2$ folgt dann $v+w \in U$, also $U_1 + U_2 \subseteq U$. Wegen (5.1) impliziert dies $U_1 + U_2 \subseteq \langle S \rangle$. □

Beispiel 5.1.11 Es seien $U_1, U_2 \subseteq \mathbb{R}^3$ zwei verschiedene Geraden durch den Nullpunkt. Dann ist $U_1 + U_2$ eine Ebene.   ◁

Um eine allgemeine Antwort auf die Frage nach einer expliziten Beschreibung des erzeugten Unterraums $\langle S \rangle$ einer Teilmenge $S \subseteq V$ zu geben, benötigen wir eine Definition.

Definition 5.1.12 *Es sei V ein K-Vektorraum.*

(a) *Es seien $v_1, \ldots, v_n \in V$ Vektoren. Ein Vektor $v \in V$ heißt eine* **Linearkombination** *von $v_1, \ldots, v_n$, falls es Skalare $a_1, \ldots, a_n \in K$ gibt mit*

$$v = a_1 v_1 + \ldots + a_n v_n = \sum_{i=1}^{n} a_i v_i.$$

(b) *Es sei $S \subseteq V$ eine Teilmenge. Ein Vektor $v \in V$ heißt eine* **Linearkombination** *von S, falls es $n \in \mathbb{N}$ und $v_1, \ldots, v_n \in S$ gibt, so dass v eine Linearkombination von $v_1, \ldots, v_n$ ist. Falls $S = \emptyset$, so sagen wir, dass der Nullvektor (die einzige) Linearkombination von S ist. (Hierzu wird 0 als leere Summe aufgefasst.)*

Es ist klar, dass die Teile (a) und (b) der Definition im Fall einer endlichen Mengen $S = \{v_1, \ldots, v_n\}$ übereinstimmen. In (b) werden endliche Auswahlen von Vektoren benutzt, da es in der linearen Algebra nur endliche Summen gibt (ebenso übrigens wie in der Analysis, wo Grenzwerte von endlichen Teilsummen betrachtet werden).

Nun beantworten wir die Frage nach dem erzeugten Unterraum.

Satz 5.1.13 (Erzeugnis und Linearkombinationen) *Für eine Teilmenge $S \subseteq V$ eines Vektorraums ist der erzeugte Unterraum $\langle S \rangle$ gleich der Menge aller Linearkombinationen von S, also:*

$$\langle S \rangle = \{v \in V \mid v \text{ ist eine Linearkombination von } S\}.$$

Insbesondere gilt für $v_1, \ldots, v_n \in V$:

$$\langle v_1, \ldots, v_n \rangle = \left\{ \sum_{i=1}^{n} a_i v_i \mid a_1, \ldots, a_n \in K \right\}.$$

Beweis Es sei $W \subseteq V$ die Menge aller Linearkombinationen von S. Dann gilt $0 \in W$. Da die Summe zweier Linearkombinationen und ein skalares Vielfaches einer Linearkombination wieder Linearkombinationen sind, folgt, dass W ein Unterraum ist. Außerdem liegt jedes $v \in S$ in W. Damit ist W einer der Unterräume U, die in (5.1) zum Schnitt kommen. Es folgt $\langle S \rangle \subseteq W$.

Andererseits sei $U \subseteq V$ ein Unterraum mit $S \subseteq U$. Für $v_1, \ldots, v_n \in S$ und $a_1, \ldots, a_n \in K$ liegen dann alle v_i in U und damit auch $\sum_{i=1}^{n} a_i v_i$. Also enthält U alle Linearkombinationen von S, d. h. $W \subseteq U$. Dies impliziert $W \subseteq \langle S \rangle$, und der Beweis ist abgeschlossen. $\qquad\square$

Beispiel 5.1.14

(1) Die Vektoren $v = (1, -1)$, $w = (0, 1) \in \mathbb{R}^2$ haben die Linearkombination

$$1 \cdot (1, -1) + 3 \cdot (0, 1) = (1, 2).$$

Die Menge aller Linearkombinationen ist

$$\langle v, w \rangle = \{a \cdot (1, -1) + b \cdot (0, 1) = (a, -a + b) \mid a, b \in \mathbb{R}\} = \mathbb{R}^2.$$

(2) Die Vektoren $v = (1, -1)$, $w = (-1, 1) \in \mathbb{R}^2$ haben die Linearkombination

$$1 \cdot v + 3 \cdot w = (-2, 2) = -2 \cdot v.$$

Die Menge aller Linearkombinationen ist

$$\langle v, w \rangle = \{a \cdot v + b \cdot w = (a - b, -a + b) \mid a, b \in \mathbb{R}\} = \langle v \rangle = \langle w \rangle \subsetneq \mathbb{R}^2.$$

(3) Mit

$$e_1 := (1, 0, 0),\ e_2 := (0, 1, 0),\ e_3 := (0, 0, 1) \in \mathbb{R}^3$$

gilt

$$\mathbb{R}^3 = \langle e_1, e_2, e_3 \rangle.$$

Es ist klar, dass sich dies von $\mathbb{R}^3$ auf K^n verallgemeinern lässt.

(4) Es seien $V = \mathbb{R}^{\mathbb{R}}$ und $f, g \in V$ mit $f(x) = \sin(x)$ und $g(x) = \cos(x)$. Für ein $h \in \langle f, g \rangle$ gibt es also $a, b \in \mathbb{R}$ mit $h(x) = a \sin(x) + b \cos(x)$. Da es zudem ein $x_0 \in \mathbb{R}$ gibt mit

$$a = \sqrt{a^2 + b^2} \cdot \cos(x_0) \quad \text{und} \quad b = \sqrt{a^2 + b^2} \cdot \sin(x_0),$$

folgt

$$h(x) = \sqrt{a^2 + b^2}\,(\cos(x_0) \sin(x) + \sin(x_0) \cos(x)) = \sqrt{a^2 + b^2} \cdot \sin(x_0 + x).$$

Die Linearkombinationen von f und g sind also „phasenverschobene" Sinus-Funktionen verschiedener „Amplitude".

(5) Im Polynomring $V = K[x]$ betrachten wir die Menge aller Monome:

$$S = \{x^i \mid i \in \mathbb{N}\} = \{1, x, x^2, x^3, \ldots\}.$$

Dann gilt $V = \langle S \rangle$, denn jedes Polynom ist eine Linearkombination von Potenzen x^i. Natürlich liegt die „Exponentialfunktion" $\sum_{i=0}^{\infty} \frac{1}{i!} x^i$ jedoch nicht in $\langle S \rangle$, da nur endliche Summen möglich sind. ◁

Aufgaben

5.1.1 Wir betrachten die abelsche Gruppe $V = \mathbb{C}$ mit der Addition. Im Folgenden ist jeweils eine Abbildung $* : \mathbb{C} \times V \to V$, $(a, v) \mapsto a * v$ gegeben. Untersuchen Sie, ob V zusammen mit „+" und der skalaren Multiplikation „$*$" ein $\mathbb{C}$-Vektorraum ist:

(a) $a * v := a \cdot v$,
(b) $a * v := |a| \cdot v$,
(c) $a * v := \bar{a} \cdot v$,
(d) $a * v := \mathrm{Re}(a) \cdot v$,
(e) $a * v := \mathrm{Im}(a) \cdot v$,
(f) $a * v := a + v$,
(g) $a * v := v$,
(h) $a * v := a$.

5.1.2 Welche der Teilmengen sind Unterräume des $\mathbb{R}$-Vektorraums $V = \mathbb{R}^3$?

(a) $M_1 := \{(x, y, z) \in \mathbb{R}^3 \mid x + y = 4\}$,
(b) $M_2 := \{(x, y, z) \in \mathbb{R}^3 \mid x + y = 5z\}$,
(c) $M_3 := \{(x, y, z) \in \mathbb{R}^3 \mid x, y, z \in \mathbb{Z}\}$,
(d) $M_4 := \{(x, y, z) \in \mathbb{R}^3 \mid x = 0 \text{ und } y = 0\}$,
(e) $M_5 := \{(x, y, z) \in \mathbb{R}^3 \mid x = 0 \text{ oder } y = 0\}$,
(f) $M_6 := \{(x, y, z) \in \mathbb{R}^3 \mid z \geq 0\}$.

5.1.3 Für einen Körper K betrachten wir $V = K^2$ und $U = \{(x, y) \in K^2 \mid x^2 + y^2 = 0\}$. Untersuchen Sie für die Körper $\mathbb{Q}, \mathbb{R}, \mathbb{C}, \mathbb{F}_2, \mathbb{F}_3, \mathbb{F}_5$ jeweils, ob U ein Unterraum von V ist.

5.1.4 Wahr oder falsch? Entscheiden Sie, welche der folgenden Aussagen für jeden Körper K, jeden K-Vektorraum V, alle Unterräume U, W, W' von V und alle $u_1, u_2 \in V$ wahr sind. Geben Sie dazu jeweils eine kurze Begründung oder ein Gegenbeispiel an.

(a) Aus $u_1, u_2 \notin U$ folgt $u_1 + u_2 \notin U$.
(b) Aus $u_1 \in U$, $u_2 \notin U$ folgt $u_1 + u_2 \notin U$.
(c) Es ist $U + W = \{u - w \mid u \in U, w \in W\}$.
(d) Es ist $U \cap (W + W') = (U \cap W) + (U \cap W')$.

5.1.5 Eine Funktion $f : \mathbb{R} \to \mathbb{R}$ heißt *gerade*, wenn für alle $x \in \mathbb{R}$ gilt: $f(x) = f(-x)$. Sie heißt *ungerade*, wenn für alle $x \in \mathbb{R}$ gilt: $f(x) = -f(-x)$. Es seien G die Menge aller geraden und U die Menge aller ungeraden Funktionen von $\mathbb{R}$ nach $\mathbb{R}$.

(a) Zeigen Sie, dass G und U Unterräume von $\mathbb{R}^{\mathbb{R}}$ sind.
(b) Bestimmen Sie $G \cap U$ und $G + U$.

5.1.6 📷 *(Video-Link siehe Vorwort, Seite VI)*
Welche der Teilmengen sind Unterräume des $\mathbb{R}$-Vektorraums $V = \mathbb{R}^{\mathbb{R}}$?

(a) $M_1 := \{f : \mathbb{R} \to \mathbb{R} \mid f(1) = 0\}$,
(b) $M_2 := \{f : \mathbb{R} \to \mathbb{R} \mid f(0) = 1\}$,
(c) $M_3 := \{f : \mathbb{R} \to \mathbb{R} \mid f$ hat unendlich viele Nullstellen$\}$,
(d) $M_4 := \{f : \mathbb{R} \to \mathbb{R} \mid f(x) = 0$ für alle bis auf endlich viele $x\}$.

Wir betrachten zudem den Unterraum $U := \{f : \mathbb{R} \to \mathbb{R} \mid f$ ist konstant$\}$. Bestimmen Sie den Schnitt $U \cap M_i$ und die Summe $U + M_i$ für die Teilmengen M_i aus (a) bis (d), die Unterräume sind.

5.1.7 Es sei V ein Vektorraum über einem Körper K. Eine **Gerade** G in V ist eine Menge der Form

$$G = w + Kv := \{w + \lambda v \mid \lambda \in K\} \qquad \text{mit } w \in V,\ v \in V \setminus \{0\}.$$

Zeigen Sie, dass es zu zwei verschiedenen Punkten $x, y \in V$ genau eine Gerade $G \subseteq V$ mit $x, y \in G$ gibt.

5.1.8 Wahr oder falsch? Entscheiden Sie, welche der folgenden Aussagen für jeden Körper K, jeden K-Vektorraum V, alle $S_1, S_2 \subseteq V$ und alle $u, v, w \in V$ wahr sind. Geben Sie dazu jeweils eine kurze Begründung oder ein Gegenbeispiel an.

(a) Aus $S_1 \subseteq S_2$ folgt $\langle S_1 \rangle \subseteq \langle S_2 \rangle$.
(b) Aus $\langle S_1 \rangle \subseteq \langle S_2 \rangle$ folgt $S_1 \subseteq S_2$.
(c) Es ist $\langle v, w \rangle = \langle v, w, v + 2w \rangle$.
(d) Aus $u \in \langle v, w \rangle$ folgt $v \in \langle u, w \rangle$.
(e) Es ist $\langle S_1 \cap S_2 \rangle = \langle S_1 \rangle \cap \langle S_2 \rangle$.
(f) Es ist $\langle S_1 \cup S_2 \rangle = \langle \langle S_1 \rangle \cup \langle S_2 \rangle \rangle$.

5.1.9 ☕

(a) Es sei K ein Körper mit $|K| = \infty$ und es sei V ein K-Vektorraum. Weiter seien $U_1, \dots, U_n$ Unterräume von V mit $U_i \neq V$ für $i = 1, \dots, n$. Zeigen Sie, dass dann auch gilt:

$$\bigcup_{i=1}^{n} U_i \neq V.$$

(b) Geben Sie echte Unterräume U_1, U_2, U_3 von $V = \mathbb{F}_2^2$ mit $V = U_1 \cup U_2 \cup U_3$ an.

5.2 Lineare Gleichungssysteme und Matrizen

Auch in diesem Abschnitt steht K immer für einen Körper. Wir entwickeln Rechentechniken, die bei fast allen rechnerischen Problemen der linearen Algebra zum Einsatz kommen.

Wir untersuchen Gleichungssysteme von der Art

$$
\begin{array}{rcrcrcr}
x_1 & & + & 2x_3 & + & x_4 & = & -3 \\
2x_1 & & + & 4x_3 & - & 2x_4 & = & 2 \\
& x_2 & & & - & x_4 & = & 2 \\
x_1 & & + & 2x_3 & + & 2x_4 & = & -5 \ .
\end{array}
\tag{5.2}
$$

Solche Gleichungssysteme heißen **lineare Gleichungssysteme** (kurz: **LGS**). Wir verfolgen dabei die Idee: Das Addieren eines Vielfachen einer Gleichung zu einer andern ändert die Lösungsmenge nicht, es kann aber das Gleichungssystem vereinfachen. Subtrahieren wir beispielsweise in (5.2) die erste Gleichung von der vierten, so ergibt sich $x_4 = -2$. Um die Handhabung zu vereinfachen, werden wir lineare Gleichungssysteme in sogenannten Matrizen zusammenfassen. Zunächst definieren wir, was wir unter einer Matrix verstehen wollen.

Definition 5.2.1 *Es seien $m, n \in \mathbb{N}_{>0}$ positive natürliche Zahlen. Eine $m \times n$-Matrix (über K) ist eine „rechteckige Anordnung"*

$$
A = \begin{pmatrix} a_{1,1} & a_{1,2} & \cdots & a_{1,n} \\ a_{2,1} & a_{2,2} & \cdots & a_{2,n} \\ \vdots & \vdots & & \vdots \\ a_{m,1} & a_{m,2} & \cdots & a_{m,n} \end{pmatrix}
$$

mit $a_{i,j} \in K$. Formaler definieren wir eine $m \times n$-Matrix als eine Abbildung $\{1, \ldots, m\} \times \{1, \ldots, n\} \to K$, wobei das Bild von (i, j) mit $a_{i,j}$ bezeichnet wird.

Das Element $a_{i,j}$ einer Matrix A heißt der (i, j)-te **Eintrag** *von A. Wir benutzen verschiedene Schreibweisen für Matrizen:*

$$
A = (a_{i,j})_{\substack{i=1,\ldots,m \\ j=1,\ldots,n}} = (a_{i,j})_{\substack{1 \le i \le m \\ 1 \le j \le n}} = (a_{i,j})_{i,j} = (a_{i,j}),
$$

wobei die beiden letzten benutzt werden, wenn m und n aus dem Kontext klar sind. Durch die Definition einer Matrix ergibt sich automatisch der Gleichheitsbegriff

von Matrizen: Zwei m × n-Matrizen A $= (a_{i,j})$ *und B* $= (b_{i,j})$ *sind gleich, falls*
$a_{i,j} = b_{i,j}$ *für alle i und j gilt.*

Die Menge aller m × n-Matrizen wird mit $K^{m \times n}$ *bezeichnet. Eine 1 × n-Matrix*
$(a_1, \ldots, a_n) \in K^{1 \times n}$ *wird als* **Zeilenvektor**, *eine n × 1-Matrix* $\begin{pmatrix} a_1 \\ \vdots \\ a_n \end{pmatrix} \in K^{n \times 1}$ *als*
Spaltenvektor *bezeichnet. Elemente des n-dimensionalen Standardraums werden*
wir meist als Spaltenvektoren schreiben. Es wird sich bald zeigen, warum dies
praktisch ist.

Für A $= (a_{i,j}) \in K^{m \times n}$ *und* $i \in \{1, \ldots, m\}$ *ist* $(a_{i,1}, \ldots, a_{i,n}) \in K^{1 \times n}$ *die i-te*
Zeile *von A. Für* $j \in \{1, \ldots, n\}$ *ist* $\begin{pmatrix} a_{1,j} \\ \vdots \\ a_{m,j} \end{pmatrix} \in K^{m \times 1}$ *die j-te* **Spalte** *von A.*

Eine Matrix A $\in K^{m \times n}$ *mit m* $= n$ *heißt* **quadratisch**. *Für A* $= (a_{i,j}) \in K^{m \times n}$
ist $A^T := (a_{j,i}) \in K^{n \times m}$ *die* **transponierte Matrix**; *also z. B.*

$$\begin{pmatrix} 1 & 2 & 3 \\ 4 & 5 & 6 \end{pmatrix}^T = \begin{pmatrix} 1 & 4 \\ 2 & 5 \\ 3 & 6 \end{pmatrix}.$$

Eine quadratische Matrix heißt **symmetrisch**, *falls* $A^T = A$ *gilt.*

Zu einem linearen Gleichungssystem mit m Gleichungen und n Unbekannten
$x_1, \ldots, x_n$ bilden wir nun die **Koeffizientenmatrix**, indem wir den Koeffizienten
von x_j in der i-ten Gleichung als (i, j)-ten Eintrag nehmen. Dies ergibt eine
$m \times n$-Matrix. Das Gleichungssystem heißt **homogen**, falls auf der rechten Seite
der Gleichungen nur Nullen stehen, und andernfalls **inhomogen**. Falls das lineare
Gleichungssystem inhomogen ist, erweitert man die Koeffizientenmatrix, indem
man eine Spalte mit den rechten Seiten der Gleichungen anhängt. Die so gebildete
$m \times (n + 1)$-Matrix nennt man die **erweiterte Koeffizientenmatrix**. Sie codiert
die gesamte Information des LGS. Beispielsweise gehört zu dem System (5.2) die
erweiterte Koeffizientenmatrix

$$\left(\begin{array}{cccc|c} 1 & 0 & 2 & 1 & -3 \\ 2 & 0 & 4 & -2 & 2 \\ 0 & 1 & 0 & -1 & 2 \\ 1 & 0 & 2 & 2 & -5 \end{array} \right).$$

Die Trennlinie vor der letzten Spalte hat keine mathematische Bedeutung, sie dient
nur als Gedächtnisstütze.

Unser Ziel ist es, einen Algorithmus zur Bestimmung der **Lösungsmenge** (also
der Menge aller $x \in K^n$, für die alle Gleichungen eines LGS gelten) zu entwickeln.
Hierfür definieren wir zunächst einige Manipulationen, die auf Matrizen allgemein
und im Besonderen auf die erweiterte Koeffizientenmatrix eines LGS angewandt
werden können. Diese Manipulationen heißen **elementare Zeilenoperationen** und
gliedern sich in drei Typen:

Typ I: Vertauschen zweier Zeilen;
Typ II: Multiplizieren einer Zeile mit einem Skalar $a \in K \setminus \{0\}$;
Typ III: Addieren des a-fachen einer Zeile zu einer anderen, wobei $a \in K$.

Es ist unmittelbar klar, dass das Anwenden von elementaren Zeilenoperationen auf die erweiterte Koeffizientenmatrix eines LGS die Lösungsmenge unverändert lässt. Wir können ein LGS also mit diesen Operationen manipulieren mit dem Ziel, es auf eine so einfache Gestalt zu bringen, dass man die Lösungsmenge direkt ablesen kann. Die angestrebte Gestalt ist die *Zeilenstufenform* gemäß der folgenden Definition.

Definition 5.2.2 *Es sei* $A \in K^{m \times n}$*. Wir sagen, dass* A *in* **Zeilenstufenform** *ist, falls gelten:*

(a) *Beginnt eine Zeile mit* k *Nullen, so stehen unter diesen Nullen lauter weitere Nullen.*

(b) *Unter dem ersten Eintrag* $\neq 0$ *einer jeden Zeile (falls diese nicht nur aus Nullen besteht) stehen lauter Nullen. Dieser Eintrag wird als* **Pivotelement** *bezeichnet.*

Mit den Spaltenindizes $1 \leq j_1 < j_2 \ldots < j_r \leq n$ *der Pivotelemente muss* A *also folgende Form haben:*

$$
\begin{pmatrix}
0 \ldots 0 & a_{1,j_1} & & & \\
\vdots & 0 \ldots 0 & a_{2,j_2} & & \\
\vdots & \vdots & 0 \ldots 0 & a_{3,j_3} & \\
\vdots & \vdots & \vdots & & \ddots \\
\vdots & \vdots & \vdots & & & \ddots \\
\end{pmatrix} .
$$

Wir sagen, dass A *in* **strenger Zeilenstufenform** *ist, falls zusätzlich gilt:*

(c) *Über jedem Pivotelement, also über dem ersten Eintrag* $\neq 0$ *einer jeden Zeile (falls diese nicht nur aus Nullen besteht), stehen lauter Nullen.*

Beispiel 5.2.3 Zur Illustration mögen folgende Beispiele dienen:

(1) Die Matrizen $\begin{pmatrix} 0 & 1 & 2 \\ 1 & 0 & 0 \\ 0 & 0 & 0 \end{pmatrix}$ und $\begin{pmatrix} 0 & 1 & 2 \\ 0 & 1 & 1 \\ 0 & 0 & 0 \end{pmatrix}$ sind *nicht* in Zeilenstufenform.

(2) Die Matrix $\begin{pmatrix} 1 & 2 & -1 \\ 0 & 0 & -1 \\ 0 & 0 & 0 \end{pmatrix}$ ist in Zeilenstufenform, aber nicht in strenger Zeilenstufenform.

(3) Die Matrix $\begin{pmatrix} 1 & 2 & 0 \\ 0 & 0 & -1 \\ 0 & 0 & 0 \end{pmatrix}$ ist in strenger Zeilenstufenform. ◁

Beispiel 5.2.4 Wir wenden elementare Zeilenoperationen auf die erweiterte Koeffizientenmatrix des LGS (5.2) an mit dem Ziel, die Matrix auf strenge Zeilenstufenform zu bringen:

$$
\begin{pmatrix}
1 & 0 & 2 & 1 & -3 \\
2 & 0 & 4 & -2 & 2 \\
0 & 1 & 0 & -1 & 2 \\
1 & 0 & 2 & 2 & -5
\end{pmatrix}
\xrightarrow[\text{Typ III}]{}
\begin{pmatrix}
1 & 0 & 2 & 1 & -3 \\
0 & 0 & 0 & -4 & 8 \\
0 & 1 & 0 & -1 & 2 \\
0 & 0 & 0 & 1 & -2
\end{pmatrix}
\xrightarrow[\text{Typ I}]{}
$$

$$
\begin{pmatrix}
1 & 0 & 2 & 1 & -3 \\
0 & 1 & 0 & -1 & 2 \\
0 & 0 & 0 & -4 & 8 \\
0 & 0 & 0 & 1 & -2
\end{pmatrix}
\xrightarrow[\text{Typ II}]{\cdot(-\frac{1}{4})}
\begin{pmatrix}
1 & 0 & 2 & 1 & -3 \\
0 & 1 & 0 & -1 & 2 \\
0 & 0 & 0 & 1 & -2 \\
0 & 0 & 0 & 1 & -2
\end{pmatrix}
\xrightarrow[\text{Typ III}]{}
$$

$$
\begin{pmatrix}
1 & 0 & 2 & 1 & -3 \\
0 & 1 & 0 & -1 & 2 \\
0 & 0 & 0 & 1 & -2 \\
0 & 0 & 0 & 0 & 0
\end{pmatrix}
\xrightarrow[\text{Typ III}]{}
\begin{pmatrix}
1 & 0 & 2 & 0 & -1 \\
0 & 1 & 0 & 0 & 0 \\
0 & 0 & 0 & 1 & -2 \\
0 & 0 & 0 & 0 & 0
\end{pmatrix}
$$

Hierbei haben wir jeweils gekennzeichnet, wie wir von einer Matrix zur nächsten gekommen sind. Dies ist sehr zu empfehlen, damit die Rechnung nachvollziehbar und Fehler korrigierbar sind.   ◁

Nun können wir das Verfahren formalisieren. Wir erhalten den berühmten Gauß-Algorithmus.

Algorithmus 5.2.5 (Gauß)

Eingabe: Eine Matrix $A \in K^{m \times n}$.

Ausgabe: Eine Matrix $B \in K^{m \times n}$ in (strenger) Zeilenstufenform, die aus A durch elementare Zeilenoperationen hervorgeht.

(1) Setze $B := A$.

(2) B sei bis zur r-ten Zeile in Zeilenstufenform, d. h. (a) und (b) aus Definition 5.2.2 seien bis zur r-ten Zeile erfüllt. (Hierbei ist $r = 0$ möglich!)

(3) Falls $r = m$, so ist B in Zeilenstufenform. Falls strenge Zeilenstufenform gewünscht ist, gehe zu (8).

(4) Suche den am weitesten links stehenden Eintrag $\neq 0$ von B unterhalb der r-ten Zeile. (Falls es mehrere solche Einträge gibt, wähle einen aus.) Dieser Eintrag wird in den folgenden beiden Schritten als Pivotelement verwendet.

(5) Bringe das Pivotelement in die $(r + 1)$-te Zeile (Operation Typ I).

(6) Erzeuge unterhalb des Pivotelements lauter Nullen (Operationen Typ III, optional auch II).

(7) Gehe zu (2).

(8) Bringe B auf strenge Zeilenstufenform (Operationen Typ III).

Der Gauß-Algorithmus ist das „rechnerische Herz" der linearen Algebra. Wir werden noch sehen, dass er für viele rechnerische Aufgaben eingesetzt wird. Wir haben ihn im Zusammenhang mit linearen Gleichungssystemen eingeführt. Da wir bereits gesehen haben, dass sich bei elementaren Zeilenoperationen die Lösungsmenge nicht ändert, müssen wir uns nur noch überzeugen, dass wir anhand einer (strengen) Zeilenstufenform des Systems die Lösungsmenge besonders leicht ablesen können.

Beispiel 5.2.6 Wir setzen das Beispiel des in (5.2) gegebenen LGS fort. In Beispiel 5.2.4 wurde die erweiterte Koeffizientenmatrix auf strenge Zeilenstufenform gebracht, wodurch wir das äquivalente LGS mit Matrix

$$\left(\begin{array}{cccc|c} 1 & 0 & 2 & 0 & -1 \\ 0 & 1 & 0 & 0 & 0 \\ 0 & 0 & 0 & 1 & -2 \\ 0 & 0 & 0 & 0 & 0 \end{array}\right)$$

erhalten. In ausführlicher Schreibweise liest sich dies als

$$x_1 + 2x_3 = -1,$$
$$x_2 = 0,$$
$$x_4 = -2.$$

Die Lösungsmenge L lässt sich ablesen:

$$L = \left\{ \begin{pmatrix} -2x_3 - 1 \\ 0 \\ x_3 \\ -2 \end{pmatrix} \,\middle|\, x_3 \in K \right\}.$$

In der Lösungsmenge ist x_3 also ein beliebiges Körperelement (ein sogenannter „freier Parameter"). Um dies zu betonen, wird eine Variable wie x_3 in der Notation der Lösungsmenge häufig durch einen anderen Buchstaben ersetzt. ◁

Jetzt geben wir unser Lösungsverfahren für LGS in formalerer Weise an.

Algorithmus 5.2.7 (Lösen von LGS)

Eingabe: Ein LGS in Form einer erweiterten Koeffizientenmatrix $(A \mid b)$ mit $A \in K^{m \times n}$ und $b \in K^m$ (also m Gleichungen mit n Unbekannten).

Ausgabe: Die Lösungsmenge L.

(1) Bringe die erweiterte Koeffizientenmatrix $(A \mid b) \in K^{m \times (n+1)}$ mit dem Gauß-Algorithmus auf strenge Zeilenstufenform. Ab jetzt setzen wir voraus, dass $(A \mid b)$ bereits in strenger Zeilenstufenform ist.

(2) Es sei r die Anzahl der Zeilen, die mindestens einen Eintrag $\neq 0$ haben. Dies ist auch die Anzahl der Pivotelemente. Für $i = 1, \dots, r$ sei $j_i \in \{1, \dots, n+1\}$ die Position (= Spalte), in der das Pivotelement in der i-ten Zeile steht.

(3) Falls $j_r = n+1$, so ist das LGS unlösbar, also $L = \emptyset$. (Die r-te Zeile lautet dann nämlich $(0 \dots 0 \mid b_r)$ mit $b_r \neq 0$, was der Gleichung $0 \cdot x_1 + \dots + 0 \cdot x_n = b_r$ entspricht.)

(4) Andernfalls seien $k_1, \dots, k_{n-r}$ diejenigen Zahlen in $\{1, \dots, n\}$, die nicht eines der j_i sind. Also $\{1, \dots, n\} \setminus \{j_1, \dots, j_r\} = \{k_1, \dots, k_{n-r}\}$.

(5) Die Lösungsmenge ist

$$
L = \left\{ \begin{pmatrix} x_1 \\ \vdots \\ x_n \end{pmatrix} \; \middle| \; x_{k_1}, \dots, x_{k_{n-r}} \in K, \right.
$$

$$
\left. x_{j_i} = a_{i,j_i}^{-1} \cdot \left(b_i - \sum_{j=1}^{n-r} a_{i,k_j} \cdot x_{k_j} \right) \text{ für } i = 1, \dots, r \right\}. \qquad (5.3)
$$

(Diese Formel ergibt sich durch Auflösen der i-ten Gleichung nach x_{j_i}.) Die Lösungsmenge wird also parametrisiert durch die „freien" Variablen x_{k_i}, während die x_{j_i} von diesen abhängig sind.

Es ist fast unmöglich, sich die Formel (5.3) zu merken, und noch unmöglicher, sie tatsächlich anzuwenden, es sei denn, man ist ein Computer und kein Mensch. Wir sind also weiterhin darauf angewiesen, die Lösungsmenge eines LGS anhand der strengen Zeilenstufenform mit Hilfe von mathematisch-handwerklichen Grundfertigkeiten abzulesen.

Bei LGS können drei „Hauptfälle" für die Lösungsmenge L eintreten:

(1) Unlösbarkeit: $L = \emptyset \iff j_r = n + 1$.

(2) Eindeutige Lösbarkeit: $|L| = 1 \iff r = n$ und $j_r = n$. In diesem Fall gilt automatisch $j_i = i$ für alle i, und die strenge Zeilenstufenform hat die übersichtliche Gestalt

$$
\begin{pmatrix}
a_{1,1} & 0 & \cdots & & 0 & \vline & b_1 \\
0 & a_{2,2} & & & \vdots & \vline & \vdots \\
& & \ddots & & \vdots & \vline & \vdots \\
\vdots & & & a_{n-1,n-1} & 0 & \vline & b_{n-1} \\
0 & \cdots & & 0 & a_{n,n} & \vline & b_n \\
0 & \cdots & & \cdots & 0 & \vline & 0 \\
\vdots & & & & \vdots & \vline & \vdots \\
0 & \cdots & & \cdots & 0 & \vline & 0
\end{pmatrix}.
$$

Die einzige Lösung ergibt sich dann als $\begin{pmatrix} x_1 \\ \vdots \\ x_n \end{pmatrix} = \begin{pmatrix} b_1/a_{1,1} \\ \vdots \\ b_n/a_{n,n} \end{pmatrix}$.

(3) Uneindeutige Lösbarkeit: $|L| > 1 \iff r < n$ und $j_r \neq n + 1$. Dann hat die Lösungsmenge $n - r$ freie Parameter. Insbesondere folgt $|L| = \infty$, falls K unendlich viele Elemente hat (der Standardfall).

Allein aus der Anzahl der Gleichungen und der Unbekannten kann man nicht auf den Eintritt einer der Hauptfälle schließen. Als Einziges lässt sich sagen, dass eindeutige Lösbarkeit nur dann eintreten kann, wenn mindestens so viele Gleichungen wie Unbekannte vorhanden sind.

Die Zahl r aus Algorithmus 5.2.7 spielt eine wichtige Rolle. Daher geben wir ihr einen Namen.

Definition 5.2.8 *Es sei $A \in K^{m \times n}$, und $A' \in K^{m \times n}$ sei eine Matrix in Zeilenstufenform, die durch elementare Zeilenoperationen aus A hervorgegangen ist. Dann ist der **Rang** von A die Anzahl r der Zeilen in A', die mindestens einen Eintrag $\neq 0$ haben. Wir schreiben $r =: \mathrm{rg}(A)$.*

*Eine quadratische Matrix $A \in K^{n \times n}$ heißt **regulär**, falls $rg(A) = n$.*

Das Problem bei dieser Definition ist, dass es verschiedene Matrizen A' gibt, die in Zeilenstufenform sind und die durch elementare Zeilenoperationen aus A hervorgegangen sind. Es ist (bisher) nicht klar, dass all diese A' dieselbe Anzahl von Zeilen $\neq 0$ haben. Nur wenn dies klar ist, ist $rg(A)$ eindeutig definiert. Wir werden dies in Abschn. 5.3 nachtragen. Am Rande sei hier erwähnt, dass tatsächlich eine gewisse Eindeutigkeitsaussage für Zeilenstufenformen gilt: Für eine gegebene Matrix gibt es nämlich genau eine Matrix in strenger Zeilenstufenform, die aus ihr hervorgeht, wenn man zusätzlich festlegt, dass alle Pivotelemente gleich 1 sind. Dies stellen wir als Aufgabe 5.3.11.

Wir sehen sofort, dass für $A \in K^{m \times n}$ die Ungleichung $rg(A) \leq \min\{m, n\}$ gilt. Unser Lösbarkeitskriterium für LGS können wir nun so formulieren:

Satz 5.2.9 (Lösbarkeitskriterium) *Ein LGS mit erweiterter Koeffizientenmatrix $(A \mid b)$ ist genau dann lösbar, wenn A denselben Rang hat wie $(A \mid b)$.*

In diesem Zusammenhang ist das folgende Resultat interessant:

Proposition 5.2.10 (Zeilenoperationen und Zeilenraum) *Es seien $A, A' \in K^{m \times n}$, wobei A' durch elementare Zeilenoperationen aus A hervorgegangen ist. Dann erzeugen die Zeilen von A denselben Unterraum von $K^{1 \times n}$ wie die Zeilen von A'.*

Beweis Wir müssen zeigen, dass elementare Zeilenoperationen den von den Zeilen $v_1, \ldots, v_m$ erzeugten Raum U nicht ändern.

Typ I: Offenbar ändert sich U nicht.
Typ II: Ebenso.

Typ III: Nach Umnummerieren der Zeilen ersetzt die Operation v_1 durch den Vektor $v_1 + cv_2$, $c \in K$. Die neuen Zeilen erzeugen

$$\langle v_1 + cv_2, v_2, \ldots, v_m \rangle = \left\{ a_1(v_1 + cv_2) + \sum_{i=2}^{m} a_i v_i \mid a_i \in K \right\} = U,$$

also auch hier keine Änderung.   □

Zum Schluss des Abschnitts sei erwähnt, dass die Lösungsmengen von homogenen LGS mit n Unbekannten immer Unterräume des K^n sind. Dies zu begründen überlassen wir den Leserinnen und Lesern.

Aufgaben

5.2.1 📷 *(Video-Link siehe Vorwort, Seite VI)*
Bestimmen Sie die Lösungsmenge des folgenden linearen Gleichungssystems über $\mathbb{R}$:

$$\begin{aligned}
-x_1 + 2x_2 + 5x_3 - 2x_4 &= 0 \\
-2x_1 + 4x_2 + 10x_3 - 2x_4 &= 4 \\
-x_1 + 2x_2 + 2x_3 - 2x_4 &= -3 \\
2x_1 - 4x_2 - 7x_3 + 5x_4 &= 5 \ .
\end{aligned}$$

5.2.2 Bestimmen Sie in Abhängigkeit vom Parameter $a \in \mathbb{R}$ die Lösungsmenge des folgenden LGS über $\mathbb{R}$:

$$\begin{aligned}
x - ay &= 1 \\
(a-1)x - 2y &= 1 \ .
\end{aligned}$$

5.2.3 Geben Sie eine Aufzählung, möglicherweise parametrisiert durch Elemente $a, b, \ldots \in K$, aller 3×2-Matrizen über K in strenger Zeilenstufenform mit allen Pivotelementen gleich 1 an (sog. „normierte strenge Zeilenstufenform"). Wiederholen Sie die Aufgabe für 2×3-Matrizen.

5.2.4 (a) Bestimmen Sie den Rang der folgenden Matrizen über $\mathbb{R}$:

$$A = \begin{pmatrix} 1 & 2 & 3 & 1 & 2 & 3 \\ 2 & 4 & 6 & 1 & 2 & 5 \\ 3 & 6 & 9 & 4 & 8 & 3 \end{pmatrix}, \quad B = \begin{pmatrix} 2 & 3 & -4 & -7 & -3 \\ 3 & 8 & 1 & -7 & -8 \\ 1 & 4 & 3 & -1 & -4 \\ 1 & 3 & 1 & -2 & -3 \end{pmatrix}, \quad C = \begin{pmatrix} 1 & 3 \\ 0 & -2 \\ 5 & -1 \\ -2 & 3 \end{pmatrix}.$$

(b) Es sei $A = (a_{i,j}) \in \mathbb{R}^{n \times n}$ die Matrix mit $a_{i,j} = j - i$ für $i, j = 1, \ldots, n$. Berechnen Sie den Rang von A in Abhängigkeit von $n \in \mathbb{N}_{\geq 1}$. Für welche n ist A regulär?

5.2.5 In dieser Aufgabe soll am Beispiel von reellen 2×2-Matrizen untersucht werden, welche Typen von elementaren Zeilenoperationen durch andere Typen ersetzt werden können.

(a) Zeigen Sie, dass die Matrix $\left(\begin{smallmatrix} a & b \\ c & d \end{smallmatrix}\right) \in \mathbb{R}^{2\times2}$ durch Operationen vom Typ II und Typ III in die Matrix $\left(\begin{smallmatrix} c & d \\ a & b \end{smallmatrix}\right)$ überführt werden kann.

(b) Geben Sie $A, B \in \mathbb{R}^{2\times2}$ an, so dass B aus A durch eine Operation vom Typ III hervorgeht, aber nicht durch Operationen vom Typ I und II erreicht werden kann. Begründen Sie das!

(c) Geben Sie $A, B \in \mathbb{R}^{2\times2}$ an, so dass B aus A durch eine Operation vom Typ II hervorgeht, aber nicht durch Operationen vom Typ I und III erreicht werden kann. Begründen Sie das!

Tipp: Betrachten Sie zu $A = \left(\begin{smallmatrix} a & b \\ c & d \end{smallmatrix}\right) \in \mathbb{R}^{2\times2}$ den Wert $\delta(A) := ad - bc$, den wir später in Abschn. 7.1 als Determinante von A identifizieren werden.

5.2.6 Es sei $U := \langle v_1, v_2, v_3, v_4 \rangle$ der von den Vektoren

$$v_1 := \begin{pmatrix} 1 \\ 1 \\ -1 \\ -2 \end{pmatrix}, \quad v_2 := \begin{pmatrix} 2 \\ 1 \\ 0 \\ 3 \end{pmatrix}, \quad v_3 := \begin{pmatrix} 0 \\ -1 \\ 2 \\ 7 \end{pmatrix}, \quad v_4 := \begin{pmatrix} -1 \\ 2 \\ -1 \\ 1 \end{pmatrix}$$

erzeugte Unterraum von $\mathbb{R}^4$. Weiter seien

$$w_1 := \begin{pmatrix} 6 \\ -4 \\ 2 \\ -2 \end{pmatrix}, \quad w_2 := \begin{pmatrix} 1 \\ 3 \\ -1 \\ 2 \end{pmatrix}.$$

Prüfen Sie für $i = 1, 2$, ob $w_i \in U$ ist, und stellen Sie, falls möglich, den Vektor w_i als eine Linearkombination von v_1, v_2, v_3, v_4 dar.

5.2.7 Bestimmen Sie in Abhängigkeit vom Parameter $a \in \mathbb{R}$ die Lösungsmenge des folgenden LGS über $\mathbb{R}$:

$$\begin{aligned} a \cdot x + \quad y + \quad z &= 1 \\ x + a \cdot y + \quad z &= 1 \\ x + \quad y + a \cdot z &= 1 \ . \end{aligned}$$

Tipp: Achten Sie darauf Fallunterscheidungen so lange wie möglich zu vermeiden.

5.2.8 Bestimmen Sie die Lösungsmengen der folgenden LGS über $\mathbb{F}_{13}$:

(a) $\quad \begin{aligned} x + \overline{4}y &= \overline{5} \\ \overline{2}x + \quad y &= \overline{11} \ , \end{aligned}$
    (b) $\quad \begin{aligned} x + \overline{2}y &= \overline{5} \\ \overline{3}x + \overline{6}y &= \overline{2} \ . \end{aligned}$

5.2.9 Bestimmen Sie den Schnitt $U \cap W$ der beiden folgenden Unterräume des $\mathbb{R}^4$:

$$U = \{ \begin{pmatrix} x_1 \\ x_2 \\ x_3 \\ x_4 \end{pmatrix} \in \mathbb{R}^4 \mid x_1 - 2x_2 + x_3 - x_4 = 0\}, \quad W = \langle \begin{pmatrix} 2 \\ 1 \\ 1 \\ 0 \end{pmatrix}, \begin{pmatrix} 1 \\ 0 \\ 1 \\ 0 \end{pmatrix}, \begin{pmatrix} 3 \\ 1 \\ 2 \\ 0 \end{pmatrix} \rangle.$$

5.2.10 Bestimmen Sie den Schnitt $U \cap W$ der beiden folgenden Unterräume des 4-dimensionalen Standardraums $\mathbb{R}^4$:

$$U = \langle \begin{pmatrix} 0 \\ 1 \\ 1 \\ 0 \end{pmatrix}, \begin{pmatrix} 1 \\ -1 \\ 0 \\ 1 \end{pmatrix} \rangle, \quad W = \langle \begin{pmatrix} 2 \\ 1 \\ 1 \\ 2 \end{pmatrix}, \begin{pmatrix} 1 \\ 1 \\ 0 \\ 1 \end{pmatrix} \rangle.$$

5.2.11 Wir betrachten folgendes Modell: Gegeben seien n Zuflüsse in ein Gesamtsystem, wobei es möglich sein soll, immer genau einen Zufluss zu blockieren und dann den Gesamtfluss zu messen. Wie können die Werte der einzelnen Zuflüsse bestimmt werden?

Zeigen Sie hierzu, dass das reelle LGS

$$
\begin{aligned}
x_2 + x_3 + \ldots + x_{n-1} + x_n &= b_1 \\
x_1 \quad\;\; + x_3 + \ldots + x_{n-1} + x_n &= b_2 \\
\vdots \qquad \vdots \qquad \vdots \qquad \vdots \qquad \vdots \qquad \vdots \qquad &\;\;\vdots \\
x_1 + x_2 + x_3 + \ldots + x_{n-1} \qquad\;\; &= b_n
\end{aligned}
$$

für alle $b_1, \ldots, b_n \in \mathbb{R}$ eindeutig lösbar ist und bestimmen Sie eine Lösungsformel für x_i in Abhängigkeit der b_j.

Tipp: Benutzen Sie $s := \sum_{i=1}^{n} x_i$ und berechnen Sie $\sum_{j=1}^{n} b_j$.

5.3   Lineare Unabhängigkeit und Basen

In diesem Abschnitt führen wir einige zentrale Begriffe der linearen Algebra ein. Wie zuvor bezeichnet K immer einen Körper und V einen Vektorraum.

In Beispiel 5.1.14(1),(3),(4) und (5) fällt auf, dass jeder Vektor aus dem erzeugten Unterraum *eindeutig* als eine Linearkombination darstellbar ist, d. h. es gibt nur eine Wahl für die Koeffizienten a_i. In Beispiel 5.1.14(2) ist dies nicht der Fall. Diese Beobachtung gibt Anlass zu folgender Definition.

Definition 5.3.1

(a) *Vektoren* $v_1, \ldots, v_n \in V$ *heißen* **linear unabhängig**, *falls für alle Skalare* $a_1, \ldots, a_n \in K$ *folgende Implikation gilt:*

$$a_1 v_1 + \ldots + a_n v_n = 0 \implies a_1 = 0, \ a_2 = 0, \ldots, a_n = 0.$$

Gleichbedeutend damit ist, dass es zu jeder Linearkombination $v \in \langle v_1, \ldots, v_n \rangle$ *eindeutig bestimmte* $a_1, \ldots, a_n \in K$ *mit* $v = \sum_{i=1}^{n} a_i v_i$ *gibt („eindeutige Darstellungseigenschaft"). Die Vektoren* $v_1, \ldots, v_n$ *heißen* **linear abhängig**, *falls sie nicht linear unabhängig sind.*

(b) *Eine Teilmenge* $S \subseteq V$ *heißt* **linear unabhängig**, *falls für alle* $n \in \mathbb{N}$ *und alle paarweise verschiedenen* $v_1, \ldots, v_n \in S$ *gilt, dass* $v_1, \ldots, v_n$ *linear unabhängig ist. Andernfalls heißt* S **linear abhängig**.

Der Beweis, dass die zwei in Definition 5.3.1(a) gegebenen Definitionen für „linear unabhängig" gleichbedeutend sind, sei unseren Leserinnen und Lesern überlassen. Wir betonen außerdem, dass es sich bei den Begriffen in Definition 5.3.1(a) nicht um Eigenschaften einzelner Vektoren handelt (außer im Fall $n = 1$), sondern um Eigenschaften eines „Ensembles" von Vektoren. Aus Definition 5.3.1(b) ergibt sich, dass die leere Menge $S = \emptyset$ linear unabhängig ist.

Beispiel 5.3.2

(1) Es seien $V = \mathbb{R}^2$, $v_1 = \begin{pmatrix} 1 \\ 1 \end{pmatrix}$ und $v_2 = \begin{pmatrix} 1 \\ -1 \end{pmatrix}$. Wir testen auf lineare Unabhängigkeit. Es gelte also $a_1 v_1 + a_2 v_2 = 0$ mit $a_1, a_2 \in \mathbb{R}$. Hieraus ergibt sich das homogene LGS $a_1 + a_2 = 0$, $a_1 - a_2 = 0$. Die einzige Lösung ist $a_1 = a_2 = 0$, also sind v_1, v_2 linear unabhängig.

(2) Nun betrachten wir $v_1 = \begin{pmatrix} 1 \\ -1 \\ 0 \end{pmatrix}$ und $v_2 = \begin{pmatrix} 2 \\ -2 \\ 0 \end{pmatrix} \in \mathbb{R}^3$. Wenn wir wie oben auf lineare Unabhängigkeit testen, erhalten wir das homogene LGS $a_1 + 2a_2 = 0$, $-a_1 - 2a_2 = 0$, $0 = 0$, das (unter anderen) die nichttriviale Lösung $a_1 = 2$, $a_2 = -1$ hat. Es folgt $2v_1 - v_2 = 0$, also sind v_1, v_2 linear abhängig.

(3) Es seien $V = K[x]$ und $S = \{x^i \mid i \in \mathbb{N}\}$. Wir behaupten, dass S linear unabhängig ist. Zum Nachweis nehmen wir beliebige, paarweise verschiedene $x^{i_1}, \ldots, x^{i_n} \in S$ und setzen $\sum_{j=1}^{n} a_j x^{i_j} = 0$ mit $a_j \in K$ voraus. Hieraus folgt (mit dem üblichen Identitätsbegriff für Polynome) direkt, dass $a_j = 0$ für alle j. Also ist S linear unabhängig.

(4) Der Fall $n = 1$: Ein einzelner Vektor $v \in V$ ist genau dann linear unabhängig, wenn $v \neq 0$. Dies folgt aus Proposition 5.1.4(c). ◁

Für Vektoren $v_1, \ldots, v_n \in K^m$ haben wir folgenden Test auf lineare Unabhängigkeit: Man bilde die Matrix $A := (v_1 | v_2 | \ldots | v_n) \in K^{m \times n}$ mit den v_i als Spalten. (Die senkrechten Linien sollen nur der Verdeutlichung dienen.) Dann gilt:

$$v_1, \ldots, v_n \text{ sind linear unabhängig} \iff \mathrm{rg}(A) = n.$$

Begründung: Die v_i sind genau dann linear unabhängig, wenn das homogene LGS mit Koeffizientenmatrix A als einzige Lösung den Nullvektor hat (siehe auch Beispiel 5.3.2(1) und (2)). Nach (2) auf Seite 106 und Definition 5.2.8 trifft dies genau dann ein, wenn $\mathrm{rg}(A) = n$.

Wegen $\mathrm{rg}(A) \leq \min\{m, n\}$ (siehe nach Definition 5.2.8) folgt aus unserem Test sofort, dass im K^m höchstens m Vektoren linear unabhängig sein können. Mehr als m Vektoren in K^m sind also automatisch linear abhängig.

Definition 5.3.3 *Es sei $S \subseteq V$ eine Teilmenge.*

(a) *S heißt ein **Erzeugendensystem** von V, falls $\langle S \rangle = V$.*

(b) *S heißt eine **Basis** von V, falls S ein linear unabhängiges Erzeugendensystem von V ist. Gleichbedeutend damit ist, dass jeder Vektor $v \in V$ in eindeutiger Weise als eine Linearkombination von S darstellbar ist.*

Beispiel 5.3.4

(1) Die Vektoren

$$e_1 = \begin{pmatrix} 1 \\ 0 \\ 0 \end{pmatrix}, \ e_2 = \begin{pmatrix} 0 \\ 1 \\ 0 \end{pmatrix} \quad \text{und} \quad e_3 = \begin{pmatrix} 0 \\ 0 \\ 1 \end{pmatrix}$$

bilden eine Basis von K^3.

(2) Auch die Vektoren

$$v_1 = \begin{pmatrix} 1 \\ 1 \\ 0 \end{pmatrix}, \ v_2 = \begin{pmatrix} 0 \\ 1 \\ 0 \end{pmatrix} \quad \text{und} \quad v_3 = \begin{pmatrix} 0 \\ 0 \\ -1 \end{pmatrix}$$

bilden eine Basis von K^3. Wir sehen also, dass ein Vektorraum mehrere Basen haben kann. (In der Tat haben „fast alle" Vektorräume „sehr viele" verschiedene Basen.)

(3) In Verallgemeinerung von (1) sei

$$(i\text{-te Position}) \ \rightarrow \ \begin{pmatrix} 0 \\ \vdots \\ 0 \\ 1 \\ 0 \\ \vdots \\ 0 \end{pmatrix} =: e_i \in K^n.$$

Dann ist $S = \{e_1, \ldots, e_n\}$ eine Basis von K^n. Dies ist die sogenannte **Standardbasis** von K^n.

(4) Für $V = K[x]$ ist $S = \{x^i \mid i \in \mathbb{N}\}$ eine Basis. Dies geht aus Beispiel 5.1.14(5) und aus Beispiel 5.3.2(3) hervor. Wir haben es hier mit einer unendlichen Basis zu tun.

(5) Der Nullraum $V = \{0\}$ hat die leere Menge $S = \emptyset$ als Basis. Dies ist einer der exotischen Fälle, in denen es nur eine Basis gibt.

(6) Wir betrachten das homogene LGS mit der Koeffizientenmatrix

$$A = \begin{pmatrix} 1 & 0 & 2 & 1 \\ 2 & 0 & 4 & -2 \\ 0 & 1 & 0 & -1 \\ 1 & 0 & 2 & 2 \end{pmatrix}.$$

Wir können A in Zeilenstufenform B bringen, indem wir uns an Beispiel 5.2.4 orientieren, und erhalten

$$B = \begin{pmatrix} 1 & 0 & 2 & 0 \\ 0 & 1 & 0 & 0 \\ 0 & 0 & 0 & 1 \\ 0 & 0 & 0 & 0 \end{pmatrix}.$$

Hieraus lesen wir die Lösungsmenge

$$L = \left\{ \begin{pmatrix} -2a \\ 0 \\ a \\ 0 \end{pmatrix} \mid a \in K \right\} = \left\langle \begin{pmatrix} -2 \\ 0 \\ 1 \\ 0 \end{pmatrix} \right\rangle$$

ab. (Wir könnten auch das formale Lösungsverfahren 5.2.7 benutzen.) Der angegebene erzeugende Vektor bildet eine einelementige Basis von L. ◁

Allgemein sei ein homogenes LGS mit der Koeffizientenmatrix $A \in K^{m \times n}$ gegeben. Es seien $k_1, \ldots, k_{n-r} \in \{1, \ldots, n\}$ die im Lösungsverfahren 5.2.7(4) bestimmten Indizes. Für $i = 1, \ldots, n - r$ sei v_i der durch (5.3) gewonnene Lösungsvektor mit $x_{k_i} = 1$ und $x_{k_l} = 0$ für $l \neq i$. In v_i ist die j_l-te Komponente also $-a_{l,j_l}^{-1} \cdot a_{l,k_i}$ $(l = 1, \ldots, r)$. Dann ist $\{v_1, \ldots, v_{n-r}\}$ eine Basis des Lösungsraums L. Die Erzeugereigenschaft ergibt sich direkt aus (5.3), und diese Gleichung zeigt außerdem, dass die k_j-te Koordinate von $\sum_{i=1}^{n-r} b_i v_i$ (mit $b_i \in K$) genau b_j ist, woraus die lineare Unabhängigkeit folgt. Wir haben also ein Verfahren, um für den Lösungsraum eines homogenen LGS eine Basis zu finden.

Wir geben nun zwei (zur Definition alternative) Charakterisierungen von Basen an.

Satz 5.3.5 (Charakterisierung der Basiseigenschaft) *Für eine Teilmenge $S \subseteq V$ sind äquivalent:*

(a) *S ist eine Basis von V.*

(b) *S ist eine maximal linear unabhängige Teilmenge von V (d. h. S ist linear unabhängig und für jedes $v \in V \setminus S$ ist $S \cup \{v\}$ linear abhängig).*

(c) *S ist ein minimales Erzeugendensystem von V (d. h. V = ⟨S⟩ und für jedes*
    v ∈ S ist S \ {v} kein Erzeugendensystem).

Beweis Wir beginnen mit der Implikation „(a) ⇒ (b)". Es sei also S eine Basis
von V. Dann ist S linear unabhängig, es ist also nur die Maximalität zu zeigen.
Hierzu sei $v \in V \setminus S$. Da S ein Erzeugendensystem ist, gibt es $v_1, \ldots, v_n \in S$ und
$a_1, \ldots, a_n \in K$ mit

$$v = \sum_{i=1}^{n} a_i v_i,$$

also

$$(-1) \cdot v + \sum_{i=1}^{n} a_i v_i = 0.$$

Hierbei können wir die v_i als paarweise verschieden annehmen. Dies zeigt, dass
$\{v, v_1, \ldots, v_n\}$ linear abhängig ist, also auch $S \cup \{v\}$.

Nun zeigen wir „(b) ⇒ (c)". Es sei also S maximal linear unabhängig. Wir zeigen
zunächst, dass S ein Erzeugendensystem ist. Hierzu sei $v \in V$. Falls $v \in S$, so
gilt auch $v \in \langle S \rangle$, und wir sind fertig. Wir dürfen also $v \notin S$ annehmen. Nach
Voraussetzung ist $S \cup \{v\}$ linear abhängig, also gibt es paarweise verschiedene
$v_1, \ldots, v_n \in S$ und $a, a_1, \ldots, a_n \in K$, die nicht alle 0 sind, so dass

$$av + \sum_{i=1}^{n} a_i v_i = 0.$$

(Selbst falls v in einer solchen Darstellung des Nullvektors nicht vorkäme, könnten
wir es „künstlich" durch $a := 0$ hinzufügen.) Falls $a = 0$, so wären $v_1, \ldots, v_n$ linear
abhängig, im Widerspruch zur linearen Unabhängigkeit von S. Es folgt $a \neq 0$, also

$$v = -\sum_{i=1}^{n} a^{-1} a_i v_i \in \langle S \rangle.$$

Nun ist noch die Minimalität von S als Erzeugendensystem zu zeigen. Hierzu sei
$v \in S$. Falls $S \setminus \{v\}$ ein Erzeugendensystem wäre, dann gäbe es insbesondere
$v_1, \ldots, v_n \in S \setminus \{v\}$ und $a_1, \ldots, a_n \in K$ mit

$$v = \sum_{i=1}^{n} a_i v_i.$$

Hierbei können wir die v_i als paarweise verschieden annehmen. Es folgt $(-1) \cdot v + \sum_{i=1}^{n} a_i v_i = 0$, im Widerspruch zur linearen Unabhängigkeit von S. Also ist S tatsächlich ein minimales Erzeugendensystem.

Schließlich zeigen wir „(c) $\Rightarrow$ (a)". Es sei also S ein minimales Erzeugendensystem. Wir müssen die lineare Unabhängigkeit von S zeigen. Es seien also $v_1, \ldots, v_n \in S$ paarweise verschieden und $a_1, \ldots, a_n \in K$ mit $\sum_{i=1}^{n} a_i v_i = 0$. Wir nehmen an, dass nicht alle a_i Null sind. Durch Umnummerieren können wir $a_1 \neq 0$ erreichen. Es folgt

$$v_1 = \sum_{i=2}^{n} -a_1^{-1} a_i v_i \in \langle S' \rangle$$

mit $S' := S \setminus \{v_1\}$. Alle Elemente von S liegen also in $\langle S' \rangle$, also $V = \langle S' \rangle$, im Widerspruch zur Minimalität von S. Somit ist S linear unabhängig. $\qquad\square$

Die Frage, ob jeder Vektorraum eine Basis hat, wird durch den folgenden Satz mit „ja" beantwortet, den wir mit Hilfe des Zorn'schen Lemmas beweisen werden. Formuliert und bewiesen wurde dieses in Kap. 3, welches zum Teilstrang über Mengenlehre innerhalb des Buches gehört. Leserinnen und Leser, die dieses Kapitel nicht gelesen haben, können das Zorn'sche Lemma (Satz 3.3.1), welches komplett in der Sprache von Definition 1.3.9 formuliert ist, einfach als Gegebenheit hinnehmen. Es ist gängige Praxis in Lehrbüchern über lineare Algebra und über andere Gebiete der Mathematik, das Zorn'sche Lemma quasi als Axiom zu postulieren.

Satz 5.3.6 (Basisergänzungssatz) *Es seien $S \subseteq V$ ein Erzeugendensystem (z. B. $S = V$) und $A \subseteq S$ eine linear unabhängige Teilmenge (z. B. $A = \emptyset$). Dann gibt es eine Basis B von V mit $A \subseteq B \subseteq S$.*

Beweis Wir betrachten die Menge

$$M := \{X \subseteq V \mid X \text{ ist linear unabhängig und } A \subseteq X \subseteq S\}.$$

Die Menge M ist geordnet durch $X \leq Y :\Longleftrightarrow X \subseteq Y$. Wir prüfen die Voraussetzung des Zorn'schen Lemmas (Satz 3.3.1). Es sei also $C \subseteq M$ eine Kette. Falls $C = \emptyset$, so liefert $A \in M$ eine obere Schranke von C. Andernfalls setzen wir

$$Y := \bigcup C = \bigcup_{X \in C} X$$

und behaupten $Y \in M$. (Hieraus folgt, dass Y eine obere Schranke von C ist.) Es ist klar, dass $A \subseteq Y \subseteq S$ gilt. Zum Nachweis der linearen Unabhängigkeit von Y nehmen wir paarweise verschiedene $v_1, \ldots, v_n \in Y$. Für jedes i gibt es ein $X_i \in C$ mit $v_i \in X_i$. Da C totalgeordnet ist, gibt es ein X_i, das alle anderen umfasst. Damit sind $v_1, \ldots, v_n$ Elemente von diesem X_i. Wegen der linearen Unabhängigkeit von X_i folgt, dass $v_1, \ldots, v_n$ linear unabhängig ist. Also ist Y linear unabhängig und damit ein Element von M.

Das Zorn'sche Lemma liefert nun die Existenz eines maximalen Elements $B \in M$. Es folgt sofort, dass B linear unabhängig ist und $A \subseteq B \subseteq S$. Zum Nachweis der Erzeugereigenschaft von B nehmen wir zunächst einen Vektor $v \in S$. Falls $v \in B$, so folgt $v \in \langle B \rangle$. Andernfalls gilt

$$A \subseteq B \subsetneq B \cup \{v\} \subseteq S.$$

Wegen der Maximalität von B muss $B \cup \{v\}$ also linear abhängig sein, d. h. es gibt paarweise verschiedene $v_1, \ldots, v_n \in B$ und $a, a_1, \ldots, a_n \in K$, die nicht alle 0 sind, so dass

$$av + \sum_{i=1}^{n} a_i v_i = 0.$$

Wegen der linearen Unabhängigkeit von B folgt $a \neq 0$, also

$$v = \sum_{i=1}^{n} -a^{-1} a_i v_i \in \langle B \rangle.$$

Es ergibt sich $S \subseteq \langle B \rangle$, also

$$V = \langle S \rangle \subseteq \langle B \rangle \subseteq V.$$

Damit ist B ein linear unabhängiges Erzeugendensystem von V, und der Satz ist bewiesen.   □

Durch Anwendung von Satz 5.3.6 auf $S = V$ und $A = \emptyset$ ergibt sich:

Korollar 5.3.7 (Basissatz) *Jeder Vektorraum hat eine Basis.*

Anmerkung 5.3.8 Die Begriffe Linearkombination, Erzeugendensystem und lineare Unabhängigkeit können wir auch auf Moduln (siehe Anmerkung 5.1.3) anwenden. Jedoch ist der Basissatz für Moduln im Allgemeinen *falsch*. Beispielsweise hat keine nichttriviale, endliche abelsche Gruppe als $\mathbb{Z}$-Modul eine Basis. ◁

Beispiel 5.3.9 Es sei M eine unendliche Menge und $V = K^M$. Für V ist keine Basis bekannt, auch wenn Satz 5.3.6 die Existenz garantiert! Auch in Spezialfällen oder für viele interessante Unterräume ist keine Basis bekannt. Beispielsweise ist keine Basis für den Vektorraum der konvergenten reellen Folgen bekannt.

Für jedes $x \in M$ sei $\delta_x \in V$ die Abbildung mit $\delta_x(y) = 1$ für $y = x$ und $\delta_x(y) = 0$ für $y \neq x$. Dann ist $S := \{\delta_x \mid x \in M\}$ linear unabhängig, jedoch kein Erzeugendensystem, da es in der linearen Algebra keine unendlichen Summen gibt. ◁

Wir haben schon erwähnt, dass ein Vektorraum viele verschiedene Basen haben kann. Unser nächstes Ziel ist der Nachweis, dass alle Basen gleich viele Elemente haben (sofern sie endlich sind). Der Schlüssel hierzu ist das folgende Lemma.

Lemma 5.3.10 *Es seien $E \subseteq V$ ein endliches Erzeugendensystem und $U \subseteq V$ eine linear unabhängige Menge. Dann gilt für die Elementanzahlen:*

$$|U| \leq |E|.$$

Beweis Als Teilmenge einer endlichen Menge ist auch $E \setminus U$ endlich. Wir benutzen Induktion nach $|E \setminus U|$. Wir schreiben $E = \{v_1, \ldots, v_n\}$ mit $v_1, \ldots, v_n$ paarweise verschieden.

1. Fall: $U \subseteq E$. Dann ist automatisch $|U| \leq |E|$, also nichts zu zeigen.
2. Fall: Es gibt ein $v \in U \setminus E$. Wir werden ein „Austauschargument" benutzen und einen Vektor von E durch v ersetzen. Dies funktioniert folgendermaßen: Wegen $V = \langle E \rangle$ existieren $a_1, \ldots, a_n \in K$ mit

$$v = a_1 v_1 + \ldots + a_n v_n. \tag{5.4}$$

Wegen $v \notin E$ gilt $v \neq v_i$ für alle i. Es gibt ein i, so dass $v_i \notin U$ und $a_i \neq 0$, denn sonst ergäbe (5.4) die lineare Abhängigkeit von U. Nach Umnummerieren haben wir $v_1 \in E \setminus U$ und $a_1 \neq 0$. Dies zeigt auch, dass der Induktionsanfang ($|E \setminus U| = 0$) automatisch in den 1. Fall fällt. Mit $E' := \{v, v_2, \ldots, v_n\}$ ergibt sich aus (5.4):

$$v_1 = a_1^{-1} \cdot \left(v - \sum_{i=2}^{n} a_i v_i \right) \in \langle E' \rangle.$$

Hieraus folgt, dass auch E' ein Erzeugendensystem ist. Nach Definition von E' gilt $|E' \setminus U| = |E \setminus U| - 1$. Induktion liefert also $|U| \leq |E'|$. Wieder nach Definition gilt $|E'| = |E|$, und es folgt die Behauptung. $\square$

Korollar 5.3.11 *Falls V ein endliches Erzeugendensystem hat, so sind alle Basen von V endlich und haben gleich viele Elemente.*

Beweis Es seien B_1 und B_2 Basen von V. Da B_1 und B_2 linear unabhängig sind, liefert Lemma 5.3.10 $|B_1| < \infty$ und $|B_2| < \infty$. Weiter liefert Lemma 5.3.10 mit $U = B_1$ und $E = B_2$: $|B_1| \leq |B_2|$. Nach Rollenvertauschung erhalten wir ebenso $|B_2| \leq |B_1|$, also Gleichheit. $\square$

Anmerkung Die Aussage aus Korollar 5.3.11 werden wir in Abschn. 6.2 auf nicht endlich erzeugte Vektorräume ausdehnen (siehe Korollar 6.2.9).   ◁

Nun können wir einen der wichtigsten Begriffe der linearen Algebra definieren.

Definition 5.3.12 *Falls V ein endliches Erzeugendensystem hat, so ist die **Dimension** von V die Elementanzahl einer (und damit jeder) Basis von V. Wir schreiben* dim(V) *für die Dimension von V. Falls V kein endliches Erzeugendensystem hat, schreiben wir* dim(V) $= \infty$, *um diesen Sachverhalt auszudrücken. (Wir unterscheiden unendliche Basen also gewöhnlich nicht durch ihre Mächtigkeit.) Im ersten Fall heißt V* **endlich-dimensional**, *im zweiten* **unendlich-dimensional**.

Beispiel 5.3.13

(1) Der Standardraum K^n hat die Dimension n. Damit ist auch die Bezeichnung „n-dimensionaler Standardraum" aufgeklärt.

(2) Der Lösungsraum des homogenen LGS aus Beispiel 5.3.4(6) hat die Dimension 1.

(3) Der Nullraum $V = \{0\}$ hat die Dimension 0.

(4) Für $V = K[x]$ gilt dim(V) $= \infty$. Hier können wir eine unendliche Basis angeben (siehe Beispiel 5.3.4(4)). Ist M eine unendliche Menge, so gilt auch dim$\left(K^M\right) = \infty$. Wir können zwar keine Basis angeben, aber doch eine unendliche linear unabhängige Menge (siehe Beispiel 5.3.9), so dass K^M nach Lemma 5.3.10 nicht endlich erzeugt sein kann.   ◁

Aus dem nach Beispiel 5.3.4 angegebenen Verfahren zum Finden einer Basis des Lösungsraums eines homogenen LGS gewinnen wir:

Proposition 5.3.14 *Gegeben sei ein homogenes LGS mit Koeffizientenmatrix $A \in K^{m \times n}$. Dann gilt für die Lösungsmenge L:*

$$\dim(L) = n - \operatorname{rg}(A).$$

Wie kann man eine Basis eines Unterraums $U \subseteq K^n$ finden? Wir nehmen an, U sei durch erzeugende Vektoren $v_1, \dots, v_m$ gegeben. Dann bilden wir die Matrix $A \in K^{m \times n}$ mit den v_i als *Zeilen*. Nun bringen wir A mit dem Gauß-Algorithmus auf Zeilenstufenform. Dann bilden diejenigen Zeilen der Zeilenstufenform, die nicht komplett aus Nullen bestehen, eine Basis von U. *Begründung*: Nach Proposition 5.2.10 wird U von den Zeilen der Zeilenstufenform erzeugt, also auch durch die Zeilen $\neq 0$. Außerdem sieht man sofort, dass die Zeilen $\neq 0$ einer Matrix in Zeilenstufenform immer linear unabhängig sind.

Es folgt insbesondere: dim(U) $= \operatorname{rg}(A)$. Damit haben wir bewiesen:

Proposition 5.3.15 (Rang und Zeilenraum) *Der Rang einer Matrix $A \in K^{m \times n}$ ist die Dimension des von den Zeilen aufgespannten Unterraums von $K^{1 \times n}$.*

Hiermit haben wir für den Rang eine nicht prozedurale Charakterisierung gefunden. Hierdurch ist die Lücke, die sich durch Definition 5.2.8 ergeben hat, geschlossen. Eine weitere Charakterisierung des Rangs ist bereits in Proposition 5.3.14 enthalten. Auch diese zeigt die eindeutige Bestimmtheit des Rangs.

Wir ziehen noch ein paar weitere Folgerungen aus Lemma 5.3.10. Die erste ermöglicht in vielen Fällen, die Basiseigenschaft zu verifizieren oder zu falsifizieren.

Korollar 5.3.16 *Es sei $S \subseteq V$ endlich. Dann gelten:*

(a) *S ist eine Basis von $V \Longleftrightarrow \dim(V) = |S|$ und S ist linear unabhängig*
$$\Longleftrightarrow \dim(V) = |S| \text{ und } V = \langle S \rangle.$$
(b) *Falls $|S| < \dim(V)$, so folgt $V \neq \langle S \rangle$.*
(c) *Falls $|S| > \dim(V)$, so ist S linear abhängig.*

Beweis Wir wählen eine Basis B von V.

(b) Falls S ein Erzeugendensystem ist, so folgt $|S| \geq |B| = \dim(V)$ nach Lemma 5.3.10. Hieraus ergibt sich (b).

(c) Wir nehmen an, dass S linear unabhängig ist. Falls B endlich ist, so folgt $|S| \leq |B| = \dim(V)$ nach Lemma 5.3.10. Falls B unendlich ist, gilt diese Ungleichung ohnehin. Es ergibt sich (c).

(a) Falls S eine Basis ist, so folgt aus Korollar 5.3.11 und Definition 5.3.3, dass $\dim(V) = |S|$, $V = \langle S \rangle$, und dass S linear unabhängig ist. Ist umgekehrt $\dim(V) = |S|$ und S linear unabhängig, so folgt aus (c), dass S maximal linear unabhängig ist, also ist S nach Satz 5.3.5 eine Basis. Falls $\dim(V) = |S|$ und $V = \langle S \rangle$, so folgt aus (b), dass S ein minimales Erzeugendensystem ist, also ist S nach Satz 5.3.5 eine Basis. $\square$

Korollar 5.3.17 *Es sei $U \subseteq V$ ein Unterraum. Dann gelten:*

(a) $\dim(U) \leq \dim(V)$.
(b) *Falls $\dim(U) = \dim(V) < \infty$, so folgt $U = V$.*

Beweis Es sei A eine Basis von U. Wegen Satz 5.3.6 gibt es eine Basis B von V mit $A \subseteq B$. Hieraus folgt (a). Falls $\dim(U) = \dim(V) < \infty$, so folgt $A = B$, also $U = V$. $\square$

Aufgaben

5.3.1 Geben Sie jeweils eine Basis des Lösungsraums für das durch die gegebene reelle Matrix definierte homogene LGS über $\mathbb{R}$ an:

(a) $A = \begin{pmatrix} 1 & -2 & 0 & 1 \\ 0 & 1 & -3 & 0 \end{pmatrix}$ (b) $B = \begin{pmatrix} 0 & 1 & -1 & 2 & 3 \\ 0 & 0 & 0 & 1 & 2 \end{pmatrix}$ (c) $C = \begin{pmatrix} 1 & -2 & 0 & 1 & 0 \\ 0 & 0 & 4 & 3 & 0 \\ 0 & 0 & 0 & 0 & 5 \end{pmatrix}$.

5.3.2 Zeigen Sie, dass die folgenden Funktionen $f_1, f_2, f_3 \in \mathbb{R}^\mathbb{R}$ linear unabhängig sind:

$$f_1(x) = x, \quad f_2(x) = \sin(x), \quad f_3(x) = \cos(x).$$

5.3.3 Es sei $n \in \mathbb{N}$ mit $n \geq 2$.

(a) Geben Sie eine unendliche Menge $S \subseteq \mathbb{R}^n$ an, so dass jede zweielementige Teilmenge von S linear unabhängig und jede dreielementige Teilmenge von S linear abhängig ist.
(b) Geben Sie $n + 1$ Vektoren $v_1, \ldots, v_{n+1} \in \mathbb{R}^n$ an, so dass jede n-elementige Teilmenge von $S := \{v_1, \ldots, v_{n+1}\}$ linear unabhängig ist.

5.3.4 📷 *(Video-Link siehe Vorwort, Seite VI)*
Prüfen Sie nach, für welche $z \in \mathbb{C}$ die folgenden Vektoren eine Basis des $\mathbb{C}^3$ bilden:

$$b_1 = \begin{pmatrix} 1 \\ 1 \\ i \end{pmatrix}, \quad b_2 = \begin{pmatrix} i \\ z+i \\ -2 \end{pmatrix}, \quad b_3 = \begin{pmatrix} -i \\ 4-i \\ z+1 \end{pmatrix}.$$

5.3.5 Es sei $V := \mathbb{R}[x]_{\leq 4}$.

(a) Zeigen Sie, dass $U := \{f \in V \mid f(1) + f(-1) = f(2) - f(-2) = 0\}$ ein Unterraum von V ist und dass $B := \{x^2 - 1, \ x^3 - 4x, \ x^4 - 1\}$ eine Basis von U ist.

(b) Untersuchen Sie für jede der folgenden Teilmengen von $W := \mathbb{R}[x]_{\leq 2}$, ob sie *linear unabhängig* bzw. ein *Erzeugendensystem* bzw. eine *Basis* von W ist:

$$S_1 = \{x^2 + x, \ x^2 - x\}, \quad S_2 = \{1 + x, \ x, \ x^2 + 1, \ x + 2\},$$

$$\text{und} \quad S_3 = \{1, \ x + 1, \ x^2 + x + 1\}.$$

5.3.6 Zu paarweise verschiedenen $a_0, \ldots, a_n \in K$ wurden in Aufgabe 2.2.13 die zugehörigen **Lagrange-Polynome** definiert:

$$L_j := \prod_{\substack{i=0 \\ i \neq j}}^{n} \frac{x - a_i}{a_j - a_i} \in K[x] \qquad (\text{für } j = 0, \ldots, n.)$$

Zeigen Sie, dass $L_0, \ldots, L_n$ eine Basis von $K[x]_{\leq n}$ bilden.

5.3.7 Es sei der folgende Unterraum von $\mathbb{R}^4$ gegeben:

$$U := \langle \begin{pmatrix} 1 \\ 1 \\ 1 \\ 1 \end{pmatrix}, \begin{pmatrix} -2 \\ 0 \\ 2 \\ 0 \end{pmatrix}, \begin{pmatrix} 0 \\ 1 \\ 0 \\ 1 \end{pmatrix}, \begin{pmatrix} 0 \\ 1 \\ 1 \\ 1 \end{pmatrix}, \begin{pmatrix} 1 \\ 2 \\ 1 \\ 2 \end{pmatrix} \rangle \subseteq \mathbb{R}^4.$$

Bestimmen Sie eine Basis B von U und ergänzen Sie B zu einer Basis des $\mathbb{R}^4$.

5.3.8 Es sei M eine Menge. Wir setzen

$$K^{(M)} := \{f : M \to K \mid f(x) = 0 \text{ für alle bis auf endlich viele } x \in M\}.$$

Zeigen Sie, dass $K^{(M)}$ ein Unterraum von K^M ist und dass die Funktionen δ_x aus Beispiel 5.3.9 eine Basis von $K^{(M)}$ bilden.

5.3.9 Es sei $n \in \mathbb{N}$ mit $n \geq 3$. Aus den Vektoren $e_1, \ldots, e_n$ der Standardbasis des K^n bilden wir n weitere Vektoren:

$$v_i := e_i + e_{i+1} \quad \text{für } i = 1, \ldots, n-1, \quad \text{und} \quad v_n := e_1 + e_n.$$

Unter welchen Bedingungen bilden die Vektoren $v_1, \ldots, v_n$ eine Basis des K^n?
Tipp: Man findet eine Bedingung für char(K) und eine Bedingung für n.

5.3.10 ✎ Für $a \in \mathbb{R}$ sei f_a die Funktion $f_a : \mathbb{R} \to \mathbb{R}$, $x \mapsto \exp(ax)$. Zeigen Sie, dass die Menge $S := \{f_a \mid a \in \mathbb{R}\} \subseteq \mathbb{R}^{\mathbb{R}}$ linear unabhängig ist.

5.3.11 ✎ Wir nennen eine strenge Zeilenstufenform **normiert**, wenn alle Pivotelemente gleich 1 sind. Zeigen Sie:

(a) Es seien $B, B' \in K^{m \times n}$ in normierter strenger Zeilenstufenform und die Zeilen von B erzeugen denselben Unterraum von $K^{1 \times n}$ wie die Zeilen von B' (sog. „Zeilenraum"). Dann gilt $B = B'$.
(b) Zu jeder Matrix $A \in K^{m \times n}$ gibt es genau eine Matrix B, die in normierter strenger Zeilenstufenform ist und die aus A durch elementare Zeilenoperationen hervorgeht.
(c) Es seien $A, A' \in K^{m \times n}$ und die Zeilen von A erzeugen denselben Unterraum von $K^{1 \times n}$ wie die Zeilen von A'. Dann geht A' aus A durch elementare Zeilenoperationen hervor.

5.4 Lineare Abbildungen

Auch in diesem Abschnitt sei K ein Körper. Wir untersuchen die strukturerhaltenden Abbildungen zwischen Vektorräumen. Dazu seien V und W zwei K-Vektorräume (also über demselben Körper K).

Definition 5.4.1 *Eine Abbildung* $\varphi \colon V \to W$ *heißt* **linear**, *falls gelten:*

(1) *Für alle* $v, v' \in V$ *gilt:* $\varphi(v + v') = \varphi(v) + \varphi(v')$, *d. h.* φ *ist ein Homomorphismus von Gruppen.*
(2) *Für alle* $v \in V$ *und* $a \in K$ *gilt:* $\varphi(a \cdot v) = a \cdot \varphi(v)$.

Insbesondere bildet eine lineare Abbildung $\varphi : V \to W$ wegen Proposition 2.1.14(a) den Nullvektor von V auf den Nullvektor von W ab.

Beispiel 5.4.2

(1) Die folgenden geometrisch definierten Abbildungen $\mathbb{R}^2 \to \mathbb{R}^2$ sind linear: Drehungen um den Nullpunkt, Streckungen mit dem Nullpunkt als Zentrum, Spiegelungen an einer durch den Nullpunkt gehenden Geraden, Projektionen auf eine durch den Nullpunkt gehende Gerade. Drehungen um Punkte $\neq 0$ und Verschiebungen sind *nicht* linear.
(2) Die *Nullabbildung* $V \to W$, $v \mapsto 0$ ist linear.

(3) Es sei $A = (a_{i,j}) \in K^{m \times n}$. Dann ist

$$\varphi_A : K^n \to K^m, \quad \begin{pmatrix} x_1 \\ \vdots \\ x_n \end{pmatrix} \mapsto \begin{pmatrix} y_1 \\ \vdots \\ y_m \end{pmatrix} \quad \text{mit} \quad y_i = \sum_{j=1}^{n} a_{i,j} x_j$$

eine lineare Abbildung. Dies ist einer der wichtigsten Typen von linearen Abbildungen. Die Bezeichnung φ_A werden wir in Zukunft weiter benutzen. Später im nächsten Abschnitt werden wir die Definition von φ_A als ein Produkt Matrix-mal-Spaltenvektor interpretieren.

(4) Für ein Polynom $f = \sum_{i=0}^{n} a_i x^i \in K[x]$ definieren wir die *(formale) Ableitung* von f als

$$f' := \sum_{i=0}^{n-1} (i + 1) a_{i+1} x^i \in K[x].$$

Für $V = K[x]$ ist dann die Abbildung

$$\varphi : V \to V, \quad f \mapsto f'.$$

linear. Ebenso ist für jedes $c \in K$ auch die Abbildung $\psi : V \to K$, $f \mapsto f(c)$ linear.

(5) Für $V = K^n$ und $i \in \{1, \ldots, n\}$ ist die i-te *Koordinatenabbildung*

$$\pi_i : V \to K, \quad \begin{pmatrix} x_1 \\ \vdots \\ x_n \end{pmatrix} \mapsto x_i$$

linear.

(6) Es seien M eine Menge und $x_1, \ldots, x_n \in M$ fest gewählten Elemente. Für $V = K^M$ ist dann die Abbildung

$$\varphi : V \to K^n, \quad f \mapsto \begin{pmatrix} f(x_1) \\ \vdots \\ f(x_n) \end{pmatrix}$$

linear.   ◁

Sind $\varphi, \psi : V \to W$ linear, so gilt dies auch für

$$\varphi + \psi : V \to W, \quad v \mapsto \varphi(v) + \psi(v).$$

Außerdem ist für ein $a \in K$ auch

$$a \cdot \varphi : V \to W, \quad v \mapsto a \cdot \varphi(v)$$

linear. Dies bedeutet, dass die Menge $\mathrm{Hom}(V, W)$ aller linearer Abbildungen $V \to W$ einen K-Vektorraum bildet.

Weiter gilt: Sind $\varphi\colon V \to W$ und $\psi\colon W \to U$ (mit U ein weiterer K-Vektorraum) linear, so gilt dies auch für die Komposition $\psi \circ \varphi\colon V \to U$. Damit wird $\mathrm{Hom}(V, V)$ sogar zu einem Ring. Wir werden später sehen, dass dieser Ring für $\dim(V) \geq 2$ nicht kommutativ ist.

Definition 5.4.3 *Es sei $\varphi\colon V \to W$ linear. Der **Kern** von φ ist die Menge*

$$\mathrm{Kern}(\varphi) := \{v \in V \mid \varphi(v) = 0\} \subseteq V.$$

*Das **Bild** von φ ist*

$$\mathrm{Bild}(\varphi) := \varphi(V) = \{\varphi(v) \mid v \in V\} \subseteq W.$$

Satz 5.4.4 *Es sei $\varphi\colon V \to W$ eine lineare Abbildung. Dann gelten:*

(a) *$\mathrm{Kern}(\varphi)$ ist ein Unterraum von V.*
(b) *$\mathrm{Bild}(\varphi)$ ist ein Unterraum von W.*
(c) *Es gilt die Äquivalenz:*

$$\varphi \text{ ist injektiv} \quad \Longleftrightarrow \quad \mathrm{Kern}(\varphi) = \{0\}.$$

Beweis

(a) Der Nullvektor von V ist in $\mathrm{Kern}(\varphi)$ enthalten. Für $v, v' \in \mathrm{Kern}(\varphi)$ gilt $\varphi(v + v') = \varphi(v) + \varphi(v') = 0$, also $v + v' \in \mathrm{Kern}(\varphi)$. Weiter gilt für $v \in \mathrm{Kern}(\varphi)$ und $a \in K$: $\varphi(a \cdot v) = a \cdot \varphi(v) = a \cdot 0 = 0$, also $a \cdot v \in \mathrm{Kern}(\varphi)$. Damit ist (a) gezeigt.
(b) Dies folgt durch einfaches Nachrechnen.
(c) Dies folgt aus Proposition 2.1.14(e). □

Beispiel 5.4.5

(1) Es sei $A \in K^{m \times n}$. Dann ist $\mathrm{Kern}(\varphi_A)$ die Lösungsmenge des homogenen LGS mit Koeffizientenmatrix A. Es folgt: φ_A ist injektiv $\Longleftrightarrow \mathrm{rg}(A) = n$.
(2) Es sei $V = \mathbb{R}[x]$ und $\varphi\colon V \to V$, $f \mapsto f'$ (Ableitung). Dann ist $\mathrm{Kern}(\varphi)$ die Menge aller konstanten Polynome, also ist φ nicht injektiv. Außerdem gilt $\mathrm{Bild}(\varphi) = V$. ◁

Definition 5.4.6 *Eine lineare Abbildung $\varphi\colon V \to W$ heißt **Isomorphismus**, falls φ bijektiv ist. Die Vektorräume V und W heißen **isomorph**, falls es einen Isomorphismus $V \to W$ gibt. Notation: $V \cong W$.*

Wir überlassen es den Leserinnen und Lesern nachzuprüfen, dass zu einem Isomorphismus $\varphi: V \to W$ auch die Umkehrabbildung $\varphi^{-1}: W \to V$ ein Isomorphismus ist.

Wir betrachten nun einen K-Vektorraum V mit $n = \dim(V) < \infty$. Nachdem wir eine Basis $B = \{v_1, \ldots, v_n\}$ von V gewählt haben, können wir die lineare Abbildung

$$\varphi: K^n \to V, \quad \begin{pmatrix} a_1 \\ \vdots \\ a_n \end{pmatrix} \mapsto \sum_{i=1}^{n} a_i v_i$$

definieren. Die lineare Unabhängigkeit von B liefert $\mathrm{Kern}(\varphi) = \{0\}$, also ist φ nach Satz 5.4.4(c) injektiv. Da B ein Erzeugendensystem ist, folgt die Surjektivität von φ. Also ist φ ein Isomorphismus. Die Umkehrabbildung ist dadurch gegeben, dass jedem $v \in V$ sein **Koordinatenvektor** bezüglich B zugewiesen wird, also der eindeutig bestimmte Vektor $\begin{pmatrix} a_1 \\ \vdots \\ a_n \end{pmatrix} \in K^n$ mit $v = \sum_{i=1}^{n} a_i v_i$. Wir haben bewiesen:

Satz 5.4.7 *Es sei* $n := \dim(V) < \infty$. *Dann gilt*

$$V \cong K^n.$$

Beispiel 5.4.8 Für $V = K[x]_{<3} = \{f \in K[x] \mid \deg(f) < 3\}$ gilt $V \cong K^3$. Wählen wir die Basis $B = \{1, x, x^2\}$ von V, so ist der oben beschriebene Isomorphismus gegeben durch

$$\varphi: K^3 \to V, \quad \begin{pmatrix} a_1 \\ a_2 \\ a_3 \end{pmatrix} \mapsto a_1 + a_2 x + a_3 x^2.$$

◁

Der Isomorphismus aus Satz 5.4.7 kann immer erst nach Wahl einer Basis angegeben werden. Man spricht auch von einem *nicht kanonischen* Isomorphismus. Satz 5.4.7 besagt, dass man sich beim Studium von endlich-dimensionalen Vektorräumen immer auf den Fall $V = K^n$ zurückziehen kann.

Satz 5.4.9 (Dimensionssatz für lineare Abbildungen) *Es sei* $\varphi: V \to W$ *eine lineare Abbildung. Dann gilt:*

$$\dim(V) = \dim(\mathrm{Kern}(\varphi)) + \dim(\mathrm{Bild}(\varphi)).$$

Beweis Wir betrachten zunächst den Fall, dass $\mathrm{Kern}(\varphi)$ und $\mathrm{Bild}(\varphi)$ endlich-dimensional sind. Es seien $\{w_1, \ldots, w_n\}$ eine Basis von $\mathrm{Bild}(\varphi)$, also $\dim(\mathrm{Bild}(\varphi)) = n$, und $\{v_1, \ldots, v_m\}$ eine Basis von $\mathrm{Kern}(\varphi)$, also $\dim(\mathrm{Kern}(\varphi)) =$

m, Wir können $v'_1, \ldots, v'_n \in V$ wählen mit $\varphi(v'_i) = w_i$. Behauptung: $B :=$ $\{v_1, \ldots, v_m, v'_1, \ldots, v'_n\}$ ist eine Basis von V.

Zum Nachweis der linearen Unabhängigkeit sei

$$a_1 v_1 + \ldots + a_m v_m + b_1 v'_1 + \ldots + b_n v'_n = 0 \tag{5.5}$$

mit $a_i, b_i \in K$. Anwendung von φ auf (5.5) liefert:

$$0 = \varphi(0) = \sum_{i=1}^{m} a_i \varphi(v_i) + \sum_{i=1}^{n} b_i \varphi(v'_i) = \sum_{i=1}^{n} b_i w_i.$$

Wegen der linearen Unabhängigkeit der w_i liefert dies $b_1 = \ldots = b_n = 0$. Nun folgt aus (5.5)

$$a_1 v_1 + \ldots + a_m v_m,$$

also auch $a_1 = \ldots = a_m = 0$.

Für den Nachweis, dass B ein Erzeugendensystem ist, sei $v \in V$ beliebig. Wegen $\varphi(v) \in \mathrm{Bild}(\varphi)$ können wir v schreiben als $\varphi(v) = \sum_{i=1}^{n} b_i w_i$ mit $b_i \in K$. Mit $\tilde{v} := v - \sum_{i=1}^{n} b_i v'_i$ folgt

$$\varphi(\tilde{v}) = \varphi(v) - \sum_{i=1}^{n} b_i \varphi(v'_i) = \varphi(v) - \sum_{i=1}^{n} b_i w_i = 0,$$

also $\tilde{v} \in \mathrm{Kern}(\varphi)$. Damit gibt es $a_1, \ldots, a_m \in K$, so dass

$$\tilde{v} = a_1 v_1 + \ldots + a_m v_m.$$

Insgesamt erhalten wir

$$v = \tilde{v} + \sum_{i=1}^{n} b_i v'_i = \sum_{i=1}^{m} a_i v_i + \sum_{i=1}^{n} b_i v'_i,$$

also $v \in \langle B \rangle$.

Wir haben nachgewiesen, dass B eine Basis von V ist, also $\dim(V) = |B| = m + n = \dim(\mathrm{Kern}(\varphi)) + \dim(\mathrm{Bild}(\varphi))$.

Um den Beweis in voller Allgemeinheit abzuschließen, betrachten wir noch die Fälle $\dim(\mathrm{Kern}(\varphi)) = \infty$ und $\dim(\mathrm{Bild}(\varphi)) = \infty$. Im ersten folgt wegen $\mathrm{Kern}(\varphi) \subseteq V$ mit Korollar 5.3.17 sofort $\dim(V) = \infty$. Im zweiten haben wir unendlich viele linear unabhängige Vektoren in $\mathrm{Bild}(\varphi)$, von denen wir Urbilder in V wählen können. Wie beim obigen Nachweis der linearen Unabhängigkeit von B folgt dann, dass diese Urbilder linear unabhängig sind, also wieder $\dim(V) = \infty$. Damit ist die Dimensionsformel in allen Fällen nachgewiesen. $\qquad \square$

Wir betrachten jetzt eine durch eine Matrix $A \in K^{m \times n}$ gegebene lineare Abbildung $\varphi_A \colon K^n \to K^m$ (siehe Beispiel 5.4.2(3)). Nach Proposition 5.3.14 hat Kern(φ_A) die Dimension $n - \mathrm{rg}(A)$. Satz 5.4.9 liefert $n = \dim(\mathrm{Kern}(\varphi_A)) + \dim(\mathrm{Bild}(\varphi_A))$, also folgt $\dim(\mathrm{Bild}(\varphi_A)) = \mathrm{rg}(A)$. Was ist Bild$(\varphi_A)$? Das Bild besteht genau aus allen Linearkombinationen der Spalten von A. Damit haben wir bewiesen:

Korollar 5.4.10 (Rang und Spaltenraum) *Der Rang einer Matrix $A \in K^{m \times n}$ ist die Dimension des von den Spalten aufgespannten Unterraums von K^m.*

Der Vergleich mit Proposition 5.3.15 ist besonders interessant! Die durch Proposition 5.3.15 und Korollar 5.4.10 gegebenen Interpretationen des Rangs laufen unter der Merkregel

$$\boxed{\text{„Zeilenrang“} = \text{„Spaltenrang“.}}$$

Korollar 5.4.11 *Es gelte $\dim(V) = \dim(W) < \infty$, und es sei $\varphi \colon V \to W$ eine lineare Abbildung. Dann sind äquivalent:*

(a) *φ ist ein Isomorphismus.*

(b) *φ ist injektiv.*

(c) *φ ist surjektiv.*

Beweis Es wird behauptet, dass in der betrachteten Situation Injektivität und Surjektivität von φ äquivalent sind. Nach Satz 5.4.4(c) ist Injektivität gleichbedeutend mit Kern$(\varphi) = \{0\}$, also mit $\dim(\mathrm{Kern}(\varphi)) = 0$. Wegen Satz 5.4.9 ist

$$\dim(\mathrm{Bild}(\varphi)) = \dim(V) - \dim(\mathrm{Kern}(\varphi)) = \dim(W) - \dim(\mathrm{Kern}(\varphi)).$$

Also ist φ genau dann injektiv, wenn $\dim(\mathrm{Bild}(\varphi)) = \dim(W)$. Dies ist wegen Korollar 5.3.17(b) gleichbedeutend mit Bild$(\varphi) = W$, also mit der Surjektivität von φ.   □

Zum Abschluss des Abschnitts beweisen wir einen Satz, der im folgenden Abschnitt eine wichtige Rolle spielen wird.

Satz 5.4.12 (Lineare Fortsetzung) *Es sei $B = \{v_1, \ldots, v_n\}$ eine Basis von V.*

(a) *Eine lineare Abbildung $\varphi \colon V \to W$ ist durch die Bilder der Basisvektoren v_i eindeutig bestimmt, d. h. ist $\psi \colon V \to W$ eine weitere lineare Abbildung mit $\varphi(v_i) = \psi(v_i)$ für alle i, so folgt $\varphi = \psi$.*

(b) *Es seien $w_1, \ldots, w_n \in W$ beliebig. Dann gibt es eine lineare Abbildung $\varphi \colon V \to W$ mit $\varphi(v_i) = w_i$ für alle i.*

Zusammengefasst: Lineare Abbildungen können eindeutig durch Angabe der Bilder von Basisvektoren definiert werden. Dies nennt man das Prinzip der lineáren Fortsetzung.

Beweis

(a) Es gelte $\varphi(v_i) = \psi(v_i)$ für alle i. Es sei $v \in V$. Dann gibt es $a_1, \ldots, a_n \in K$ mit $v = \sum_{i=1}^{n} a_i v_i$, also

$$\varphi(v) = \varphi\left(\sum_{i=1}^{n} a_i v_i\right) = \sum_{i=1}^{n} a_i \varphi(v_i) = \sum_{i=1}^{n} a_i \psi(v_i) = \psi\left(\sum_{i=1}^{n} a_i v_i\right) = \psi(v).$$

Dies bedeutet $\varphi = \psi$.

(b) Wir definieren $\varphi \colon V \to W$ folgendermaßen: Für $v \in V$ sei $v = \sum_{i=1}^{n} a_i v_i$ mit $a_i \in K$. Dann setzen wir

$$\varphi(v) := \sum_{i=1}^{n} a_i w_i.$$

Die eindeutige Darstellungseigenschaft von B liefert die Wohldefiniertheit von φ. Die Linearität ergibt sich durch einfaches Nachprüfen. Außerdem gilt nach Konstruktion $\varphi(v_i) = w_i$. $\qquad\square$

Aufgaben

5.4.1 Untersuchen Sie, welche der folgenden Abbildungen linear sind:

(a) $\varphi_1 : \mathbb{Q}^2 \to \mathbb{Q}^2, \begin{pmatrix} x \\ y \end{pmatrix} \mapsto \begin{pmatrix} 2x-4y \\ 11x+3y \end{pmatrix}$,

(b) $\varphi_2 : \mathbb{R}^2 \to \mathbb{R}^2, \begin{pmatrix} x \\ y \end{pmatrix} \mapsto \begin{pmatrix} x+y \\ -xy \end{pmatrix}$,

(c) $\varphi_3 : \mathbb{R}^2 \to \mathbb{R}^2, \begin{pmatrix} x \\ y \end{pmatrix} \mapsto \begin{pmatrix} y-2 \\ -x-y \end{pmatrix}$,

(d) $\varphi_4 : \mathbb{F}_2^2 \to \mathbb{F}_2^2, \begin{pmatrix} x \\ y \end{pmatrix} \mapsto \begin{pmatrix} x^2 \\ y^2 \end{pmatrix}$,

(e) $\varphi_5 : \mathbb{R}[x] \to \mathbb{R}[x], f \mapsto f(x^2)$,

(f) $\varphi_6 : \mathbb{C} \to \mathbb{C}, z \mapsto \overline{z}$, wobei $\mathbb{C}$ als $\mathbb{R}$-Vektorraum betrachtet wird,

(g) $\varphi_7 : \mathbb{C} \to \mathbb{C}, z \mapsto \overline{z}$, wobei $\mathbb{C}$ als $\mathbb{C}$-Vektorraum betrachtet wird.

5.4.2 📷 *(Video-Link siehe Vorwort, Seite VI)*
Berechnen Sie für

$$A = \begin{pmatrix} -2 & 1 & 3 & 2 \\ 1 & 0 & -3 & 1 \\ 1 & -1 & 0 & -3 \end{pmatrix} \in \mathbb{R}^{3 \times 4}$$

eine Basis B von $\mathrm{Kern}(\varphi_A)$ und eine Basis C von $\mathrm{Bild}(\varphi_A)$.

5.4.3 Es sei $\varphi : V \to V$ eine lineare Abbildung, die $\varphi \circ \varphi = \varphi$ erfüllt. Zeigen Sie, dass dann gelten:

$$\mathrm{Kern}(\varphi) \cap \mathrm{Bild}(\varphi) = \{0\} \quad \text{und} \quad \mathrm{Kern}(\varphi) + \mathrm{Bild}(\varphi) = V.$$

Geben Sie außerdem im Fall $V = \mathbb{R}^2$ eine lineare Abbildung $\varphi : V \to V$ mit $\varphi \neq 0$ und $\varphi \neq \mathrm{id}_V$ und $\varphi \circ \varphi = \varphi$ an.

5.4.4 Geben Sie eine Matrix $A \in \mathbb{R}^{2 \times 2}$ an, so dass für die durch A definierte lineare Abbildung $\varphi_A : \mathbb{R}^2 \to \mathbb{R}^2$ gilt:

$$\mathrm{Kern}(\varphi_A) = \mathrm{Bild}(\varphi_A) = \langle \begin{pmatrix} 3 \\ 2 \end{pmatrix} \rangle.$$

5.4.5 Es gelte $\dim(V) < \infty$. Zeigen Sie, dass es genau dann eine lineare Abbildung $\varphi : V \to V$ mit $\mathrm{Kern}(\varphi) = \mathrm{Bild}(\varphi)$ gibt, wenn $\dim(V)$ gerade ist.

5.4.6 Begründen Sie, dass es genau eine lineare Abbildung $\varphi : \mathbb{R}^2 \to \mathbb{R}^2$ mit

$$\varphi(\begin{pmatrix} 1 \\ 4 \end{pmatrix}) = \begin{pmatrix} 1 \\ 0 \end{pmatrix} \quad \text{und} \quad \varphi(\begin{pmatrix} 2 \\ 7 \end{pmatrix}) = \begin{pmatrix} 3 \\ 1 \end{pmatrix}$$

gibt, und geben Sie $\varphi(v)$ für jedes $v \in \mathbb{R}^2$ explizit an.

5.4.7 Wir betrachten die vier Vektoren in $Q := \{\pm e_1, \pm e_2\}$ als Eckpunkte eines Quadrats in der Ebene $V = \mathbb{R}^2$. Weiter sei D die Menge aller linearen Abbildungen $\varphi : V \to V$ mit $\varphi(Q) = Q$. Zeigen Sie, dass D zusammen mit der Abbildungskomposition eine Gruppe mit $|D| = 8$ ist. Geben Sie auch eine geometrische Interpretation der Elemente von D. (Diese Gruppe wird auch *Diedergruppe* genannt.)

5.4.8 Es sei $\varphi : V \to W$ eine lineare Abbildung. Zeigen Sie:

(a) Es ist φ genau dann injektiv, wenn jede linear unabhängige Menge $S \subseteq V$ auf eine linear unabhängige Menge $\varphi(S)$ abgebildet wird.

(b) Es ist φ genau dann surjektiv, wenn jedes Erzeugendensystem S von V auf ein Erzeugendensystem $\varphi(S)$ von W abgebildet wird.

(c) Es ist φ genau dann bijektiv, wenn jede Basis B von V auf eine Basis $\varphi(B)$ von W abgebildet wird.

5.4.9 Zeigen Sie, dass Satz 5.4.12 auch für unendlich-dimensionale Vektorräume gilt, d. h. zu jeder Abbildung $f : B \to W$, wobei B eine Basis von V ist, gibt es genau eine lineare Abbildung $\varphi : V \to W$ mit $\varphi(b) = f(b)$ für alle $b \in B$.

5.5 Darstellungsmatrizen und Matrixprodukt

In diesem Abschnitt seien K ein Körper, V und W endlich-dimensionale K-Vektorräume und $B = \{v_1, \ldots, v_n\}$ bzw. $C = \{w_1, \ldots, w_m\}$ Basen von V bzw. von W. Hiermit soll immer implizit $\dim(V) = n$ bzw. $\dim(W) = m$ gemeint sein, also dass die v_i bzw. w_i paarweise verschieden sind. Für das Folgende ist nun die *Reihenfolge* der Basisvektoren wichtig. Wir könnten dies zum Ausdruck bringen, indem wir als neues mathematisches Objekt eine *geordnete Basis* einführen, etwa als ein Element des *n*-fachen kartesischen Produkts $V \times \ldots \times V$ (mit den entsprechenden Zusatzeigenschaften einer Basis). Wir werden aber davon absehen, solchen begrifflichen und notationstechnischen Aufwand zu betreiben.

Nun sei $\varphi\colon V \to W$ eine lineare Abbildung. Für $j \in \{1, \ldots, n\}$ können wir schreiben:

$$\varphi(v_j) = \sum_{i=1}^{m} a_{i,j} w_i$$

mit $a_{i,j} \in K$. Daraus bilden wir die Matrix

$$A = (a_{i,j}) = \begin{pmatrix} a_{1,1} & \cdots & a_{1,n} \\ \vdots & & \vdots \\ a_{m,1} & \cdots & a_{m,n} \end{pmatrix} \in K^{m \times n}.$$

Die Spalten von A sind also die Koordinatenvektoren der $\varphi(v_j)$.

Definition 5.5.1 *Die oben definierte Matrix $A \in K^{m \times n}$ heißt die* **Darstellungsmatrix** *von φ bezüglich der Basen B und C. Schreibweise:*

$$A = D_{C,B}(\varphi).$$

Falls $V = W$ und $B = C$ gelten, so schreiben wir $D_B(\varphi) \in K^{n \times n}$.

Anmerkung 5.5.2

(a) Die Notation $D_{C,B}(\varphi)$ ist nicht allgemein gebräuchlich. Verschiedene Lehrbücher verwenden für die Darstellungsmatrix andere oder gar keine Notation.

(b) Es mag zunächst unnatürlich erscheinen, dass bei $D_{C,B}(\varphi)$ die Basis des Zielraums W als erstes und die des Definitionsraums V als zweites geschrieben wird. Dies hängt mit der Komposition von Abbildungen zusammen, wie wir in diesem Abschnitt sehen werden. ◁

Als Merkregel halten wir fest:

> Spalten der Darstellungsmatrix ⟷ Bilder der Basisvektoren

Hierbei ist der Doppelpfeil nicht als Gleichheit zu interpretieren, sondern als „entsprechen".

Beispiel 5.5.3

(1) Es sei $V = W = \mathbb{R}^2$ mit Basis $B = \{e_1, e_2\}$, und $\varphi\colon V \to V$ sei eine Drehung um $60°$ nach links. Wir haben

$$\varphi(e_1) = \begin{pmatrix} 1/2 \\ \sqrt{3}/2 \end{pmatrix} = \frac{1}{2}e_1 + \frac{\sqrt{3}}{2}e_2,$$

$$\varphi(e_2) = \begin{pmatrix} -\sqrt{3}/2 \\ 1/2 \end{pmatrix} = -\frac{\sqrt{3}}{2}e_1 + \frac{1}{2}e_2,$$

also

$$D_B(\varphi) = \begin{pmatrix} 1/2 & -\sqrt{3}/2 \\ \sqrt{3}/2 & 1/2 \end{pmatrix}.$$

(2) Es sei $V = \mathbb{R}[x]_{<3}$ mit Basis $B = \{1, x, x^2\}$. Für $\varphi \colon V \to V$, $f \mapsto f'$ (Ableitung) erhalten wir

$$\varphi(1) = 0, \ \varphi(x) = 1 \quad \text{und} \quad \varphi(x^2) = 2x,$$

also

$$D_B(\varphi) = \begin{pmatrix} 0 & 1 & 0 \\ 0 & 0 & 2 \\ 0 & 0 & 0 \end{pmatrix}.$$

◁

Wir machen die Menge $K^{m \times n}$ aller $m \times n$-Matrizen zu einem K-Vektorraum, indem wir zwei Matrizen $A := (a_{i,j})$ und $B = (b_{i,j}) \in K^{m \times n}$ komponentenweise addieren, also

$$A + B = (a_{i,j} + b_{i,j})_{i,j},$$

und das Produkt mit einem Skalar $c \in K$ definieren als

$$c \cdot A = (c \cdot a_{i,j})_{i,j}.$$

Nun können wir formulieren:

Satz 5.5.4 *Es gilt*

$$\text{Hom}(V, W) \cong K^{m \times n}.$$

Ein Isomorphismus wird gegeben durch

$$\Delta \colon \text{Hom}(V, W) \to K^{m \times n}, \quad \varphi \mapsto D_{C,B}(\varphi).$$

Beweis Die Linearität von Δ folgt direkt aus den Definitionen. Zum Beweis der Injektivität sei $\Delta(\varphi) = 0$. Dann folgt $\varphi = 0$ (die Nullabbildung) aus Satz 5.4.12(a).

Für den Beweis der Surjektivität sei $A = (a_{i,j}) \in K^{m \times n}$. Wegen Satz 5.4.12(b) gibt es $\varphi \in \text{Hom}(V, W)$ mit $\varphi(v_j) = \sum_{i=1}^{m} a_{i,j} w_i$. Es folgt $\Delta(\varphi) = A$. $\qquad\square$

In Beispiel 5.4.2(3) haben wir mit Hilfe einer Matrix eine lineare Abbildung $K^n \to K^m$ definiert, also bereits eine Zuordnung zwischen Matrizen und linearen Abbildungen hergestellt. Besteht zwischen dieser Zuordnung und Definition 5.5.1 ein Zusammenhang?

Satz 5.5.5 (Darstellungsmatrizen bezüglich der Standardbasen) *Es seien* $V = K^n$ *und* $W = K^m$ *mit den Standardbasen* B *und* C. *Weiter sei* $\varphi\colon V \to W$ *eine lineare Abbildung. Mit* $A := D_{C,B}(\varphi)$ *gilt dann*

$$\varphi = \varphi_A.$$

Insbesondere sind alle linearen Abbildungen $K^n \to K^m$ *von der Form* φ_A *mit* $A \in K^{m \times n}$ *und es ist* A *die Darstellungsmatrix von* φ_A *bezüglich den Standardbasen.*

Beweis Wir schreiben $A = (a_{i,j})$. Für den Standardbasisvektor e_j gilt

$$\varphi(e_j) = \sum_{i=1}^{m} a_{i,j} e_i = \begin{pmatrix} a_{1,j} \\ \vdots \\ a_{m,j} \end{pmatrix} = \varphi_A(e_j).$$

Aus Satz 5.4.12(a) folgt nun die Behauptung. $\qquad\square$

Anmerkung Aus der Wahl der Basen B und C erhalten wir Isomorphismen $\psi_B\colon K^n \to V$ und $\psi_C\colon K^m \to W$. Für die Darstellungsmatrix $A = D_{C,B}(\varphi)$ einer linearen Abbildung $\varphi\colon V \to W$ gilt dann:

$$\varphi_A = \psi_C^{-1} \circ \varphi \circ \psi_B.$$

Dies ist eine (leicht zu beweisende) Verallgemeinerung von Satz 5.5.5. $\qquad\triangleleft$

Wir wissen, dass die Komposition von linearen Abbildungen wieder linear ist. Damit ergibt sich die Frage: Was passiert mit den Darstellungsmatrizen bei Bildung der Komposition? Zur Beantwortung dieser Frage brauchen wir das Matrixprodukt.

Definition 5.5.6 *Für* $A = (a_{i,j}) \in K^{m \times n}$ *und* $B = (b_{i,j}) \in K^{n \times l}$ *ist das Produkt* $A \cdot B \in K^{m \times l}$ *definiert durch* $A \cdot B = (c_{i,j})$ *mit*

$$c_{i,j} := \sum_{k=1}^{n} a_{i,k} b_{k,j}.$$

Ein wichtiger Spezialfall ist das Produkt einer Matrix $A = (a_{i,j}) \in K^{m \times n}$ *mit einem Spaltenvektor* $v \in K^n$. *Hier gilt:*

$$v = \begin{pmatrix} x_1 \\ \vdots \\ x_n \end{pmatrix} \in K^n \quad \Longrightarrow \quad A \cdot v = \begin{pmatrix} y_1 \\ \vdots \\ y_m \end{pmatrix} \in K^m \quad mit \quad y_i = \sum_{j=1}^{n} a_{i,j} x_j.$$

Das Produkt zweier Matrizen A und B ist also *nicht* komponentenweise definiert. Es ist nur definiert, wenn die Spaltenzahl von A mit der Zeilenzahl von B übereinstimmt.

Beispiel 5.5.7

$$\begin{pmatrix} 1 & 0 & 1 \\ 0 & 1 & 2 \end{pmatrix} \cdot \begin{pmatrix} 1 & 1 \\ 1 & 2 \\ 0 & 1 \end{pmatrix} = \begin{pmatrix} 1 \cdot 1 + 0 \cdot 1 + 1 \cdot 0 & 1 \cdot 1 + 0 \cdot 2 + 1 \cdot 1 \\ 0 \cdot 1 + 1 \cdot 1 + 2 \cdot 0 & 0 \cdot 1 + 1 \cdot 2 + 2 \cdot 1 \end{pmatrix} = \begin{pmatrix} 1 & 2 \\ 1 & 4 \end{pmatrix}.$$

$\triangleleft$

Zu $A \in K^{m \times n}$ ist die durch A definierte lineare Abbildung φ_A nun gegeben durch

$$\varphi_A : K^n \to K^m, \quad v \mapsto A \cdot v.$$

Außerdem können wir ein LGS mit erweiterter Koeffizientenmatrix $(A \mid b)$ nun schreiben als $A \cdot x = b$.

Satz 5.5.8 (Komposition und Matrixprodukt) *Es seien U, V und W endlich-dimensionale K-Vektorräume mit Basen A, B bzw. C, und es seien $\varphi \colon U \to V$ und $\psi \colon V \to W$ lineare Abbildungen. Dann gilt*

$$D_{C,A}(\psi \circ \varphi) = D_{C,B}(\psi) \cdot D_{B,A}(\varphi).$$

Beweis Wir müssen zunächst Bezeichnungen einführen. Wir schreiben $A = \{u_1, \ldots, u_n\}$, $B = \{v_1, \ldots, v_m\}$, $C = \{w_1, \ldots, w_l\}$ und

$$D_{C,B}(\psi) = (a_{i,j}) \in K^{l \times m}, \quad D_{B,A}(\varphi) = (b_{i,j}) \in K^{m \times n}.$$

Für $j \in \{1, \ldots, n\}$ gilt dann:

$$(\psi \circ \varphi)(u_j) = \psi \left(\sum_{k=1}^{m} b_{k,j} v_k \right) = \sum_{k=1}^{m} b_{k,j} \psi(v_k)$$

$$= \sum_{k=1}^{m} \left(b_{k,j} \sum_{i=1}^{l} a_{i,k} w_i \right) = \sum_{i=1}^{l} \left(\sum_{k=1}^{m} a_{i,k} b_{k,j} \right) w_i.$$

Aus der Beobachtung, dass im letzten Ausdruck der Koeffizient von w_i genau der (i, j)-te Eintrag des Produkts $D_{C,B}(\psi) \cdot D_{B,A}(\varphi)$ ist, folgt die Behauptung. $\square$

Bei der Abbildungskomposition $\psi \circ \varphi$ wird bekanntlich die Funktion φ als erstes ausgeführt. Dementsprechend wird die Formel aus Satz 5.5.8 leicht zu merken, wenn wir sie wie folgt komplett „von rechts nach links" lesen: Um die Darstellungsmatrix der Komposition $\psi \circ \varphi$ von der Basis A in die Basis C zu berechnen, berechnen wir zunächst die Darstellungsmatrix von φ von der Basis A in die Basis B und multiplizieren dies mit der Darstellungsmatrix von ψ von der Basis B in die Basis C. Dies erklärt auch die Reihenfolge der Indizes in der Notation der Darstellungsmatrizen (siehe Anmerkung 5.5.2(b)). Als kurze Merkregel halten wir fest:

> Komposition von linearen Abbildungen $\longleftrightarrow$ Matrixprodukt

Man könnte sagen, dass das Matrixprodukt genau so definiert ist, dass Satz 5.5.8 richtig wird. Da für drei lineare Abbildungen $\varphi_1 \colon V_1 \to V_2$, $\varphi_2 \colon V_2 \to V_3$ und $\varphi_3 \colon V_3 \to V_4$ das „Assoziativgesetz" $\varphi_3 \circ (\varphi_2 \circ \varphi_1) = (\varphi_3 \circ \varphi_2) \circ \varphi_1$ gilt, folgt für Matrizen $A \in K^{m \times n}$, $B \in K^{n \times l}$ und $C \in K^{l \times r}$:

$$(A \cdot B) \cdot C = A \cdot (B \cdot C). \tag{5.6}$$

Wir haben schon gesehen, dass $\mathrm{Hom}(V, V)$ ein Ring wird. Aus Satz 5.5.8 folgt, dass $K^{n \times n}$ mit der Addition und Multiplikation von Matrizen ein Ring ist, der isomorph zu der $\mathrm{Hom}(V, V)$ ist. Das Einselement von $K^{n \times n}$ ist die **Einheitsmatrix**

$$I_n := \begin{pmatrix} 1 & 0 & \cdots & 0 \\ 0 & 1 & & \vdots \\ & & \ddots & \\ & & 1 & 0 \\ \vdots & & & 0 & 1 \\ 0 & \cdots & & 0 & 1 \end{pmatrix} = (\delta_{i,j})_{i,j} \in K^{n \times n}.$$

Für $n \geq 2$ ist $K^{n \times n}$ nicht kommutativ, wie das Beispiel

$$\begin{pmatrix} 1 & 1 \\ 0 & 1 \end{pmatrix} \cdot \begin{pmatrix} 1 & 0 \\ 1 & 1 \end{pmatrix} = \begin{pmatrix} 2 & 1 \\ 1 & 1 \end{pmatrix}, \quad \text{aber} \quad \begin{pmatrix} 1 & 0 \\ 1 & 1 \end{pmatrix} \cdot \begin{pmatrix} 1 & 1 \\ 0 & 1 \end{pmatrix} = \begin{pmatrix} 1 & 1 \\ 1 & 2 \end{pmatrix},$$

das sich auf beliebige $n \times n$-Matrizen mit $n \geq 2$ ausweiten lässt, zeigt. Damit ist auch $\mathrm{Hom}(V, V)$ für $\dim(V) \geq 2$ nicht kommutativ. Das wäre auch nicht zu erwarten gewesen, denn die Komposition von Abbildungen ist „selten" kommutativ (siehe Anmerkung 1.2.5(b)).

Aus (5.6) folgt für $A \in K^{m \times n}$, $B \in K^{n \times l}$ und $v \in K^l$:

$$\varphi_{A \cdot B}(v) = (A \cdot B) \cdot v = A \cdot (B \cdot v) = \varphi_A(\varphi_B(v)),$$

also

$$\varphi_{A \cdot B} = \varphi_A \circ \varphi_B. \tag{5.7}$$

Wann ist eine Matrix $A \in K^{n \times n}$ **invertierbar**, d. h. wann gibt es eine **inverse Matrix** $A^{-1} \in K^{n \times n}$ mit $A \cdot A^{-1} = I_n$? Dies gilt wegen (5.7) genau dann, wenn die zugehörige lineare Abbildung $\varphi_A \colon K^n \to K^n$ surjektiv ist. Nach Korollar 5.4.11 ist dies gleichbedeutend mit der Injektivität von φ_A, also nach Beispiel 5.4.5(1) damit, dass $\mathrm{rg}(A) = n$. Wir halten fest:

$$A \in K^{n \times n} \text{ ist invertierbar} \quad \Longleftrightarrow \quad \mathrm{rg}(A) = n.$$

Für die Bedingung $\mathrm{rg}(A) = n$ haben wir auch die Sprechweise eingeführt, dass A **regulär** ist.

Da aus der Invertierbarkeit von A die Bijektivität der Abbildung φ_A folgt, gilt auch $\varphi_A^{-1} \circ \varphi_A = \mathrm{id}$. Hieraus folgt mit (5.7), dass auch $A^{-1}A = I_n$ gilt.

Für das Berechnen einer inversen Matrix zu $A \in K^{n \times n}$ haben wir das folgende Verfahren.

(1) Bilde die „erweiterte" Matrix $(A \mid I_n) \in K^{n \times (2n)}$ durch Anhängen einer Einheitsmatrix.

(2) Führe diese (mit dem Gauß-Algorithmus) über in strenge Zeilenstufenform, so dass zusätzlich alle Pivotelemente 1 sind.

(3) 1. Fall: Die Zeilenstufenform hat die Gestalt $(I_n \mid B)$ mit $B \in K^{n \times n}$: Dann gilt $B = A^{-1}$, und wir sind fertig.

2. Fall: Die Zeilenstufenform hat eine andere Gestalt: Dann ist $\mathrm{rg}(A) < n$, A ist also nicht invertierbar.

Die Korrektheit des Algorithmus begründen wir wie folgt: Es werden simultan die LGSe $A \cdot x = e_i$ gelöst, wobei e_i der i-te Standardbasisvektor ist. Der erste Fall ist der Fall eindeutiger Lösbarkeit. Dann sind die Spalten von B jeweils die Lösungsvektoren, und es folgt $A \cdot B = I_n$.

Beispiel 5.5.9 Wir möchten die Matrix $A = \begin{pmatrix} 1 & -2 & 0 \\ -1 & 3 & -2 \\ -1 & 2 & -1 \end{pmatrix} \in \mathbb{R}^{3 \times 3}$ invertieren.

Obiges Verfahren läuft wie folgt ab:

$$\left(\begin{array}{ccc|ccc} 1 & -2 & 0 & 1 & 0 & 0 \\ -1 & 3 & -2 & 0 & 1 & 0 \\ -1 & 2 & -1 & 0 & 0 & 1 \end{array} \right) \longrightarrow \left(\begin{array}{ccc|ccc} 1 & -2 & 0 & 1 & 0 & 0 \\ 0 & 1 & -2 & 1 & 1 & 0 \\ 0 & 0 & -1 & 1 & 0 & 1 \end{array} \right) \longrightarrow$$

$$\left(\begin{array}{ccc|ccc} 1 & -2 & 0 & 1 & 0 & 0 \\ 0 & 1 & 0 & -1 & 1 & -2 \\ 0 & 0 & -1 & 1 & 0 & 1 \end{array} \right) \longrightarrow \left(\begin{array}{ccc|ccc} 1 & 0 & 0 & -1 & 2 & -4 \\ 0 & 1 & 0 & -1 & 1 & -2 \\ 0 & 0 & 1 & -1 & 0 & -1 \end{array} \right),$$

also ist $A^{-1} = \begin{pmatrix} -1 & 2 & -4 \\ -1 & 1 & -2 \\ -1 & 0 & -1 \end{pmatrix}$.

◁

Für zwei invertierbare Matrizen $A, B \in K^{n \times n}$ ist auch $A \cdot B$ invertierbar, die Inverse ist

$$(A \cdot B)^{-1} = B^{-1} A^{-1}.$$

Außerdem ist A^{-1} invertierbar. Es folgt, dass die Menge

$$\mathrm{GL}_n(K) := \{ A \in K^{n \times n} \mid A \text{ ist invertierbar} \}$$

eine Gruppe bildet. Sie heißt die **allgemeine lineare Gruppe**. Für $n \geq 2$ ist $\mathrm{GL}_n(K)$ nicht abelsch.

Für den Rest des Abschnitts beschäftigen wir uns mit dem Thema Basiswechsel. Wir wissen längst, dass Vektorräume verschiedene Basen haben. Was passiert nun mit der Darstellungsmatrix einer linearen Abbildung $V \to V$, wenn die Basis von V gewechselt wird?

Es sei $B = \{v_1, \dots, v_n\}$ eine Basis von V, und $B' = \{v_1', \dots, v_n'\}$ sei eine weitere Basis. Wir können die „neuen" Basisvektoren v_j' mit Hilfe der alten ausdrücken, also

$$v_j' = \sum_{i=1}^n a_{i,j} v_i \tag{5.8}$$

mit $a_{i,j} \in K$. Aus den Koeffizienten bilden wir die Matrix $S := (a_{i,j}) \in K^{n \times n}$. Wir nennen S eine **Basiswechselmatrix** und schreiben

$$S_{B,B'} := S,$$

wobei für diese Schreibweise das in Anmerkung 5.5.2(a) Gesagte gilt. Die Matrix $S_{B,B'}$ codiert also, wie die Basisvektoren aus B' in der Basis B dargestellt werden. Als kurze Merkregel halten wir fest:

> Spalten von S = Koordinatenvektoren der „neuen" Basisvektoren

Natürlich können wir auch umgekehrt die v_j mit Hilfe der v_i' ausdrücken und erhalten so die Basiswechselmatrix $S_{B',B}$.

Proposition 5.5.10 *Die Basiswechselmatrix ist invertierbar, und es gilt*

$$(S_{B,B'})^{-1} = S_{B',B}.$$

Beweis Ein Blick auf die Definitionen der Basiswechselmatrix und der Darstellungsmatrix zeigt:

$$S_{B,B'} = D_{B,B'}(\mathrm{id}_V). \tag{5.9}$$

Aus Satz 5.5.8 folgt nun $S_{B,B'} S_{B',B} = D_{B,B}(\underbrace{\mathrm{id}_V \circ \mathrm{id}_V}_{=\mathrm{id}_V}) = I_n.$ □

Wir bemerken außerdem, dass jede invertierbare Matrix $S = (a_{i,j}) \in \mathrm{GL}_n(K)$ einen Basiswechel beschreibt, indem man die neue Basis einfach durch (5.8) definiert.

Wir kehren zurück zu unserer Ausgangsfrage und betrachten zunächst eine lineare Abbildung $\varphi\colon V \to W$ zwischen zwei Vektorräumen.

Satz 5.5.11 (Basiswechsel) *Es seien* B, B' *endliche Basen von* V *und* C, C' *endliche Basen von* W. *Dann gilt für eine lineare Abbildung* $\varphi\colon V \to W$:

$$D_{C',B'}(\varphi) = S_{C',C} \cdot D_{C,B}(\varphi) \cdot S_{B,B'} = (S_{C,C'})^{-1} \cdot D_{C,B}(\varphi) \cdot S_{B,B'}.$$

Beweis Die erste Gleichheit ergibt sich mit (5.9) und Satz 5.5.8 durch

$$S_{C',C} \cdot D_{C,B}(\varphi) \cdot S_{B,B'} = D_{C',C}(\mathrm{id}_W) D_{C,B}(\varphi) D_{B,B'}(\mathrm{id}_V) =$$

$$D_{C',B}(\mathrm{id}_W \circ \varphi) D_{B,B'}(\mathrm{id}_V) = D_{C',B'}(\mathrm{id}_W \circ \varphi \circ \mathrm{id}_V) = D_{C',B'}(\varphi).$$

Hieraus folgt die zweite Gleichung mit Proposition 5.5.10.   □

Wir betrachten nun den Spezialfall $W = V$ und erhalten das folgende Ergebnis, das wesentlich häufiger benutzt wird als Satz 5.5.11.

Korollar 5.5.12 (Basiswechsel) *Es seien* B *und* B' *Basen eines endlichdimensionalen* K-*Vektorraums* V *und* $S := S_{B,B'}$ *die Basiswechselmatrix. Dann gilt für eine lineare Abbildung* $\varphi\colon V \to V$:

$$D_{B'}(\varphi) = S^{-1} \cdot D_B(\varphi) \cdot S.$$

Wir nehmen die letzten beiden Resultate (und die Bemerkung, dass jede invertierbare Matrix einen Basiswechsel vermittelt) zum Anlass für folgende Definition:

Definition 5.5.13

(a) *Zwei quadratische Matrizen* A, $B \in K^{n \times n}$ *heißen* **ähnlich**, *falls es eine Matrix* $S \in \mathrm{GL}_n(K)$ *gibt mit*

$$B = S^{-1} A S.$$

(b) *Zwei Matrizen* $A, B \in K^{m \times n}$ *heißen* **äquivalent**, *falls es invertierbare Matrizen* $S \in \mathrm{GL}_n(K)$ *und* $T \in \mathrm{GL}_m(K)$ *gibt mit*

$$B = T^{-1}AS.$$

Wie man sich leicht überlegt, sind Ähnlichkeit und Äquivalenz Äquivalenzrelationen. Von diesen beiden Begriffen ist die Ähnlichkeit der wichtigere.

Das folgende Beispiel soll einen Hinweis darauf geben, weshalb ein Basiswechsel nützlich sein kann.

Beispiel 5.5.14 Es seien $V = \mathbb{R}^2$ und $\varphi: V \to V$, $\binom{x}{y} \mapsto \binom{y}{x}$. Mit der Standardbasis $B = \{e_1, e_2\}$ haben wir

$$D_B(\varphi) = \begin{pmatrix} 0 & 1 \\ 1 & 0 \end{pmatrix}.$$

Als neue Basis wählen wir $B' = \{\binom{1}{1}, \binom{1}{-1}\}$. Die Basiswechselmatrix und ihre Inverse sind

$$S = S_{B,B'} = \begin{pmatrix} 1 & 1 \\ 1 & -1 \end{pmatrix} \quad \text{und} \quad S^{-1} = \frac{1}{2}\begin{pmatrix} 1 & 1 \\ 1 & -1 \end{pmatrix}.$$

Es ergibt sich

$$D_{B'}(\varphi) = \frac{1}{2}\begin{pmatrix} 1 & 1 \\ 1 & -1 \end{pmatrix} \cdot \begin{pmatrix} 0 & 1 \\ 1 & 0 \end{pmatrix} \cdot \begin{pmatrix} 1 & 1 \\ 1 & -1 \end{pmatrix} = \frac{1}{2}\begin{pmatrix} 1 & 1 \\ 1 & -1 \end{pmatrix} \cdot \begin{pmatrix} 1 & -1 \\ 1 & 1 \end{pmatrix} = \begin{pmatrix} 1 & 0 \\ 0 & -1 \end{pmatrix}.$$

Die Darstellungsmatrix $D_{B'}(\varphi)$ beschreibt φ in einfacherer Weise: Der erste Basisvektor wird durch φ festgehalten, der zweite wird „umgeklappt". ◁

Aufgaben

5.5.1 Berechnen Sie für alle $X, Y \in \{A, B, C, D, E, F\}$ das Produkt $X \cdot Y$, falls es definiert ist:

$$A = \begin{pmatrix} 1 & 2 & 0 \\ 0 & 1 & 1 \end{pmatrix} \in \mathbb{R}^{2 \times 3}, \quad B = \begin{pmatrix} 1 & 5 & 0 \\ 0 & 2 & 1 \\ 1 & 4 & 1 \end{pmatrix} \in \mathbb{R}^{3 \times 3}, \quad C = \begin{pmatrix} 2 & 1 \\ 0 & 0 \\ 1 & 0 \\ 1 & -1 \end{pmatrix} \in \mathbb{R}^{4 \times 2},$$

$$D = \begin{pmatrix} 1 \\ 2 \\ 0 \\ -1 \end{pmatrix} \in \mathbb{R}^{4 \times 1}, \quad E = \begin{pmatrix} 1 & -1 & 0 \end{pmatrix} \in \mathbb{R}^{1 \times 3}, \quad F = \begin{pmatrix} 1 & -1 \\ 3 & 2 \end{pmatrix} \in \mathbb{R}^{2 \times 2}.$$

5.5.2 📷 *(Video-Link siehe Vorwort, Seite VI)*
Wir betrachten $V = \mathbb{R}[x]_{\leq 2}$ mit der Basis $B = \{1, x, x^2\}$ und die Abbildung

$$\varphi : V \to V, \quad f \mapsto f(2) \cdot x + f'.$$

(a) Zeigen Sie, dass φ eine lineare Abbildung ist, und bestimmen Sie die Darstellungsmatrix $D_B(\varphi)$.

(b) Bestimmen Sie je eine Basis von Kern(φ) und Bild(φ).

5.5.3 Im Vektorraum $V = \mathbb{R}^{2 \times 2}$ betrachten wir die „Standardbasis" B und die folgende Matrix A:

$$B = \{\begin{pmatrix} 1 & 0 \\ 0 & 0 \end{pmatrix}, \begin{pmatrix} 0 & 1 \\ 0 & 0 \end{pmatrix}, \begin{pmatrix} 0 & 0 \\ 1 & 0 \end{pmatrix}, \begin{pmatrix} 0 & 0 \\ 0 & 1 \end{pmatrix}\}, \quad A = \begin{pmatrix} 1 & 2 \\ 3 & 4 \end{pmatrix}.$$

Weiter sei $\varphi : V \to V, X \mapsto A \cdot X - X \cdot A$.

(a) Zeigen Sie, dass φ eine lineare Abbildung ist, und bestimmen Sie die Darstellungsmatrix $D_B(\varphi)$.

(b) Bestimmen Sie je eine Basis von Kern(φ) und Bild(φ).

5.5.4 Bestimmen Sie die inverse Matrix von

$$A = \begin{pmatrix} 1 & 2 & 0 \\ -4 & -7 & 1 \\ 2 & 3 & -2 \end{pmatrix} \in \mathbb{R}^{3 \times 3}.$$

5.5.5 📷 *(Video-Link siehe Vorwort, Seite VI)*
Neben den Standardbasen B von $\mathbb{R}^3$ und C von $\mathbb{R}^4$ seien noch die Basen

$$B' = \{\begin{pmatrix} 1 \\ 0 \\ 0 \end{pmatrix}, \begin{pmatrix} 1 \\ 1 \\ 0 \end{pmatrix}, \begin{pmatrix} 1 \\ 1 \\ 1 \end{pmatrix}\} \quad \text{bzw.} \quad C' = \{\begin{pmatrix} 1 \\ 0 \\ 0 \\ 0 \end{pmatrix}, \begin{pmatrix} 1 \\ 1 \\ 0 \\ 0 \end{pmatrix}, \begin{pmatrix} 1 \\ 1 \\ 1 \\ 0 \end{pmatrix}, \begin{pmatrix} 1 \\ 1 \\ 1 \\ 1 \end{pmatrix}\}$$

gegeben. Ferner seien lineare Abbildungen $\varphi : \mathbb{R}^3 \to \mathbb{R}^3$ und $\psi : \mathbb{R}^3 \to \mathbb{R}^4$ definiert durch

$$\varphi(\begin{pmatrix} x_1 \\ x_2 \\ x_3 \end{pmatrix}) = \begin{pmatrix} x_1 - x_2 \\ -x_2 + 3x_3 \\ 2x_1 \end{pmatrix} \quad \text{bzw.} \quad \psi(\begin{pmatrix} x_1 \\ x_2 \\ x_3 \end{pmatrix}) = \begin{pmatrix} 2x_1 + 2x_3 \\ 2x_1 + x_2 - x_3 \\ 2x_1 + x_2 \\ 2x_1 + 3x_3 \end{pmatrix}.$$

Bestimmen Sie die folgenden Darstellungs- bzw. Basiswechselmatrizen:

(a) $D_B(\varphi)$, $D_{C,B}(\psi)$, $D_{C,B}(\psi \circ \varphi)$,

(b) $S_{B,B'}$, $S_{B',B}$, $S_{C,C'}$, $S_{C',C}$,

(c) $D_{B'}(\varphi)$, $D_{C',B'}(\psi)$.

5.5.6 Es sei V ein zweidimensionaler $\mathbb{R}$-Vektorraum mit Basis $B = \{b_1, b_2\}$. Weiter seien

$$c_1 := b_1, \quad c_2 := -3b_1 + 2b_2, \quad v := 5b_1 - 2b_2.$$

(a) Zeigen Sie, dass $C = \{c_1, c_2\}$ eine Basis von V ist.

Mit dem Prinzip der linearen Fortsetzung definieren wir nun zwei lineare Abbildungen $\varphi : V \to V$ bzw. $\psi : V \to V$ durch ihre Werte auf der Basis C:

$$\varphi(c_1) := c_2, \quad \varphi(c_2) := c_1 \quad \text{bzw.} \quad \psi(c_1) := c_2, \quad \psi(c_2) := v.$$

(b) Bestimmen Sie $\varphi(v)$ und $\psi(v)$ als Linearkombinationen bzgl. der Basis C.

(c) Berechnen Sie die folgenden Darstellungsmatrizen:

$$D_C(\varphi), \quad D_C(\psi), \quad D_C(\varphi \circ \psi), \quad D_C(\psi \circ \varphi), \quad D_B(\varphi).$$

5.5.7 (a) Es sei $A = \begin{pmatrix} a & b \\ c & d \end{pmatrix} \in K^{2 \times 2}$. Zeigen Sie, dass A genau dann invertierbar ist, wenn $ad - bc \neq 0$ ist, und dass dann gilt:

$$A^{-1} = \frac{1}{ad - bc} \begin{pmatrix} d & -b \\ -c & a \end{pmatrix}.$$

Dieses Ergebnis wird uns in Abschn. 7.1 (Determinanten) wieder begegnen.

(b) Entscheiden Sie bei jeder der folgenden Matrizen, ob sie invertierbar ist, und bestimmen Sie ggf. auch die inverse Matrix:

$$A = \begin{pmatrix} 2 & 5 \\ 1 & 3 \end{pmatrix} \in \mathbb{R}^{2 \times 2}, \quad B = \begin{pmatrix} \overline{3} & \overline{1} \\ \overline{2} & \overline{4} \end{pmatrix} \in \mathbb{F}_5^{2 \times 2}, \quad C = \begin{pmatrix} \overline{1} & \overline{1} \\ \overline{2} & \overline{4} \end{pmatrix} \in \mathbb{F}_5^{2 \times 2}.$$

5.5.8 Zeigen Sie, dass für alle $A \in K^{n \times n}$ gilt:

(a) Ist $A^2 = 0$, so ist $I_n - A$ invertierbar.

(b) Ist $A^k = 0$ für ein $k \in \mathbb{N}$, so ist $I_n - A$ invertierbar.

(c) Ist $A^2 + 2A + I_n = 0$, so ist A invertierbar.

5.5.9 Geben Sie jeweils zwei Matrizen $A, B \in \mathbb{R}^{2 \times 2}$ bzw. eine Matrix $A \in \mathbb{R}^{2 \times 2}$ an, die als Beispiele für die folgenden Situationen dienen:

(a) Es sind A und B invertierbar, aber $A + B$ ist nicht invertierbar.

(b) Es sind A und B nicht invertierbar, aber $A + B$ ist invertierbar.

(c) Alle drei Matrizen A, B und $A + B$ sind invertierbar.

(d) Es sind beide Diagonaleinträge von A gleich 1 und A ist nicht invertierbar.

(e) Es sind beide Diagonaleinträge von A gleich 0 und A ist invertierbar.

5.5.10 Im $\mathbb{R}^2$ betrachten wir eine Basis $B = \{b_1, b_2\}$, einen Vektor v und eine lineare Abbildung $\varphi : \mathbb{R}^2 \to \mathbb{R}^2$, die durch ihre Darstellungsmatrix bzgl. B gegeben ist:

$$b_1 = \begin{pmatrix} 3 \\ 2 \end{pmatrix}, \quad b_2 = \begin{pmatrix} -2 \\ 3 \end{pmatrix}, \quad v = \begin{pmatrix} 1 \\ 5 \end{pmatrix}, \quad D_B(\varphi) = \begin{pmatrix} 1 & 0 \\ 0 & -1 \end{pmatrix}.$$

(a) Bestimmen Sie die Matrix $A \in \mathbb{R}^{2 \times 2}$ mit $\varphi = \varphi_A$ und berechnen Sie $\varphi(v)$.

(b) Zeichnen Sie die Gerade $U := \langle b_1 \rangle$ und die Vektoren b_2, $\varphi(b_2)$, v, $\varphi(v)$ in ein Koordinatensystem, um die Wirkung der linearen Abbildung φ zu veranschaulichen.

5.5.11 Im Vektorraum $V = \mathbb{R}[x]_{\leq 2}$ sei neben der „kanonischen Basis" $E = \{1, x, x^2\}$ noch eine weitere Basis $B = \{2x+1, 7x+3, x^2+x+2\}$ gegeben. Geben Sie die Basiswechselmatrizen $S_{E,B}$ und $S_{B,E}$ an, und schreiben Sie ein beliebiges Polynom $a_0 + a_1 x + a_2 x^2 \in V$ bzgl. der Basis B.

5.5.12 Eine quadratische Matrix $(a_{i,j}) \in K^{n \times n}$ heißt eine **obere Dreiecksmatrix**, wenn $a_{i,j} = 0$ für alle $i > j$ gilt.

(a) Es seien $A, B \in K^{n \times n}$ obere Dreiecksmatrizen. Zeigen Sie, dass auch das Produkt AB eine obere Dreiecksmatrix und geben Sie die Diagonaleinträge von AB an.

(b) Es seien V ein n-dimensionaler K-Vektorraum, $B = \{v_1, \ldots, v_n\}$ eine Basis von V und $\varphi : V \to V$ eine lineare Abbildung. Zeigen Sie, dass die Darstellungsmatrix $D_B(\varphi)$ genau dann eine obere Dreiecksmatrix ist, wenn gilt:

$$\varphi(v_j) \in \langle v_1, \ldots, v_j \rangle \quad \text{für } j = 1, \ldots, n.$$

(c) Es sei $A \in K^{n \times n}$ eine invertierbare obere Dreiecksmatrix. Zeigen Sie, dass auch die Inverse A^{-1} eine obere Dreiecksmatrix ist und geben Sie die Diagonaleinträge von A^{-1} an.

5.5.13 Zeigen Sie, dass für alle Matrizen $A \in K^{m \times n}$ und $B \in K^{n \times \ell}$ gilt:

$$(A \cdot B)^T = B^T \cdot A^T.$$

Zeigen Sie weiter: Ist $A \in K^{n \times n}$ invertierbar, so gilt $(A^{-1})^T = (A^T)^{-1}$.

5.5.14 (a) Es sei $\varphi : V \to W$ eine lineare Abbildung mit $r := \dim(\text{Bild}(\varphi))$. Zeigen Sie, dass Basen B von V und C von W existieren, sodass die Darstellungsmatrix $D_{C,B}(\varphi)$ die Form

$$D_{C,B}(\varphi) = \begin{pmatrix} I_r & 0 \\ 0 & 0 \end{pmatrix}$$

hat (also r Einsen auf der Diagonale, sonst überall Nullen).

(b) Es seien $A, B \in K^{m \times n}$. Zeigen Sie, dass A und B genau dann äquivalent sind, wenn $\mathrm{rg}(A) = \mathrm{rg}(B)$ gilt.

5.5.15 Die Menge

$$Z := \{A \in K^{n \times n} \mid AB = BA \text{ für alle } B \in K^{n \times n}\}$$

heißt das **Zentrum** des Rings $K^{n \times n}$. Zeigen Sie: $Z = \{\lambda I_n \mid \lambda \in K\}$.
Tipp: Benutzen Sie die Matrizen $E_{i,j} \in K^{n \times n}$, die genau einen Eintrag $\neq 0$ haben, nämlich eine 1 an Position (i, j).

5.5.16 Es seien $A \in K^{m \times n}$ und $B \in K^{n \times l}$. Zeigen Sie:

$$\mathrm{rg}(A) + \mathrm{rg}(B) - n \leq \mathrm{rg}(AB) \leq \min\{\mathrm{rg}(A), \mathrm{rg}(B)\}.$$

5.6 Faktorräume

In diesem Abschnitt übertragen wir das Prinzip von Restklassenringen (siehe Satz 2.2.4) auf Vektorräume. Wieder bezeichne K einen Körper. Der folgende Satz ist zugleich auch eine Definition.

Satz 5.6.1 *Es seien V ein K-Vektorraum und $U \subseteq V$ ein Unterraum.*

(a) *Auf V wird eine Äquivalenzrelation definiert durch*

$$v \sim w \quad :\Longleftrightarrow \quad v - w \in U.$$

(b) *Die Äquivalenzklasse eines $v \in V$ ist*

$$[v]_\sim = \{v + u \mid u \in U\} =: v + U \subseteq V.$$

*Teilmengen von V von der Gestalt $v + U$ nennt man auch **affine Unterräume**.*
(c) *Die Faktormenge*

$$V/U := \{v + U \mid v \in V\}$$

wird durch folgende Definitionen zu einem K-Vektorraum: Für $C_1, C_2 \in V/U$ und $a \in K$ wählen wir $v \in C_1$ und $w \in C_2$ und setzen

$$C_1 + C_2 := (v + w) + U \quad und \quad a \cdot C_1 = av + U.$$

*Mit dieser Vektorraumstruktur heißt V/U der **Faktorraum** (auch: **Quotientenvektorraum** von V nach U.*

(d) *Die Abbildung*

$$\pi : V \to V/U, \quad v \mapsto v + U$$

ist linear und surjektiv. Der Kern ist $\mathrm{Kern}(\pi) = U$.

(e) *Es gilt*

$$\dim(U) + \dim(V/U) = \dim(V).$$

Beweis

(a) Die Reflexivität von $\sim$ folgt wegen $0 \in U$. Für $v, w \in V$ mit $v \sim w$ gilt $w - v = -(v - w) \in U$, also ist $\sim$ symmetrisch. Für $u, v, w \in V$ mit $u \sim v$ und $v \sim w$ folgt

$$u - w = u - v + v - w \in U,$$

also $u \sim w$. Damit ist $\sim$ auch transitiv.

(b) Für $w \in V$ gilt die Äquivalenz

$$w \in [v]_\sim \quad \Longleftrightarrow \quad \exists u \in U : w - v = u \quad \Longleftrightarrow \quad w \in v + U.$$

(c) Der wichtigste Schritt ist der Nachweis der Wohldefiniertheit, d. h. der Unabhängigkeit der Definitionen von der Wahl der Vertreter v und w. Es seien also $v', w' \in V$ mit $v' \sim v$ und $w' \sim w$. Dann folgt

$$(v' + w') - (v + w) = (v' - v) + (w' - w) \in U \quad \text{und}$$

$$av' - av = a(v' - v) \in U,$$

also $[v' + w']_\sim = [v + w]_\sim$ und $[av']_\sim = [av]_\sim$. Nachdem die Wohldefiniertheit geklärt ist, ist klar, dass sich die Vektorraumaxiome von V auf V/U vererben. Der Nullvektor von V/U ist $[0]_\sim = 0 + U = U$.

(d) Für $v, w \in V$ gilt $\pi(v + w) = v + w + U = (v + U) + (w + U)$, und für $a \in K$ gilt $\pi(av) = av + U = a(v + U)$. Also ist π linear. Die Surjektivität von π ist klar. Für $v \in V$ gilt

$$v \in \mathrm{Kern}(\pi) \quad \Longleftrightarrow \quad v + U = 0 + U \quad \Longleftrightarrow \quad v \in U,$$

also $\mathrm{Kern}(\pi) = U$.

(e) Dies folgt aus (d) zusammen mit dem Dimensionssatz (Satz 5.4.9).   □

Beispiel 5.6.2

(1) In $V = \mathbb{R}^2$ sei $U \subseteq V$ eine Gerade durch den Nullpunkt. Dann ist V/U die Menge aller Geraden, die parallel zu U sind (aber nicht durch den Nullpunkt laufen müssen).

(2) Für $U = \{0\}$ ist $V/U = \{\{v\} \mid v \in V\}$. In diesem Fall ist π ein Isomorphismus, also $V/\{0\} \cong V$.

(3) Für $U = V$ ist $V/U = \{V\}$ der Nullraum. ◁

Als Anwendung des Faktorraums beweisen wir den folgenden Satz.

Satz 5.6.3 (Dimensionssatz für Unterräume) *Es seien* $U, W \subseteq V$ *Unterräume eines* K-*Vektorraums* V. *Dann gilt*

$$\dim(U \cap W) + \dim(U + W) = \dim(U) + \dim(W).$$

Beweis Wir betrachten die Abbildung

$$\varphi : W \to V/U, \quad w \mapsto w + U.$$

Es ist klar, dass φ linear ist. Außerdem gilt

$$\text{Kern}(\varphi) = U \cap W \quad \text{und} \quad \text{Bild}(\varphi) = (U + W)/U.$$

Mit Satz 5.4.9 folgt

$$\dim(W) = \dim(U \cap W) + \dim\big((U + W)/U\big).$$

Durch Addition von $\dim(U)$ auf beiden Seiten der Gleichung und Anwendung von Satz 5.6.1(e) ergibt sich die Behauptung. □

Beispiel 5.6.4 Es seien U und W zwei zweidimensionale Unterräume (also *Ebenen*) von $V = K^3$. Dann gilt

$$\dim(U \cap W) = \dim(U) + \dim(W) - \underbrace{\dim(U + W)}_{\leq 3} \geq 2 + 2 - 3 = 1,$$

also schneiden sich die Ebenen mindestens in einer Geraden. ◁

Aufgaben

5.6.1 Es seien V und W zwei K-Vektorräume und es sei $\varphi : V \to W$ eine lineare Abbildung. Zeigen Sie, dass für alle $w \in \text{Bild}(\varphi)$ das Urbild $\varphi^{-1}(\{w\})$ ein affiner Unterraum von V ist.

5.6.2 Es sei $A \in K^{m \times n}$. Dann ist die Lösungsmenge $L_{\text{hom}} \subseteq K^n$ des homogenen LGS $A \cdot x = 0$ ein Unterraum von K^n. Weiter seien $b \in K^m$ und $L \subseteq K^n$ die Lösungsmenge des LGS $A \cdot x = b$. Zeigen Sie: Ist $L \neq \emptyset$ und ist $x_0 \in L$, so ist L der affine Unterraum:

$$L = x_0 + L_{\text{hom}}.$$

5.6.3 Es sei $V = \mathbb{R}[x]_{\leq 15}$ und es seien U, W Unterräume von V mit $\dim(U) = 7$ und $\dim(W) = 12$. Welche Dimension hat dann $U \cap W$ mindestens? Geben Sie die unter diesen Voraussetzungen bestmögliche untere Schranke an.

5.6.4 Es seien $A, B \in K^{m \times n}$. Zeigen Sie:

$$\mathrm{rg}(A + B) \leq \mathrm{rg}(A) + \mathrm{rg}(B).$$

5.6.5 Es sei $\varphi : V \to W$ eine lineare Abbildung. Zeigen Sie, dass die Abbildung

$$\Phi : V / \mathrm{Kern}(\varphi) \to \mathrm{Bild}(\varphi), \quad v + \mathrm{Kern}(\varphi) \mapsto \varphi(v)$$

ein Isomorphismus ist. Insbesondere gilt

$$V / \mathrm{Kern}(\varphi) \cong \mathrm{Bild}(\varphi) \quad \text{(Homomorphiesatz)}.$$

5.6.6 Es sei $f \in K[x]$. Zeigen Sie, dass der Restklassenring von $K[x]$ modulo f gleichzeitig ein Faktorraum von $V = K[x]$ ist, und bestimmen Sie dessen Dimension.

5.6.7 Ein Vektor $v \in V$ heißt eine **Affinkombination** von $v_1, \ldots, v_n \in V$, wenn es Skalare $\lambda_1, \ldots, \lambda_n \in K$ mit

$$v = \sum_{i=1}^{n} \lambda_i v_i \quad \text{und} \quad \sum_{i=1}^{n} \lambda_i = 1$$

gibt. Zeigen Sie, dass eine nichtleere Teilmenge $A \subseteq V$ genau dann ein affiner Unterraum von V ist, wenn A bzgl. Affinkombinationen abgeschlossen ist.

5.6.8 Es seien V, W zwei K-Vektorräume. Eine Abbildung $\psi : V \to W$ heißt eine **affine Abbildung**, wenn für alle $v_1, \ldots, v_n \in V$ und $\lambda_1, \ldots, \lambda_n \in K$ mit $\sum_{i=1}^{n} \lambda_i = 1$ gilt:

$$\psi\left(\sum_{i=1}^{n} \lambda_i v_i\right) = \sum_{i=1}^{n} \lambda_i \psi(v_i).$$

Zeigen Sie, dass eine Abbildung $\psi : V \to W$ genau dann affin ist, wenn eine lineare Abbildung $\varphi : V \to W$ und ein Vektor $w \in W$ existieren mit

$$\psi(v) = \varphi(v) + w \quad \text{für alle } v \in V.$$

5.7 Direkte Summen

In diesem Abschnitt ist V immer ein Vektorraum über einem Körper K.

Wir erinnern uns an den Begriff des Summenraums. Sind $U_1, \ldots, U_n \subseteq V$ Unterräume, so ist auch

$$\sum_{i=1}^{n} U_i = U_1 + \ldots + U_n := \{v_1 + \ldots + v_n \mid v_1 \in U_1, \ldots, v_n \in U_n\}$$

ein Unterraum von V, der sogenannte Summenraum (kurz: die Summe) der U_i.

Definition 5.7.1

(a) *Es seien* $U_1, \ldots, U_n \subseteq V$ *Unterräume. Die Summe* $\sum_{i=1}^{n} U_i$ *heißt* **direkt**, *falls für alle* $v_1 \in U_1, \ldots, v_n \in U_n$ *gilt:*

$$v_1 + \ldots + v_n = 0 \quad \Longrightarrow \quad v_1 = \ldots = v_n = 0.$$

Wir schreiben dann

$$U_1 \oplus \ldots \oplus U_n = \bigoplus_{i=1}^{n} U_i$$

anstelle von $\sum_{i=1}^{n} U_i$.

(b) *Es sei* $U \subseteq V$ *ein Unterraum. Ein Unterraum* $W \subseteq V$ *heißt ein* **Komplement** *von* U, *falls*

$$V = U \oplus W.$$

Proposition 5.7.2 (Kriterien für direkte Summen) *Für Unterräume* $U_1, \ldots, U_n \subseteq V$ *sind äquivalent:*

(a) *Die Summe* $W := U_1 + \ldots + U_n$ *ist direkt.*

(b) *Für alle* $w \in W$ *gibt es eindeutig bestimmte* $v_1 \in U_1, \ldots, v_n \in U_n$ *mit* $w = v_1 + \ldots + v_n$.

(c) *Für alle* $i \in \{1, \ldots, n\}$ *gilt*

$$U_i \cap \left(\sum_{j \in \{1, \ldots, n\} \setminus \{i\}} U_j \right) = \{0\}.$$

Für $n = 2$ *lautet die Bedingung* (c): $U_1 \cap U_2 = \{0\}$.

Beweis Wir setzen (a) voraus und zeigen (b). Behauptet wird die Eindeutigkeit der v_i. Es seien also $v_1' \in U_1, \ldots, v_n' \in U_n$ mit $w = v_1' + \ldots + v_n'$. Dann gilt

$$(v_1 - v_1') + \ldots + (v_n - v_n') = w - w = 0,$$

und wegen $v_i - v_i' \in U_i$ und (a) folgt $v_i = v_i'$ für alle i.

Nun zeigen wir, dass aus (b) die Bedingung (c) folgt. Es sei also $i \in \{1, \ldots, n\}$ und $v_i \in U_i \cap \left(\sum_{j \neq i} U_j \right)$. Dann gilt

$$v_i = \sum_{j \neq i} v_j \quad \text{mit} \quad v_j \in U_j,$$

und wegen (b) folgt $v_i = 0$. Die Bedingung (c) gilt also.

Nun setzen wir (c) voraus und zeigen (a). Es sei also $v_1 + \ldots + v_n = 0$ mit $v_i \in U_i$. Für $i \in \{1, \ldots, n\}$ folgt

$$v_i = \sum_{j \neq i} (-v_j) \in \sum_{j \neq i} U_j,$$

also $v_i \in U_i \cap \sum_{j \neq i} U_j$. Wegen (c) folgt $v_i = 0$, also ist (a) gezeigt. □

Beispiel 5.7.3

(1) In $V = \mathbb{R}^3$ seien $U_1, U_2 \subseteq V$ zwei Unterräume mit $\dim(U_1) = \dim(U_2) = 2$ und $U_1 \neq U_2$, also zwei verschiedene Ebenen. Dann gilt $U_1 + U_2 = V$, aber nach Satz 5.6.3 folgt

$$\dim(U_1 \cap U_2) = \dim(U_1) + \dim(U_2) - \dim(V) = 1.$$

Also ist $U_1 \cap U_2 \neq \{0\}$. Die Summe $U_1 + U_2$ ist also nicht direkt.

(2) In $V = \mathbb{R}^3$ seien $U_1, U_2 \subseteq V$ Unterräume mit $\dim(U_1) = 1, \dim(U_2) = 2$ und $U_1 \not\subseteq U_2$. Dann gilt $U_1 + U_2 = V$ und nach Satz 5.6.3 folgt

$$\dim(U_1 \cap U_2) = \dim(U_1) + \dim(U_2) - \dim(V) = 0.$$

Die Summe $U_1 + U_2$ ist also direkt, und wir können sie als $U_1 \oplus U_2$ schreiben.

(3) Ist $\{v_1, \ldots, v_n\}$ eine Basis von V, so folgt

$$V = \langle v_1 \rangle \oplus \ldots \oplus \langle v_n \rangle.$$

(4) Der Unterraum $U = V$ hat das Komplement $W = \{0\}$. ◁

Falls $W \subseteq V$ ein Komplement eines Unterraums $U \subseteq V$ ist, so ist die lineare Abbildung

$$\varphi : W \to V/U, \quad w \mapsto w + U$$

ein Isomorphismus, denn Bild$(\varphi) = (W+U)/U = V/U$ und Kern$(\varphi) = W \cap U = \{0\}$. Also gilt $W \cong V/U$.

Satz 5.7.4 *Für eine direkte Summe* $W := \bigoplus_{i=1}^{n} U_i$ *von Unterräumen* $U_i \subseteq V$ *gilt*

$$\dim(W) = \sum_{i=1}^{n} \dim(U_i).$$

Beweis Wir benutzen Induktion nach n. Für $n = 1$ ist nichts zu zeigen. Für $n \geq 2$ setzen wir $W' = \bigoplus_{i=2}^{n} U_i$. Wegen Proposition 5.7.2(c) folgt $U_1 \cap W' = \{0\}$, also $\dim(U_1 \cap W') = 0$. Es gilt $W = U_1 + W'$, und mit Satz 5.6.3 folgt

$$\dim(W) = \dim(U_1 \cap W') + \dim(U_1 + W') = \dim(U_1) + \dim(W').$$

Nach Induktion gilt $\dim(W') = \sum_{i=2}^{n} \dim(U_i)$, und der Satz ist bewiesen.

Alternativ lässt sich der Beweis auch führen, indem man Basen der U_i wählt und zeigt, dass deren Vereinigung eine Basis von W bildet, siehe hierzu Aufgabe 5.7.4.

□

In Beispiel 5.7.3(1) sieht man, dass die Direktheit der Summe für die Gültigkeit von Satz 5.7.4 erforderlich ist.

Satz 5.7.5 *Jeder Unterraum* $U \subseteq V$ *besitzt ein Komplement.*

Beweis Es sei A eine Basis von U. Nach dem Basisergänzungssatz (Satz 5.3.6) gibt es eine Basis B von V mit $A \subseteq B$. Wir setzen $C := B \setminus A$, $W = \langle C \rangle$ und behaupten, dass W ein Komplement von U ist.

Für den Nachweis von $U + W = V$ sei $v \in V$. Dann gibt es $v_1, \ldots, v_n \in A$, $w_1, \ldots, w_m \in C$ und $a_i, b_i \in K$, so dass

$$v = \sum_{i=1}^{n} a_i v_i + \sum_{i=1}^{m} b_i w_i \in U + W.$$

Weiter sei $v \in U \cap W$. Dann gibt es paarweise verschiedene $v_1, \ldots, v_n \in A$, paarweise verschiedene $w_1, \ldots, w_m \in C$ und $a_i, b_i \in K$, so dass

$$v = \sum_{i=1}^{n} a_i v_i \quad \text{und} \quad v = \sum_{i=1}^{m} b_i w_i.$$

Wegen $A \cap C = \emptyset$ sind die $v_1, \ldots, v_n, w_1, \ldots, w_m$ paarweise verschieden, und aus der Gleichung

$$\sum_{i=1}^{n} a_i v_i - \sum_{i=1}^{m} b_i w_i = 0$$

und der linearen Unabhängigkeit von B folgt $a_1 = \ldots = a_n = b_1 = \ldots = b_m = 0$, also $v = 0$. Damit ist $U \cap W = \{0\}$ gezeigt, und der Beweis ist abgeschlossen. □

Anmerkung Man kann den Beweis von Satz 5.7.5 auch direkt mit dem Zorn'schen Lemma führen, indem man die Menge aller Unterräume $W \subseteq V$ mit $U \cap W = \{0\}$ betrachtet. Wir stellen dies als Aufgabe 5.7.5.   ◁

Aufgaben

5.7.1 Geben Sie in den folgenden Situationen jeweils ein Komplement W zum Unterraum U von V an:

(a) $V = K^3$, $U = \langle e_1 + e_2 \rangle$;
(b) $V = K^4$, $U = \{(x_1, x_2, x_3, x_4)^T \in K^4 \mid x_1 + x_2 + x_3 + x_4 = 0\}$;
(c) $V = K[x]$, $U = \{f \in K[x] \mid f(1) = 0\}$.

5.7.2 Es seien $U_1, \ldots, U_n$ Unterräume von V mit $U_i \neq \{0\}$. Zeigen Sie, dass die Summe $U_1 + \ldots + U_n$ genau dann direkt ist, wenn für alle $v_1 \in U_1 \setminus \{0\}, \ldots, v_n \in U_n \setminus \{0\}$ die Vektoren $v_1, \ldots, v_n$ linear unabhängig sind.

5.7.3 Es seien $V = K^{n \times n}$ und $U = \{A \in K^{n \times n} \mid A^T = A\}$ die Teilmenge der symmetrischen Matrizen.

(a) Zeigen Sie, dass U ein Unterraum von V ist, und bestimmen Sie die Dimension von U.
(b) Zeigen Sie, dass im Fall char$(K) \neq 2$ der Unterraum $W = \{A \in K^{n \times n} \mid A^T = -A\}$ der antisymmetrischen Matrizen ein Komplement von U in V ist.

5.7.4 Es seien $U_1, \ldots, U_n$ Unterräume von V mit Basen B_i von U_i für $i = 1, \ldots, n$. Zeigen Sie:

(a) Die Summe $W := U_1 + \ldots + U_n$ ist genau dann direkt, wenn $B := B_1 \cup \ldots \cup B_n$ eine Basis von W ist und $B_1, \ldots, B_n$ paarweise disjunkt sind.
(b) Jetzt seien $U_1, \ldots, U_n$ endlich-dimensional. Dann ist die Summe $U_1 + \ldots + U_n$ genau dann direkt, wenn gilt:

$$\dim(\sum_{i=1}^n U_i) = \sum_{i=1}^n \dim(U_i).$$

5.7.5 Beweisen Sie Satz 5.7.5 mit dem Lemma von Zorn.

5.8 Dualraum

Weiterhin steht K immer für einen Körper. Wir erinnern daran, dass für zwei K-Vektorräume V, W auch die Menge $\mathrm{Hom}(V, W)$ der linearen Abbildungen $V \to W$ ein K-Vektorraum ist, wobei die Operationen punktweise definiert sind.

Definition 5.8.1 *Es sei V ein K-Vektorraum. Eine* **Linearform** *(auf V) ist eine lineare Abbildung V → K. Der Raum*

$$V^* := \mathrm{Hom}(V, K)$$

aller Linearformen heißt der **Dualraum** *von V.*

Beispiel 5.8.2

(1) Eine Linearform auf dem n-dimensionalen Standardraum $V = K^n$ hat eine Darstellungsmatrix (bzgl. der Standardbasen) aus $K^{1 \times n}$. Umgekehrt liefert jeder Zeilenvektor aus $K^{1 \times n}$ eine Linearform, und die Addition bzw. Multiplikation mit Skalaren von Zeilenvektoren entspricht den entsprechenden Operationen der Linearformen. Wir können V^* also mit dem Vektorraum $K^{1 \times n}$ der Zeilenvektoren identifizieren.

(2) Es sei $V = K[x]$ der Polynomring. Zu jeder Linearform $\varphi \colon V \to K$ erhalten wir eine Folge $(b_0, b_1, \dots)$ durch $b_i := \varphi(x^i) \in K$. Ist umgekehrt $(b_0, b_1, \dots)$ eine Folge mit $b_i \in K$, so liefert

$$\varphi \colon V \to K, \quad \sum_{i=0}^{n} a_i x^i \mapsto \sum_{i=0}^{n} a_i b_i$$

eine Linearform. Wir können V^* also mit dem Raum der K-wertigen Folgen identifizieren. ◁

◁

Es sei nun V ein K-Vektorraum und B eine Basis. Jedes $v \in V$ lässt sich also eindeutig schreiben als

$$v = \sum_{w \in B} a_w \cdot w$$

mit $a_w \in K$, wobei nur endlich viele der a_w ungleich 0 sind. Wir fixieren jetzt einen Basisvektor $b \in B$ und definieren eine Abbildung

$$b^* \colon V \to K, \quad v = \sum_{w \in B} a_w \cdot w \mapsto a_b.$$

Es ist klar, dass b^* eine Linearform ist, also $b^* \in V^*$. Die Menge

$$B^* := \left\{ b^* \mid b \in B \right\}$$

heißt die **Dualbasis** zu B. Die Bezeichnung „Dualbasis" ist etwas irreführend, wie der Teil (b) des folgenden Satzes zeigt.

Satz 5.8.3 (Dualbasis) *Es seien V ein K-Vektorraum und B eine Basis.*

(a) *Die Dualbasis $B^* \subseteq V^*$ ist linear unabhängig.*

(b) *Es ist B^* genau dann eine Basis von V^*, falls $\dim(V) < \infty$ ist. In diesem Fall gilt also insbesondere*

$$\dim(V) = \dim(V^*).$$

Beweis

(a) Es seien $b_1, \ldots, b_n \in B$ paarweise verschieden und $a_1, \ldots, a_n \in K$, so dass

$$f := \sum_{i=1}^{n} a_i b_i^* = 0.$$

Dann gilt für alle $j = 1, \ldots, n$:

$$0 = f(b_j) = \sum_{i=1}^{n} a_i b_i^*(b_j) = a_j.$$

Also sind $b_1^*, \ldots, b_n^*$ linear unabhängig.

(b) Es sei $\dim(V) < \infty$ und $B = \{b_1, \ldots, b_n\}$. Für $f \in V^*$ setzen wir $a_i := f(b_i) \in K$ und $g := \sum_{i=1}^{n} a_i b_i^*$. Dann gilt für $j \in \{1, \ldots, n\}$:

$$g(b_j) = \sum_{i=1}^{n} a_i b_i^*(b_j) = a_j = f(b_j),$$

f und g stimmen also auf der Basis B überein. Wegen Satz 5.4.12(a) folgt $f = g$. Wegen $g \in \langle B^* \rangle$ erhalten wir $V^* = \langle B^* \rangle$, also ist B^* eine Basis.

Nun sei B unendlich. Jede Linearkombination von B^* ist eine Linearform, die nur auf endlich vielen Basisvektoren einen Wert $\neq 0$ annimmt. Also liegt die Linearform

$$f : V \to K, \quad v = \sum_{w \in B} a_w \cdot w \mapsto \sum_{w \in B} a_w$$

nicht in $\langle B^* \rangle$, d. h. B^* ist keine Basis von V^*. $\square$

Das Wesen des Dualraums wird klarer, wenn wir uns sogenannte duale Abbildungen anschauen. Diese werden wie folgt gebildet. Ist $\varphi \colon V \to W$ eine lineare Abbildung zwischen zwei K-Vektorräumen, so definieren wir die **duale Abbildung**

$$\varphi^* : W^* \to V^*, \quad f \mapsto f \circ \varphi.$$

Offenbar ist φ^* auch linear. Die duale Abbildung φ^* geht in umgekehrter Richtung wie φ.

Durch Bildung des Dualraums des Dualraums erhalten wir den **Bidualraum**:

$$V^{**} := (V^*)^*.$$

Für $v \in V$ können wir ein ganz spezielles Element $\varphi_v \in V^{**}$ wie folgt definieren:

$$\varphi_v : V^* \to K, \quad f \mapsto f(v).$$

In der Tat gelten für $f, g \in V^*$ und $a \in K$:

$$\varphi_v(f + g) = (f + g)(v) = f(v) + g(v) = \varphi_v(f) + \varphi_v(g)$$

und

$$\varphi_v(a \cdot f) = (a \cdot f)(v) = a \cdot f(v) = a \cdot \varphi_v(f).$$

Satz 5.8.4 (Bidualraum) *Es sei V ein K-Vektorraum. Dann gelten:*

(a) *Die Abbildung*

$$\Phi : V \to V^{**}, \quad v \mapsto \varphi_v$$

ist linear und injektiv.

(b) *Genau dann ist Φ ein Isomorphismus, wenn $\dim(V) < \infty$ ist.*

Beweis

(a) Für $v, w \in V$, $a \in K$ und $f \in V^*$ gelten

$$\varphi_{v+w}(f) = f(v + w) = f(v) + f(w) = \varphi_v(f) + \varphi_w(f)$$

und

$$\varphi_{av}(f) = f(av) = af(v) = a\varphi_v(f).$$

also

$$\Phi(v + w) = \varphi_{v+w} = \Phi(v) + \Phi(w) \quad \text{und} \quad \Phi(av) = \varphi_{av} = a\Phi(v).$$

Damit ist Φ linear. Für den Nachweis von $\text{Kern}(\Phi) = \{0\}$ nehmen wir ein $v \in V$ mit $v \neq 0$. Wir können $\{v\}$ zu einer Basis B von V ergänzen. Für $f := v^* \in B^*$ gilt dann $f(v) = 1$, also $\varphi_v(f) \neq 0$. Es folgt $v \notin \text{Kern}(\Phi)$. Damit ist auch die Injektivität von Φ gezeigt.

(b) Falls $\dim(V) < \infty$, so liefert zweimaliges Anwenden von Satz 5.8.3(b)

$$\dim(V) = \dim(V^*) = \dim(V^{**}).$$

Aus (a) und Korollar 5.4.11 folgt, dass Φ ein Isomorphismus ist.

Nun sei V unendlich-dimensional und B eine Basis. Die Dualbasis B^* ist nach Satz 5.8.3(a) linear unabhängig, also lässt sie sich zu einer Basis C^* von V^* ergänzen. Wir definieren $\varphi \in V^{**}$ durch

$$\varphi : V^* \to K, \quad f = \sum_{c \in C^*} a_c \cdot c \mapsto \sum_{c \in C^*} a_c$$

und behaupten, dass $\varphi \neq \varphi_v$ für alle $v \in V$ gilt, also $\varphi \notin \Phi(V)$. Es sei also

$$v = \sum_{b \in B} a_b \cdot b \in V.$$

Da a_b nur für endlich viele $b \in B$ ungleich 0 ist, gibt es $b \in B$ mit $a_b = 0$, also

$$\varphi_v(b^*) = b^*(v) = a_b = 0 \neq 1 = \varphi(b^*).$$

Dies schließt den Beweis ab.   □

Aufgaben

5.8.1 Es sei $V = \mathbb{R}^3$ und es seien $B = \{v_1, v_2, v_3\}$, $C = \{w_1, w_2, w_3\}$ die Basen mit

$$v_1 = w_1 = \begin{pmatrix} 0 \\ 1 \\ 1 \end{pmatrix}, \quad v_2 = w_2 = \begin{pmatrix} 1 \\ 1 \\ 0 \end{pmatrix}, \quad v_3 = \begin{pmatrix} 1 \\ 0 \\ 1 \end{pmatrix}, \quad w_3 = \begin{pmatrix} 1 \\ 1 \\ 1 \end{pmatrix}.$$

Wir betrachten die Linearform

$$f : \mathbb{R}^3 \to \mathbb{R}, \quad \begin{pmatrix} x_1 \\ x_2 \\ x_3 \end{pmatrix} \mapsto 2x_1 - x_3.$$

(a) Schreiben Sie f als eine Linearkombination bzgl. der Dualbasis B^*.

(b) Untersuchen Sie, ob $v_1^* = w_1^*$ ist, indem Sie v_1^* als eine Linearkombination bzgl. der Dualbasis C^* schreiben.

5.8.2 Es seien V und W endlich-dimensionale K-Vektorräume und $\varphi : V \to W$ eine lineare Abbildung. Weiter seien $B = \{v_1, \ldots, v_n\}$ eine Basis von V und $C = \{w_1, \ldots, w_m\}$ eine Basis von W. Zeigen Sie, dass für die Darstellungsmatrizen gilt:

$$D_{B^*, C^*}(\varphi^*) = D_{C, B}(\varphi)^T.$$

5.8.3 Es sei V ein endlich-dimensionaler K-Vektorräume mit Basen $B = \{v_1, \ldots, v_n\}$ und $C = \{w_1, \ldots, w_n\}$. Zeigen Sie, dass für die Basiswechselmatrizen gilt:

$$S_{B^*, C^*} = (S_{C, B})^T.$$

5.8.4 Für alle $a \in K$ ist $f_a : K[x] \to K$, $p \mapsto p(a)$ eine Linearform auf $V = K[x]$. Es sei $S = \{f_a \mid a \in K\} \subseteq V^*$.

(a) Zeigen Sie, dass S linear unabhängig ist.
(b) Gilt $\langle S \rangle = V^*$? Betrachten Sie dazu z. B. $f : K[x] \to K$, $p \mapsto p'(0)$.

5.8.5 Es seien V ein K-Vektorraum und $U \subseteq V$ ein Unterraum. Der **Annullator** U^0 von U ist der folgende Unterraum von V^*:

$$U^0 := \{f \in V^* \mid f(u) = 0 \text{ für alle } u \in U\}.$$

Wir setzen nun $\dim(V) < \infty$ voraus. Zeigen Sie:

$$\dim(U^0) = \dim(V) - \dim(U)$$

und

$$U = \{v \in V \mid f(v) = 0 \text{ für alle } f \in U^0\}.$$

5.8.6 Es sei $V = K^n$ und es sei $U \subseteq V$ ein Unterraum mit $\dim(U) = k$. Zeigen Sie unter Benutzung von Aufgabe 5.8.5, dass ein homogenes LGS über K mit $n - k$ Gleichungen existiert, dessen Lösungsmenge gleich U ist.

5.8.7 Es seien V und W zwei K-Vektorräume und $\varphi : V \to W$ eine lineare Abbildung. Zeigen Sie:

$$\varphi \text{ injektiv} \quad \Longleftrightarrow \quad \varphi^* \text{ surjektiv},$$
$$\varphi \text{ surjektiv} \quad \Longleftrightarrow \quad \varphi^* \text{ injektiv}.$$

Kapitel 6
Kardinalzahlarithmetik (M)

Zusammenfassung Dies Kapitel gehört wieder dem Teilstrang über Mengenlehre an und setzt die Kenntnisse aus den Kap. 3 und 4 voraus. Wer den Lineare-Algebra-Strang direkt fortsetzen will, kann das Kapitel überspringen und zu Kap. 7 wechseln. Allerdings geht es hier um interessante Teile der Mathematik, nämlich um den Vergleich von Mengen nach ihrer Größe. Wichtige Themen sind Endlichkeit und Unendlichkeit, wobei sich herausstellt, dass es unendlich viele „Stufen" der Unendlichkeit gibt. Überraschend ist aber auch, dass beispielsweise $\mathbb{R}^2$ als Menge gar nicht größer ist als $\mathbb{R}$. Dies wird im zweiten Abschnitt des Kapitels auf beliebige unendliche Mengen verallgemeinert. Ganz zum Schluss kommen wir zurück zur Vektorraumtheorie und werden zeigen, dass auch für einen nicht endlich erzeugten Vektorraum alle Basen gleich groß sind.

Die Inhalte dieses Kapitels mögen faszinierend sein, sie sind aber auch nützlich: Immer wieder wird an verschiedenen Stellen des Mathematikstudiums auf Kardinalzahlarithmetik zurückgegriffen, obwohl diese in den meisten Curricula nicht verankert ist.

6.1 Mächtigkeit

Mit Hilfe der folgenden Definition lassen sich Mengen hinsichtlich ihrer „Größe" vergleichen.

Definition 6.1.1 *Es seien A, B Mengen.*

(a) *A und B heißen **gleichmächtig**, falls es eine Bijektion (= bijektive Abbildung) $f\colon A \to B$ gibt. Wir drücken dies durch die Schreibweise $A \sim B$ aus.*

(b) *A heißt **höchstens so mächtig** wie B, falls es eine Injektion (= injektive Abbildung) $f\colon A \to B$ gibt, falls A also gleichmächtig mit einer Teilmenge von B ist. Wir drücken dies durch die Schreibweise $A \precsim B$ aus. Wegen Satz 1.2.6 ist $A \precsim B$ gleichbedeutend mit der Bedingung, dass es eine Surjektion $B \to A$ gibt oder A leer ist.*

(c) *B heißt **mächtiger** als A, falls $A \precsim B$ und A und B nicht gleichmächtig sind. Wir schreiben dann $A \prec B$.*

© Springer-Verlag GmbH Deutschland, ein Teil von Springer Nature 2022
G. Kemper, F. Reimers, *Lineare Algebra*,
https://doi.org/10.1007/978-3-662-63724-1_6

So sinnvoll wie die obige Definition auch klingt, wirft sie doch gewichtige Fragen auf: Sind zwei Mengen A, B immer vergleichbar, gilt also $A \lesssim B$ oder $B \lesssim A$? Und falls beides gilt, folgt dann $A \sim B$? Die Schreib- und Sprechweise der Definition suggerieren, dass die Antwort auf beide Fragen „ja" sein sollte. Unser erstes Ziel ist zu zeigen, dass dies auch tatsächlich der Fall ist. Wir beginnen mit dem Vergleichbarkeitssatz, dessen Beweis eine typische Anwendung des Zorn'schen Lemmas ist.

Satz 6.1.2 (Vergleichbarkeit) *Für Mengen A, B gilt $A \lesssim B$ oder $B \lesssim A$.*

Beweis Für zwei Mengen A, B ist zu zeigen, dass eine injektive Abbildung $A \to B$ oder eine injektive Abbildung $B \to A$ existiert. Wir nennen eine Teilmenge $C \subseteq A \times B$ des kartesischen Produkts eine *partielle Korrespondenz*, falls für alle $x, x' \in A$ und $y, y' \in B$ gelten:

$$(x, y) \in C \quad \text{und} \quad (x, y') \in C \quad \Longrightarrow \quad y = y', \tag{6.1}$$

$$(x, y) \in C \quad \text{und} \quad (x', y) \in C \quad \Longrightarrow \quad x = x'. \tag{6.2}$$

Nun setzen wir

$$M := \{C \subseteq A \times B \mid C \text{ ist eine partielle Korrespondenz}\}$$

und versehen M mit der durch die Teilmengenbeziehung gegebenen Ordnungsrelation. Für den Nachweis der Voraussetzung des Zorn'schen Lemmas betrachten wir eine beliebige Kette $K \subseteq M$ und bilden die Vereinigungsmenge $Z := \bigcup K$. Falls wir nachweisen können, dass Z eine partielle Korrespondenz ist, liefert Z eine obere Schranke von K. Es seien also $x \in A$ und $y, y' \in B$ mit $(x, y) \in Z$ und $(x, y') \in Z$. Dann gibt es $C, C' \in K$ mit $(x, y) \in C$ und $(x, y') \in C'$. Da K total geordnet ist, gilt $C \subseteq C'$ oder $C' \subseteq C$. Im ersten Fall folgt $(x, y) \in C'$, also $y = y'$, da C' eine partielle Korrespondenz ist. Im zweiten Fall folgt ebenso $y = y'$. Also wird (6.1) durch Z erfüllt. Der Nachweis von (6.2) läuft entsprechend. Damit ist Z wie behauptet eine obere Schranke von K.

Das Zorn'sche Lemma (Satz 3.3.1) liefert die Existenz eines maximalen Elements $C \in M$. Wir nehmen nun an, dass es $x \in A$ gibt, so dass $(x, y') \notin C$ für alle $y' \in B$, und dass es $y \in B$ gibt, so dass $(x', y) \notin C$ für alle $x' \in A$. Dann ist $(x, y) \notin C$, aber $C \cup \{(x, y)\}$ ist eine partielle Korrespondenz. Dies steht im Widerspruch zur Maximalität von C, die Annahme ist also falsch.

Aus der Negation der Annahme erhalten wir zwei Fälle. Im ersten gibt es für alle $x \in A$ ein $y' \in B$ mit $(x, y') \in C$. Wegen (6.1) ist C dann eine Abbildung $A \to B$, die wegen (6.2) injektiv ist. Im zweiten Fall gibt es für alle $y \in B$ ein $x' \in A$ mit $(x', y) \in C$. Wegen (6.2) ist $C^* := \{(y, x) \in B \times A \mid (x, y) \in C\}$ dann eine Abbildung $B \to A$, die wegen (6.1) injektiv ist. Dies schließt den Beweis ab. $\square$

Wir kommen nun zu der zweiten Frage, nämlich ob $A \lesssim B$ und $B \lesssim A$ bedeutet, dass beide Mengen gleichmächtig sind. Es ist alles andere als klar, wie man aus zwei Injektionen $A \to B$ und $B \to A$ eine (einzige) Bijektion $A \to B$ konstruieren kann. Der folgende Satz liefert die Existenz einer solchen.

Satz 6.1.3 (Satz von Schröder-Bernstein) *Es seien A, B Mengen mit $A \lesssim B$ und $B \lesssim A$. Dann gilt $A \sim B$.*

Beweis Wir haben Injektionen $f\colon A \to B$ und $g\colon B \to A$. Mit $B' := g(B) \subseteq A$ ist $g \circ f\colon A \to B'$ eine Injektion. Das nachfolgende Lemma 6.1.4 zeigt $A \sim B'$. Die Abbildung $g\colon B \to B'$ liefert eine Bijektion. Durch Komposition der Bijektionen $A \to B'$ und $B' \xrightarrow{g^{-1}} B$ sehen wir nun $A \sim B$. □

Lemma 6.1.4 *Es seien $B \subseteq A$ Mengen mit $A \lesssim B$. Dann gilt $A \sim B$.*

Beweis Nach Voraussetzung gibt es eine Injektion $f\colon A \to B$. Wir betrachten die Menge

$$\mathcal{M} := \left\{ D \subseteq f(A) \mid B \cap f^{-1}(D) \subseteq D \right\}$$

und bilden die Vereinigungsmenge $C := \bigcup \mathcal{M} = \bigcup_{D \in \mathcal{M}} D$. Die Situation wird in folgendem Venn-Diagramm dargestellt.

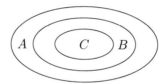

Es gelten $C \subseteq f(A)$ und

$$B \cap f^{-1}(C) = B \cap \left(\bigcup_{D \in \mathcal{M}} f^{-1}(D) \right) = \bigcup_{D \in \mathcal{M}} \left(B \cap f^{-1}(D) \right) \subseteq \bigcup_{D \in \mathcal{M}} D = C,$$

also $C \in \mathcal{M}$. Nun betrachten wir $C' := C \cup f\big(C \cup (A \setminus B)\big) \subseteq f(A)$ und behaupten $C' \in \mathcal{M}$. In der Tat gilt

$$B \cap f^{-1}(C') = B \cap \left(f^{-1}(C) \cup f^{-1}\big(f(C \cup (A \setminus B))\big) \right) =$$

$$B \cap \big(f^{-1}(C) \cup C \cup (A \setminus B) \big) = \big(B \cap f^{-1}(C) \big) \cup (B \cap C) \cup \big(B \cap (A \setminus B) \big)$$

$$= C \subseteq C',$$

wobei die Injektivität von f für die zweite Gleichung benutzt wurde. Also gilt wirklich $C' \in \mathcal{M}$, und aus der Definition von C folgt $C' \subseteq C$, also $f\big(C \cup (A \setminus B)\big) \subseteq C$. Es gilt sogar Gleichheit, denn aus $C \subseteq f(A)$ folgt

$$C = f\big(f^{-1}(C)\big) \subseteq f\big(\big(B \cap f^{-1}(C)\big) \cup (A \setminus B)\big) \subseteq f\big(C \cup (A \setminus B)\big),$$

wobei die zweite Inklusion wegen $C \in \mathcal{M}$ gilt. Die Einschränkung von f auf $C \cup$ $(A \setminus B)$ liefert also eine Bijektion $C \cup (A \setminus B) \to C$. Da $A = (B \setminus C) \cup \big(C \cup (A \setminus B) \big)$ eine disjunkte Vereinigung ist, kann man diese Bijektion durch die Identität auf $B \setminus C$ fortsetzen zu einer Bijektion $A \to (B \setminus C) \cup C = B$, was den Beweis abschließt. □

Anmerkung 6.1.5

(a) Man kann die Sätze 6.1.2 und 6.1.3 zusammenfassend auch folgendermaßen ausdrücken: Genau einer der drei folgenden Fälle tritt ein („Trichotomie"): $A \prec B$, $A \sim B$ oder $B \prec A$.

(b) Die Umkehrung von Satz 6.1.2 folgt direkt aus Definition 6.1.1: Falls $A \sim B$, dann $A \lesssim B$ und $B \lesssim A$.

(c) Aus der Trichotomie (a) folgt, dass B genau dann mächtiger als A ist, wenn *nicht* $B \lesssim A$ gilt, wenn es also *keine* Injektion $B \to A$ gibt, oder (gemäß Satz 1.2.6) gleichbedeutend, wenn es *keine* Surjektion $A \to B$ gibt und B nicht leer ist.

(d) Da die Komposition zweier Injektionen wieder eine Injektion ist, folgt für Mengen A, B, C aus $A \lesssim B$ und $B \lesssim C$ die Beziehung $A \lesssim C$ („Transitivität"). Außerdem gilt $A \lesssim A$ („Reflexivität"). Ebenso ist die Gleichmächtigkeitsbeziehung transitiv und reflexiv, und außerdem symmetrisch (d. h. aus $A \sim B$ folgt $B \sim A$).   ◁

Nachdem die sich sofort aufdrängenden Fragen zur Mächtigkeit beantwortet sind, ist es Zeit, einige Beispiele anzuschauen.

Beispiel 6.1.6

(1) Die Potenzmenge $\mathfrak{P}(\{1, 2\})$ und $\{1, 2, 3, 4\}$ sind gleichmächtig. Eine Bijektion f zwischen den beiden ist gegeben durch $f(1) = \emptyset$, $f(2) = \{1\}$, $f(3) = \{2\}$, $f(4) = \{1, 2\}$.

(2) Die Menge $\{1, 4, 5\}$ ist mächtiger als $\{3, 4\}$. Die Menge der natürlichen Zahlen $\mathbb{N}$ ist mächtiger als $\mathfrak{P}(\{1, \ldots, 10\})$.

(3) Die „Abzählung" $0, 1, -1, 2, -2, 3, -3, \ldots$ liefert eine Bijektion $f \colon \mathbb{N} \to \mathbb{Z}$, als Formel $f(a) = (-1)^{a+1} \cdot \left\lfloor \frac{a+1}{2} \right\rfloor$, wobei für $x \in \mathbb{R}$ die größte ganze Zahl $\leq x$ mit $\lfloor x \rfloor$ bezeichnet wird. Es folgt $\mathbb{N} \sim \mathbb{Z}$.

(4) Überraschender ist, dass auch $\mathbb{N}$ und das kartesische Produkt $\mathbb{N} \times \mathbb{N}$ gleichmächtig sind. Das Schema

	0	1	2	3	4	5	$\cdots$
0	0	1	3	6	10	15	$\cdots$
1	2	4	7	11	16	$\cdots$	
2	5	8	12	17	$\cdots$		
3	9	13	18	$\cdots$			
4	14	19	$\cdots$				
5	20	$\cdots$					
$\vdots$							

liefert eine „Abzählung" von $\mathbb{N} \times \mathbb{N}$, die man formal durch die Abbildung

$$f : \mathbb{N} \times \mathbb{N} \to \mathbb{N}, \quad (a, b) \mapsto \frac{(a + b)(a + b + 1)}{2} + a$$

beschreiben kann. Es ist etwas mühsam, die Bijektivität von f, die intuitiv aus obigem Schema hervorgeht, nachzuweisen. Wie behauptet ergibt sich $\mathbb{N} \times \mathbb{N} \sim \mathbb{N}$.

(5) Die Surjektion $f : \mathbb{Z} \times \mathbb{N} \to \mathbb{Q}$, $(a, b) \mapsto \frac{a}{b+1}$ liefert $\mathbb{Q} \lesssim \mathbb{Z} \times \mathbb{N}$. Andererseits ist $\mathbb{N}$ als Teilmenge von $\mathbb{Q}$ höchstens so mächtig wie $\mathbb{Q}$. Mit den Beispielen (3) und (4) folgt $\mathbb{N} \lesssim \mathbb{Q} \lesssim \mathbb{Z} \times \mathbb{N} \sim \mathbb{N} \times \mathbb{N} \sim \mathbb{N}$, also

$$\mathbb{Q} \sim \mathbb{N}$$

wegen Satz 6.1.3.

(6) Die Abbildung

$$f : \mathfrak{P}(\mathbb{N}) \to \mathbb{R}, \quad A \mapsto \sum_{k \in A} 10^{-k}$$

ist injektiv, denn eine Menge A wird auf eine reelle Zahl abgebildet, in deren Dezimalbruchentwicklung nur Nuller und Einser vorkommen. Dies liefert $\mathfrak{P}(\mathbb{N}) \lesssim \mathbb{R}$. Nun definieren wir eine Abbildung

$$g : \mathbb{R} \to \mathfrak{P}(\mathbb{Q}), \quad x \mapsto \{a \in \mathbb{Q} \mid a < x\}.$$

Diese ist injektiv, denn für verschiedene reelle Zahlen x, y mit $x < y$ gibt es bekanntlich eine rationale Zahl $a \in \mathbb{Q}$ mit $x \leq a < y$, also $a \in g(y)$ aber $a \notin g(x)$, wodurch $g(x) \neq g(y)$ gezeigt ist. Wegen dem obigen Beispiel (5) ergibt sich insgesamt

$$\mathfrak{P}(\mathbb{N}) \lesssim \mathbb{R} \lesssim \mathfrak{P}(\mathbb{Q}) \sim \mathfrak{P}(\mathbb{N}),$$

gemäß Satz 6.1.3 also

$$\mathbb{R} \sim \mathfrak{P}(\mathbb{N}). \tag{6.3}$$

Aus Satz 6.1.7, den wir gleich beweisen, folgt, dass $\mathbb{R}$ mächtiger ist als $\mathbb{N}$.

(7) Wir haben eine Bijektion

$$f : \mathfrak{P}(\mathbb{N}) \times \mathfrak{P}(\mathbb{N}) \to \mathfrak{P}(\mathbb{N}), \quad (A, B) \mapsto \{2x \mid x \in A\} \cup \{2x + 1 \mid x \in B\}.$$

Es folgt $\mathfrak{P}(\mathbb{N}) \times \mathfrak{P}(\mathbb{N}) \sim \mathfrak{P}(\mathbb{N})$, wegen (6.3) also auch

$$\mathbb{R} \times \mathbb{R} \sim \mathbb{R}.$$

Die reelle „Ebene" $\mathbb{R}^2$ und die „Zahlengerade" sind also gleichmächtig! Wegen $\mathbb{C} \sim \mathbb{R}^2$ gilt also auch $\mathbb{C} \sim \mathbb{R}$. Außerdem können wir das Ergebnis iterieren und erhalten z. B. $\mathbb{R}^3 = (\mathbb{R}^2) \times \mathbb{R} \sim \mathbb{R} \times \mathbb{R} \sim \mathbb{R}$ und ebenso $\mathbb{R}^4 \sim \mathbb{R}$ und so weiter. ◁

Nachdem unsere Beispiele gezeigt haben, dass Mengen die intuitiv viel größer erscheinen als andere trotzdem gleichmächtig sein können, stellt sich die Frage, ob es überhaupt Mengen gibt, die mächtiger sind als $\mathbb{N}$. Der folgende auf Georg Cantor zurückgehende Satz zeigt nicht nur $\mathbb{N} \prec \mathbb{R}$, sondern dass es danach immer weiter geht mit noch mächtigeren Mengen.

Satz 6.1.7 (Satz von Cantor) *Es sei A eine Menge. Dann ist die Potenzmenge* $\mathfrak{P}(A)$ *mächtiger als A.*

Beweis Wegen Anmerkung 6.1.5(c) ist zu zeigen, dass es keine Surjektion $A \to \mathfrak{P}(A)$ gibt. Es sei $f : A \to \mathfrak{P}(A)$ irgendeine Abbildung. Um zu zeigen, dass f nicht surjektiv ist, brauchen wir eine Teilmenge $B \subseteq A$ mit $B \notin \mathrm{Bild}(f)$. Wir setzen

$$B := \{x \in A \mid x \notin f(x)\} \subseteq A.$$

Es sei $x \in A$ beliebig. Für den Nachweis von $B \neq f(x)$ betrachten wir die Fälle $x \in B$ und $x \notin B$. Falls $x \in B$, dann folgt $x \notin f(x)$ aus der Definition von B, also $B \neq f(x)$. Falls andererseits $x \notin B$ gilt, so folgt $x \in f(x)$, also auch in diesem Fall $B \neq f(x)$.

Wie behauptet liegt B nicht im Bild von f, also ist f nicht surjektiv.   □

Zusammen mit (6.3) folgt, dass $\mathbb{R}$ mächtiger als $\mathbb{N}$ ist.

Die berühmte *Kontinuumshypothese* besagt, dass es keine Menge A gibt, so dass A mächtiger als $\mathbb{N}$ und $\mathbb{R}$ mächtiger als A ist, dass also nichts „zwischen $\mathbb{N}$ und $\mathbb{R}$" liegt. In den 1960er- Jahren wurde nach langem Ringen bewiesen, dass die Kontinuumshypothese aus den Axiomen der Zermelo-Fraenkel-Mengenlehre weder beweisbar noch widerlegbar ist, in demselben Sinne, wie dies für das Auswahlaxiom aus den übrigen Axiomen gilt.

Unser nächstes Thema ist der Begriff der Endlichkeit. In intuitiver Weise haben wir Endlichkeit im Verlauf des Buches schon benutzt, allerdings nicht bei dem Aufbau der Mengenlehre (Kap. 3) oder in Abschn. 4.1 über natürliche Zahlen. Hier werden wir die Endlichkeit einer Menge anhand mehrerer äquivalenter Charakterisierungen definieren. Für $n \in \mathbb{N}$ benutzen wir die gängige Schreibweise

$$[n] := \{i \in \mathbb{N} \mid 1 \le i \le n\} = \{1, 2, \dots, n\},$$

insbesondere also $[0] = \emptyset$.

Satz 6.1.8 *Für eine Menge A sind folgende Aussagen äquivalent:*

(a) *Es gibt ein $n \in \mathbb{N}$ mit $A \sim [n]$.*
(b) $A \prec \mathbb{N}$.
(c) *Jede injektive Abbildung $f: A \to A$ ist surjektiv (und damit bijektiv).*
(d) *Jede surjektive Abbildung $f: A \to A$ ist injektiv (und damit bijektiv).*

Beweis Wir zeigen zunächst „(a) $\Rightarrow$ (c)“ und „(c) $\Rightarrow$ (d)“. Die Implikationen „(d) $\Rightarrow$ (b)“ und „(b) $\Rightarrow$ (a)“ beweisen wir dann, indem wir die Kontrapositionen, also „nicht (b) $\Rightarrow$ nicht (d)“ und „nicht (a) $\Rightarrow$ nicht (b)“ zeigen.

Im ersten Schritt nehmen wir also $A \sim [n]$ an und müssen (c) zeigen. Wir behandeln zunächst den Fall $A = [n]$ per Induktion. Für $n = 0$ gibt es nur eine Abbildung $[n] \to [n]$ (siehe Beispiel 1.2.3(4)), und diese ist injektiv und surjektiv, (c) gilt also. Für den Induktionsschritt sei $f: [n+1] \to [n+1]$ injektiv. Wir setzen $k := f(n+1)$. Falls $k \ne n+1$, nehmen die Transposition $(k, n+1)$ in der symmetrischen Gruppe S_{n+1} und betrachten $g := (k, n+1) \circ f$. Falls $k = n+1$, setzen wir $g := f$. In beiden Fällen ist g injektiv und $g(n+1) = n+1$. Die Einschränkung $g|_{[n]}$ ist damit eine Injektion $[n] \to [n]$, nach Induktionsannahme also surjektiv. Deshalb ist auch g selbst surjektiv. Im Fall $k \ne n+1$ ist dann auch $f = (k, n+1) \circ g$ surjektiv, und im Fall $k = n+1$ gilt dies sowieso.

Um die Implikation „(a) $\Rightarrow$ (c)“ im allgemeinen Fall zu beweisen, nehmen wir $A \sim [n]$ an, und es sei $f: A \to A$ injektiv. Wir haben eine Bijektion $g: A \to [n]$ und erhalten eine Injektion $h := g \circ f \circ g^{-1}: [n] \to [n]$, die gemäß dem Spezialfall $A = [n]$ surjektiv ist. Also ist auch $f = g^{-1} \circ h \circ g$ surjektiv.

Im nächsten Beweisschritt nehmen wir (c) an und müssen (d) zeigen. Es sei also $f: A \to A$ surjektiv. Nach Satz 1.2.6(b) hat f eine Rechtsinverse $g: A \to A$, die nach Anmerkung 1.2.7 injektiv ist. Nach (c) ist g dann sogar bijektiv, und $f \circ g = \mathrm{id}_A$ impliziert $f = g^{-1}$, also ist auch f bijektiv.

Im nächsten Beweisschritt zeigen wir, dass aus der Negation von (b) die Negation von (d) folgt. Wegen Anmerkung 6.1.5(a) ist die Negation von (b) äquivalent zu $\mathbb{N} \precsim A$, also ist $\mathbb{N}$ gleichmächtig zu einer Teilmenge $A' \subseteq A$. Wir haben somit eine Bijektion $f: \mathbb{N} \to A'$. Außerdem betrachten wir die Abbildung

$$g: \mathbb{N} \to \mathbb{N}, \quad n \mapsto \begin{cases} n-1, & \text{falls } n \ne 0, \\ 0, & \text{falls } n = 0. \end{cases}$$

Diese ist surjektiv aber nicht injektiv, da $g(0) = g(1)$. (Es ist leicht möglich, eine Vielzahl solcher Abbildungen $\mathbb{N} \to \mathbb{N}$ anzugeben). Es folgt, dass auch die Abbildung $h := f \circ g \circ f^{-1}: A' \to A'$ surjektiv aber nicht injektiv ist, denn $f(0)$ und $f(1)$ haben dasselbe Bild. Indem wir jedes Element von $A \setminus A'$ auf sich selbst abbilden, können wir h zu einer Abbildung $A \to A$ fortsetzen, die surjektiv aber nicht injektiv ist. Tatsächlich gilt (d) also nicht, was diesen Beweisschritt abschließt.

Im letzten Schritt müssen wir aus der Annahme, dass A mit keinem $[n]$ gleichmächtig ist, ableiten, dass es eine Injektion $f \colon \mathbb{N} \to A$ gibt. (Wir haben ja bereits gesehen, dass $\mathbb{N} \lesssim A$ die Negation von (b) ist.) Die Beweisidee ist recht einfach: Wir wählen ein beliebiges Element von A als $f(0)$ aus. Für $f(1)$ wählen wir wieder ein beliebiges Element unter Vermeidung von $f(0)$, und so weiter mit $f(2)$, $f(3)$, ..., wobei wir jeweils alle bisher gewählten Elemente vermeiden. Leider ist es aufwändig, diese Idee zu präzisieren. Zunächst legt die sukzessive Wahl von Elementen die Verwendung des Auswahlaxioms nahe. Außerdem hängt der Wert $f(n)$ vom „bisherigen Verlauf" der Abbildung ab, was die Verwendung des Rekursionssatzes nahelegt. Da aber eine Abhängigkeit nicht nur von $f(n-1)$ vorliegt, können wir f nicht direkt, sondern nur über einen Umweg konstruieren. Erst nach dieser Vorrede folgt nun die eigentliche Konstruktion von f.

Wir starten mit einer Auswahlfunktion $c \colon \mathfrak{P}(A) \setminus \{\emptyset\} \to A$, die nach dem Auswahlaxiom (Axiom 3.2.12) existiert. Wegen der Voraussetzung $A \not\sim [n]$ für $n \in \mathbb{N}$ sind alle Elemente der Menge

$$\mathcal{M} := \big\{ B \subseteq A \mid \text{es gibt ein } n \in \mathbb{N} \text{ mit } B \sim [n] \big\}$$

echte Teilmengen von A. Für $B \in \mathcal{M}$ ist also $A \setminus B$ nicht leer, und durch Hinzufügen eines (mit der Auswahlfunktion ausgewählten) Elements hiervon erhalten wir $B \cup \{c(A \setminus B)\}$, was wieder in $\mathcal{M}$ liegt. Nun wenden wir den Rekursionssatz (Satz 4.1.5) auf die Abbildung

$$g \colon \mathcal{M} \to \mathcal{M}, \quad B \mapsto B \cup \{c(A \setminus B)\}$$

mit dem „Startwert" $B_0 = \emptyset$ an. Dies liefert eine Funktion $F \colon \mathbb{N} \to \mathcal{M}$ mit $F(0) = \emptyset$ und

$$F(n+1) = F(n) \cup \{c(A \setminus F(n))\}. \tag{6.4}$$

Schließlich definieren wir

$$f \colon \mathbb{N} \to A, \quad n \mapsto c(A \setminus F(n)),$$

aus (6.4) folgt also $f(n) \in F(n+1) \setminus F(n)$. Zum Nachweis der Injektivität von f bemerken wir zunächst, dass für natürliche Zahlen $n \le m$ (also $m = n+k$ mit $k \in \mathbb{N}$) die Inklusion $F(n) \subseteq F(m)$ gilt; dies folgt leicht mit (6.4) per Induktion nach k. Für $n < m$ gilt damit sogar $F(n+1) \subseteq F(m)$, also $f(n) \in F(m)$. Da aber $f(m) \notin F(m)$, folgt $f(n) \neq f(m)$. Weil für verschiedene natürliche Zahlen n, m entweder $n < m$ oder $m < n$ gilt, ist die Injektivität von f damit gezeigt.

Damit sind alle Schritte des Beweises getan. $\square$

Die Zahl n in Satz 6.1.8(a) ist eindeutig bestimmt, denn aus $A \sim [n]$ und $A \sim [m]$ mit $n < m$ würde folgen, dass $[m]$ zu einer echten Teilmenge (nämlich $[n]$) von sich selbst gleichmächtig ist, es gäbe also eine Abbildung $[m] \to [m]$, die injektiv aber nicht surjektiv ist, was nach Satz 6.1.8(c) ausgeschlossen ist.

Definition 6.1.9 *Es sei A eine Menge.*

(a) *A heißt* **endlich**, *falls die äquivalenten Bedingungen in Satz 6.1.8 erfüllt sind. Es gilt also $A \sim [n]$ mit einem eindeutigen $n \in \mathbb{N}$, und wir schreiben*

$$|A| = n$$

und nennen dies die **Elementanzahl** *(oder Elementanzahl) von A. Andernfalls heißt A* **unendlich**. *Endlichkeit bzw. Unendlichkeit von A drücken wir symbolisch durch $|A| < \infty$ bzw. $|A| = \infty$ aus.*

(b) *A heißt* **abzählbar unendlich**, *falls A und $\mathbb{N}$ gleichmächtig sind, und* **überabzählbar**, *falls A mächtiger als $\mathbb{N}$ ist. Die Menge $\mathbb{R}$ ist also überabzählbar.*

Für endliche Mengen A und B gilt also die Äquivalenz

$$A \precsim B \quad \Longleftrightarrow \quad |A| \le |B|.$$

Korollar 6.1.10 *Ist A eine unendliche Menge, so gilt $\mathbb{N} \precsim A$, d. h. A hat eine abzählbar unendliche Teilmenge.*

Beweis Dies folgt aus Satz 6.1.8 und Anmerkung 6.1.5(a). $\qquad\qquad\qquad \square$

Abzählbare Unendlichkeit ist also die „kleinste Stufe" der Unendlichkeit.

Aufgaben

6.1.1 Es sei A eine Menge. Geben Sie eine Bijektion zwischen $\mathfrak{P}(A)$ und der Menge $\{0, 1\}^A$ aller Abbildungen von A in die Menge $\{0, 1\}$ an.

6.1.2 Es seien A, B, C, D Mengen. Zeigen Sie, dass für kartesische Produkte und Potenzmengen die folgenden Rechenregeln gelten:
(a) Aus $A \precsim B$ und $C \precsim D$ folgt $A \times C \precsim B \times D$.
(b) Aus $A \sim B$ und $C \sim D$ folgt $A \times C \sim B \times D$.
(c) Aus $A \precsim B$ folgt $\mathfrak{P}(A) \precsim \mathfrak{P}(B)$.
(d) Aus $A \sim B$ folgt $\mathfrak{P}(A) \sim \mathfrak{P}(B)$.

6.1.3 Es seien A, B, C, D Mengen. Zeigen Sie, dass für Mengen von Abbildungen die folgenden Rechenregeln gelten:
(a) Aus $A \precsim B$ und $C \precsim D$ und $D \ne \emptyset$ folgt $C^A \precsim D^B$.
(Zusatz: Was kann im Fall $D = \emptyset$ passieren?)
(b) Aus $A \sim B$ und $C \sim D$ folgt $C^A \sim D^B$.
(c) $C^{A \times B} \sim (C^B)^A$.

6.1.4 Zeigen Sie, dass die Menge $\mathbb{R}^{\mathbb{N}}$ aller reellen Folgen gleichmächtig mit der Menge $\mathbb{R}$ der reellen Zahlen ist.

6.1.5 📷 *(Video-Link siehe Vorwort, Seite VI)*
Ordnen Sie die folgenden Mengen nach ihren Mächtigkeiten:

$$A_1 = \mathbb{N} \times \mathbb{R}, \quad A_2 = \mathfrak{P}(\mathbb{Q} \times \mathbb{R}), \quad A_3 = \mathfrak{P}(\mathbb{F}_7{}^3), \quad A_4 = \mathbb{C}^{\mathbb{R}}.$$

6.1.6 Es seien $a, b \in \mathbb{R}$ mit $a < b$. Zeigen Sie, dass die folgenden Mengen jeweils gleichmächtig zum abgeschlossenen Intervall $[a, b]$ sind:
(a) das abgeschlossene Intervall $[0, 1]$;
(b) das offene Intervall $(0, 1)$;
(c) die Menge $\mathbb{R}$.

6.1.7 Zeigen Sie, dass die Menge $C(\mathbb{R}, \mathbb{R})$ aller stetigen reellen Funktionen gleichmächtig mit $\mathbb{R}$ ist.

6.1.8 Entscheiden Sie jeweils, welcher der drei Fälle $A \prec B, A \sim B, B \prec A$ vorliegt für:
(a) $A = \mathbb{R}^3$ und $B = \mathbb{R}$,
(b) $A = \mathbb{N} \times \mathbb{F}_{17}$ und $B = \mathfrak{P}(\mathbb{Z})$,
(c) $A = \mathbb{C}^7$ und $B = \mathbb{R}_{>0}$,
(d) $A = [0, 1] \times [0, 1]$ und $B = \mathbb{Q}$.

6.2   Rechnen mit Kardinalitäten

Wie hängt die Mächtigkeit einer Vereinigungsmenge $A \cup B$ von den Mächtigkeiten von A und B ab? Wie sieht es mit dem kartesischen Produkt $A \times B$ aus? Bei endlichen Mengen sind die Antworten recht klar, jedenfalls wenn man im Fall der Vereinigung die Disjunktheit von A und B voraussetzt: Man muss die Summe bzw. das Produkt der Elementanzahlen bilden. Den formalen Beweis hierzu stellen wir als Aufgabe 6.2.1. Insofern kann man disjunkte Vereinigung und kartesisches Produkt als Rechenoperationen für Mengen ansehen. In diesem Abschnitt geht es darum, was im Falle unendlicher Mengen passiert, wobei wir bei unserem Resultat über Vereinigungen (Korollar 6.2.3) nicht einmal die Disjunktheit voraussetzen müssen. Als Anwendung zeigen wir dann, dass alle Basen eines Vektorraums gleichmächtig sind. Man kann also die Dimension als „Kardinalität" definieren.

An dieser Stelle sei gesagt, dass wir die oben benutzten Worte „Mächtigkeit" und „Kardinalität" nicht definieren werden. Auch ohne eine solche Definition ist es legitim, bei gleichmächtigen Mengen davon zu sprechen, dass sie die gleiche Mächtigkeit oder Kardinalität zu haben. Es ist möglich, aber ziemlich aufwändig, sogenannte *Kardinalzahlen* zu definieren. Für diese gilt dann, dass jede Menge eine Kardinalzahl hat und zwei Mengen genau dann gleichmächtig sind, wenn sie dieselbe Kardinalzahl haben.[1] Für die Zwecke dieses Buches ist es jedoch nicht notwendig, diesen Weg zu gehen.

Wir beginnen mit einem Resultat, das intuitiv einleuchtend ist.

Lemma 6.2.1 *Es seien A eine endliche und B eine unendliche Menge. Dann gilt*

$$A \cup B \sim B.$$

Beweis Jede Teilmenge einer endlichen Menge ist endlich (dies folgt aus Satz 6.1.8(b)), also auch $A \setminus B$. Wegen $A \cup B = (A \setminus B) \cup B$ können wir A deshalb durch $A \setminus B$ ersetzen, also ohne Einschränkung annehmen, dass A und B disjunkt sind. Wir haben $A \sim [n]$ mit $n = |A|$.

Als Erstes behandeln wir den Spezialfall $B \sim \mathbb{N}$. Man kann leicht eine Bijektion zwischen $\mathbb{N}$ und $\mathbb{N} \setminus [n]$ angeben, also auch $B \sim \mathbb{N} \setminus [n]$. Es folgt

$$A \cup B \sim [n] \cup (\mathbb{N} \setminus [n]) = \mathbb{N} \sim B,$$

wie behauptet. Im allgemeinen Fall gibt es wegen Korollar 6.1.10 eine Teilmenge $C \subseteq B$ mit $C \sim \mathbb{N}$, also

$$A \cup B = A \cup C \cup (B \setminus C) \sim C \cup (B \setminus C) = B,$$

wobei wir im zweiten Schritt den Spezialfall verwendet haben. □

Für eine Menge A benutzen wir in diesem Abschnitt die Schreibweise $2A := \{0, 1\} \times A$. Es gilt $2A = (\{0\} \times A) \cup (\{1\} \times A)$, man kann sich $2A$ also als disjunkte Vereinigung zweier Exemplare von A vorstellen. Eine interessante Beobachtung ist

$$2\mathbb{N} \sim \mathbb{N}, \tag{6.5}$$

denn die Abbildung $2\mathbb{N} \to \mathbb{N}$, $(i, a) \mapsto 2a + i$ (wobei hier $2a$ das „normale" Produkt bezeichnet) ist bijektiv. Der folgende Satz ist eine weitreichende Verallgemeinerung hiervon.

Satz 6.2.2 *Für jede unendliche Menge A gilt $2A \sim A$.*

Beweis Die Beziehung $A \lesssim 2A$ ist klar, also genügt es $2A \lesssim A$ zu zeigen. Wir benutzen hierfür das Zorn'sche Lemma (Satz 3.3.1). Mit der „ersten Projektion" $\pi: A \times 2A \to A$, $(a, (i, b)) \mapsto a$ betrachten wir die Menge

$$\mathcal{M} := \{f \subseteq A \times 2A \mid \text{mit } B := \pi(f) \text{ ist } f \text{ eine Surjektion } B \to 2B\},$$

---

die durch die Teilmengenbeziehung partiell geordnet wird. Für den Nachweis der Voraussetzung des Zorn'schen Lemmas nehmen wir eine beliebige Kette $\mathcal{K} \subseteq \mathcal{M}$ und bilden $f := \bigcup \mathcal{K}$. Wenn wir $f \in \mathcal{M}$ zeigen können, dann ist f eine obere Schranke von $\mathcal{K}$, und wir können das Zorn'sche Lemma anwenden. Mit $B := \pi(f)$ sei $a \in B$. Wegen $f = \bigcup \mathcal{K}$ gibt es ein $g \in \mathcal{K}$ mit $a \in \pi(g) =: C$. Wegen $g \in \mathcal{M}$ gibt es also ein $(i, b) \in 2C \subseteq 2B$ mit $\big(a, (i, b)\big) \in g$, also auch $\big(a, (i, b)\big) \in f$. Wenn wir noch zeigen können, dass (i, b) das einzige Element von $2A$ mit $\big(a, (i, b)\big) \in f$ ist, dann ist nachgewiesen, dass f eine Abbildung $B \to 2B$ ist. Es sei also $\big(a, (j, c)\big) \in f$ mit $(j, c) \in 2A$. Dann gibt es ein $h \in \mathcal{K}$ mit $\big(a, (j, c)\big) \in h$. Da $\mathcal{K}$ eine Kette ist, gilt $g \subseteq h$ oder $h \subseteq g$, also sind beide Paare $\big(a, (i, b)\big)$ und $\big(a, (j, c)\big)$ Elemente von g, oder beide sind Elemente von h. Weil g und h Abbildungen sind, folgt in jedem Fall $(j, c) = (i, b)$, was zu zeigen war.

Für den Nachweis von $f \in \mathcal{M}$ fehlt noch die Surjektivität. Es sei also $(i, b) \in 2B$ beliebig. Wieder gibt es $g \in \mathcal{K}$ mit $b \in \pi(g)$. Die Surjektivität von g liefert nun ein $a \in \pi(g) \subseteq B$ mit $\big(a, (i, b)\big) \in g \subseteq f$. Damit ist die Surjektivität von f gezeigt.

Da nun die Voraussetzung des Zorn'schen Lemmas gilt, liefert dieses ein maximales Element f von $\mathcal{M}$. (Den Buchstaben f dürfen wir mit neuer Bedeutung „recyclen"). Weil f surjektiv ist, folgt mit $B := \pi(f)$ dann $2B \lesssim B$. Wir betrachten zwei Fälle. Der erste Fall ist, dass $A \backslash B$ endlich ist. Dann folgt $A = (A \backslash B) \cup B \sim B$ aus Lemma 6.2.1. Also gilt auch $2A \sim 2B$, und wir erhalten $2A \lesssim A$, was den Beweis in diesem Fall abschließt.

Der zweite zu betrachtende Fall ist, dass $A \backslash B$ unendlich ist. Wegen Korollar 6.1.10 gibt es dann eine Teilmenge $C \subseteq A \backslash B$ mit $C \sim \mathbb{N}$. Mit (6.5) folgt $2C \sim C$, wir haben also eine Bijektion $g: C \to 2C$. Nun können wir $\widetilde{f}: B \cup C \to 2(B \cup C)$ bilden, indem wir f auf Elemente von B anwenden und g auf Elemente von C. (Ganz formal setzen wir $\widetilde{f} := f \cup g$.) Weil f und g surjektiv sind, gilt dies auch für $\widetilde{f}$, also $\widetilde{f} \in \mathcal{M}$. Aber weil f eine echte Teilmenge von $\widetilde{f}$ ist, widerspricht dies der Maximalität von f. Wir schließen, dass der zweite Fall unmöglich ist. Der Beweis ist also komplett. □

Etwas salopp gesprochen besagt das folgende Korollar, dass bei unendlichen Mengen die Mächtigkeit einer Vereinigungsmenge zweier Mengen das Maximum der Mächtigkeiten ist.

Korollar 6.2.3 (Mächtigkeit von Vereinigungsmengen) *Es seien A und B Mengen mit $A \lesssim B$ und B unendlich. Dann gilt $A \cup B \sim B$.*

Beweis Wegen $A \backslash B \lesssim B$ gilt auch $A \cup B = (A \backslash B) \cup B \lesssim 2B$. Wir erhalten

$$B \lesssim A \cup B \lesssim 2B \sim B,$$

woraus die Behauptung folgt. □

In Beispiel 6.1.6(4) und (7) haben wir gesehen, dass $\mathbb{N} \times \mathbb{N} \sim \mathbb{N}$ und $\mathbb{R} \times \mathbb{R} \sim \mathbb{R}$. Das wirft die Frage auf, ob diese Beziehung vielleicht für jede unendliche Menge gilt. Das ist in der Tat der Fall:

Satz 6.2.4 *Für jede unendliche Menge A gilt $A \times A \sim A$.*

Beweis Der Beweis beginnt wie der von Satz 6.2.2. Zusammen mit der ersten Projektion $\pi \colon A \times A \times A \to A$ betrachten wir

$$\mathcal{M} := \big\{ f \subseteq A \times A \times A \mid \text{mit } B := \pi(f) \text{ ist } f \text{ eine Surjektion } B \to B \times B \big\},$$

geordnet durch die Teilmengenbeziehung. Der Nachweis, dass die Vereinigungsmenge $f = \bigcup \mathcal{K}$ einer Kette $\mathcal{K} \subseteq \mathcal{M}$ eine Abbildung $B := \pi(f) \to B \times B$ ist, verläuft exakt wie im Beweis von Satz 6.2.2. Für die Surjektivität von f müssen wir hier aber etwas genauer hinsehen. Es sei also $(b, c) \in B \times B$ beliebig. Dann gibt es g und h in $\mathcal{K}$ mit $b \in \pi(g)$ und $c \in \pi(h)$. Weil $\mathcal{K}$ eine Kette ist, gilt $g \subseteq h$ oder umgekehrt. Im ersten Fall gilt also $b, c \in \pi(h)$, also gibt es $a \in \pi(h) \subseteq B$ mit $(a, b, c) \in h \subseteq f$. Im zweiten Fall übernimmt g die Rolle von h, also liegt (b, c) in jedem Fall im Bild von f, was den Beweis der Surjektivität abschließt.

Auch hier liefert das Zorn'sche Lemma also ein maximales Element f von $\mathcal{M}$. Wir setzen $B := \pi(f)$, es gilt also $B \times B \lesssim B$. Falls $B \sim A$, folgt $A \times A \lesssim A$, und da die umgekehrte Beziehung ohnehin gilt, sind wir in diesem Fall fertig. Wir nehmen nun $B \not\sim A$ an und werden versuchen, daraus einen Widerspruch herzuleiten. Wegen $A = B \cup (A \setminus B)$ können nicht sowohl B als auch $A \setminus B$ endlich sein, und mit Korollar 6.2.3 folgt wegen unserer Annahme $A \sim A \setminus B$. Wegen $B \subseteq A$ folgt hieraus $B \lesssim A \setminus B$, außerdem ist $A \setminus B$ unendlich. $A \setminus B$ enthält also Teilmengen $\widetilde{C}$ und $\widehat{C}$, so dass $\widetilde{C} \sim B$ und $\widehat{C} \sim \mathbb{N}$. Falls B unendlich ist, setzen wir $C := \widetilde{C}$, und sonst $C := \widehat{C}$. In jedem Fall ist C unendlich und es gelten $B \cap C = \emptyset$, $B \lesssim C$ und $C \times C \lesssim C$ (wobei Letzteres im zweiten Fall aus $\mathbb{N} \times \mathbb{N} \sim \mathbb{N}$ folgt). Wir erhalten $B \times C \lesssim C \times C$ und durch mehrfaches Anwenden von Korollar 6.2.3

$$(B \times C) \cup (C \times B) \cup (C \times C) \sim C \times C \lesssim C.$$

Also gibt es eine Surjektion $g \colon C \to (B \times C) \cup (C \times B) \cup (C \times C)$, und wir können f fortsetzen zu einer Surjektion

$$\widetilde{f} \colon B \cup C \to (B \times B) \cup (B \times C) \cup (C \times B) \cup (C \times C) = (B \cup C) \times (B \cup C),$$

indem wir f auf Elemente von B anwenden und g auf Elemente von C. Es gilt also $\widetilde{f} \in \mathcal{M}$, was der Maximalität von f widerspricht. Unsere Annahme $B \not\sim A$ kann also nicht zutreffen, und der Beweis ist komplett. □

Durch mehrfache Anwendung folgt nun auch $A^3 = (A \times A) \times A \sim A \times A \sim A$, und ebenso $A^4 \sim A$ und so weiter.

Korollar 6.2.5 (Mächtigkeit von kartesischen Produkten) *Es seien A und B Mengen mit $\emptyset \neq A \lesssim B$ und B unendlich. Dann gilt $A \times B \sim B$.*

Das folgende Korollar eignet sich gut für Anwendungen, in denen gegebene Mengen auf ihre Mächtigkeit untersucht werden sollen. Wie in Korollar 6.2.3 geht es um Vereinigungsmengen, es sind aber hier Vereinigungen beliebig vieler Mengen zugelassen.

Korollar 6.2.6 (Mächtigkeit von Vereinigungen beliebig vieler Mengen) *Es seien $\mathcal{M}$ ein Mengensystem und B eine unendliche Menge mit:*

(1) $A \precsim B$ *für alle $A \in \mathcal{M}$ und*
(2) $\mathcal{M} \precsim B$.

Dann gilt

$$\bigcup \mathcal{M} \precsim B.$$

Falls $B \precsim A$ für mindestens ein $A \in \mathcal{M}$, so gilt sogar $\bigcup \mathcal{M} \sim B$.

Beweis Der Beweis enthält eine typische Anwendung des Auswahlaxioms. Zunächst können wir ohne Einschränkung $\emptyset \notin \mathcal{M}$ annehmen, denn falls doch $\emptyset \in \mathcal{M}$, so ändern sich durch Entfernen von $\emptyset$ aus $\mathcal{M}$ weder die Voraussetzungen noch die Vereinigungsmenge $\bigcup \mathcal{M}$. Wir können auch $\mathcal{M} \neq \emptyset$ annehmen, denn für $\mathcal{M} = \emptyset$ ist $\bigcup \mathcal{M} = \emptyset$, die Behauptung stimmt also. Mit $X := \bigcup \mathcal{M}$ betrachten wir die Menge

$$F := \{g \colon B \to X \mid g \text{ ist eine Abbildung}\},$$

für die es nach dem Auswahlaxiom (Axiom 3.2.12) eine Auswahlfunktion $f \colon \mathfrak{P}(F) \setminus \{\emptyset\} \to F$ gibt. Für jedes $A \in \mathcal{M}$ ist die Menge $F_A := \{g \in F \mid g(B) = A\}$ wegen der Voraussetzung (1) und wegen $A \neq \emptyset$ nicht leer, man kann also $g_A := f(F_A)$ bilden. Es gilt also $g_A(B) = A$. Nun folgt, dass die Abbildung

$$\mathcal{M} \times B \to X, \quad (A, b) \mapsto g_A(b)$$

surjektiv ist, also $X \precsim \mathcal{M} \times B$. Mit der Voraussetzung (2) liefert Korollar 6.2.5 nun $X \precsim B$, was unsere erste Behauptung ist. Unter der Voraussetzung unserer zweiten Behauptung gilt andererseits $B \precsim X$, und es folgt Gleichmächtigkeit.   □

Korollar 6.2.6 zeigt, dass außer dem Potenzmengenaxiom (Axiom 3.2.8) kein weiteres Axiom der Zermelo-Fraenkel-Mengenlehre in der Lage ist, aus einer unendlichen Menge eine noch mächtigere Menge zu produzieren. Wegen des Satzes von Cantor (Satz 6.1.7) ist es bei dem Potenzmengenaxiom wiederum sogar garantiert, dass es dies tut.

Beispiel 6.2.7 Es sei K ein Körper mit unendlich vielen Elementen und $K[x]$ der Polynomring. Mit $\mathcal{M} := \{K[x]_{<d} \mid d \in \mathbb{N}_{>0}\}$ gilt $K[x] = \bigcup \mathcal{M}$. Für jedes $d \in \mathbb{N}_{>0}$ haben wir eine Bijektion $K^d \to K[x]_{<d}$, also $K[x]_{<d} \sim K^d \sim K$ wegen Satz 6.2.4. Wegen Korollar 6.1.10 gilt weiter $\mathcal{M} \sim \mathbb{N} \precsim K$. Also liefert Korollar 6.2.6

$$K[x] \sim K.$$

◁

Zum Schluss dieses Abschnitts beschäftigen wir uns mit Vektorräumen und mit der Frage, ob man die Dimension „als Kardinalität" definieren kann, ob also je zwei Basen ein und desselben Vektorraums gleichmächtig sind. Wir wissen aus Korollar 5.3.11, dass dies für endlich erzeugte Vektorräume der Fall ist. Hergeleitet haben wir dies aus Lemma 5.3.10, welches danach noch mehrfach verwendet wurde. Mit den hier erarbeiteten mengentheoretischen Techniken können wir dieses Lemma nun auf den Fall unendlich erzeugter Vektorräume erweitern:

Satz 6.2.8 *Es sei* $E \subseteq V$ *ein Erzeugendensystem eines Vektorraums* V *und es sei* $U \subseteq V$ *eine linear unabhängige Menge. Dann gilt*

$$U \lesssim E.$$

Beweis Lemma 5.3.10 deckt den Fall ab, dass E endlich ist, wir können also hier $|E| = \infty$ annehmen. Wegen Satz 5.3.6 lässt sich U zu einer Basis B ergänzen. Jedes $v \in V$ ist eine Linearkombination von endlich vielen Basisvektoren, die Menge

$$\mathcal{B}_v := \big\{ T \subseteq B \mid T \text{ ist endlich und } v \in \langle T \rangle \big\}$$

ist also nicht leer. Mit Hilfe einer Auswahlfunktion f für $\mathfrak{P}(B)$ können wir also $B_v := f(\mathcal{B}_v) \in \mathcal{B}_v$ bilden. Wir erhalten

$$E \subseteq \Big\langle \bigcup_{v \in E} B_v \Big\rangle.$$

Da E ein Erzeugendensystem ist, folgt $V = \langle \bigcup_{v \in E} B_v \rangle$, $B' := \bigcup_{v \in E} B_v \subseteq B$ ist also auch ein Erzeugendensystem. Da aber B nach Satz 5.3.5 ein minimales Erzeugendensystem ist, muss $B' = B$ gelten. Jedes B_v ist endlich, also $B_v \lesssim E$ (eigentlich sogar „$\prec$"), und nun liefert Korollar 6.2.6 direkt $B' \lesssim E$. Wegen $U \subseteq B = B'$ folgt die Behauptung. □

Durch zweifache Anwendung des Satzes ergibt sich die gewünschte Gleichmächtigkeit aller Basen:

Korollar 6.2.9 *Alle Basen eines Vektorraums sind gleichmächtig.*

Nun kann man die Dimension eines Vektorraums „als Kardinalität" definieren, sofern man Kardinalitäten als mathematische Objekte eingeführt hat. Wie zu Beginn des Abschnittes erwähnt, ist dies möglich aber aufwändig, und wird in diesem Buch nicht gemacht. Tatsächlich ist es für alle Zwecke dieses Buchs hinreichend, die gröbere Unterscheidung zwischen endlich- und unendlich-dimensionalen Vektorräumen zu treffen.

Beispiel 6.2.10 Der Polynomring $V = K[x]$ über einem Körper ist einer der wenigen unendlich-dimensionalen Vektorräume, für die wir eine Basis angeben können. Eine solche ist $B = \{x^i \mid i \in \mathbb{N}\}$ (siehe Beispiel 5.3.4(4)). Man kann also sagen, dass V abzählbar unendliche Dimension hat. Aus Aufgabe 6.2.4 ergibt sich, dass jeder K-Vektorraum mit abzählbar unendlicher Dimension isomorph zu $K[x]$ ist.   ◁

Aufgaben

6.2.1 Es seien A und B zwei endliche Mengen. Zeigen Sie:
(a) Falls A und B disjunkt sind, dann gilt $|A \uplus B| = |A| + |B|$.
(b) In jedem Fall gilt $|A \times B| = |A| \cdot |B|$.

6.2.2 Es seien A und B zwei endliche Mengen. Zeigen Sie: $|B^A| = |B|^{|A|}$.

6.2.3 Es sei A eine unendliche Menge. Zeigen Sie: $A^A \sim \mathfrak{P}(A)$.

6.2.4 Es seien V und W zwei Vektorräume über einem Körper K mit Basen $B \subseteq V$ und $C \subseteq W$. Zeigen Sie:

$$V \cong W \quad \Longleftrightarrow \quad B \sim C.$$

Tipp: Der endlich-dimensionale Fall für „⇐" ergibt sich bereits aus Satz 5.4.7. Für den allgemeinen Fall können Sie die Aufgaben 5.4.8 und 5.4.9 benutzen.

6.2.5 Im Vektorraum aller reellen Folgen betrachten wir die Unterräume c_0 aller Nullfolgen, c aller konvergenten Folgen, ℓ^∞ aller beschränkten Folgen und ℓ^2 aller quadratsummierbaren Folgen, d. h. ℓ^2 enthält alle reellen Folgen $(a_n)_{n \in \mathbb{N}}$, für die die Reihe $\sum_{n=0}^\infty a_n^2$ konvergiert. Aus der Analysis ist bekannt, dass folgende Inklusionen gelten:

$$\ell^2 \subseteq c_0 \subseteq c \subseteq \ell^\infty \subseteq \mathbb{R}^\mathbb{N}.$$

(a) Zu $t \in \mathbb{R}$ betrachten wir die Folge $f_t := (t^n)_{n \in \mathbb{N}}$. Zeigen Sie, dass

$$S := \{f_t \mid t \in \mathbb{R}\} \subseteq \mathbb{R}^\mathbb{N}$$

   linear unabhängig ist.
(b) Zeigen Sie, dass für alle hier genannten Folgenräume jede Basis gleichmächtig mit $\mathbb{R}$ ist.
   Tipp: Benutzen Sie neben (a) noch die Aufgaben 6.1.4 und 6.1.6.

6.2.6 Es sei V ein K-Vektorraum mit einer Basis B. Weiter sei A eine unendliche Menge mit $K \lesssim A$ und $B \lesssim A$. Zeigen Sie, dass dann $V \lesssim A$ folgt. Zusatz: Falls $B \sim A$ oder falls $K \sim A$ und $B \neq \emptyset$, so ist auch $V \sim A$.
Tipp: Betrachten Sie zu $n \in \mathbb{N}$ die Menge aller Linearkombinationen $\sum_{i=1}^n a_i v_i$ der Länge n von Vektoren $v_i \in B$.

6.2.7 Bestimmen Sie die Mächtigkeit einer Basis des Raums $C(\mathbb{R}, \mathbb{R})$ aller reellen stetigen Funktionen.

Kapitel 7
Normalformen (LA)

Zusammenfassung Das übergreifende Thema dieses Kapitels ist, für eine gegebene lineare Abbildung $\varphi\colon V \to V$ eines endlich-dimensionalen Vektorraums eine
Basis B zu finden, so dass die Darstellungsmatrix $D_B(\varphi)$ möglichst übersichtlich
wird. Wegen Korollar 5.5.12 ist dies gleichbedeutend damit, zu einer gegebenen
Matrix $A \in K^{n \times n}$ eine zu A ähnliche Matrix B zu finden (siehe Definition 5.5.13),
die eine einfache Gestalt hat. In jeder Ähnlichkeitsklasse werden wir einen solch
einfachen Vertreter B finden und diesen dann eine Normalform von A nennen.

Wir beginnen mit dem Begriff der Determinante, der bei weitem nicht nur
für die Thematik der Normalformen von Bedeutung ist. Danach kommen wir
zu den Eigenwerten und dem Begriff der Diagonalisierbarkeit. Den eigentlichen
Normalformen werden wir uns nähern, indem wir zunächst Matrizen über $\mathbb{Z}$ und
über dem Polynomring $K[x]$ behandeln.

7.1 Determinanten

Die Determinante einer quadratischen Matrix ist ein Skalar, also ein Element
des zugrundeliegenden Körpers, an dem wir gewisse Eigenschaften der Matrix
ablesen können. Bevor wir die Determinante definieren, müssen wir uns mit
der symmetrischen Gruppe beschäftigen. Zur Erinnerung: Für $n \in \mathbb{N}_{>0}$ ist die
symmetrische Gruppe definiert als

$$S_n := \{\sigma\colon \{1, \ldots, n\} \to \{1, \ldots, n\} \mid \sigma \text{ ist bijektiv}\}.$$

Die Elemente von S_n heißen *Permutationen* und die Verknüpfung ist durch die
Komposition gegeben.

© Springer-Verlag GmbH Deutschland, ein Teil von Springer Nature 2022
G. Kemper, F. Reimers, *Lineare Algebra*,
https://doi.org/10.1007/978-3-662-63724-1_7

Definition 7.1.1 *Für $\sigma \in S_n$ definieren wir nun $w(\sigma)$ als die Anzahl der Paare $(i, j) \in \mathbb{N} \times \mathbb{N}$ mit $1 \le i < j \le n$ und $\sigma(i) > \sigma(j)$ (solche Paare nennt man auch Fehlstellen). Weiter heißt*

$$\mathrm{sgn}(\sigma) := (-1)^{w(\sigma)}$$

das **Vorzeichen** *(auch: Signum) von σ.*

Beispiel 7.1.2

(1) Die Identität $\mathrm{id} \in S_n$ hat keine Fehlstellen, also ist $\mathrm{sgn}(\mathrm{id}) = 1$.
(2) Es sei $n \ge 2$. Für die Permutation $\sigma = (1, 2) \in S_n$, die also $\sigma(1) = 2, \sigma(2) = 1$ und $\sigma(i) = i$ für alle $i > 2$ erfüllt, ist offenbar das Paar $(1, 2)$ die einzige Fehlstelle. Daher ist $\mathrm{sgn}(\sigma) = -1$.
(3) Für $n \ge 2$ und feste $1 \le i < j \le n$ betrachten wir die *Transposition* $\sigma = (i, j) \in S_n$. Wir zählen Fehlstellen und kommen auf $w(\sigma) = 2(j - i) - 1$, also ist $\mathrm{sgn}(\sigma) = -1$.
(4) Die Fehlstellen einer Permutation lassen sich graphisch ermitteln. Zum Beispiel erkennen wir für den 3-Zykel $(2, 4, 3) \in S_4$ an den Kreuzungspunkten im Graphen

die (einzigen) Fehlstellen $(2, 3)$ und $(2, 4)$. Es ist also $w(\sigma) = 2$.   ◁

Die wichtigste Eigenschaft des Vorzeichens ist seine Multiplikativität:

Satz 7.1.3 (Multiplikativität des Signums) *Für alle Permutationen $\sigma, \tau \in S_n$ gilt:*

$$\mathrm{sgn}(\sigma\tau) = \mathrm{sgn}(\sigma) \cdot \mathrm{sgn}(\tau).$$

Die Abbildung $\mathrm{sgn} \colon S_n \to \{1, -1\}$ *ist also ein Gruppen-Homomorphismus.*

Beweis Es seien $x_1, \dots, x_n \in \mathbb{Q}$ paarweise verschiedene rationale Zahlen. Wir behaupten, dass für alle $\sigma \in S_n$ gilt:

$$\mathrm{sgn}(\sigma) = \prod_{1 \le i < j \le n} \frac{x_{\sigma(i)} - x_{\sigma(j)}}{x_i - x_j}. \tag{7.1}$$

Die Begründung beruht auf der Beobachtung, dass Zähler und Nenner des Produkts bis auf das Vorzeichen übereinstimmen und es zwischen Zähler und Nenner genau $w(\sigma)$ Vorzeichenwechsel gibt. Den exakten Nachweis von (7.1) liefert folgende Rechnung:

$$\prod_{1 \leq i < j \leq n} (x_{\sigma(i)} - x_{\sigma(j)}) = \left(\prod_{\substack{i < j \\ \sigma(i) < \sigma(j)}} (x_{\sigma(i)} - x_{\sigma(j)}) \right) \cdot \left(\prod_{\substack{i < j \\ \sigma(i) > \sigma(j)}} (x_{\sigma(i)} - x_{\sigma(j)}) \right)$$

$$= \left(\prod_{\substack{i < j \\ \sigma(i) < \sigma(j)}} (x_{\sigma(i)} - x_{\sigma(j)}) \right) \cdot \left(\prod_{\substack{i < j \\ \sigma(i) > \sigma(j)}} (x_{\sigma(j)} - x_{\sigma(i)}) \right) \cdot (-1)^{w(\sigma)}$$

$$= \mathrm{sgn}(\sigma) \cdot \prod_{\substack{T \subseteq \{1,\dots,n\} \\ |T| = 2}} (x_{\min(T)} - x_{\max(T)})$$

$$= \mathrm{sgn}(\sigma) \cdot \prod_{i < j} (x_i - x_j).$$

Nun setzen wir $y_i := x_{\sigma(i)}$. Ebenso wie die x_i sind auch die y_i paarweise verschieden, also gilt wegen (7.1) für alle $\tau \in S_n$:

$$\mathrm{sgn}(\tau) = \prod_{1 \leq i < j \leq n} \frac{y_{\tau(i)} - y_{\tau(j)}}{y_i - y_j} = \prod_{1 \leq i < j \leq n} \frac{x_{\sigma\tau(i)} - x_{\sigma\tau(j)}}{x_{\sigma(i)} - x_{\sigma(j)}}. \tag{7.2}$$

Wir erhalten

$$\mathrm{sgn}(\sigma\tau) = \prod_{1 \leq i < j \leq n} \frac{x_{\sigma\tau(i)} - x_{\sigma\tau(j)}}{x_i - x_j} =$$

$$\prod_{1 \leq i < j \leq n} \frac{x_{\sigma\tau(i)} - x_{\sigma\tau(j)}}{x_{\sigma(i)} - x_{\sigma(j)}} \cdot \prod_{1 \leq i < j \leq n} \frac{x_{\sigma(i)} - x_{\sigma(j)}}{x_i - x_j} \underset{(7.2)}{=} \mathrm{sgn}(\tau)\,\mathrm{sgn}(\sigma).$$

$$\square$$

Nun können wir die Determinante einer quadratischen Matrix definieren. Ab jetzt sei K ein Körper.

Definition 7.1.4 *Es sei* $A = (a_{i,j}) \in K^{n \times n}$ *eine quadratische Matrix. Die* **Determinante** *von* A *ist definiert als*

$$\det(A) := \sum_{\sigma \in S_n} \mathrm{sgn}(\sigma) \cdot \prod_{i=1}^{n} a_{i,\sigma(i)}. \tag{7.3}$$

Die Determinante ist ebenso definiert, falls $A \in R^{n \times n}$ *eine Matrix über einem kommutativen Ring* R *ist.*

Anmerkung Die Formel (7.3), die wir für die Definition der Determinante verwendet haben, ist als **_Leibniz-Formel_** bekannt.

◁

Beispiel 7.1.5 Für $n \leq 3$ machen wir Definition 7.1.4 explizit.

(1) Für $n = 1$ ist $A = (a)$ und $\det(A) = a$.

(2) Für $n = 2$ ist $S_2 = \{\mathrm{id}, \sigma\}$ mit $\sigma = (1, 2)$ und somit

$$\det \begin{pmatrix} a_{1,1} & a_{1,2} \\ a_{2,1} & a_{2,2} \end{pmatrix} = a_{1,1}a_{2,2} - a_{1,2}a_{2,1}.$$

(3) Für $n = 3$ besteht S_3 aus genau sechs Elementen. Dies sind die Identität, die drei Transpositionen $(1, 2)$, $(1, 3)$ und $(2, 3)$, sowie die „zyklischen" Permutationen $(1, 2, 3)$ und $(3, 2, 1)$ (siehe Beispiel 2.1.5(2)). Die zyklischen Permutationen haben Vorzeichen 1. Wir erhalten

$$\det \begin{pmatrix} a_{1,1} & a_{1,2} & a_{1,3} \\ a_{2,1} & a_{2,2} & a_{2,3} \\ a_{3,1} & a_{3,2} & a_{3,3} \end{pmatrix} = a_{1,1}a_{2,2}a_{3,3} + a_{1,2}a_{2,3}a_{3,1} + a_{1,3}a_{2,1}a_{3,2}$$

$$- a_{1,2}a_{2,1}a_{3,3} - a_{1,3}a_{2,2}a_{3,1} - a_{1,1}a_{2,3}a_{3,2}.$$

Es gibt eine graphische Merkregel für die Determinante einer 3×3-Matrix, die sogenannte *Sarrus-Regel*:

$$\begin{pmatrix} a_{1,1} & a_{1,2} & a_{1,3} & a_{1,1} & a_{1,2} \\ a_{2,1} & a_{2,2} & a_{2,3} & a_{2,1} & a_{2,2} \\ a_{3,1} & a_{3,2} & a_{3,3} & a_{3,1} & a_{3,2} \end{pmatrix}$$
$$-\quad -\quad -\quad +\quad +\quad +$$

(4) Für die Einheitsmatrix I_n gilt $\det(I_n) = 1$.   ◁

Nun entwickeln wir die Theorie der Determinante.

Lemma 7.1.6 *Es sei* $A = (a_{i,j}) \in K^{n \times n}$.

(a) *Für die Determinante der transponierten Matrix gilt:*

$$\det(A^T) = \det(A).$$

(b) *Es sei* $\sigma \in S_n$. *Wir definieren* $b_{i,j} := a_{i,\sigma(j)}$ *und* $B := (b_{i,j}) \in K^{n \times n}$ (*d. h. B geht aus A durch Permutation der Spalten gemäß* σ *hervor*). *Dann gilt*

$$\det(B) = \mathrm{sgn}(\sigma) \cdot \det(A).$$

Entsprechendes gilt für Permutationen der Zeilen.

(c) *Wenn in A zwei Zeilen oder zwei Spalten übereinstimmen, so gilt*

$$\det(A) = 0.$$

Beweis

(a) Wir rechnen

$$\det(A^T) = \sum_{\sigma \in S_n} \text{sgn}(\sigma) \cdot \prod_{i=1}^{n} a_{\sigma(i),i} = \sum_{\sigma \in S_n} \text{sgn}(\sigma) \cdot \prod_{j=1}^{n} a_{j,\sigma^{-1}(j)}$$

$$= \sum_{\tau \in S_n} \text{sgn}(\tau^{-1}) \cdot \prod_{j=1}^{n} a_{j,\tau(j)} = \det(A).$$

(b) Wir rechnen

$$\det(B) = \sum_{\tau \in S_n} \text{sgn}(\tau) \cdot \prod_{i=1}^{n} b_{i,\tau(i)} = \sum_{\tau \in S_n} \text{sgn}(\tau) \cdot \prod_{i=1}^{n} a_{i,\sigma\tau(i)}$$

$$= \sum_{\rho \in S_n} \text{sgn}(\sigma^{-1}\rho) \cdot \prod_{i=1}^{n} a_{i,\rho(i)} = \text{sgn}(\sigma^{-1}) \cdot \det(A),$$

wobei Satz 7.1.3 für die letzte Gleichheit benutzt wurde. Satz 7.1.3 liefert auch $\text{sgn}(\sigma^{-1}) = \text{sgn}(\sigma)$, also folgt die Behauptung.

Die entsprechende Aussage für Zeilenpermutationen lässt sich durch (a) auf die für Spaltenpermutationen zurückführen.

(c) Wegen (a) ist $\det(A) = 0$ nur für den Fall zweier gleicher Spalten nachzuweisen. Wir nehmen also an, dass es $1 \leq j < k \leq n$ gibt, so dass $a_{i,j} = a_{i,k}$ für alle i gilt. Es sei $\tau = (j, k) \in S_n$ die Transposition, die j und k vertauscht (siehe Beispiel 7.1.2(3)). Für alle $i, l \in \{1, \ldots, n\}$ gilt dann

$$a_{i,l} = a_{i,\tau(l)}. \tag{7.4}$$

Aus (b) folgt $\det(A) = \text{sgn}(\tau) \det(A) = -\det(A)$. Im Fall $\text{char}(K) \neq 2$ liefert dies die Behauptung $\det(A) = 0$. Da wir aber auch den Fall $\text{char}(K) = 2$ mitnehmen möchten, müssen wir etwas mehr Aufwand betreiben. Wir definieren

$$A_n := \{\sigma \in S_n \mid \text{sgn}(\sigma) = 1\}. \tag{7.5}$$

(Nebenbei gesagt folgt aus Satz 7.1.3, dass A_n eine Untergruppe der S_n ist; sie heißt die *alternierende Gruppe*.) Wegen $\text{sgn}(\tau) = -1$ folgt aus Satz 7.1.3, dass S_n die disjunkte Vereinigung von A_n und $\tau A_n := \{\tau\sigma \mid \sigma \in A_n\}$ ist, also:

$$S_n = A_n \,\dot\cup\, \tau A_n.$$

Nun folgt

$$\det(A) = \sum_{\sigma \in A_n} \left(\text{sgn}(\sigma) \cdot \prod_{i=1}^{n} a_{i,\sigma(i)} + \text{sgn}(\tau\sigma) \cdot \prod_{i=1}^{n} a_{i,\tau\sigma(i)} \right)$$

$$= \sum_{\sigma \in A_n} \text{sgn}(\sigma) \cdot \left(\prod_{i=1}^{n} a_{i,\sigma(i)} - \prod_{i=1}^{n} a_{i,\tau(\sigma(i))} \right) = 0,$$

wobei (7.4) für die letzte Gleichheit verwendet wurde.   □

Der wohl wichtigste Satz über die Determinante ist der folgende.

Satz 7.1.7 (Determinantenmultiplikationssatz) *Für alle* $A, B \in K^{n \times n}$ *gilt:*

$$\boxed{\det(A \cdot B) = \det(A) \cdot \det(B).}$$

Beweis Wie immer schreiben wir $A = (a_{i,j})$ und $B = (b_{i,j})$. Der (i,j)-te Eintrag von $A \cdot B$ ist $\sum_{k=1}^{n} a_{i,k} b_{k,j}$, also ergibt sich:

$$\det(A \cdot B) = \sum_{\sigma \in S_n} \text{sgn}(\sigma) \cdot \prod_{i=1}^{n} \left(\sum_{k=1}^{n} a_{i,k} b_{k,\sigma(i)} \right).$$

Ausmultiplizieren des Produkts und Vertauschung der Summation liefern

$$\det(A \cdot B) = \sum_{\sigma \in S_n} \text{sgn}(\sigma) \cdot \sum_{k_1,\ldots,k_n=1}^{n} \prod_{i=1}^{n} \left(a_{i,k_i} b_{k_i,\sigma(i)} \right)$$

$$= \sum_{k_1,\ldots,k_n=1}^{n} \sum_{\sigma \in S_n} \text{sgn}(\sigma) \cdot \prod_{i=1}^{n} a_{i,k_i} \cdot \prod_{i=1}^{n} b_{k_i,\sigma(i)}$$

$$= \sum_{k_1,\ldots,k_n=1}^{n} \prod_{i=1}^{n} a_{i,k_i} \cdot \det\left((b_{k_j,l})_{j,l=1,\ldots,n} \right). \qquad (7.6)$$

Wegen Lemma 7.1.6(c) ist die Determinante $(b_{k_j,l})_{j,l=1,\ldots,n}$ nur dann $\neq 0$, wenn die k_j paarweise verschieden sind, d. h. wenn die Abbildung $\{1,\ldots,n\} \to \{1,\ldots,n\}$, $j \mapsto k_j$ eine Permutation ist. Statt über die $k_1,\ldots,k_n$ zu summieren, können wir also auch über die Permutationen $\tau \in S_n$ summieren und erhalten

$$\det(A \cdot B) = \sum_{\tau \in S_n} \prod_{i=1}^{n} a_{i,\tau(i)} \cdot \det\left((b_{\tau(j),l})_{j,l=1,\ldots,n} \right)$$

$$= \sum_{\tau \in S_n} \prod_{i=1}^{n} a_{i,\tau(i)} \cdot \text{sgn}(\tau) \cdot \det(B) = \det(A) \cdot \det(B),$$

wobei für die zweite Gleichheit Lemma 7.1.6(b) verwendet wurde.   □

Die Determinante ist also multiplikativ. Als Warnung sei hier angemerkt, dass sie nicht additiv ist (außer im Fall $n = 1$)!

Der folgende Satz enthält zwei rekursive Formeln zur Berechnung der Determinante.

Satz 7.1.8 (Laplace'scher Entwicklungssatz) *Es sei* $A = (a_{i,j}) \in K^{n \times n}$ *mit* $n \geq 2$. *Für* $i, j \in \{1, \ldots, n\}$ *sei* $A_{i,j} \in K^{(n-1) \times (n-1)}$ *die Matrix, die aus A durch Weglassen der i-ten Zeile und der j-ten Spalte entsteht. Für festes* $i \in \{1, \ldots, n\}$ *gilt dann:*

$$\det(A) = \sum_{j=1}^{n} (-1)^{i+j} a_{i,j} \cdot \det(A_{i,j}), \tag{7.7}$$

und ebenso für festes $j \in \{1, \ldots, n\}$ *gilt:*

$$\det(A) = \sum_{i=1}^{n} (-1)^{i+j} a_{i,j} \cdot \det(A_{i,j}). \tag{7.8}$$

Die Berechnung der Determinante gemäß Formel (7.7) wird als *Entwicklung nach der i-ten Zeile* bezeichnet, und gemäß (7.8) als *Entwicklung nach der j-ten Spalte*. Beim Anwenden dieser Formeln werden wir i bzw. j nach Opportunitätsgesichtspunkten auswählen.

Beispiel 7.1.9 Wir möchten die Determinante von

$$A = \begin{pmatrix} 0 & 1 & 2 \\ 3 & 4 & 5 \\ 6 & 7 & 8 \end{pmatrix}$$

berechnen und entscheiden uns für Entwicklung nach der ersten Zeile. Es ergibt sich

$$\det(A) = 0 \cdot \det \begin{pmatrix} 4 & 5 \\ 7 & 8 \end{pmatrix} - 1 \cdot \det \begin{pmatrix} 3 & 5 \\ 6 & 8 \end{pmatrix} + 2 \cdot \det \begin{pmatrix} 3 & 4 \\ 6 & 7 \end{pmatrix}$$

$$= -(3 \cdot 8 - 6 \cdot 5) + 2 \cdot (3 \cdot 7 - 6 \cdot 4) = 6 - 6 = 0.$$

◁

Beweis von Satz 7.1.8 Wegen Lemma 7.1.6(a) genügt es, die Gl. (7.7) nachzuweisen. Für $i \in \{1, \ldots, n\}$ gilt

$$\det(A) = \sum_{\sigma \in S_n} \text{sgn}(\sigma) \cdot \prod_{k=1}^{n} a_{k,\sigma(k)}$$

$$= \sum_{j=1}^{n} \sum_{\substack{\sigma \in S_n \\ \text{mit } \sigma(i)=j}} \text{sgn}(\sigma) \cdot a_{i,j} \cdot \prod_{\substack{k=1,\dots,n \\ k \neq i}} a_{k,\sigma(k)}.$$

Mit

$$c_{i,j} := \sum_{\substack{\sigma \in S_n \\ \text{mit } \sigma(i)=j}} \text{sgn}(\sigma) \cdot \prod_{\substack{k=1,\dots,n \\ k \neq i}} a_{k,\sigma(k)}$$

ist also $c_{i,j} = (-1)^{i+j} \det(A_{i,j})$ zu zeigen. Wir benutzen die beiden speziellen Permutationen

$$\eta = (i, i+1, \dots, n-1, n) \quad \text{und} \quad \rho = (j, j+1, \dots, n-1, n) \in S_n.$$

Es gelten $\text{sgn}(\eta) = (-1)^{n-i}$ und $\text{sgn}(\rho) = (-1)^{n-j}$ (siehe Aufgabe 7.1.1). Mit $b_{k,l} := a_{\eta(k),\rho(l)}$ ist $A_{i,j} = (b_{k,l})_{k,l=1,\dots,n-1}$. Außerdem gilt für $\sigma \in S_n$ die Äquivalenz

$$\sigma(i) = j \iff (\rho^{-1}\sigma\eta)(n) = n.$$

Mit $\tau := \rho^{-1}\sigma\eta$ als neuer Summationsvariable erhalten wir daher

$$c_{i,j} = \sum_{\substack{\tau \in S_n \\ \text{mit } \tau(n)=n}} \text{sgn}(\rho\tau\eta^{-1}) \cdot \prod_{\substack{k=1,\dots,n \\ k \neq i}} a_{k,(\rho\tau\eta^{-1})(k)},$$

und weiter mit $l := \eta^{-1}(k)$ (welches zwischen 1 und $n-1$ läuft)

$$c_{i,j} = \text{sgn}(\rho)\,\text{sgn}(\eta^{-1}) \cdot \sum_{\tau \in S_{n-1}} \text{sgn}(\tau) \cdot \prod_{l=1}^{n-1} \underbrace{a_{\eta(l),(\rho\tau)(l)}}_{=b_{l,\tau(l)}} = (-1)^{i+j} \det(A_{i,j}).$$

Dies schließt den Beweis ab. $\square$

Wir nehmen Satz 7.1.8 zum Anlass für folgende Definition:

Definition 7.1.10 *Es sei* $A \in K^{n \times n}$ *mit* $n \geq 2$. *Für* $i, j \in \{1, \dots, n\}$ *sei* $A_{i,j} \in K^{(n-1) \times (n-1)}$ *die Matrix, die aus A durch Weglassen der i-ten Zeile und der j-ten Spalte entsteht. Mit*

$$c_{i,j} := (-1)^{i+j} \det(A_{j,i})$$

heißt $C := (c_{i,j}) \in K^{n \times n}$ *die* **adjunkte Matrix** *von A.*

Man beachte den kleinen Unterschied zwischen der Definition der $c_{i,j}$ im Beweis von Satz 7.1.8 und Definition 7.1.10.

Satz 7.1.11 (adjunkte Matrix) *Es sei* $A \in K^{n \times n}$ *mit* $n \geq 2$. *Dann gilt mit der adjunkten Matrix* $C \in K^{n \times n}$ *von A die Formel:*

$$A \cdot C = C \cdot A = \det(A) \cdot I_n.$$

Beweis Wir schreiben $A = (a_{i,j})$. Der (i, i)-te Eintrag von $A \cdot C$ ist

$$\sum_{j=1}^{n} a_{i,j} c_{j,i} = \sum_{j=1}^{n} (-1)^{i+j} a_{i,j} \det(A_{i,j}) = \det(A),$$

wobei für die letzte Gleichheit (7.7) verwendet wurde. Nun sei $k \in \{1, \ldots, n\}$ mit $k \neq i$, und $A' \in K^{n \times n}$ sei die Matrix, die aus A durch Weglassen der k-ten Zeile und durch Verdoppeln (zweimal untereinander schreiben) der i-ten Zeile entsteht. Für alle j gilt $A'_{i,j} = A_{k,j}$. Also ist der (i, k)-te Eintrag von $A \cdot C$ gleich

$$\sum_{j=1}^{n} a_{i,j} (-1)^{j+k} \det(A_{k,j}) = (-1)^{i+k} \sum_{j=1}^{n} (-1)^{i+j} a_{i,j} \det(A'_{i,j}) = \pm \det(A').$$

Wegen Lemma 7.1.6(c) gilt aber $\det(A') = 0$. Insgesamt haben wir damit $A \cdot C = \det(A) \cdot I_n$ nachgewiesen, und der Beweis von $C \cdot A = \det(A) \cdot I_n$ läuft ebenso. $\square$

Wir ziehen eine wichtige Folgerung.

Satz 7.1.12 *Für* $A \in K^{n \times n}$ *gilt die Äquivalenz*

$$\boxed{A \text{ ist invertierbar} \quad \Longleftrightarrow \quad \det(A) \neq 0.}$$

Falls A invertierbar ist, so gelten

$$\det(A^{-1}) = 1 / \det(A)$$

und

$$A^{-1} = \frac{1}{\det(A)} \cdot C, \tag{7.9}$$

wobei C für die adjunkte Matrix steht.

Beweis Falls A invertierbar ist, folgt nach Satz 7.1.7 und Beispiel 7.1.5(4)

$$\det(A^{-1}) \cdot \det(A) = \det(A^{-1} \cdot A) = \det(I_n) = 1,$$

also $\det(A) \neq 0$ und $\det(A^{-1}) = 1/\det(A)$.

Ist umgekehrt $\det(A) \neq 0$, so liefert Satz 7.1.11 die Gleichung

$$\frac{1}{\det(A)} \cdot C \cdot A = I_n,$$

und es folgen (7.9) und die Invertierbarkeit von A.   □

Anmerkung 7.1.13

(a) Das Berechnen der Inversen nach Formel (7.9) ist aufwändiger als das in Abschn. 5.5 angegebene Verfahren. Die Formel kann jedoch nützlich sein, wenn in A Parameter vorkommen, oder um die auftretenden Nenner zu kontrollieren.

(b) Die bis hierhin in diesem Abschnitt entwickelte Theorie bleibt auch dann gültig, wenn der Körper K durch einen kommutativen Ring R ersetzt wird, wobei die Bedingung „$\det(A) \neq 0$" in Satz 7.1.12 durch „$\det(A)$ ist als Element von R invertierbar" zu ersetzen ist. (Das Matrixprodukt über R ist genauso definiert wie über einem Körper.)   ◁

Beispiel 7.1.14

(1) Für invertierbare 2×2-Matrizen liest sich (7.9) als

$$\begin{pmatrix} a & b \\ c & d \end{pmatrix}^{-1} = \frac{1}{ad - bc} \cdot \begin{pmatrix} d & -b \\ -c & a \end{pmatrix}.$$

Dies lässt sich auch direkt verifizieren (siehe Aufgabe 5.5.7).

(2) Für welche $a \in \mathbb{R}$ ist die Matrix $A = \begin{pmatrix} 1 & a \\ a & 1 \end{pmatrix}$ invertierbar? Die Bedingung hierfür ist nach Satz 7.1.12 $\det(A) \neq 0$, also $1 - a^2 \neq 0$. Damit ist A ist also nur für $a = \pm 1$ nicht invertierbar.   ◁

Wir haben inzwischen eine ganze Reihe an Eigenschaften kennengelernt, die alle für eine quadratische Matrix $A \in K^{n \times n}$ äquivalent sind. Diese äquivalenten Eigenschaften sind:

- A ist regulär (also $\mathrm{rg}(A) = n$),
- A ist invertierbar (anders gesagt: $A \in \mathrm{GL}_n(K)$),
- die Zeilen von A sind linear unabhängig,
- die Spalten von A sind linear unabhängig,
- die Abbildung φ_A ist injektiv,
- die Abbildung φ_A ist surjektiv,
- das LGS $A \cdot x = 0$ ist eindeutig lösbar,
- für alle $b \in K^n$ ist das LGS $A \cdot x = b$ eindeutig lösbar,
- $\det(A) \neq 0$.

Wir ziehen eine weitere Folgerung aus Satz 7.1.7.

Korollar 7.1.15 *Zwei Matrizen* $A, B \in K^{n \times n}$ *seien ähnlich. Dann gilt*

$$\det(A) = \det(B).$$

Beweis Wir haben $B = S^{-1}AS$ mit $S \in \mathrm{GL}_n(K)$. Wegen der Sätze 7.1.7 und 7.1.12 folgt

$$\det(B) = \det(S)^{-1} \det(A) \det(S) = \det(A).$$

$\square$

Korollar 7.1.15 hat eine interessante konzeptionelle Interpretation: Ist $\varphi \colon V \to V$ eine lineare Selbstabbildung eines endlich-dimensionalen Vektorraums V, so lässt sich $\det(\varphi)$ nach Wahl einer Basis B von V durch

$$\det(\varphi) := \det(D_B(\varphi))$$

definieren. Denn bei einer anderen Basiswahl geht $D_B(\varphi)$ nach Korollar 5.5.12 über in eine ähnliche Matrix.

Definition 7.1.16 *Die Menge*

$$\mathrm{SL}_n(K) := \left\{ A \in K^{n \times n} \mid \det(A) = 1 \right\}$$

heißt die **spezielle lineare Gruppe**. *Aus Satz 7.1.7 folgt, dass* $\mathrm{SL}_n(K)$ *eine Untergruppe der* $\mathrm{GL}_n(K)$ *ist.*

Nur quadratische Matrizen haben Determinanten. Bei allgemeinen Matrizen $A \in K^{m \times n}$ kann man sogenannte **Minoren** (auch: *Unterdeterminanten*) betrachten. Für $r \leq \min\{m, n\}$ wird ein $r \times r$-Minor von A durch eine Auswahl von r Zeilen und r Spalten von A gebildet, wodurch eine $r \times r$-Matrix entsteht. Der Minor ist die Determinante dieser Matrix. Es gibt also im Allgemeinen eine ganze Menge Minoren. Beispielsweise ist die Anzahl der 2×2-Minoren einer 3×4-Matrix gleich $3 \cdot 6 = 18$. Die 1×1-Minoren sind einfach die Einträge einer Matrix. Mit Hilfe von Korollar 5.4.10 und Satz 7.1.12 lässt sich zeigen, dass das maximale r, für das es einen $r \times r$-Minor $\neq 0$ gibt, der Rang der Matrix ist.

Nun beschäftigen wir uns mit dem effizienten Berechnen der Determinante. Die Definition 7.1.4 ist explizit, so dass eine direkte Berechnung möglich ist. Sie erfordert jedoch wegen $|S_n| = n!$ etwa $n \cdot n!$ Körperoperationen, ein für große n nicht hinnehmbarer Aufwand. Wir werden ein besseres Verfahren entwickeln.

Wir können schon jetzt die Determinante einiger spezieller Matrizen im „Eilverfahren" berechnen. Wir führen drei Fälle an. Begründen kann man die Ergebnisse jeweils entweder durch Entwicklung nach einer Zeile oder Spalte, oder direkt mit Definition 7.1.4.

(1) Für eine **Diagonalmatrix**

$$A = \begin{pmatrix} a_1 & & 0 \\ & \ddots & \\ 0 & & a_n \end{pmatrix} =: \mathrm{diag}(a_1, \dots, a_n),$$

also $a_{i,j} = 0$ für alle $i \neq j$, ist die Determinante gleich dem Produkt der Diagonalelemente, also $\det(A) = a_1 \cdot \dots \cdot a_n$.

(2) Für eine **obere Dreiecksmatrix**

$$A = \begin{pmatrix} a_1 & & * \\ & \ddots & \\ 0 & & a_n \end{pmatrix}, \qquad (7.10)$$

also $a_{i,j} = 0$ für alle $i > j$, gilt ebenfalls

$$\det(A) = a_1 \cdot \dots \cdot a_n. \qquad (7.11)$$

Das Symbol $*$ in (7.10) soll hierbei andeuten, dass oberhalb der Diagonale irgendwelche Einträge stehen können.

Die Formel (7.11) gilt auch für *untere Dreiecksmatrizen*, die ganz analog über die Bedingung $a_{i,j} = 0$ für alle $i < j$ definiert sind.

(3) Für eine **Blockdreiecksmatrix**

$$A = \begin{pmatrix} B & 0 \\ C & D \end{pmatrix}$$

mit $B \in K^{l \times l}$, $D \in K^{(n-l) \times (n-l)}$ und $C \in K^{(n-l) \times l}$ gilt

$$\det(A) = \det(B) \cdot \det(D). \qquad (7.12)$$

Dies lässt sich erweitern auf Matrizen mit mehr als zwei Diagonalblöcken.

Nun wenden wir uns dem Berechnen der Determinante einer Matrix zu, die keine spezielle Gestalt hat. Ziel ist es, auch hierfür den Gauß-Algorithmus einzusetzen. Wir müssen uns also überlegen, welche Auswirkungen elementare Zeilenoperationen auf die Determinante haben. Bei Operationen von Typ I (Vertauschen zweier Zeilen) geht die Antwort aus Lemma 7.1.6(b) hervor: Die Determinante ändert das Vorzeichen. Für Operationen vom Typ II und (wichtiger!) vom Typ III ist es zweckdienlich, diese als Links-Multiplikation mit gewissen Matrizen zu interpretieren: Multiplikation der i-ten Zeile von A mit einem Skalar $a \neq 0$ entspricht der Multiplikation von A mit der Matrix

$$S = \mathrm{diag}(1, \dots, 1, a, 1, \dots, 1),$$

wobei a der i-te Eintrag ist; also $A \to S \cdot A$. Wegen Satz 7.1.7 und der Formel für die Determinante einer Diagonalmatrix ergibt sich $\det(SA) = a \cdot \det(A)$.

Um Operationen von Typ III zu behandeln, betrachten wir Matrizen $E_{i,j} \in K^{n \times n}$, die per Definition überall Nullen haben außer im (i,j)-ten Eintrag, der 1 ist. Nun sieht man leicht, dass Addition des a-fachen der j-ten Zeile zu der i-ten Zeile einer Multiplikation mit $I_n + a \cdot E_{i,j}$ von links entspricht: $A \to (I_n + a \cdot E_{i,j}) \cdot A$. Da $I_n + a \cdot E_{i,j}$ eine Dreiecksmatrix ist, folgt aus der Regel (2), dass $\det(I_n + a \cdot E_{i,j}) = 1$ ist, also ändert sich nach Satz 7.1.7 die Determinante bei Operationen von Typ III nicht. Wir fassen zusammen:

Typ I (Vertauschen zweier Zeilen):
Die Determinante ändert das Vorzeichen.

Typ II (Multiplikation einer Zeile mit einem Skalar $a \in K \setminus \{0\}$):
Die Determinante multipliziert sich mit a. Als Formel ausgedrückt:

$$\det(\text{„neue Matrix“}) = a \cdot \det(\text{„alte Matrix“}).$$

Typ III (Addition des a-fachen einer Zeile zu einer anderen):
Die Determinante ändert sich nicht.

Wir bemerken noch, dass Entsprechendes auch für *elementare Spaltenoperationen* gilt.

Nun kann man den Gauß-Algorithmus zum Berechnen von Determinanten verwenden. Die Strategie ist hierbei in einer Spalte (oder Zeile) so viele Nullen zu erzeugen, dass eine Entwicklung nach dieser Spalte (oder Zeile) sehr einfach wird. Wir können dabei den Gauß-Algorithmus variieren, denn es kommt nicht darauf an, in welcher Spalte bzw. Zeile wir die Nullen erzeugen.

Beispiel 7.1.17 Wir berechnen (mit nachfolgenden Kommentaren zu einzelnen Rechenschritten)

$$\det \begin{pmatrix} 1 & 3 & 4 & 2 \\ 1 & 4 & 2 & 0 \\ 0 & 2 & 1 & 3 \\ 1 & -5 & 0 & -1 \end{pmatrix} = \det \begin{pmatrix} 1 & 3 & 4 & 2 \\ 0 & 1 & -2 & -2 \\ 0 & 2 & 1 & 3 \\ 0 & -8 & -4 & -3 \end{pmatrix}$$

$$\underset{(1)}{=} 1 \cdot \det \begin{pmatrix} 1 & -2 & -2 \\ 2 & 1 & 3 \\ -8 & -4 & -3 \end{pmatrix} = \det \begin{pmatrix} 5 & 0 & 4 \\ 2 & 1 & 3 \\ 0 & 0 & 9 \end{pmatrix}$$

$$\underset{(2)}{=} 1 \cdot \det \begin{pmatrix} 5 & 4 \\ 0 & 9 \end{pmatrix} \underset{(3)}{=} 5 \cdot 9 = 45.$$

Hierbei wurden neben den Zeilenoperationen folgende Schritte durchgeführt:

(1) Entwicklung nach der ersten Spalte.
(2) Entwicklung nach der zweiten Spalte.
(3) Die Formel für obere Dreiecksmatrizen (oder die Formel für 2×2-Determinanten).

$\lhd$

Zum Abschluss des Abschnitts geben wir noch eine geometrische Interpretation der Determinante. Es seien $v_1, v_2 \in \mathbb{R}^2$ die Spalten einer reellen 2×2-Matrix $A = (v_1 | v_2)$. Dann bildet die durch A definierte lineare Abbildung $\varphi_A : \mathbb{R}^2 \to \mathbb{R}^2$ das Einheitsquadrat auf das Parallelogramm mit den Seiten v_1 und v_2 ab:

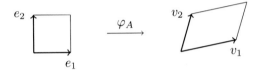

Der Betrag der Determinante von A entspricht nun dem *Flächeninhalt* dieses Parallelogramms. Das Vorzeichen der Determinante gibt hierbei die *Orientierung* der Vektoren v_1 und v_2 an. Obige Skizze gehört zum Fall $\det(A) > 0$, in welchem v_1, v_2 die gleiche Orientierung wie e_1, e_2 haben. Des Weiteren ist offenbar genau dann $\det(A) = 0$, wenn die beiden Vektoren auf einer Geraden liegen, also gar kein Parallelogramm vorliegt.

Im $\mathbb{R}^3$ landet man auf diese Weise beim *(orientierten) Volumen* des von drei Vektoren aufgespannten *Spats*. Diese Beobachtungen lassen sich auf n-dimensionale Volumina verallgemeinern. Beweise dieser Aussagen sind für uns an dieser Stelle nicht möglich, da wir Flächeninhalte bzw. Volumina nicht mathematisch definiert haben. Dies geschieht in der Maßtheorie. Flächeninhalte von Parallelogrammen (bzw. deren höherdimensionale Verallgemeinerungen) sind besonders wichtig, weil Parallelogramme bei Flächen-Integralen als „infinitesimale" Flächenelemente auftreten.

Aufgaben

7.1.1 Zeigen Sie, dass für einen r-Zykel $\sigma \in S_n$ gilt: $\mathrm{sgn}(\sigma) = (-1)^{r-1}$.

7.1.2 Zeigen Sie, dass es für $n \geq 2$ in der S_n genau so viele gerade Permutationen (d. h. $\sigma \in S_n$ mit $\mathrm{sgn}(\sigma) = 1$) wie ungerade Permutationen (d. h. $\sigma \in S_n$ mit $\mathrm{sgn}(\sigma) = -1$) gibt.

7.1.3

(a) Beweisen Sie die Formel (7.11) für die Determinante einer oberen Dreiecksmatrix.
(b) Beweisen Sie die Formel (7.12) für die Determinante einer Blockdreiecksmatrix.

Tipp: Sie können $A = \begin{pmatrix} B & 0 \\ C & D \end{pmatrix}$ zerlegen als $A = \begin{pmatrix} B & 0 \\ 0 & I_{n-l} \end{pmatrix} \cdot \begin{pmatrix} I_l & 0 \\ C & D \end{pmatrix}$.

7.1.4 Berechnen Sie die Determinanten der folgenden reellen Matrizen:

$$A = \begin{pmatrix} 2 & 3 \\ 7 & 5 \end{pmatrix}, \quad B = \begin{pmatrix} 1 & 2 & 4 \\ 3 & 5 & 7 \\ 0 & -1 & 1 \end{pmatrix}, \quad C = \begin{pmatrix} 3 & 5 & 0 & 2 \\ 23 & -17 & 1 & 1 \\ 6 & 21 & 0 & 1 \\ 0 & 4 & 0 & 0 \end{pmatrix}, \quad D = \begin{pmatrix} 2 & 3 & 8 & 6 & 6 \\ 7 & 5 & 2 & 3 & 3 \\ 0 & 0 & 1 & 2 & 4 \\ 0 & 0 & 3 & 5 & 7 \\ 0 & 0 & 0 & -1 & 1 \end{pmatrix}.$$

7.1.5 Untersuchen Sie, für welche $m \in \mathbb{N}_{\geq 1}$ die Formel

$$\det \begin{pmatrix} A & B \\ C & D \end{pmatrix} \overset{?}{=} \det(A) \cdot \det(D) - \det(B) \cdot \det(C)$$

für alle $A, B, C, D \in K^{m \times m}$ gilt.

7.1.6 📷 *(Video-Link siehe Vorwort, Seite VI)*
Berechnen Sie die Determinanten der folgenden reellen Matrizen

$$A = \begin{pmatrix} 2 & 3 & 4 & 1 \\ 3 & 4 & 1 & 2 \\ 4 & 1 & 2 & 3 \\ 1 & 2 & 3 & 4 \end{pmatrix}, \quad B = \begin{pmatrix} 1 & 2 & 3 & 4 \\ 2 & 3 & 4 & 1 \\ 3 & 4 & 1 & 2 \\ 4 & 1 & 2 & 3 \end{pmatrix}, \quad C = \frac{1}{2} \cdot A, \quad D = A^T C^2.$$

7.1.7 Im Folgenden sind jeweils ein Körper bzw. ein kommutativer Ring K und eine Matrix gegeben. Untersuchen Sie, ob die Matrix über K invertierbar ist:

(a) $K = \mathbb{F}_7, \quad A = \begin{pmatrix} 5 & 1 \\ 2 & 6 \end{pmatrix} \in \mathbb{F}_7^{2 \times 2}$,

(b) $K = \mathbb{Z}, \quad B = \begin{pmatrix} 5 & 7 \\ 3 & 4 \end{pmatrix} \in \mathbb{Z}^{2 \times 2}$,

(c) $K = \mathbb{C}, \quad C = \begin{pmatrix} 1 + i & 5i - 1 \\ 1 & 2 + 3i \end{pmatrix} \in \mathbb{C}^{2 \times 2}$,

(d) $K = \mathbb{R}, \quad D = \begin{pmatrix} 1 & a & 2 \\ 1 & 0 & 1 \\ 4a & 1 & 4 \end{pmatrix}$ (in Abhängigkeit vom Parameter $a \in \mathbb{R}$).

7.1.8 Eine Matrix $A \in K^{n \times n}$ heißt

(i) **nilpotent**, wenn ein $k \in \mathbb{N}$ existiert mit $A^k = 0$;
(ii) **idempotent**, wenn $A^2 = A$ gilt;
(iii) **selbstinvers**, wenn $A^2 = I_n$ gilt.

(a) Bestimmen Sie, welche Werte die Determinante einer Matrix A annehmen kann, die (i) nilpotent, bzw. (ii) idempotent, bzw. (iii) selbstinvers ist.

(b) Geben Sie für jede der drei Eigenschaften ein Beispiel für eine Matrix in $K^{2\times2} \setminus \{0, I_2\}$ an, die diese Eigenschaft erfüllt.

7.1.9 Es sei $z = a + bi \in \mathbb{C}$. Wir betrachten $\mathbb{C}$ als $\mathbb{R}$-Vektorraum und die lineare Abbildung $\varphi_z : \mathbb{C} \to \mathbb{C}, x \mapsto zx$. Bestimmen Sie $\det(\varphi_z)$.

7.1.10 Beantworten Sie die folgenden Fragen mit Begründung:

(a) Gibt es eine Matrix $A \in GL_3(\mathbb{R})$ mit $A^{-1} = -A$?
    (Wie wäre es stattdessen mit $A \in GL_2(\mathbb{R})$?)
(b) Gibt es Matrizen $A, B \in GL_2(\mathbb{C})$ mit $AB = 2BA$?
    (Wie wäre es stattdessen mit $A, B \in \mathbb{C}^{2\times2}$?)

7.1.11 Es seien $x_1, \dots, x_n \in K$. Die Matrix $A = (a_{i,j}) \in K^{n\times n}$ mit den Einträgen $a_{i,j} = x_i^{j-1}$, also

$$A = \begin{pmatrix} 1 & x_1 & x_1^2 & \dots & x_1^{n-1} \\ 1 & x_2 & x_2^2 & \dots & x_2^{n-1} \\ \vdots & \vdots & \vdots & & \vdots \\ 1 & x_n & x_n^2 & \dots & x_n^{n-1} \end{pmatrix},$$

heißt eine **Vandermonde-Matrix**.

(a) Zeigen Sie:

$$\det(A) = \prod_{1 \le i < j \le n} (x_j - x_i).$$

(b) Beweisen Sie mit Hilfe von (a) den **Interpolationssatz von Lagrange**: Sind $x_1, \dots, x_n$ paarweise verschieden, so gibt es zu jedem $(y_1, \dots, y_n) \in K^n$ genau ein Polynom $f \in K[x]_{<n}$ mit $f(x_i) = y_i$ für $i = 1, \dots, n$.

(Einen konstruktiven Beweis hatten wir schon in Aufgabe 2.2.13 gesehen.)

7.1.12 Es sei $A \in K^{m\times n}$. Zeigen Sie, dass für alle $r \in \mathbb{N}$ mit $1 \le r \le \min\{m, n\}$ gilt:

$$\text{rg}(A) \ge r \quad \Longleftrightarrow \quad \text{es existiert ein } r \times r\text{-Minor} \ne 0 \text{ in } A.$$

Ist $A \ne 0$, so folgt $\text{rg}(A) = \max\{r \in \mathbb{N}_{\ge 1} \mid \exists\, r \times r\text{-Minor} \ne 0 \text{ in } A\}$.

7.1.13 Es sei $\text{char}(K) \ne 2$. Eine Matrix $A \in K^{n\times n}$ heißt **antisymmetrisch** (auch: *schiefsymmetrisch*), wenn $A^T = -A$ gilt. Zeigen Sie:

(a) Ist n ungerade und ist $A \in K^{n\times n}$ antisymmetrisch, so ist $\det(A) = 0$.
(b) Die Determinante einer antisymmetrischen 4×4-Matrix lautet:

$$\det \begin{pmatrix} 0 & a & b & c \\ -a & 0 & d & e \\ -b & -d & 0 & f \\ -c & -e & -f & 0 \end{pmatrix} = (af - be + cd)^2.$$

Der Wert $\mathrm{pf}(A) := af - be - cd$ ist die sogenannte **Pfaff'sche Determinante** von A. Auch für $n \neq 2$ hat eine antisymmetrische $2n \times 2n$-Matrix A eine Pfaff'sche Determinante, und es gilt stets $\det(A) = \mathrm{pf}(A)^2$

7.1.14 Es seien $a, b, c, d \in \mathbb{R}_{\geq 0}$ so gewählt, dass $v = \binom{a}{c}$, $w = \binom{b}{d} \in \mathbb{R}^2$ linear unabhängig sind. Zeigen Sie mit Methoden der Schulgeometrie, dass $|\det(v \,|\, w)|$ der Flächeninhalt des Parallelogramms mit den Ecken 0, v, w, $v + w$ ist. (Die Aussage gilt auch, wenn v, w nicht im 1. Quadranten liegen, also für $a, b, c, d \in \mathbb{R}$.)

7.1.15 Wir können die Determinante als eine Abbildung

$$\det : \underbrace{K^n \times \ldots \times K^n}_{n \text{ mal}} \to K, \quad (s_1, \ldots, s_n) \mapsto \det(s_1 | \ldots | s_n)$$

betrachten. Zeigen Sie, dass diese Abbildung **multilinear** ist, d. h. für alle $j \in \{1, \ldots, n\}$ und alle $s_1, \ldots, s_{j-1}, s_{j+1}, \ldots, s_n \in K^n$ ist die folgende Abbildung linear:

$$f : K^n \to K, \quad x \mapsto \det(s_1 | \ldots | s_{j-1} | x | s_{j+1} | \ldots | s_n).$$

Die Determinante ist so aufgefasst also eine **alternierende Multilinearform** auf K^n, wobei mit dem Attribut alternierend gemeint ist, dass $\det(A) = 0$ ist, wenn zwei Spalten von A übereinstimmen. Man kann zeigen, dass det die einzige alternierende Multilinearform $d : (K^n)^n \to K$ mit $d(e_1 | \ldots | e_n) = 1$ ist.

7.1.16 Es sei $A = (s_1 | \ldots | s_n) \in K^{n \times n}$ eine invertierbare Matrix mit den Spalten $s_1, \ldots, s_n \in K^n$. Weiter sei $b \in K^n$ und es sei $x \in K^n$ die Lösung des LGS $Ax = b$. Wir bezeichnen mit $A_{i,b}$ die Matrix

$$A_{i,b} = (s_1 | \ldots | s_{i-1} | b | s_{i+1} | \ldots | s_n).$$

Beweisen Sie die **Cramer'sche Regel**: Für $i = 1, \ldots, n$ gilt

$$x_i = \frac{\det(A_{i,b})}{\det(A)}.$$

7.1.17 ✤ Es seien $A, B, C, D \in K^{m \times m}$ mit $AC = CA$. Zeigen Sie:

$$\det \underbrace{\begin{pmatrix} A & B \\ C & D \end{pmatrix}}_{=:M} = \det(AD - CB).$$

Tipp: Multiplizieren Sie mit einer geeigneten Blockdreiecksmatrix von links und zeigen Sie damit die Formel zunächst im Fall $\det(A) \neq 0$. Für die allgemeine Situation benutzen Sie die Matrizen $A_x := x \cdot I_m + A$ und $M_x := \begin{pmatrix} A_x & B \\ C & D \end{pmatrix}$ über dem Polynomring $K[x]$.

7.2 Eigenwerte

Auch in diesem Abschnitt sei K ein Körper. Die Wirkung einer Matrix oder einer linearen Abbildung auf einen Vektor ist dann besonders einfach, wenn dieser nur „gestreckt", also auf ein skalares Vielfaches von sich selbst abgebildet wird. Diese Idee steckt hinter der folgenden Definition.

Definition 7.2.1 *Es sei* $A \in K^{n \times n}$ *eine quadratische Matrix. Ein* $\lambda \in K$ *heißt ein* **Eigenwert** *von A, falls ein Vektor* $v \in K^n \setminus \{0\}$ *mit* $A \cdot v = \lambda \cdot v$ *existiert. Ein solcher Vektor* v *heißt dann ein* **Eigenvektor** *von A (zum Eigenwert* λ*). Die Menge*

$$E_\lambda := \left\{ v \in K^n \mid A \cdot v = \lambda \cdot v \right\}$$

heißt der **Eigenraum** *zum Eigenwert* λ *und besteht also aus allen Eigenvektoren zum Eigenwert* λ *zusammen mit dem Nullvektor. Die Menge* E_λ *ist auch definiert, wenn* $\lambda \in K$ *kein Eigenwert ist. In diesem Fall ist* $E_\lambda = \{0\}$*.*

Für eine lineare Abbildung $\varphi \colon V \to V$ *eines* K*-Vektorraums* V *werden Eigenwerte, Eigenvektoren und Eigenräume durch die Eigenschaft*

$$\varphi(v) = \lambda \cdot v$$

definiert.

Beispiel 7.2.2

(1) Für $A = \begin{pmatrix} 0 & 1 \\ 1 & 0 \end{pmatrix} \in \mathbb{R}^{2 \times 2}$ gilt $A \cdot \begin{pmatrix} 1 \\ 1 \end{pmatrix} = \begin{pmatrix} 1 \\ 1 \end{pmatrix}$, also ist 1 ein Eigenwert von A und $\begin{pmatrix} 1 \\ 1 \end{pmatrix}$ ein zugehöriger Eigenvektor. Ein weiterer Eigenwert ist -1, denn

$$A \cdot \begin{pmatrix} 1 \\ -1 \end{pmatrix} = \begin{pmatrix} -1 \\ 1 \end{pmatrix} = -\begin{pmatrix} 1 \\ -1 \end{pmatrix}.$$

Der Eigenraum zu $\lambda = 1$ ist

$$E_1 = \left\{ v \in K^2 \mid A \cdot v = v \right\} = \left\{ v \in K^2 \mid (A - I_2) \cdot v = 0 \right\},$$

also der Lösungsraum des homogenen LGS $(A - I_2) \cdot x = 0$. Offenbar hat die Matrix $A - I_2 = \begin{pmatrix} -1 & 1 \\ 1 & -1 \end{pmatrix}$ den Rang 1, also folgt $\dim(E_1) = 1$ nach Proposition 5.3.14. Wir erhalten also

$$E_1 = \left\langle \begin{pmatrix} 1 \\ 1 \end{pmatrix} \right\rangle,$$

und mit den gleichen Argumenten

$$E_{-1} = \left\langle \begin{pmatrix} 1 \\ -1 \end{pmatrix} \right\rangle.$$

Insgesamt stellen wir fest, dass $\left\{ \begin{pmatrix} 1 \\ 1 \end{pmatrix}, \begin{pmatrix} 1 \\ -1 \end{pmatrix} \right\}$ eine Basis aus Eigenvektoren bildet. Die Frage, ob A außer ± 1 noch weitere Eigenwerte hat, werden wir bald beantworten können.

(2) Auf dem Vektorraum $V = C^\infty(\mathbb{R})$ der unendlich oft differenzierbaren Funktionen $\mathbb{R} \to \mathbb{R}$ sei $\varphi \colon V \to V$, $f \mapsto f'$ gegeben. Für $\lambda \in \mathbb{R}$ ist die Exponentialfunktion $f_\lambda \colon \mathbb{R} \to \mathbb{R}$, $x \mapsto \exp(\lambda x)$ ein Eigenvektor (man spricht in diesem Zusammenhang auch von einer *Eigenfunktion*) zum Eigenwert λ. Die Theorie der gewöhnlichen Differentialgleichungen liefert, dass der Eigenraum E_λ von f_λ erzeugt wird, also eindimensional ist. Alle $\lambda \in \mathbb{R}$ sind in diesem Beispiel Eigenwerte.

(3) Für eine lineare Abbildung $\varphi \colon V \to V$ ist 0 genau dann ein Eigenwert, wenn φ nicht injektiv ist. Der Eigenraum ist $E_0 = \operatorname{Kern}(\varphi)$. ◁

Im obigen Beispiel haben wir bereits gesehen, dass Eigenräume Unterräume sind. Dies gilt allgemein, wie man leicht nachrechnet. Wir halten fest:

Proposition 7.2.3 *Für eine Matrix $A \in K^{n \times n}$ bzw. für eine lineare Abbildung $\varphi \colon V \to V$ und $\lambda \in K$ ist E_λ ein Unterraum von K^n bzw. von V.*

Wie kann man Eigenwerte einer Matrix $A \in K^{n \times n}$ berechnen? Nach Definition ist $\lambda \in K$ genau dann ein Eigenwert, wenn $E_\lambda \neq \{0\}$, d.h. wenn das homogene LGS

$$(A - \lambda I_n) \cdot x = 0$$

nicht eindeutig lösbar ist. Dies ist nach den Ergebnissen von Abschn. 7.1 äquivalent zu $\det(A - \lambda I_n) = 0$. Diese Überlegungen nehmen wir zum Anlass für eine Definition.

Definition 7.2.4 *Es sei $A \in K^{n \times n}$ eine quadratische Matrix. Die **charakteristische Matrix** von A ist die Matrix*

$$x \cdot I_n - A \in K[x]^{n \times n}$$

mit Einträgen im Polynomring $K[x]$. Weiter heißt

$$\chi_A := \det(x \cdot I_n - A) \in K[x]$$

das **charakteristische Polynom** von A.

Den folgenden Satz haben wir damit bereits gezeigt.

Satz 7.2.5 *Die Eigenwerte einer quadratischen Matrix A sind genau die Nullstellen des charakteristischen Polynoms χ_A.*

Beispiel 7.2.6

(1) Für $A = \begin{pmatrix} 0 & 1 \\ 1 & 0 \end{pmatrix} \in \mathbb{R}^{2 \times 2}$ gilt

$$\chi_A = \det \begin{pmatrix} x & -1 \\ -1 & x \end{pmatrix} = x^2 - 1,$$

also sind 1 und -1 die einzigen Eigenwerte von A.

(2) Für $A = \begin{pmatrix} 0 & 1 \\ -1 & 0 \end{pmatrix} \in \mathbb{R}^{2 \times 2}$ gilt

$$\chi_A = \det \begin{pmatrix} x & -1 \\ 1 & x \end{pmatrix} = x^2 + 1,$$

also hat A keine Eigenwerte in $\mathbb{R}$.   ◁

Anmerkung 7.2.7

(a) Das charakteristische Polynom χ_A einer Matrix $A \in K^{n \times n}$ hat den Grad n und es ist **normiert**, d. h. der Koeffizient von x^n ist 1. Mit $A = (a_{i,j})$ gilt genauer

$$\chi_A = x^n - \left(\sum_{i=1}^{n} a_{i,i} \right) \cdot x^{n-1} + \ldots + (-1)^n \det(A),$$

wie man sich mit Hilfe der Leibniz-Formel (am Summanden von $\sigma = \mathrm{id}$) und Einsetzen von $\lambda = 0$ überlegen kann. Die in der Klammer stehende Summe über die Diagonaleinträge heißt die *Spur* von A.

(b) Zwei ähnliche Matrizen $A, B \in K^{n \times n}$ haben das gleiche charakteristische Polynom, denn aus $A = S^{-1} B S$ mit $S \in \mathrm{GL}_n(K)$ folgt

$$\chi_A = \det(x I_n - S^{-1} B S) = \det \left(S^{-1} (x I_n - B) S \right) = \chi_B$$

wegen Korollar 7.1.15.   ◁

Aus Korollar 2.2.18 ergibt sich, dass eine $n \times n$-Matrix höchstens n Eigenwerte hat. Falls K algebraisch abgeschlossen ist, so hat jede quadratische Matrix über K Eigenwerte.

Im Lichte der bisherigen Überlegungen erscheinen die folgenden zwei Definitionen für die Vielfachheit eines Eigenwertes als natürlich.

Definition 7.2.8 *Es sei $\lambda \in K$ ein Eigenwert einer Matrix $A \in K^{n \times n}$.*

(a) *Die* **algebraische Vielfachheit** $m_a(\lambda)$ *von λ ist die Vielfachheit der Nullstelle λ im charakteristischen Polynom χ_A.*
(b) *Die* **geometrische Vielfachheit** *von λ ist*

$$m_g(\lambda) := \dim(E_\lambda).$$

Beispiel 7.2.9

(1) Die Matrix $A = \begin{pmatrix} 0 & 1 \\ 1 & 0 \end{pmatrix} \in \mathbb{R}^{2 \times 2}$ hat die Eigenwerte 1 und -1 (siehe Beispiel 7.2.2). Für beide Eigenwerte sind algebraische und geometrische Vielfachheit gleich 1.
(2) Für die obere Dreiecksmatrix $A = \begin{pmatrix} 1 & 1 \\ 0 & 1 \end{pmatrix} \in \mathbb{R}^{2 \times 2}$ gilt

$$\chi_A = \det \begin{pmatrix} x - 1 & -1 \\ 0 & x - 1 \end{pmatrix} = (x - 1)^2,$$

also ist $\lambda = 1$ der einzige Eigenwert mit algebraischer Vielfachheit $m_a(\lambda) = 2$. Zur Ermittlung der geometrischen Vielfachheit bemerken wir, dass

$$A - I_2 = \begin{pmatrix} 0 & 1 \\ 0 & 0 \end{pmatrix}$$

den Rang 1 hat, also ist $m_g(\lambda) = 1$. ◁

Satz 7.2.10 (algebraische und geometrische Vielfachheit) *Ist $\lambda \in K$ ein Eigenwert einer Matrix $A \in K^{n \times n}$, so gilt*

$$1 \leq m_g(\lambda) \leq m_a(\lambda).$$

Beweis Die erste Ungleichung ist klar, denn für einen Eigenwert gilt per Definition $E_\lambda \neq \{0\}$, also $\dim(E_\lambda) \geq 1$.

Zur Beweis der zweiten Ungleichung setzen wir $m := m_g(\lambda)$ und wählen eine Basis $\{v_1, \ldots, v_m\}$ von E_λ. Diese können wir zu einer Basis $B' = \{v_1, \ldots, v_n\}$ von K^n ergänzen. Für $1 \leq i \leq m$ gilt

$$\varphi_A(v_i) = A \cdot v_i = \lambda \cdot v_i,$$

also hat die Darstellungsmatrix von φ_A bzgl. B' die Form

$$D_{B'}(\varphi_A) = \begin{pmatrix} \begin{array}{ccc|c} \lambda & & 0 & \\ & \ddots & & * \\ 0 & & \lambda & \\ \hline & 0 & & C \end{array} \end{pmatrix} =: D$$

mit $C \in K^{(n-m)\times(n-m)}$. Wir schreiben die Basisvektoren v_i als Spalten in eine Matrix $S := (v_1 | \dots | v_n)$. Dann ist $S = S_{B,B'}$ die Basiswechselmatrix zwischen B' und der Standardbasis B von K^n. Also ist S invertierbar und nach Korollar 5.5.12 (zusammen mit Satz 5.5.5) gilt

$$S^{-1}AS = (S_{B,B'})^{-1} \cdot D_B(\varphi_A) \cdot S_{B,B'} = D_{B'}(\varphi_A) = D.$$

Wegen Anmerkung 7.2.7(b) ist also $\chi_A = \chi_D$. Die Matrix $x I_n - D$ ist jedoch (ebenso wie D selbst) eine obere Blockdreiecksmatrix. Damit können wir die Determinante ablesen und erhalten

$$\chi_A = (x - \lambda)^m \cdot \chi_C.$$

Also ist χ_A durch $(x - \lambda)^m$ teilbar, und wir schließen $m_a(\lambda) \geq m$, wie behauptet.

$\square$

Definition 7.2.11 *Eine quadratische Matrix $A \in K^{n\times n}$ heißt* **diagonalisierbar**, *falls es eine Basis von K^n bestehend aus Eigenvektoren von A gibt. Gleichbedeutend damit ist, dass A ähnlich zu einer Diagonalmatrix ist.*

Ebenso spricht man von der Diagonalisierbarkeit einer linearen Abbildung $\varphi\colon V \to V$ eines endlich-dimensionalen K-Vektorraums V.

Beispiel 7.2.12

(1) $A = \begin{pmatrix} 0 & 1 \\ 1 & 0 \end{pmatrix} \in \mathbb{R}^{2\times 2}$ ist diagonalisierbar (siehe Beispiel 7.2.2).

(2) $A = \begin{pmatrix} 0 & 1 \\ -1 & 0 \end{pmatrix} \in \mathbb{R}^{2\times 2}$ ist nicht diagonalisierbar. Es fehlen Eigenwerte (siehe Beispiel 7.2.6(2)).

(3) $A = \begin{pmatrix} 1 & 1 \\ 0 & 1 \end{pmatrix} \in \mathbb{R}^{2\times 2}$ ist nicht diagonalisierbar. Es fehlen Eigenvektoren (siehe Beispiel 7.2.9(2)).   ◁

Wir werden folgendes Kriterium für Diagonalisierbarkeit beweisen. Es besagt, dass die in Beispiel 7.2.12(2) und (3) aufgetretenen Hindernisse für die Diagonalisierbarkeit tatsächlich die einzig möglichen Hindernisse sind.

Satz 7.2.13 (Diagonalisierbarkeit) *Eine Matrix $A \in K^{n\times n}$ ist genau dann diagonalisierbar, wenn die beiden folgenden Bedingungen erfüllt sind:*

(a) *Das charakteristische Polynom χ_A zerfällt in Linearfaktoren, also*

$$\chi_A = \prod_{i=1}^{r}(x - \lambda_i)^{e_i}$$

mit $e_i = m_a(\lambda_i)$.

(b) *Für alle Eigenwerte λ_i gilt*

$$m_g(\lambda_i) = m_a(\lambda_i).$$

Das folgende Lemma benötigen wir für den Beweis.

Lemma 7.2.14 *Es seien $\lambda_1, \ldots, \lambda_r \in K$ paarweise verschiedene Eigenwerte einer Matrix $A \in K^{n \times n}$. Dann ist die Summe $\sum_{i=1}^{r} E_{\lambda_i}$ der Eigenräume direkt. Eigenvektoren zu verschiedenen Eigenwerten sind also linear unabhängig.*

Beweis Wir benutzen Induktion nach r. Für $r = 1$ ist nichts zu zeigen. Wir können also ab jetzt $r \geq 2$ voraussetzen. Zum Nachweis der Direktheit der Summe seien $v_i \in E_{\lambda_i}$ ($i = 1, \ldots, r$) mit $v_1 + \ldots + v_r = 0$. Wir rechnen:

$$\sum_{i=1}^{r} \lambda_i v_i = \sum_{i=1}^{r} A \cdot v_i = A \cdot \left(\sum_{i=1}^{r} v_i\right) = A \cdot 0 = 0.$$

Andererseits gilt

$$\sum_{i=1}^{r} \lambda_1 v_i = \lambda_1 \cdot \left(\sum_{i=1}^{r} v_i\right) = 0.$$

Wir subtrahieren beide Gleichungen und erhalten

$$\sum_{i=2}^{r} (\lambda_i - \lambda_1) v_i = 0.$$

Da $(\lambda_i - \lambda_1)v_i$ in E_{λ_i} liegt, liefert die Induktionsvoraussetzung $(\lambda_i - \lambda_1)v_i = 0$ für $i \in \{2, \ldots, r\}$. Wegen $\lambda_i \neq \lambda_1$ folgt $v_i = 0$ für $i \in \{2, \ldots, r\}$. Nun folgt auch $v_1 = -(v_2 + \ldots + v_r) = 0$. □

Beweis von Satz 7.2.13 Zunächst nehmen wir an, dass A diagonalisierbar ist, es gibt also eine Basis B von K^n aus Eigenvektoren. Sind $\lambda_1, \ldots, \lambda_r$ die Eigenwerte der Matrix A, so folgt mit $B_i := B \cap E_{\lambda_i}$:

$$n = |B| = \sum_{i=1}^{r} |B_i| \leq \sum_{i=1}^{r} m_g(\lambda_i) \leq \sum_{i=1}^{r} m_a(\lambda_i) \leq \deg(\chi_A) = n,$$

wobei die mittlere Ungleichung aus Satz 7.2.10 folgt und die letzte aus der Definition der $m_a(\lambda_i)$ als Vielfachheiten der Nullstellen von χ_A. Es muss also überall Gleichheit gelten, und es folgen (a) und (b).

Nun nehmen wir umgekehrt an, dass (a) und (b) gelten. Für $i \in \{1, \dots, r\}$ sei B_i eine Basis des Eigenraums E_{λ_i}. Wir setzen $B := B_1 \cup \dots \cup B_r$. Es ist klar, dass B aus Eigenvektoren besteht. Aus Lemma 7.2.14 folgt, dass B linear unabhängig ist. Außerdem gilt

$$|B| = \sum_{i=1}^{r} |B_i| = \sum_{i=1}^{r} m_g(\lambda_i) \underset{(b)}{=} \sum_{i=1}^{r} m_a(\lambda_i) \underset{(a)}{=} \deg(\chi_A) = n.$$

Insgesamt folgt mit Korollar 5.3.16(a), dass B eine Basis von K^n ist. □

Aus Satz 7.2.13 und 7.2.10 erhalten wir ein Kriterium, das in vielen Fällen bereits die Diagonalisierbarkeit einer Matrix garantiert.

Korollar 7.2.15 *Es sei $A \in K^{n \times n}$ eine Matrix, deren charakteristisches Polynom χ_A in Linearfaktoren zerfällt und nur Nullstellen der Vielfachheit 1 hat. Dann ist A diagonalisierbar.*

Als Anwendung betrachten wir ein physikalisches Beispiel. Wir stellen uns vor, dass zwei gleich schwere Massen mit identischen, masselosen Federn an gegenüberliegenden Wänden verbunden sind, und dass zwischen den Masse punkten eine weitere, andersartige Feder befestigt ist. Man spricht auch von *gekoppelten Schwingern*.

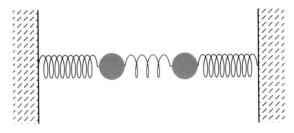

Wenn $x_1(t)$ und $x_2(t)$ die Auslenkungen der Massepunkte (gemessen ab der Ruhelage) zur Zeit t bezeichnen, so gelten die Differentialgleichungen

$$\ddot{x}_1(t) = -a x_1(t) - b\left(x_1(t) - x_2(t)\right),$$
$$\ddot{x}_2(t) = -a x_2(t) - b\left(x_2(t) - x_1(t)\right),$$

wobei die Doppelpunkte wie üblich für die zweite Ableitung nach t stehen und die positiven Konstanten a und b von den Federeigenschaften und dem Gewicht der Massepunkte anhängen. In Matrixschreibweise:

$$\begin{pmatrix} \ddot{x}_1 \\ \ddot{x}_2 \end{pmatrix} = \underbrace{\begin{pmatrix} -a - b & b \\ b & -a - b \end{pmatrix}}_{=:A} \cdot \begin{pmatrix} x_1 \\ x_2 \end{pmatrix}.$$

Das charakeristische Polynom von A ist

$$\chi_A = \det \begin{pmatrix} x + a + b & -b \\ -b & x + a + b \end{pmatrix} = (x + a + b)^2 - b^2 = (x + a)(x + a + 2b).$$

Korollar 7.2.15 garantiert, dass A diagonalisierbar ist. Die Eigenräume berechnen wir durch Auflösen von homogenen LGS (oder durch Hinschauen):

$$E_{-a} = \langle \begin{pmatrix} 1 \\ 1 \end{pmatrix} \rangle \quad \text{und} \quad E_{-a-2b} = \langle \begin{pmatrix} 1 \\ -1 \end{pmatrix} \rangle.$$

Mit $S := \begin{pmatrix} 1 & 1 \\ 1 & -1 \end{pmatrix}$ folgt

$$S^{-1}AS = \begin{pmatrix} -a & 0 \\ 0 & -a - 2b \end{pmatrix}.$$

Wir setzen $\begin{pmatrix} y_1 \\ y_2 \end{pmatrix} := S^{-1} \begin{pmatrix} x_1 \\ x_2 \end{pmatrix}$ und erhalten die Differentialgleichung

$$\begin{pmatrix} \ddot{y}_1 \\ \ddot{y}_2 \end{pmatrix} = S^{-1} \begin{pmatrix} \ddot{x}_1 \\ \ddot{x}_2 \end{pmatrix} = S^{-1}A \begin{pmatrix} x_1 \\ x_2 \end{pmatrix} = S^{-1}AS \begin{pmatrix} y_1 \\ y_2 \end{pmatrix} = \begin{pmatrix} -a & 0 \\ 0 & -a - 2b \end{pmatrix} \begin{pmatrix} y_1 \\ y_2 \end{pmatrix}.$$

Die Diagonalisierung der Matrix hat also dazu geführt, dass wir zwei getrennte Differentialgleichungen für y_1 und y_2 bekommen haben. Diese können wir leicht lösen. Mit $\omega := \sqrt{a}$ und $\widetilde{\omega} := \sqrt{a + 2b}$ lautet die allgemeine Lösung

$$\begin{pmatrix} y_1(t) \\ y_2(t) \end{pmatrix} = \begin{pmatrix} c_1 \cos(\omega t) + c_2 \sin(\omega t) \\ c_3 \cos(\widetilde{\omega} t) + c_4 \sin(\widetilde{\omega} t) \end{pmatrix}$$

mit Konstanten c_i. Durch Multiplikation mit S erhalten wir

$$\begin{pmatrix} x_1(t) \\ x_2(t) \end{pmatrix} = c_1 \begin{pmatrix} \cos(\omega t) \\ \cos(\omega t) \end{pmatrix} + c_2 \begin{pmatrix} \sin(\omega t) \\ \sin(\omega t) \end{pmatrix} + c_3 \begin{pmatrix} \cos(\widetilde{\omega} t) \\ -\cos(\widetilde{\omega} t) \end{pmatrix} + c_4 \begin{pmatrix} \sin(\widetilde{\omega} t) \\ -\sin(\widetilde{\omega} t) \end{pmatrix}.$$

Interessant ist die Lösung mit $c_1 = c_3 = 0$ und $c_2 = c_4 = 1$, die (nach ein paar Umformungen)

$$\begin{pmatrix} x_1(t) \\ x_2(t) \end{pmatrix} = 2 \begin{pmatrix} \cos\left(\frac{\tilde{\omega}-\omega}{2} \cdot t\right) \cdot \sin\left(\frac{\tilde{\omega}+\omega}{2} \cdot t\right) \\ -\sin\left(\frac{\tilde{\omega}-\omega}{2} \cdot t\right) \cdot \cos\left(\frac{\tilde{\omega}+\omega}{2} \cdot t\right) \end{pmatrix}$$

lautet. Diese beschreibt ein periodisches Übertragen der Schwingung von der einen Masse zur anderen und zurück. Damit beenden wir dieses physikalische Anwendungsbeispiel und kehren zur allgemeinen Theorie zurück.

Bei der Definition von Polynomen war uns wichtig, Elemente eines größeren Rings in Polynome einsetzen zu können. Nun werden wir Matrizen in Polynome einsetzen.

Beispiel 7.2.16 Für $A = \begin{pmatrix} 0 & 1 \\ -1 & 0 \end{pmatrix}$ und $f = x^2 + 1$ gilt

$$f(A) = A^2 + I_2 = \begin{pmatrix} -1 & 0 \\ 0 & -1 \end{pmatrix} + \begin{pmatrix} 1 & 0 \\ 0 & 1 \end{pmatrix} = \begin{pmatrix} 0 & 0 \\ 0 & 0 \end{pmatrix}.$$

◁

Im obigen Beispiel haben wir eine Matrix in ihr eigenes charakteristisches Polynom eingesetzt, und heraus kam die Nullmatrix. Der folgende Satz sagt, dass das kein Zufall war.

Satz 7.2.17 (Satz von Cayley-Hamilton) *Für eine quadratische Matrix $A \in K^{n \times n}$ gilt:*

$$\chi_A(A) = 0.$$

Beweis Wir schreiben $A = (a_{i,j})$ und setzen $B := x I_n - A^T$, also die Transponierte der charakteristischen Matrix. Von B können wir die adjunkte Matrix $C \in K[x]^{n \times n}$ bilden. Satz 7.1.11 liefert

$$C \cdot B = \det(B) \cdot I_n = \chi_A \cdot I_n.$$

Für $j, k \in \{1, \ldots, n\}$ gilt also (mit $B = (b_{i,j})$ und $C = (c_{i,j})$)

$$\sum_{i=1}^{n} c_{k,i} b_{i,j} = \delta_{j,k} \cdot \chi_A.$$

In diese Gleichungen von Polynomen können wir $x = A$ einsetzen und erhalten

$$\sum_{i=1}^{n} c_{k,i}(A) b_{i,j}(A) = \delta_{j,k} \cdot \chi_A(A). \tag{7.13}$$

Nach Definition von B gilt $b_{i,j}(A) = \delta_{i,j} \cdot A - a_{j,i} \cdot I_n$. Wir schreiben e_j für den j-ten Standardbasisvektor und erhalten

$$\sum_{j=1}^{n} b_{i,j}(A)e_j = A \cdot e_i - \sum_{j=1}^{n} a_{j,i}e_j = 0. \tag{7.14}$$

Für $k \in \{1, \ldots, n\}$ folgt

$$\chi_A(A) \cdot e_k = \sum_{j=1}^{n} \delta_{j,k} \cdot \chi_A(A) \cdot e_j \underset{(7.13)}{=} \sum_{i,j=1}^{n} c_{k,i}(A)b_{i,j}(A)e_j \underset{(7.14)}{=} 0,$$

woraus die Behauptung $\chi_A(A) = 0$ folgt.   □

Aufgaben
7.2.1 📷 *(Video-Link siehe Vorwort, Seite VI)*
Gegeben seien

$$A = \begin{pmatrix} 4 & -3 & 1 \\ 1 & 0 & 1 \\ 1 & -2 & 3 \end{pmatrix} \in \mathbb{R}^{3\times3} \quad \text{und} \quad v = \begin{pmatrix} 2 \\ 1 \\ 1 \end{pmatrix} \in \mathbb{R}^3.$$

(a) Zeigen Sie, dass v ein Eigenvektor von A ist, und geben Sie den zugehörigen Eigenwert λ an.
(b) Berechnen Sie das charakteristische Polynom von A sowie alle Eigenwerte und alle Eigenräume von A.
(c) Entscheiden Sie, ob A diagonalisierbar ist.

7.2.2 Es sei $A \in K^{n \times n}$ invertierbar und es sei $\lambda \in K$ ein Eigenwert von A. Zeigen Sie, dass dann λ^{-1} ein Eigenwert von A^{-1} ist.

7.2.3 Bestimmen Sie die Eigenwerte und Eigenräume der folgenden reellen Matrizen:

$$A = \begin{pmatrix} 3 & -1 & 7 & 6 \\ -1 & 3 & 8 & 3 \\ 0 & 0 & 3 & -1 \\ 0 & 0 & 1 & 1 \end{pmatrix} \qquad B = \begin{pmatrix} -4 & -2 & 5 \\ 3 & 1 & 5 \\ 0 & 0 & -2 \end{pmatrix}.$$

7.2.4 Es sei $A \in \mathbb{C}^{5\times5}$ eine Matrix mit charakteristischem Polynom $\chi_A = x^5 - x^4 - 16x + 16$. Bestimmen Sie alle Eigenwerte von A und zeigen Sie, dass A diagonalisierbar ist.

7.2.5 Zu einer quadratischen Matrix $A = (a_{i,j}) \in K^{n \times n}$ heißt

$$\mathrm{tr}(A) := \sum_{i=1}^{n} a_{i,i} \quad \text{(Summe der Diagonalelemente)}$$

die **Spur** von A. Zeigen Sie:

(a) Die Abbildung $\mathrm{tr} : K^{n \times n} \to K$, $A \mapsto \mathrm{tr}(A)$ ist linear.
(b) Für alle $A \in K^{m \times n}$ und $B \in K^{n \times m}$ gilt: $\mathrm{tr}(AB) = \mathrm{tr}(BA)$.
(c) Sind $A, B \in K^{n \times n}$ ähnlich, so gilt: $\mathrm{tr}(A) = \mathrm{tr}(B)$.

7.2.6 Beweisen Sie Anmerkung 7.2.7(a). (Eine Verallgemeinerung hiervon findet sich in Aufgabe 11.3.5(a)). Zeigen Sie außerdem: Zerfällt χ_A in Linearfaktoren, also $\chi_A = \prod_{i=1}^{n} (x - \lambda_i)$, so sind $\mathrm{tr}(A)$ bzw. $\det(A)$ die Summe bzw. das Produkt der Eigenwerte:

$$\mathrm{tr}(A) = \sum_{i=1}^{n} \lambda_i \quad \text{und} \quad \det(A) = \prod_{i=1}^{n} \lambda_i.$$

7.2.7 Wir betrachten die Matrizen

$$A = \begin{pmatrix} 6 & -4 & 3 \\ 0 & 1 & 0 \\ -5 & 4 & -2 \end{pmatrix}, \quad B = \begin{pmatrix} 2 & 4 & 4 \\ 0 & 2 & 0 \\ 0 & 0 & 2 \end{pmatrix} \in \mathbb{R}^{3 \times 3}.$$

(a) Berechnen Sie für A und B jeweils das charakteristische Polynom, die Eigenwerte und die Eigenräume.
(b) Entscheiden Sie, welche der beiden Matrizen diagonalisierbar ist. Geben Sie für diese Matrix X auch eine invertierbare Matrix $S \in \mathrm{GL}_3(\mathbb{R})$ und eine Diagonalmatrix $D \in \mathbb{R}^{3 \times 3}$ mit $S^{-1} X S = D$ an.

7.2.8 Es sei $V = \mathbb{R}[x]_{\leq 2}$ mit der Basis $B = \{1, x, x^2\}$. Wir betrachten die linearen Abbildungen

$$\varphi : V \to V, \quad f \mapsto f(x+1) - f' + f(2),$$

$$\psi : V \to V, \quad f \mapsto f - x \cdot f''.$$

(a) Bestimmen Sie die Darstellungsmatrizen $D_B(\varphi)$ und $D_B(\psi)$.
(b) Bestimmen Sie die Eigenwerte und Eigenräume von φ und ψ.
(c) Untersuchen Sie, ob φ bzw. ψ diagonalisierbar ist.

7.2.9 Es sei $A \in K^{n \times n}$.

(a) Zeigen Sie, dass A und A^T dieselben Eigenwerte mit denselben algebraischen und geometrischen Vielfachheiten haben.

(b) Sind auch die Eigenräume von A und von A^T gleich? Geben Sie einen Beweis oder ein Gegenbeispiel an.

7.2.10 🎦 *(Video-Link siehe Vorwort, Seite VI)*
Es sei $(a_n)_{n \in \mathbb{N}}$ die rekursiv definierte Folge

$$a_0 := 0, \quad a_1 := 1, \quad a_n := a_{n-1} + a_{n-2} \quad \text{(für alle } n \geq 2\text{)}$$

der **Fibonacci-Zahlen**. Ziel dieser Aufgabe ist es, eine geschlossene Formel für a_n zu berechnen. Dazu schreiben wir die Rekursion als ein Matrix-Vektor-Produkt:

$$\begin{pmatrix} a_{n-1} \\ a_n \end{pmatrix} = A \cdot \begin{pmatrix} a_{n-2} \\ a_{n-1} \end{pmatrix} = \ldots = A^{n-1} \cdot \begin{pmatrix} a_0 \\ a_1 \end{pmatrix} \quad \text{mit} \quad A := \begin{pmatrix} 0 & 1 \\ 1 & 1 \end{pmatrix}.$$

Bestimmen Sie nun eine invertierbare Matrix $S \in \mathrm{GL}_2(\mathbb{R})$ und eine Diagonalmatrix $D \in \mathbb{R}^{2 \times 2}$ mit $S^{-1}AS = D$. Folgern Sie $A^k = SD^kS^{-1}$ für alle $k \in \mathbb{N}$ und berechnen Sie auf diesem Weg eine geschlossene Formel für a_n.
(In einem Projekt nach Abschn. 9.2 beschäftigen wir uns ausführlicher mit solchen *linearen Rekursionen*.)

7.2.11 Es sei V ein K-Vektorraum. Wir können nicht nur Matrizen $A \in K^{m \times m}$, sondern auch lineare Abbildungen $\varphi \in \mathrm{Hom}(V, V)$ in Polynome einsetzen:

$$f = \sum_{k=0}^{n} a_k x^k \in K[x] \quad \Longrightarrow \quad f(\varphi) := \sum_{k=0}^{n} a_k \varphi^k \in \mathrm{Hom}(V, V),$$

hierbei ist $\varphi^0 = \mathrm{id}_V$ und $\varphi^k = \varphi \circ \ldots \circ \varphi$ für $k \geq 1$ die k-fache Hintereinanderausführung. Zeigen Sie:

(a) Ist $\lambda \in K$ ein Eigenwert von φ, so ist $f(\lambda)$ ein Eigenwert von $f(\varphi)$.

(b) Ist $f(\varphi) = 0$, so sind alle Eigenwerte von φ Nullstellen von f.

7.2.12 Beweisen Sie den Satz von Cayley-Hamilton für 2×2-Matrizen noch einmal durch explizites Nachrechnen, also $\chi_A(A) = 0$ für $A = \begin{pmatrix} a & b \\ c & d \end{pmatrix} \in K^{2 \times 2}$.

7.2.13 Es sei $A \in K^{n \times n}$ eine Matrix, deren charakteristisches Polynom χ_A in Linearfaktoren zerfällt. Zeigen Sie, dass die folgenden Aussagen äquivalent sind:

(1.) $A^n = 0$,

(2.) A ist nilpotent,

(3.) 0 ist der einzige Eigenwert von A.

7.2.14 Es seien V ein K-Vektorraum und $\varphi : V \to V$ eine lineare Abbildung, für die jedes $v \in V \setminus \{0\}$ ein Eigenvektor ist. Zeigen Sie, dass ein $\lambda \in K$ existiert mit $\varphi = \lambda \cdot \mathrm{id}_V$.

7.2.15 Es sei $V = \mathbb{R}[x]$. Bestimmen Sie alle Eigenwerte der folgenden linearen Abbildungen:

$$\varphi : V \to V, \quad f \mapsto x \cdot f', \qquad \psi : V \to V, \quad f \mapsto f(2x + 1).$$

7.2.16 In dieser Aufgabe benutzen wir einige Grundbegriffe aus der Analysis. Es sei A die Matrix

$$A = \begin{pmatrix} 0{,}8 & 0{,}2 \\ 0{,}3 & 0{,}7 \end{pmatrix} \in \mathbb{R}^{2 \times 2}.$$

Zeigen Sie, dass die Folge der Potenzen A^n bzgl. der Maximum-Norm $\|\cdot\|_\infty$ auf $\mathbb{R}^{2 \times 2}$ konvergiert, und berechnen Sie den Grenzwert $\lim_{n \to \infty} A^n$.
Tipp: Diagonalisieren!

7.2.17 Es sei $\mathrm{char}(K) \neq 2$. Für $n \geq 2$ betrachten wir die lineare Abbildung

$$\varphi : K^{n \times n} \to K^{n \times n}, \quad A \mapsto A^T.$$

(a) Bestimmen Sie alle Eigenwerte von φ und zeigen Sie, dass φ diagonalisierbar ist.
(b) Ist φ auch im Fall $\mathrm{char}(K) = 2$ diagonalisierbar?

7.2.18 Es seien $A \in K^{m \times n}$ und $B \in K^{n \times m}$. Zeigen Sie:

$$x^n \cdot \chi_{AB} = x^m \cdot \chi_{BA}.$$

Für $m = n$ ist also $\chi_{AB} = \chi_{BA}$.
Tipp: Betrachten Sie Produkte der Blockmatrizen

$$S := \begin{pmatrix} x I_m & -A \\ 0 & I_n \end{pmatrix}, \quad T := \begin{pmatrix} I_m & A \\ B & x I_n \end{pmatrix} \in K[x]^{(m+n) \times (m+n)}.$$

7.3 Die Smith-Normalform

Dieser Abschnitt behandelt in erster Linie das Thema ganzzahlige Lösungen von ganzzahligen linearen Gleichungssystemen. Andererseits entwickeln wir hier durch die Betrachtung von Matrizen über gewissen kommutativen Ringen *en passant* die nötige Theorie, um im nächsten Abschnitt das Thema der Normalformen von Matrizen über einem Körper voranzubringen.

Ausgangspunkt der Überlegungen sind also ganzzahlige lineare Gleichungssysteme wie das folgende Beispiel.

Beispiel 7.3.1 Für welche $b = \begin{pmatrix} b_1 \\ b_2 \end{pmatrix} \in \mathbb{Z}^2$ ist das ganzzahlige LGS

$$2x_1 + 3x_2 + 4x_3 = b_1$$
$$5x_1 + 6x_2 + 7x_3 = b_2$$

mit $x_i \in \mathbb{Z}$ lösbar? Wie sieht die Lösungsmenge aus? Was ist die Lösungsmenge für den Fall $b = 0$? Wir können das LGS in Matrixform als $A \cdot x = b$ mit $A \in \mathbb{Z}^{2\times 3}$ schreiben.   ◁

Die Fragestellungen aus diesem Beispiel lassen sich mit der Smith-Normalform der Matrix A beantworten. Um diese zu definieren, werden wir den Begriff der Äquivalenz von Matrizen (siehe Definition 5.5.13(b)) auf Matrizen über kommutativen Ringen ausweiten.

Definition 7.3.2 *Es sei R ein kommutativer Ring.*

(a) *Eine quadratische Matrix $A \in R^{n \times n}$ heißt* **invertierbar**, *falls eine Matrix $A^{-1} \in R^{n \times n}$ mit $A^{-1} \cdot A = I_n$ existiert. Wegen Anmerkung 7.1.13(b) ist A genau dann invertierbar, wenn $\det(A) \in R$ ein invertierbares Element von R ist. Wir schreiben*

$$\mathrm{GL}_n(R) := \{A \in R^{n \times n} \mid A \text{ ist invertierbar}\}$$

für die allgemeine lineare Gruppe über R, die mit dem Matrixprodukt eine Gruppe bildet.

(b) *Zwei Matrizen $A, B \in R^{m \times n}$ heißen* **äquivalent**, *falls es $S \in \mathrm{GL}_m(R)$ und $T \in \mathrm{GL}_n(R)$ gibt mit*

$$B = SAT.$$

Um dies auszudrücken, benutzen wir die Ad-hoc-Schreibweise

$$A \approx B.$$

Beispiel 7.3.3

(1) Eine Matrix $A \in \mathbb{Z}^{n \times n}$ ist genau dann invertierbar, wenn $\det(A) \in \{1, -1\}$ ist.
(2) Die Matrizen

$$A = \begin{pmatrix} 2 & 3 & 4 \\ 5 & 6 & 7 \end{pmatrix} \quad \text{und} \quad B = \begin{pmatrix} 1 & 0 & 0 \\ 0 & 3 & 0 \end{pmatrix} \in \mathbb{Z}^{2 \times 3}$$

sind äquivalent, denn

$$\underbrace{\begin{pmatrix} 1 & 0 \\ -1 & 1 \end{pmatrix}}_{=:S} \cdot \begin{pmatrix} 2 & 3 & 4 \\ 5 & 6 & 7 \end{pmatrix} \cdot \underbrace{\begin{pmatrix} -1 & 3 & 1 \\ 1 & -2 & -2 \\ 0 & 0 & 1 \end{pmatrix}}_{=:T} = \begin{pmatrix} 2 & 3 & 4 \\ 3 & 3 & 3 \end{pmatrix} \cdot \begin{pmatrix} -1 & 3 & 1 \\ 1 & -2 & -2 \\ 0 & 0 & 1 \end{pmatrix} = \begin{pmatrix} 1 & 0 & 0 \\ 0 & 3 & 0 \end{pmatrix},$$

und man verifiziert anhand der Determinanten, dass S und T über $\mathbb{Z}$ invertierbar sind.   ◁

Wir betrachten nun den Fall $R = \mathbb{Z}$. Später werden wir sämtliche Schritte auf den Fall $R = K[x]$ (Polynomring über einem Körper) übertragen. Wir kennzeichnen durch Fußnoten, welche Änderungen für den Übergang von $\mathbb{Z}$ nach $K[x]$ gemacht werden müssen. Diese Fußnoten können beim ersten Lesen des Buches übergangen werden. Wir erinnern an die Schreibweise $a \mid b$ („a teilt b").

Definition 7.3.4 *Es sei $A = (a_{i,j}) \in \mathbb{Z}^{m \times n}$.*

(a) *Die Matrix A heißt in* **Smith-Normalform**, *falls $a_{i,j} = 0$ für alle $i \neq j$ und falls für die Diagonalelemente $d_i := a_{i,i}$ mit $r := \min\{m, n\}$ zusätzlich gelten:*[1]

$$d_i \geq 0 \ (\textit{für } i = 1, \ldots, r) \quad \textit{und} \quad d_i \mid d_{i+1} \ (\textit{für } i = 1, \ldots, r - 1).$$

Im Fall $m \leq n$ hat A also die Form:

$$A = \begin{pmatrix} d_1 & 0 & & \cdots & & 0 \cdots 0 \\ 0 & d_2 & & & & \\ \vdots & & \ddots & & \vdots & \vdots \\ & & & d_{r-1} & & \\ 0 & \cdots & & 0 & d_r & 0 \cdots 0 \end{pmatrix}.$$

(b) *Eine Matrix $B \in \mathbb{Z}^{m \times n}$ heißt eine* **Smith-Normalform** *von A, falls B in Smith-Normalform und äquivalent zu A ist.*

Beispiel 7.3.5 In Beispiel 7.3.3(2) ist B eine Smith-Normalform von A. Wir können damit das LGS aus Beispiel 7.3.1 behandeln. Wegen $SAT = B$ gilt

$$A \cdot x = b \quad \Longleftrightarrow \quad BT^{-1}x = S \cdot b,$$

mit $\begin{pmatrix} y_1 \\ y_2 \\ y_3 \end{pmatrix} := T^{-1}x$ ergibt sich also in diesem Beispiel das LGS

---

[1] Beim Ersetzen von $\mathbb{Z}$ durch $K[x]$ lautet die zu $d_i \geq 0$ analoge Bedingung: d_i ist normiert oder 0.

$$\begin{pmatrix} y_1 \\ 3y_2 \end{pmatrix} = \begin{pmatrix} b_1 \\ b_2 - b_1 \end{pmatrix}.$$

Also ist das LGS genau dann lösbar, wenn $b_2 - b_1$ durch 3 teilbar ist, also wenn $b_1 \equiv b_2 \mod 3$. In diesem Fall liefert $y_1 = b_1$ und $y_2 = \frac{b_2 - b_1}{3}$ eine Lösung, also

$$\begin{pmatrix} x_1 \\ x_2 \\ x_3 \end{pmatrix} = T \cdot \begin{pmatrix} y_1 \\ y_2 \\ y_3 \end{pmatrix} = \begin{pmatrix} -1 & 3 & 1 \\ 1 & -2 & -2 \\ 0 & 0 & 1 \end{pmatrix} \cdot \begin{pmatrix} b_1 \\ \frac{b_2 - b_1}{3} \\ c \end{pmatrix} = \begin{pmatrix} b_2 - 2b_1 \\ \frac{5b_1 - 2b_2}{3} \\ 0 \end{pmatrix} + c \cdot \begin{pmatrix} 1 \\ -2 \\ 1 \end{pmatrix}$$

mit $c \in \mathbb{Z}$ beliebig. Die Smith-Normalform (zusammen mit den transformierenden Matrizen S und T) liefert also ein Kriterium für die Lösbarkeit und die allgemeine Lösung. Insbesondere ergibt sich für $b = 0$ die Lösungsmenge $\mathbb{Z} \cdot \begin{pmatrix} 1 \\ -2 \\ 1 \end{pmatrix}$.

Es ist klar, dass dieser Weg für beliebige ganzzahlige LGS funktioniert.   ◁

Unser nächstes Ziel ist der Nachweis, dass jede ganzzahlige Matrix eine Smith-Normalform besitzt. Danach werden wir zeigen, dass diese eindeutig bestimmt ist. Den Existenzbeweis führen wir, indem wir einen Algorithmus angeben, der eine Matrix in Smith-Normalform bringt. Das entscheidende Hilfsmittel im Algorithmus ist Division mit Rest.

Algorithmus 7.3.6 (Smith-Normalform)

Eingabe: Eine Matrix $A \in \mathbb{Z}^{m \times n}$.
Ausgabe: Eine Smith-Normalform B von A.

(1) Setze $B := A$, schreibe $B = (b_{i,j})$.
(2) Falls $B = 0$, so ist B in Smith-Normalform und wird ausgegeben.
(3) Wähle $i \in \{1, \ldots, m\}$ und $j \in \{1, \ldots, n\}$ mit $b_{i,j} \neq 0$, so dass der Betrag $|b_{i,j}|$ minimal wird.[2]
(4) Vertausche die i-te und die erste Zeile und die j-te und die erste Spalte von B, so dass das Element $\neq 0$ mit minimalem Betrag nun $b_{1,1}$ ist.
(5) Falls $b_{1,1} < 0$, multipliziere die erste Zeile von B mit -1. Danach ist $b_{1,1}$ positiv.[3]
(6) Für $j = 2, \ldots, n$ durchlaufe die Schritte 7 bis 9.
(7) Führe Division mit Rest durch:

$$b_{1,j} = b_{1,1} \cdot q + r$$

mit $q, r \in \mathbb{Z}$, so dass $|r| < |b_{1,1}|$ gilt.[4]

---

[2]Beim Ersetzen von $\mathbb{Z}$ durch $K[x]$ ist der Grad $\deg(b_{i,j})$ zu minimieren.
[3]Beim Ersetzen von $\mathbb{Z}$ durch $K[x]$ wird mit dem Inversen des höchsten Koeffizienten von $b_{1,1}$ multipliziert, so dass $b_{1,1}$ normiert wird.
[4]Beim Ersetzen von $\mathbb{Z}$ durch $K[x]$ wird der Betrag durch den Grad ersetzt.

(8) Subtrahiere das q-fache der ersten Spalte von der j-ten Spalte. Nun gilt
$b_{1,j} = r$.

(9) Falls $b_{1,j} \neq 0$, gehe zu Schritt 3.

(10) Führe die Schritte 6 bis 9 analog für die Zeilen von B durch.

(11) Wenn dieser Schritt erreicht wird, sind außer $b_{1,1}$ alle Einträge der ersten Zeile
und Spalte 0.

Falls $m = 1$ oder $n = 1$, so ist B in Smith-Normalform und wird
ausgegeben.

(12) Falls $i, j > 1$ existieren, so dass $b_{1,1}$ *kein* Teiler von $b_{i,j}$ ist, addiere die i-te
Zeile zur ersten und gehe zu Schritt 6. Eine der Divisionen mit Rest wird nun
nicht aufgehen.

(13) Berechne durch einen rekursiven Aufruf eine Smith-Normalform D' von $B' = (b_{i,j})_{i,j \geq 2} \in \mathbb{Z}^{(m-1) \times (n-1)}$.

(14) Die Matrix

$$\begin{pmatrix} b_{1,1} & 0 \cdots 0 \\ 0 & \\ \vdots & D' \\ 0 & \end{pmatrix} \in \mathbb{Z}^{m \times n}$$

ist in Smith-Normalform und wird ausgegeben.

Das folgende Lemma brauchen wir für den Nachweis, dass Algorithmus 7.3.6
tatsächlich eine Smith-Normalform berechnet.

Lemma 7.3.7 *Die Operationen aus Algorithmus 7.3.6 lassen sich durch Multiplikationen von links bzw. von rechts mit folgenden Matrizen realisieren (mit $k = m$
bzw. $k = n$):*

- *$I_k + aE_{i,j}$ mit $a \in \mathbb{Z}$, $i, j \in \{1, \ldots, k\}$ und $i \neq j$ (wobei $E_{i,j} \in \mathbb{Z}^{k \times k}$ die Matrix
mit einer 1 als (i, j)-ten Eintrag und sonst lauter Nullen ist, siehe Seite 183);*
- *die Diagonalmatrix $\mathrm{diag}(-1, 1, \ldots, 1) \in \mathbb{Z}^{k \times k}$.[5]*

Beweis Dies ist korrekt für die Schritte, bei denen ein Vielfaches einer Zeile oder
Spalte zu einer anderen addiert wird. (Dies haben wir auf Seite 183 schon für Zeilen
überlegt.) Schritt 4 lässt sich folgendermaßen realisieren: Addition der ersten Zeile
zur i-ten, Subtraktion der i-ten Zeile von der ersten, Addition der ersten Zeile zur i-
ten, Multiplikation der ersten Zeile mit -1, danach die entsprechenden Operationen
mit der ersten und j-ten Spalte. Die Multiplikation der ersten Zeile bzw. Spalte
mit -1 entspricht einer Multiplikation mit $\mathrm{diag}(-1, 1, \ldots, 1)$ von links bzw. rechts.
Schritt 5 ist damit auch abgedeckt. $\square$

---

[5]Beim Ersetzen von $\mathbb{Z}$ durch $K[x]$ muss man statt der -1 alle konstanten Polynome $\neq 0$ zulassen.

Satz 7.3.8 *Algorithmus 7.3.6 terminiert nach endlich vielen Schritten und liefert eine Smith-Normalform von A. Insbesondere besitzt also jede Matrix in $\mathbb{Z}^{m \times n}$ eine Smith-Normalform.*

Beweis Aus Lemma 7.3.7 folgt, dass die Matrix B zu jeder Zeit während des Algorithmus äquivalent zu A ist.

Jedes Mal, wenn die Division durch $b_{1,1}$ einen Rest $r \neq 0$ lässt, wird das minimale $|b_{i,j}|$ mit $b_{i,j} \neq 0$ kleiner. Deshalb wird Schritt 13 irgendwann erreicht. Per Induktion nach $\min\{m, n\}$ folgt, dass der rekursive Aufruf eine Smith-Normalform D' von B' liefert. Wegen der Äquivalenz von B' und D' sind alle Einträge von D' Linearkombinationen der Einträge von B' mit Koeffizienten aus $\mathbb{Z}$. Da die Einträge von B' beim Erreichen von Schritt 13 Vielfache von $b_{1,1}$ sind, folgt dies also auch für die Einträge von D'. Also ist die Matrix in Schritt 14 tatsächlich in Smith-Normalform. □

Man kann Algorithmus 7.3.6 so variieren, dass die transformierenden Matrizen S und T mitberechnet werden, indem man, ähnlich wie beim Verfahren zur Berechnung einer inversen Matrix aus Seite 134, eine $m \times m$- und eine $n \times n$-Einheitsmatrix mitführt, auf die man alle Zeilen- bzw. Spaltenoperationen ausübt. Wegen Lemma 7.3.7 erhält man aus diesen am Schluss des Algorithmus die Matrizen S und T. Wir werden dies im Beispiel 7.3.9(2) durchführen.

Der Hauptzweck von Algorithmus 7.3.6 ist der Existenznachweis der Smith-Normalform und der Beweis, dass man sie berechnen kann. In der Praxis weicht man bei der Berechnung aber erheblich von dem Algorithmus ab. Dies wird in folgenden Beispielen gezeigt.

Beispiel 7.3.9

(1) Wir beginnen mit einer relativ großen Matrix. An diesem Beispiel kann man lernen, dass es entscheidend ist, die Matrix-Einträge im Verlauf der Rechnung möglichst klein zu halten. Stures Vorgehen nach Algorithmus 7.3.6 ließe die Einträge explodieren. Wir betrachten

$$A = \begin{pmatrix} 8 & 2 & 9 & -2 \\ 22 & 2 & 28 & -8 \\ 20 & -6 & 31 & -12 \end{pmatrix} \in \mathbb{Z}^{3 \times 4}$$

und rechnen

$$\begin{pmatrix} 8 & 2 & 9 & -2 \\ 22 & 2 & 28 & -8 \\ 20 & -6 & 31 & -12 \end{pmatrix} \longrightarrow \begin{pmatrix} 8 & 2 & 9 & -2 \\ -2 & -4 & 1 & -2 \\ -4 & -12 & 4 & -6 \end{pmatrix} \longrightarrow$$

$$\begin{pmatrix} 1 & -4 & -2 & -2 \\ 9 & 2 & 8 & -2 \\ 4 & -12 & -4 & -6 \end{pmatrix} \longrightarrow \begin{pmatrix} 1 & -4 & -2 & -2 \\ 0 & 38 & 26 & 16 \\ 0 & 4 & 4 & 2 \end{pmatrix} \longrightarrow$$

$$\begin{pmatrix} 1 & 0 & 0 & 0 \\ 0 & 38 & 26 & 16 \\ 0 & 4 & 4 & 2 \end{pmatrix} \longrightarrow \begin{pmatrix} 1 & 0 & 0 & 0 \\ 0 & 2 & 4 & 4 \\ 0 & 16 & 26 & 38 \end{pmatrix} \longrightarrow$$

$$\begin{pmatrix} 1 & 0 & 0 & 0 \\ 0 & 2 & 4 & 4 \\ 0 & 0 & -6 & 6 \end{pmatrix} \longrightarrow \begin{pmatrix} 1 & 0 & 0 & 0 \\ 0 & 2 & 0 & 0 \\ 0 & 0 & -6 & 6 \end{pmatrix} \longrightarrow \begin{pmatrix} 1 & 0 & 0 & 0 \\ 0 & 2 & 0 & 0 \\ 0 & 0 & 6 & 0 \end{pmatrix}.$$

(2) Wir betrachten wie in Beispiel 7.3.3(2) die Matrix

$$A = \begin{pmatrix} 2 & 3 & 4 \\ 5 & 6 & 7 \end{pmatrix} \in \mathbb{Z}^{2 \times 3}$$

Bei der Rechnung führen wir eine Einheitmatrix rechts von A und eine weitere unterhalb von A mit, und wenden alle Zeilenoperationen auf die erste und alle Spaltenoperationen auf die zweite mit an. Auf die Beschreibung der einzelnen Schritte soll diesmal verzichtet werden:

$$\left(\begin{array}{ccc|cc} 2 & 3 & 4 & 1 & 0 \\ 5 & 6 & 7 & 0 & 1 \\ \hline 1 & 0 & 0 & & \\ 0 & 1 & 0 & & \\ 0 & 0 & 1 & & \end{array}\right) \longrightarrow \left(\begin{array}{ccc|cc} 2 & 3 & 1 & 1 & 0 \\ 5 & 6 & 1 & 0 & 1 \\ \hline 1 & 0 & 0 & & \\ 0 & 1 & -1 & & \\ 0 & 0 & 1 & & \end{array}\right) \longrightarrow \left(\begin{array}{ccc|cc} 2 & 1 & 1 & 1 & 0 \\ 5 & 1 & 1 & 0 & 1 \\ \hline 1 & -1 & 0 & & \\ 0 & 1 & -1 & & \\ 0 & 0 & 1 & & \end{array}\right) \longrightarrow$$

$$\left(\begin{array}{ccc|cc} 1 & 2 & 0 & 1 & 0 \\ 1 & 5 & 0 & 0 & 1 \\ \hline -1 & 1 & 1 & & \\ 1 & 0 & -2 & & \\ 0 & 0 & 1 & & \end{array}\right) \longrightarrow \left(\begin{array}{ccc|cc} 1 & 2 & 0 & 1 & 0 \\ 0 & 3 & 0 & -1 & 1 \\ \hline -1 & 1 & 1 & & \\ 1 & 0 & -2 & & \\ 0 & 0 & 1 & & \end{array}\right) \longrightarrow \left(\begin{array}{ccc|cc} 1 & 0 & 0 & 1 & 0 \\ 0 & 3 & 0 & -1 & 1 \\ \hline -1 & 3 & 1 & & \\ 1 & -2 & -2 & & \\ 0 & 0 & 1 & & \end{array}\right).$$

Wir erhalten somit die folgende Smith-Normalform B mit den transformieren-den Matrizen S und T:

$$B = \begin{pmatrix} 1 & 0 & 0 \\ 0 & 3 & 0 \end{pmatrix}, \quad S = \begin{pmatrix} 1 & 0 \\ -1 & 1 \end{pmatrix}, \quad T = \begin{pmatrix} -1 & 3 & 1 \\ 1 & -2 & -2 \\ 0 & 0 & 1 \end{pmatrix}.$$

In Beispiel 7.3.3(2) haben wir $SAT = B$ schon nachgerechnet. ◁

Die Bezeichnung „Smith-Normalform" suggeriert, dass diese eindeutig bestimmt ist. Wir zeigen dies, indem wir die Diagonaleinträge einer Smith-Normalform mit größten gemeinsamen Teilern von Minoren in Verbindung bringen. Den Begriff „größter gemeinsamer Teiler" (ggT) erläutern wir kurz: Sind $a_1, \ldots, a_n \in \mathbb{Z}$ ganze Zahlen, so heißt eine ganze Zahl $a \geq 0$ ein **größter gemeinsamer Teiler (ggT)** von $a_1, \ldots, a_n$, wenn a ein gemeinsamer Teiler der a_i und gleichzeitig ein Vielfaches von jedem anderen gemeinsamen Teiler ist.[6] Nach dieser Definition ist es zunächst gar nicht klar, dass es immer einen ggT gibt. Wenn es aber einen gibt, so ist dieser eindeutig bestimmt, denn zwei ggTs von $a_1, \ldots, a_n$ müssten sich gegenseitig teilen, sind also wegen der Bedingung „$a \geq 0$" gleich.

Satz 7.3.10 (Eindeutigkeit der Smith-Normalform) *Für $A \in \mathbb{Z}^{m \times n}$ sei $B \in \mathbb{Z}^{m \times n}$ eine Smith-Normalform mit Diagonaleinträgen $d_1, \ldots, d_r$, wobei $r = \min\{m, n\}$. Dann ist für $k = 1, \ldots, r$ das Produkt $d_1 \cdot \ldots \cdot d_k$ gleich dem ggT aller $k \times k$-Minoren von A.*

Insbesondere ist die Smith-Normalform von A eindeutig bestimmt.

Beweis Wir schreiben $A = (a_{i,j})$ und nehmen ein $k \in \{1, \ldots, r\}$. Zunächst zeigen wir, dass sich die Menge der gemeinsamen Teiler der $k \times k$-Minoren von A nicht ändert, wenn A von links mit einer Matrix $S = (s_{i,j}) \in \mathrm{GL}_m(\mathbb{Z})$ multipliziert wird. Wir betrachten zunächst den mit den ersten k Zeilen und Spalten von $S \cdot A$ gebildeten Minor M und erhalten durch dieselbe Rechnung wie in (7.6):

$$M = \sum_{\sigma \in S_k} \mathrm{sgn}(\sigma) \cdot \prod_{i=1}^{k} \left(\sum_{j=1}^{m} s_{i,j} a_{j,\sigma(i)} \right)$$

$$= \sum_{j_1, \ldots, j_k = 1}^{m} \left(\prod_{i=1}^{k} s_{i,j_i} \right) \cdot \det(a_{j_t,l})_{t,l=1,\ldots,k}.$$

Die $\det(a_{j_t,l})_{t,l=1,\ldots,k}$ sind gewisse $k \times k$-Minoren von A, die Gleichung zeigt also, dass jeder gemeinsame Teiler der $k \times k$-Minoren von A auch ein Teiler von M ist. Aus Symmetriegründen (und durch dieselbe Rechnung) sehen wir, dass dies auch gilt, wenn M *irgendein* $k \times k$-Minor von $C := S \cdot A$ ist. Jeder gemeinsame Teiler der $k \times k$-Minoren von A ist also auch ein gemeinsamer Teiler der $k \times k$-Minoren von C. Wegen $A = S^{-1} C$ gilt die Umkehrung, also bleibt die Menge der gemeinsamen Teiler aller $k \times k$-Minoren unverändert, wenn man A durch $S \cdot A$ ersetzt. Ebenso

---

[6]Beim Ersetzen von $\mathbb{Z}$ durch $K[x]$ wird statt „$a \geq 0$" gefordert, dass a normiert oder 0 ist.

bleibt diese Menge unverändert, wenn man A durch $A \cdot S$ mit $S \in \mathrm{GL}_n(\mathbb{Z})$ ersetzt, denn $AS = (S^T A^T)^T$ (transponierte Matrizen), und die Minoren ändern sich beim Transponieren nicht. Es folgt insbesondere, dass die Menge der gemeinsamen Teiler der $k \times k$-Minoren beim Übergang von A zur Smith-Normalform B unverändert bleibt.

Die $k \times k$-Minoren von B sind gleich 0 oder (bis auf das Vorzeichen) Produkte von k der d_i. Wegen $d_i \mid d_{i+1}$ für $i < r$ folgt: Eine ganze Zahl ist genau dann Teiler aller $k \times k$-Minoren, wenn sie Teiler des Produkts $d_1 \cdot \ldots \cdot d_k$ ist. Die Menge der gemeinsamen Teiler der $k \times k$-Minoren von B ist also identisch mit der Menge der Teiler von $d_1 \cdot \ldots \cdot d_k$. Andererseits haben wir gesehen, dass diese Menge identisch ist mit der Menge der gemeinsamen Teiler der $k \times k$-Minoren von A. Also ist $d_1 \cdot \ldots \cdot d_k$ tatsächlich der ggT der $k \times k$-Minoren von A.

Hieraus folgt sofort die eindeutige Bestimmtheit der Diagonaleinträge bis zu dem kleinsten k, bei dem $d_k = 0$ gilt. Dieses k ist auch eindeutig bestimmt, und wegen $d_k \mid d_i$ für $i > k$ sind alle d_i mit $i > k$ auch 0 und damit ebenso eindeutig bestimmt. $\square$

Nach Satz 7.3.10 sind die Diagonaleinträge d_i in der Smith-Normalform einer Matrix $A \in \mathbb{Z}^{m \times n}$ eindeutig bestimmt. Man nennt die d_i die **Elementarteiler** (manchmal auch *invariante Faktoren*) von A.

Korollar 7.3.11 *Zwei Matrizen $A, B \in \mathbb{Z}^{m \times n}$ sind genau dann äquivalent, wenn ihre Elementarteiler übereinstimmen.*

Beweis Falls $A \approx B$, so ist die Smith-Normalform von A auch eine Smith-Normalform von B, also sind die Smith-Normalformen von A und B identisch. Falls umgekehrt A und B die gleiche Smith-Normalform haben, so sind A und B zu ein und derselben Matrix äquivalent, also $A \approx B$. $\square$

Man kann das Korollar auch so ausdrücken, dass die Äquivalenzklassen von Matrizen in $\mathbb{Z}^{m \times n}$ durch die Elementarteiler klassifiziert werden. Das Wichtigste über die Smith-Normalform haben wir damit erarbeitet.

Als Anwendung werden wir nun die Existenz von ggTs nachweisen und den Satz über eindeutige Primzerlegung in $\mathbb{Z}$ herleiten. Wir wenden Satz 7.3.10 auf ganz bestimmte Matrizen an. Es seien $a_1, \ldots, a_n \in \mathbb{Z}$ und $A := (a_1, \ldots, a_n) \in \mathbb{Z}^{1 \times n}$. Die Smith-Normalform von A hat dann die Form $B = (d, 0, \ldots, 0)$, und wegen Satz 7.3.10 ist d der ggT von $a_1, \ldots, a_n$. Wir erhalten also die Existenz von ggTs. Wir schreiben

$$d := \mathrm{ggT}(a_1, \ldots, a_n).$$

Da A und B äquivalent sind, folgt insbesondere, dass sich d als $d = x_1 a_1 + \ldots + x_n a_n$ mit $x_i \in \mathbb{Z}$ darstellen lässt, wobei die x_i aus der ersten Spalte der transformierenden Matrix T gewonnen werden. Wir haben damit die folgende wichtige Aussage über ganze Zahlen bewiesen.

Proposition 7.3.12 *Zu* $a_1, \ldots, a_n \in \mathbb{Z}$ *gibt es* $x_1, \ldots, x_n \in \mathbb{Z}$, *so dass*

$$\mathrm{ggT}(a_1, \ldots, a_n) = \sum_{i=1}^{n} x_i a_i.$$

Beispiel 7.3.13 Der ggT von 15 und 21 ist 3, und es gilt $3 = 3 \cdot 15 - 2 \cdot 21$. ◁

Aus Proposition 7.3.12 können wir den Fundamentalsatz der Arithmetik, d. h. den Satz über die eindeutige Primzerlegung in $\mathbb{Z}$ herleiten. Wir erinnern daran, dass eine ganze Zahl $p > 1$ eine **Primzahl** heißt, wenn 1 und p die einzigen positiven ganzzahligen Teiler von p sind.[7]

Satz 7.3.14 (Fundamentalsatz der Arithmetik) *Jede ganze Zahl* $a > 1$ *ist ein Produkt von Primzahlen:*

$$a = p_1 \cdot \ldots \cdot p_r.$$

Hierbei sind die Primzahlen p_i *bis auf die Reihenfolge eindeutig bestimmt.*[8]

Beweis In Satz 1.3.12 haben wir bereits gezeigt, dass jedes $a > 1$ Produkt von Primzahlen ist.

Für den Beweis der Eindeutigkeit betrachten wir zunächst eine Primzahl p und $b, c \in \mathbb{Z}$ mit $p \mid (b \cdot c)$. Falls p kein Teiler von b ist, so ist 1 der ggT von p und b, also gibt es nach Proposition 7.3.12 ganze Zahlen x und y mit $1 = xb + yp$. Es folgt

$$c = xbc + ypc,$$

also ist p ein Teiler von c. Wir haben gesehen: Falls eine Primzahl ein Produkt ganzer Zahlen teilt, so teilt sie mindestens einen der Faktoren.

Nun seien $a = p_1 \cdot \ldots \cdot p_r$ und $a = q_1 \cdot \ldots \cdot q_s$ zwei Darstellungen von a als Produkte von Primzahlen. Falls $r = 1$ ist, ist a eine Primzahl, also $s = 1$ und $q_1 = p_1$. Wir können also $r > 1$ annehmen. Wegen der obigen Aussage gibt es ein $i \in \{1, \ldots, s\}$ mit $p_1 \mid q_i$, also $p_1 = q_i$, da q_i eine Primzahl ist. Nun folgt $p_2 \cdot \ldots \cdot p_r = q_1 \cdot \ldots \cdot q_{i-1} q_{i+1} \cdot \ldots \cdot q_s$, und der Rest folgt per Induktion nach r. □

Natürlich können wir die Zerlegung einer ganzen Zahl $a > 1$ auch so anordnen, dass gleiche Primzahlen in eine Potenz zusammengefasst werden, also

$$a = \prod_{i=1}^{r} p_i^{e_i} =: \prod_{i=1}^{r} q_i \qquad (7.15)$$

---

[7]Ein normiertes, nicht konstantes Polynom $p \in K[x]$ heißt **Primpolynom**, falls 1 und p die einzigen normierten Teiler von p sind.

[8]Beim Ersetzen von $\mathbb{Z}$ durch $K[x]$ lautet der Satz: Jedes nicht konstante, normierte Polynom lässt sich eindeutig (bis auf Reihenfolge) als Produkt von Primpolynomen darstellen.

mit paarweise verschiedenen Primzahlen p_i und mit $e_i \in \mathbb{N}$. Wir nennen dies eine *Zerlegung von a in Primzahlpotenzen*. Nun ergibt sich auch die Existenz von **kleinsten gemeinsamen Vielfachen (kgV)**.

In der folgenden Proposition, die (in ihrer Version für Polynome in $K[x]$) in Abschn. 7.4 gebraucht wird, geht es um die Elementarteiler von Diagonalmatrizen mit Primzahlpotenzen als Einträgen. Es ist praktisch, einen Elementarteiler einer Matrix als **wesentlich** zu bezeichnen, falls er $\neq 1$ ist. Es ist klar, dass Korollar 7.3.11 auch gilt, wenn nur die wesentlichen Elementarteiler betrachtet werden.

Proposition 7.3.15 *Es seien $d_1, \ldots, d_r \in \mathbb{Z}$ mit $d_i > 1$ für alle i und $d_i \mid d_{i+1}$ für $i < r$. Weiter sei A die Diagonalmatrix mit den Primzahlpotenzen aus den Zerlegungen der d_i in Primzahlpotenzen als Einträge. Dann sind die d_i die wesentlichen Elementarteiler von A.*

Beweis Wir betrachten zunächst den Fall $r = 1$, also $d_1 = q_1 \cdot \ldots \cdot q_s$ mit q_i paarweise teilerfremde Primzahlpotenzen. Die $(s - 1) \times (s - 1)$-Minoren von $A = \mathrm{diag}(q_1, \ldots, q_s)$ sind Null oder bis auf Vorzeichen Produkte der $q_1, \ldots, q_s$, bei denen ein Faktor q_i fehlt. Aus Satz 7.3.14 folgt, dass der ggT dieser Minoren 1 ist. Aus Satz 7.3.10 folgt, dass die ersten $s - 1$ Elementarteiler von A gleich 1 sind. Das Produkt der Elementarteiler ist aber gleich $\det(A) = d_1$, also muss der letzte (und einzig wesentliche) Elementarteiler d_1 sein.

Nun betrachten wir den Fall $r \geq 2$. Es seien $d_i = \prod_{j=1}^{s_i} q_{i,j}$ die Zerlegungen in Primzahlpotenzen. Mit $A_i := \mathrm{diag}(q_{i,1}, \ldots, q_{i,s_i})$ folgt die Äquivalenz

$$A_i \approx \mathrm{diag}(1, \ldots, 1, d_i)$$

aus dem Fall $r = 1$, also

$$A = \begin{pmatrix} A_1 & & \\ & \ddots & \\ & & A_r \end{pmatrix} \approx \mathrm{diag}(1, \ldots, 1, d_1, \ldots, d_r).$$

Da die rechte Matrix in Smith-Normalform ist, folgt die Behauptung. □

Bereits zu Beginn des Abschnitts haben wir angekündigt, dass sich die gesamte in diesem Abschnitt entwickelte Mathematik von $\mathbb{Z}$ auf den Polynomring $K[x]$ über einem Körper K überträgt. Was haben diese beiden Ringe gemeinsam? Beides sind kommutative Ringe, in denen es eine Division mit Rest gibt (siehe die Sätze 2.2.15 und 4.1.12). Division mit Rest ist die entscheidende Technik, die den Algorithmus 7.3.6 zum Laufen bringt. Wir haben durch Fußnoten gekennzeichnet, welche Änderungen beim Übergang von $\mathbb{Z}$ zu $K[x]$ zu machen sind. Statt des Betrags einer ganzen Zahl wird der Grad eines Polynoms betrachtet. Den positiven ganzen Zahlen entsprechen die normierten Polynome. Mit diesen Änderungen zieht sich die gesamte Theorie durch. Matrizen in $K[x]^{m \times n}$ haben also eindeutig bestimmte Smith-Normalformen. Die Elementarteiler sind normierte Polynome oder 0. Auch die Existenz von ggTs und der Satz über eindeutige Primzerlegung übertragen sich.

Beispiel 7.3.16 Wir betrachten die charakteristische Matrix $x I_3 - A$ von

$$A = \begin{pmatrix} -3 & -1 & 2 \\ 4 & 1 & -4 \\ 0 & 0 & -1 \end{pmatrix} \in \mathbb{R}^{3 \times 3}$$

und bringen sie mit folgenden Schritten in Smith-Normalform:

$$\begin{pmatrix} x+3 & 1 & -2 \\ -4 & x-1 & 4 \\ 0 & 0 & x+1 \end{pmatrix} \xrightarrow{(1)} \begin{pmatrix} 1 & x+3 & -2 \\ x-1 & -4 & 4 \\ 0 & 0 & x+1 \end{pmatrix} \xrightarrow{(2)}$$

$$\begin{pmatrix} 1 & x+3 & -2 \\ 0 & -x^2-2x-1 & 2x+2 \\ 0 & 0 & x+1 \end{pmatrix} \xrightarrow{(3)} \begin{pmatrix} 1 & 0 & 0 \\ 0 & -(x+1)^2 & 2(x+1) \\ 0 & 0 & x+1 \end{pmatrix} \xrightarrow{(4)}$$

$$\begin{pmatrix} 1 & 0 & 0 \\ 0 & x+1 & 0 \\ 0 & 2(x+1) & -(x+1)^2 \end{pmatrix} \xrightarrow{(5)} \begin{pmatrix} 1 & 0 & 0 \\ 0 & x+1 & 0 \\ 0 & 0 & (x+1)^2 \end{pmatrix}.$$

Die Schritte waren: (1) Vertauschung der ersten und zweiten Spalte, (2) Addition des $-(x - 1)$-fachen der ersten Zeile zur zweiten, (3) Addition des $-(x + 3)$- bzw. 2-fachen der ersten Spalte zur zweiten bzw. dritten, (4) Vertauschung der zweiten und dritten Spalte und der zweiten und dritten Zeile, (5) Addition des -2-fachen der zweiten Zeile zur dritten und Multiplikation der dritten Spalte mit -1.

Die wesentlichen Elementarteiler der charakteristischen Matrix $x I_3 - A$ sind also $x + 1$ und $(x + 1)^2$. ◁

Wir haben gesehen, dass die Mathematik dieses Abschnitts für die Ringe $\mathbb{Z}$ und $K[x]$ entwickelbar ist. Der gemeinsame Oberbegriff dieser beiden Ringe ist der Begriff eines **euklidischen Rings**. Euklidische Ringe werden (etwas grob gesagt) definiert als kommutative Ringe, bei denen Division mit Rest möglich ist. Der Rest muss dabei bezüglich einer geeigneten Bewertung (in unseren Beispielen Betrag einer ganzen Zahl bzw. Grad eines Polynoms) kleiner sein als der Divisor. Weitere Beispiele für euklidische Ringe sind:

- Der Ring $R = \{a + b\sqrt{-1} \mid a, b \in \mathbb{Z}\} \subseteq \mathbb{C}$ der *Gauß'schen ganzen Zahlen* mit

$$R \to \mathbb{N}, \quad a + b\sqrt{-1} \mapsto a^2 + b^2$$

als Bewertungsfunktion.

- Jeder Körper K mit

$$K \to \mathbb{N}, \quad a \mapsto \begin{cases} 1, & \text{falls } a \neq 0, \\ 0, & \text{sonst,} \end{cases}$$

als Bewertungsfunktion.

Ein Beispiel für einen nichteuklidischen Ring ist der Polynomring $\mathbb{Z}[x]$ über $\mathbb{Z}$. Dies kann man beispielsweise daran sehen, dass die Matrix $(2, x) \in \mathbb{Z}[x]^{1 \times 2}$ keine Smith-Normalform besitzt.

Aufgaben

7.3.1 📷 *(Video-Link siehe Vorwort, Seite VI)*
Bestimmen Sie alle ganzzahligen Lösungen der folgenden linearen Gleichungssysteme $Ax = b$ und $Ax = c$ mit

$$A = \begin{pmatrix} 5 & 4 & 1 \\ 3 & -2 & 3 \end{pmatrix}, \quad x = \begin{pmatrix} x_1 \\ x_2 \\ x_3 \end{pmatrix}, \quad b = \begin{pmatrix} -11 \\ 15 \end{pmatrix}, \quad c = \begin{pmatrix} 6 \\ 9 \end{pmatrix}.$$

7.3.2 Untersuchen Sie, welche der folgenden Matrizen aus $\mathbb{Z}^{3 \times 2}$ zueinander äquivalent sind:

$$A_1 = \begin{pmatrix} 0 & 4 \\ 9 & 0 \\ 9 & 0 \end{pmatrix}, \quad A_2 = \begin{pmatrix} 3 & -3 \\ 9 & 3 \\ 6 & 6 \end{pmatrix}, \quad A_3 = \begin{pmatrix} 3 & 3 \\ 6 & 6 \\ 9 & 9 \end{pmatrix}, \quad A_4 = \begin{pmatrix} 12 & 9 \\ 0 & 9 \\ 12 & 6 \end{pmatrix}.$$

7.3.3 Es seien $a_1, \ldots, a_n, b \in \mathbb{Z}$. Zeigen Sie, dass die lineare Gleichung

$$a_1 x_1 + \ldots + a_n x_n = b$$

genau dann eine ganzzahlige Lösung hat, wenn $\mathrm{ggT}(a_1, \ldots, a_n)$ ein Teiler von b ist.

7.3.4 Es sei $A \in \mathbb{Z}^{n \times n}$ eine quadratische Matrix und es sei D die Smith-Normalform von A. Zeigen Sie: $\det(D) = |\det(A)|$.

7.3.5 (a) Es sei $A \in \mathbb{Z}^{3 \times 3}$ mit $\det(A) = -80$. Geben Sie alle aufgrund dieser Daten möglichen Smith-Normalformen von A an.
(b) Bestimmen Sie für die folgenden Matrizen aus $\mathbb{Z}^{3 \times 3}$ jeweils die Determinante und die Smith-Normalform:

$$A = \begin{pmatrix} -5 & 0 & 0 \\ 0 & 4 & 0 \\ 0 & 0 & 4 \end{pmatrix}, \quad B = \begin{pmatrix} -8 & 2 & -8 \\ 0 & -4 & -4 \\ 10 & 6 & 16 \end{pmatrix}.$$

7.3.6 Es sei $E_{i,j} \in \mathbb{Z}^{n \times n}$ die Matrix, deren Einträge alle 0 sind außer einer 1 an Position (i, j). Weiter sei $M \subseteq \mathbb{Z}^{n \times n}$ die Menge

$$M = \{I_n + aE_{i,j} \mid a \in \mathbb{Z},\ i, j \in \{1, \ldots, n\},\ i \neq j\} \cup \{\text{diag}(-1, 1, \ldots, 1)\}.$$

Zeigen Sie:

(a) Für alle $A \in M$ gilt: A ist invertierbar und $A^{-1} \in M$.
(b) Die Gruppe $\text{GL}_n(\mathbb{Z})$ wird von M erzeugt.

7.3.7 Wie auf Seite 208 beschrieben, haben wir nun insbesondere ein Verfahren, um den ggT zweier ganzer Zahlen a_1, a_2 zu berechnen. Verzichtet man auf die Matrix-Notation, so entspricht dieses Verfahren genau dem bekannten **euklidischen Algorithmus**. Zudem können wir auch $x_1, x_2 \in \mathbb{Z}$ mit $\text{ggT}(a_1, a_2) = x_1 a_1 + x_2 a_2$ berechnen.

(a) Es seien $m \in \mathbb{N}_{>0}$ und $a \in \mathbb{Z}$. Zeigen Sie als Verallgemeinerung von Satz 2.2.7, dass die Restklasse $\overline{a} \in \mathbb{Z}/(m)$ genau dann invertierbar ist, wenn $\text{ggT}(a, n) = 1$ ist.
(b) Bestimmen Sie das Inverse von $\overline{a} = \overline{47}$ in $\mathbb{Z}/(135)$.

7.3.8 Untersuchen Sie, welche der folgenden Matrizen aus $\mathbb{C}[x]^{2 \times 3}$ zueinander äquivalent sind:

$$A_1 = \begin{pmatrix} 1 & 0 & x^2 \\ 2x & 2x+2 & 2x^3 \end{pmatrix}, \quad A_2 = \begin{pmatrix} 0 & x+1 & 0 \\ x^2+3 & x^3 & 4x \end{pmatrix}, \quad A_3 = \begin{pmatrix} 3 & x^2 & 0 \\ 4 & x & 4x \end{pmatrix}.$$

7.3.9 Bestimmen Sie die Smith-Normalform der charakteristischen Matrix von

$$A = \begin{pmatrix} 10 & 7 & -2 & 2 \\ -14 & -10 & 3 & -3 \\ 0 & 0 & -2 & 1 \\ 0 & 0 & -2 & 2 \end{pmatrix} \in \mathbb{Q}^{4 \times 4}.$$

Projekt: Der Modul $\mathbb{Z}^n$
Wie in Anmerkung 5.3.8 beschrieben, gibt es auch für Moduln (siehe Anmerkung 5.1.3) den Begriff einer Basis. Die Smith-Normalform ermöglicht es uns, einige Untersuchungen zu Moduln über euklidischen Ringen durchzuführen. Wir beschränken uns im Folgenden auf den Ring $\mathbb{Z}$ und den Modul $\mathbb{Z}^n$. Untermoduln von $\mathbb{Z}^n$, also nichtleere Teilmengen $U \subseteq \mathbb{Z}^n$ mit der Eigenschaft:

$$v, w \in U,\ a \in \mathbb{Z} \implies v + w \in U,\ a \cdot v \in U,$$

sind hier nichts anderes als Untergruppen. Als Hauptergebnis werden wir in Aufgabe 7.3.12 den sogenannten **Elementarteilersatz** über $\mathbb{Z}$ beweisen, der insbesondere besagt, dass alle Untermoduln von $\mathbb{Z}^n$ eine Basis haben. Aufgabe 7.3.11 dient hierbei als Lemma zum Beweis.

Zunächst zeigen wir eine interessante Aussage zum Thema Basisergänzung.

7.3.10 ✋ Es seien $s_1, \ldots, s_k \in \mathbb{Z}^n$ mit $k \le n$. Zeigen Sie, dass die Vektoren genau dann mit $s_{k+1}, \ldots, s_n \in \mathbb{Z}^n$ zu einer Basis $s_1, \ldots, s_n$ des Moduls $\mathbb{Z}^n$ ergänzt werden können, wenn alle Elementarteiler der Matrix $A = (s_1 | \ldots | s_k) \in \mathbb{Z}^{n \times k}$ gleich 1 sind.

7.3.11 Zeigen Sie:

(a) Ist U eine Untergruppe von $\mathbb{Z}$, so lässt sich U von einem Element erzeugen.
   Tipp: Wählen Sie im Fall $U \ne \{0\}$ ein Element minimalen Betrags in $U \setminus \{0\}$.
(b) Ist U eine Untergruppe von $\mathbb{Z}^n$, so lässt sich U von n Elementen erzeugen.
   Tipp: Betrachten Sie die beiden folgenden Untergruppen von $\mathbb{Z}^{n-1}$ bzw. $\mathbb{Z}$:

$$U_1 = \{(a_1, \ldots, a_{n-1}) \in \mathbb{Z}^{n-1} \mid (a_1, \ldots, a_{n-1}, 0) \in U\},$$

$$U_2 = \{b \in \mathbb{Z} \mid \text{es gibt } b_1, \ldots, b_{n-1} \in \mathbb{Z} \text{ mit } (b_1, \ldots, b_{n-1}, b) \in U\}.$$

7.3.12 ✋ (**Elementarteilersatz**) Es sei U ein Untermodul von $\mathbb{Z}^n$. Dann existieren eine natürliche Zahl $r \le n$ und $d_1, \ldots, d_r \in \mathbb{N}_{>0}$ mit $d_i \mid d_{i+1}$ für $i = 1, \ldots, r-1$ sowie eine Basis $v_1, \ldots, v_n$ von $\mathbb{Z}^n$, so dass $d_1 \cdot v_1, \ldots, d_r \cdot v_r$ eine Basis von U sind.

7.4 Die Jordan-Normalform und die allgemeine Normalform

Wie zuvor steht in diesem Abschnitt K immer für einen Körper. Es geht um die Frage, wie man eine quadratische Matrix über K umformen kann in eine ähnliche Matrix, die eine möglichst übersichtliche Gestalt hat. Dies ist gleichbedeutend zu der Frage, wie man zu einer linearen Abbildung $\varphi \colon V \to V$ eines endlich-dimensionalen Vektorraums V eine Basis B von V finden kann, so dass die Darstellungsmatrix $D_B(\varphi)$ übersichtlich wird. Dieses Thema wurde schon in Abschn. 7.2 unter dem Stichwort „Diagonalisierbarkeit" angeschnitten. Wir werden in jeder Ähnlichkeitsklasse von Matrizen in $K^{n \times n}$ einen „Standardvertreter" finden und somit die Ähnlichkeitsklassen klassifizieren. Dieser Standardvertreter wird die *allgemeine Normalform* oder, falls das charakteristische Polynom in Linearfaktoren zerfällt, die *Jordan-Normalform* genannt. Im Falle einer diagonalisierbaren Matrix wird die Jordan-Normalform eine Diagonalmatrix sein.

Die Ergebnisse des vorherigen Abschnitts werden eine zentrale Rolle spielen. Dort ging es um Äquivalenz von Matrizen, nicht um Ähnlichkeit. Die Brücke zwischen beiden Begriffen wird durch den folgenden, erstaunlichen Satz gebildet.

Satz 7.4.1 (Ähnlichkeit und Äquivalenz) *Zwei quadratische Matrizen über K sind genau dann ähnlich, wenn ihre charakteristischen Matrizen über $K[x]$ äquivalent sind.*

Beweis Es seien $A, B \in K^{n \times n}$. Zunächst setzen wir voraus, dass A und B ähnlich sind, und leiten daraus die Äquivalenz der charakteristischen Matrizen $xI_n - A$ und $xI_n - B$ her. Es gibt $S \in \mathrm{GL}_n(K)$ mit $S^{-1}AS = B$, also

$$S^{-1}(xI_n - A)S = S^{-1}xI_nS - S^{-1}AS = xI_n - B,$$

wegen $S \in \mathrm{GL}_n(K[x])$ folgt also $xI_n - A \approx xI_n - B$.

Umgekehrt setzen wir nun die Äquivalenz von $xI_n - A$ und $xI_n - B$ voraus und zeigen die Ähnlichkeit von A und B. Dies ist der schwierigere Teil des Beweises. Wir haben also $S, T \in \mathrm{GL}_n(K[x])$, so dass

$$xI_n - A = S \cdot (xI_n - B) \cdot T. \tag{7.16}$$

Ist $C \in K[x]^{n \times n}$ irgendeine Matrix mit Einträgen in $K[x]$, so können wir $C = \sum_{i=0}^{m} x^i C_i$ mit $C_i \in K^{n \times n}$ schreiben und definieren

$$C(A) := \sum_{i=0}^{m} A^i C_i \in K^{n \times n}. \tag{7.17}$$

Für jede weitere Matrix $D \in K[x]^{n \times n}$ mit $D = \sum_{j=0}^{k} x^j D_j$ (wobei $D_j \in K^{n \times n}$) gelten dann die Regeln:

$$(C + D)(A) = C(A) + D(A), \tag{7.18}$$

$$(C \cdot D)(A) = \left(\sum_{i=0}^{m} \sum_{j=0}^{k} x^{i+j} C_i D_j \right)(A) = \sum_{i,j} A^{i+j} C_i D_j$$

$$= \sum_{j=0}^{k} A^j \left(\sum_{i=0}^{m} A^i C_i \right) \cdot D_j = (C(A) \cdot D)(A), \tag{7.19}$$

und

$$C \in K^{n \times n} \implies C(A) = C. \tag{7.20}$$

Es gilt

$$(xI_n - A)(A) = AI_n - A^0 A = 0,$$

wegen (7.19) also

$$0 = \left((xI_n - A) \cdot T^{-1} \right)(A) \underset{(7.16)}{=} (S \cdot (xI_n - B))(A) \underset{(7.18)}{=} (xS)(A) - (SB)(A)$$

$$\underset{(7.19)}{=} A \cdot S(A) - (S(A) \cdot B)(A) \underset{(7.20)}{=} A \cdot S(A) - S(A) \cdot B$$

und damit $A \cdot S(A) = S(A) \cdot B$. Per Induktion ergibt sich hieraus

$$A^i \cdot S(A) = S(A) \cdot B^i \tag{7.21}$$

für alle $i \in \mathbb{N}$. Wir zeigen nun, dass $S(A)$ invertierbar ist. Wegen $S \in \mathrm{GL}_n(K[x])$ gibt es $C \in K[x]^{n \times n}$ mit $S \cdot C = I_n$. Wir schreiben $C = \sum_{i=0}^m x^i C_i$ mit $C_i \in K^{n \times n}$ und erhalten

$$I_n \underset{(7.20)}{=} I_n(A) = (S \cdot C)(A) \underset{(7.19)}{=} (S(A) \cdot C)(A)$$

$$= \sum_{i=0}^m A^i S(A) C_i \underset{(7.21)}{=} S(A) \cdot \sum_{i=0}^m B^i C_i = S(A) \cdot C(B).$$

Wie behauptet folgt also $S(A) \in \mathrm{GL}_n(K)$, und aus (7.21) erhalten wir

$$S(A)^{-1} \cdot A \cdot S(A) = B.$$

Also sind A und B in der Tat ähnlich.   □

Aus dem Beweis sieht man, wie man aus Matrizen $S, T \in \mathrm{GL}_n(K[x])$ mit (7.16) eine Matrix gewinnt, die die Ähnlichkeit von A und B „realisiert": Mit $R := S(A)$ (gebildet gemäß (7.17)) gilt nämlich

$$R^{-1} A R = B.$$

Mit Korollar 7.3.11 (übertragen auf den Fall von Matrizen mit Einträgen im Polynomring $K[x]$) erhalten wir:

Korollar 7.4.2 *Zwei quadratische Matrizen über K sind genau dann ähnlich, wenn ihre charakteristischen Matrizen dieselben (wesentlichen) Elementarteiler haben.*

Man kann die Ähnlichkeitsklasse einer quadratischen Matrix also an den Elementarteilern der charakteristischen Matrix ablesen. Die Aufgabe, in derer Ähnlichkeitsklasse einen „übersichtlichen" Vertreter zu finden, reduziert sich nun darauf, zu einer gegebenen Folge von Elementarteilern eine „übersichtliche" Matrix zu finden, deren charakteristische Matrix genau diese Elementarteiler hat.

Beispiel 7.4.3 Wir betrachten

$$A = \begin{pmatrix} -1 & 0 & 0 \\ 0 & -1 & 0 \\ 0 & 1 & -1 \end{pmatrix} \in \mathbb{R}^{3 \times 3}.$$

Wir könnten die Elementarteiler der charakteristischen Matrix

$$x I_3 - A = \begin{pmatrix} x+1 & 0 & 0 \\ 0 & x+1 & 0 \\ 0 & -1 & x+1 \end{pmatrix}$$

berechnen, indem wir sie auf Smith-Normalform bringen. Alternativ wählen wir den Weg, die ggTs der Minoren zu berechnen und daraus die Elementarteiler gemäß Satz 7.3.10 zu gewinnen. Wegen des Eintrags -1 haben die 1×1-Minoren den ggT 1. Man sieht außerdem, dass der ggT der 2×2-Minoren $x+1$ ist. Die Determinante ist $(x+1)^3$, und wir erhalten die wesentlichen Elementarteiler $x+1$ und $(x+1)^2$. Ein Vergleich mit Beispiel 7.3.16 zeigt, dass die charakteristische Matrix der dort betrachteten Matrix dieselben wesentlichen Elementarteiler hat. Nach Korollar 7.4.2 sind also

$$\begin{pmatrix} -3 & -1 & 2 \\ 4 & 1 & -4 \\ 0 & 0 & -1 \end{pmatrix} \quad \text{und} \quad \begin{pmatrix} -1 & 0 & 0 \\ 0 & -1 & 0 \\ 0 & 1 & -1 \end{pmatrix}$$

ähnlich. Die zweite Matrix ist hierbei nahe an einer Diagonalmatrix. Sie ist ein Beispiel für ein Matrix in Jordan-Normalform, die wir in Kürze definieren werden. ◁

Für die folgende Definition erinnern wir daran, dass ein Primpolynom ein normiertes, nicht konstantes Polynom $f \in K[x]$ ist, dessen einzige normierte Teiler 1 und f selbst sind. Beispielsweise ist jedes Polynom der Form $x-a$ ein Primpolynom, und $x^2 + 1 \in \mathbb{R}[x]$ ist ein Primpolynom.

Definition 7.4.4

(a) *Es sei $f = x^n - a_{n-1}x^{n-1} - \ldots - a_1 x - a_0 \in K[x]$ ein nicht konstantes, normiertes Polynom. Dann heißt*

$$B_f := \begin{pmatrix} 0 & & 0 & a_0 \\ 1 & \ddots & & a_1 \\ & \ddots & 0 & \vdots \\ 0 & & 1 & a_{n-1} \end{pmatrix} \in K^{n \times n}$$

*die **Begleitmatrix** von f. Wichtig ist auch der Fall $f = x - a$, in dem B_f nichts weiter als eine 1×1-Matrix mit dem Eintrag a ist.*

(b) *Ist* $f \in K[x]$ *wie in* (a) *und* $e \in \mathbb{N}_{>0}$ *eine positive ganze Zahl, so setzen wir*

$$
B_f^{(e)} := \begin{pmatrix} B_f & & & & 0 \\ 1 & B_f & & & \\ & 1 & \ddots & & \\ & & 1 & B_f & \\ 0 & & & 1 & B_f \end{pmatrix} \in K^{en \times en}.
$$

Die Matrix $B_f^{(e)}$ *ist also eine Blockdiagonalmatrix mit* e *identischen Blöcken* B_f *und zusätzlich Einsern an den Positionen links unterhalb der Berührpunkte der Blöcke. Für* $e = 1$ *ist* $B_f^{(1)} = B_f$. *In dem wichtigen Spezialfall* $f = x - a$ *heißt*

$$
B_{x-a}^{(e)} = \begin{pmatrix} a & & & 0 \\ 1 & a & & \\ & & \ddots & \\ & & a & \\ 0 & & 1 & a \end{pmatrix} \in K^{e \times e}
$$

ein **Jordan-Kästchen**. *Es hat* a *als Diagonaleinträge und Einsen in der unteren Nebendiagonalen. (Manchmal werden Jordan-Kästchen auch mit Einsen auf der oberen Nebendiagonalen definiert; dies ist eine Frage der Konvention.)*

(c) *Eine quadratische Matrix* $A \in K^{n \times n}$ *heißt in* **allgemeiner Normalform,** *falls*

$$
A = \begin{pmatrix} B_{f_1}^{(e_1)} & & & 0 \\ & B_{f_2}^{(e_2)} & & \\ & & \ddots & \\ 0 & & & B_{f_s}^{(e_s)} \end{pmatrix} =: \operatorname{diag}\left(B_{f_1}^{(e_1)}, \ldots, B_{f_s}^{(e_s)} \right)
$$

eine Blockdiagonalmatrix ist mit Matrizen $B_{f_i}^{(e_i)}$ *als Blöcken, wobei die* $f_i \in K[x]$ *Primpolynome sind. Falls alle* f_i *den Grad* 1 *haben (falls also die* $B_{f_i}^{(e_i)}$ *Jordan-Kästchen sind), so heißt* A *in* **Jordan-Normalform.**

(d) *Es sei* $A \in K^{n \times n}$ *eine quadratische Matrix. Eine Matrix* $B \in K^{n \times n}$ *heißt eine* **allgemeine Normalform** *von* A, *falls* B *in allgemeiner Normalform und*

ähnlich zu A ist. Falls B sogar in Jordan-Normalform ist, so heißt sie eine
Jordan-Normalform *von A.*

Beispiel 7.4.5

(1) Die Begleitmatrix eines normierten Polynoms $f = x^2 - ax - b$ von Grad 2 ist

$$B_f = \begin{pmatrix} 0 & b \\ 1 & a \end{pmatrix}$$

(2) Die Matrizen

$$\begin{pmatrix} -1 & 0 & 0 \\ 0 & -1 & 0 \\ 0 & 1 & -1 \end{pmatrix}, \quad \begin{pmatrix} 2 & 0 & 0 \\ 0 & 1 & 0 \\ 0 & 1 & 1 \end{pmatrix}, \quad \begin{pmatrix} 0 & 0 & 0 \\ 1 & 0 & 0 \\ 0 & 1 & 0 \end{pmatrix} \quad \text{und} \quad \begin{pmatrix} 1 & 0 & 0 \\ 0 & -1 & 0 \\ 0 & 0 & -1 \end{pmatrix}$$

sind in Jordan-Normalform, die Matrix

$$\begin{pmatrix} -1 & 0 & 0 \\ 0 & -1 & 0 \\ 0 & 1 & 1 \end{pmatrix}$$

aber nicht.

(3) Wegen Beispiel 7.4.3 hat

$$A = \begin{pmatrix} -3 & -1 & 2 \\ 4 & 1 & -4 \\ 0 & 0 & -1 \end{pmatrix} \in \mathbb{R}^{3 \times 3}.$$

die Matrix

$$B = \begin{pmatrix} -1 & 0 & 0 \\ 0 & -1 & 0 \\ 0 & 1 & -1 \end{pmatrix}$$

als Jordan-Normalform.

(4) Über $K = \mathbb{R}$ ist $x^2 + x + 1$ ein Primpolynom, also sind die Matrizen

$$\begin{pmatrix} 0 & -1 & 0 & 0 \\ 1 & -1 & 0 & 0 \\ 0 & 1 & 0 & -1 \\ 0 & 0 & 1 & -1 \end{pmatrix}, \quad \begin{pmatrix} 0 & -1 & 0 & 0 \\ 1 & -1 & 0 & 0 \\ 0 & 0 & 0 & -1 \\ 0 & 0 & 1 & -1 \end{pmatrix} \quad \text{und} \quad \begin{pmatrix} 0 & -1 & 0 & 0 \\ 1 & -1 & 0 & 0 \\ 0 & 0 & 2 & 0 \\ 0 & 0 & 1 & 2 \end{pmatrix}$$

in allgemeiner Normalform.   ◁

Lemma 7.4.6 *Es sei* $f \in K[x]$ *ein nicht konstantes, normiertes Polynom und es sei* $e \in \mathbb{N}_{>0}$.

(a) *Das charakteristische Polynom der Begleitmatrix* B_f *ist* $\chi_{B_f} = f$.

(b) *Die charakteristische Matrix von* $B_f^{(e)}$ *hat den einzigen wesentlichen Elementarteiler* f^e.

Beweis

(a) Wir schreiben $f = x^n - a_{n-1}x^{n-1} - \ldots - a_1 x - a_0$ und $A := B_f$. Für die Standardbasisvektoren e_i mit $1 \leq i \leq n-1$ gilt $A \cdot e_i = e_{i+1}$, also

$$A^i \cdot e_1 = e_{1+i} \quad (i = 0, \ldots, n-1). \tag{7.22}$$

Weiter gilt

$$A^n \cdot e_1 \underset{(7.22)}{=} A \cdot e_n = \sum_{i=0}^{n-1} a_i e_{i+1} \underset{(7.22)}{=} \sum_{i=0}^{n-1} a_i A^i \cdot e_1.$$

Es folgt

$$f(A) \cdot e_1 = 0.$$

Andererseits folgt aus dem Satz von Cayley-Hamilton (Satz 7.2.17) mit $g := \chi_A$ die Beziehung $g(A) \cdot e_1 = 0$. Da f und g normiert vom Grad n sind, können wir $f - g = \sum_{i=0}^{n-1} b_i x^i$ mit $b_i \in K$ schreiben, und es folgt

$$0 = (f - g)(A) \cdot e_1 = \sum_{i=0}^{n-1} b_i A^i \cdot e_1 \underset{(7.22)}{=} \sum_{i=0}^{n-1} b_i e_{1+i},$$

also $b_i = 0$ für alle i und damit $g = f$. Dies war zu zeigen.

(b) Wenn wir in der charakteristischen Matrix $x I_m - B_f^{(e)}$ (mit $m := en$) die erste Zeile und die letzte Spalte streichen, erhalten wir eine obere Dreiecksmatrix mit dem Eintrag -1 überall auf der Diagonalen. Also tritt $(-1)^{m-1}$ als einer der $(m-1) \times (m-1)$-Minoren auf. Es folgt, dass 1 der ggT der $(m-1) \times (m-1)$-Minoren ist. Wegen Satz 7.3.10 (in der Version für Matrizen über $K[x]$) folgt, dass die ersten $m-1$ Elementarteiler 1 sind. Der letzte Elementarteiler muss daher gleich der Determinante von $x I_m - B_f^{(e)}$ sein. Dies ist eine untere Blockdreiecksmatrix mit Diagonalblöcken $x I_n - B_f$. Wegen (a) ist der gesuchte letzte Elementarteiler also f^e. □

Wir kommen nun zum Hauptergebnis dieses Abschnitts, dass jede quadratische Matrix eine allgemeine Normalform besitzt. Der Satz 7.3.14 über eindeutige Primzerlegung überträgt sich auf Polynome. Insbesondere kann man bei der Primzerlegung eines nicht konstanten, normierten Polynoms $f \in K[x]$ jeweils gleiche Primpolynome f_i zu Potenzen zusammenfassen und erhält so eine Zerlegung

$$f = \prod_{i=1}^{s} f_i^{e_i}$$

in Primpolynompotenzen.

Satz 7.4.7 (Existenz der Normalformen) *Es sei $A \in K^{n \times n}$ eine quadratische Matrix.*

(a) *Dann hat A eine allgemeine Normalform, d. h. A ist ähnlich zu einer Matrix B in allgemeiner Normalform.*

(b) *Die Matrix A hat genau dann eine Jordan-Normalform, wenn das charakteristische Polynom χ_A in Linearfaktoren zerfällt. Falls K algebraisch abgeschlossen ist (z. B. $K = \mathbb{C}$), so hat also jede quadratische Matrix eine Jordan-Normalform. Die Diagonaleinträge der Jordan-Normalform sind die Eigenwerte von A.*

Beweis

(a) Es seien $d_1, \ldots, d_r \in K[x]$ die wesentlichen Elementarteiler von $x I_n - A$, und $f_1^{e_1}, \ldots, f_s^{e_s}$ seien die Primpolynompotenzen aus den Zerlegungen der d_i. Wir bilden die Blockdiagonalmatrix

$$B = \mathrm{diag}\left(B_{f_1}^{(e_1)}, \ldots, B_{f_s}^{(e_s)}\right)$$

also eine Matrix in allgemeiner Normalform. Jedes $B_{f_i}^{(e_i)}$ hat $e_i \cdot \deg(f_i)$ Zeilen und Spalten, wegen

$$\sum_{i=1}^{s} e_i \deg(f_i) = \deg\left(\prod_{i=1}^{s} f_i^{e_i}\right) = \deg\left(\prod_{i=1}^{r} d_i\right) = \deg(\chi_A) = n$$

gilt $B \in K^{n \times n}$. Wegen Lemma 7.4.6(b) gilt die Äquivalenz

$$x I_n - B \approx \mathrm{diag}\left(1, \ldots, 1, f_1^{e_1}, \ldots, f_s^{e_s}\right).$$

Wegen Proposition 7.3.15 (in der Version für Polynome in $K[x]$) gilt weiter

$$\mathrm{diag}\left(f_1^{e_1}, \ldots, f_s^{e_s}\right) \approx \mathrm{diag}\left(1, \ldots, 1, d_1, \ldots, d_r\right),$$

insgesamt also $x I_n - B \approx \mathrm{diag}\left(1, \ldots, 1, d_1, \ldots, d_r\right)$. Dies bedeutet, dass $d_1, \ldots, d_r$ die wesentlichen Elementarteiler von $x I_n - B$ sind. Aus Korollar 7.4.2 folgt, dass A ähnlich zu B ist.

(b) Falls χ_A in Linearfaktoren zerfällt, so gilt dies wegen $d_1 \cdot \ldots \cdot d_r = \chi_A$ auch für die Elementarteiler d_i. Die f_i aus dem Beweis von (a) haben also den Grad 1, also ist B in Jordan-Normalform, und die Diagonaleinträge sind die Nullstellen von χ_A, also die Eigenwerte.

Falls umgekehrt A ähnlich ist zu einer Matrix B in Jordan-Normalform, so folgt $\chi_A = \chi_B$ (siehe Anmerkung 7.2.7(b)), und χ_B zerfällt in Linearfaktoren, denn die charakteristische Matrix $xI_n - B$ ist eine untere Dreiecksmatrix mit normierten Polynomen vom Grad 1 auf der Diagonalen. □

Wir können mit Hilfe der Elementarteiler auch die Eindeutigkeit der allgemeinen Normalform beweisen.

Satz 7.4.8 *Die allgemeine Normalform einer quadratischen Matrix $A \in K^{n \times n}$ ist bis auf die Reihenfolge der Blöcke eindeutig bestimmt.*

Genauer gilt: Die Blöcke $B_{f_i}^{(e_i)}$ der allgemeinen Normalform gehören zu den Primpolynompotenzen $f_i^{e_i}$, die in den Zerlegungen der wesentlichen Elementarteiler der charakteristischen Matrix $xI_n - A$ auftreten.

Beweis Es sei $B = \mathrm{diag}\left(B_{f_1}^{(e_1)}, \ldots, B_{f_s}^{(e_s)}\right)$ eine Matrix in allgemeiner Normalform, die zu A ähnlich ist. Wegen Satz 7.4.1 und Lemma 7.4.6 folgt

$$xI_n - A \approx xI_n - B \approx \mathrm{diag}\left(1, \ldots, 1, f_1^{e_1}, \ldots, f_s^{e_s}\right).$$

Aus der Liste von Primpolynompotenzen $f_i^{e_i}$ bilden wir nun wie folgt eine Sequenz $d_1, \ldots, d_r$ von Polynomen: Zunächst sei d_1 das kleinste gemeinsame Vielfache der $f_i^{e_i}$. Die Zerlegung von d_1 in Primpolynompotenzen besteht aus einigen der $f_i^{e_i}$, die wir nun aus der Liste streichen. Von den verbleibenden $f_i^{e_i}$ bilden wir erneut das kgV und setzen es d_2. So fahren wir fort, bis alle $f_i^{e_i}$ abgearbeitet sind. Die $f_i^{e_i}$ sind nun genau die Primpolynompotenzen, die in der Zerlegung der d_j auftreten. Außerdem ist jedes d_j ein Vielfaches des nachfolgenden. Indem wir die Reihenfolge der d_j umdrehen, erreichen wir also $d_j \mid d_{j+1}$ für $j < r$. Wegen Proposition 7.3.15 (in der Version für Polynome in $K[x]$) folgt

$$\mathrm{diag}\left(f_1^{e_1}, \ldots, f_s^{e_s}\right) \approx \mathrm{diag}\left(1, \ldots, 1, d_1, \ldots, d_r\right).$$

Zusammen mit der obigen Äquivalenz ergibt sich, dass $xI_n - A$ die Smith-Normalform $\mathrm{diag}(1, \ldots, 1, d_1, \ldots, d_r)$ hat, also sind die d_j die wesentlichen Elementarteiler von $xI_n - A$. Damit ist der Satz bewiesen. □

Zum Berechnen der allgemeinen Normalform kann man also Algorithmus 7.3.6 auf die charakteristische Matrix anwenden und erhält die Elementarteiler. Aus deren Zerlegung in Primpolynompotenzen geht dann die allgemeine Normalform hervor. Dies Berechnungsverfahren ist allerdings aufwändig. Wesentlich schneller geht es mit gewissen Rang-Formeln, die wir hier für den Fall der Jordan-Normalform besprechen möchten.

Satz 7.4.9 (Berechnen der Jordan-Normalform) *Es sei $A \in K^{n \times n}$ eine quadratische Matrix, für die eine Jordan-Normalform existiert. Für jeden Eigenwert λ von A gelten dann:*

(a) *Für $e \in \mathbb{N}_{>0}$ ist*

$$\mathrm{rg}\big((A - \lambda I_n)^{e-1}\big) - \mathrm{rg}\big((A - \lambda I_n)^e\big)$$

die Anzahl der Jordan-Kästchen der Länge $\geq e$ zum Eigenwert λ.

(b) *Die Gesamtlänge der Jordan-Kästchen zum Eigenwert λ ist gleich der algebraischen Vielfachheit des Eigenwerts λ.*

(c) *Die Anzahl der Jordan-Kästchen zum Eigenwert λ ist gleich der geometrischen Vielfachheit des Eigenwerts λ.*

Beweis

(a) Es sei $B = \mathrm{diag}(B_1, \ldots, B_r)$ eine Jordan-Normalform von A mit Jordan-Kästchen B_i der Längen k_i. Aus $S^{-1}AS = B$ mit $S \in \mathrm{GL}_n(K)$ folgt $S^{-1}(A - \lambda I_n)S = B - \lambda I_n$ und weiter

$$S^{-1}(A - \lambda I_n)^e S = (B - \lambda I_n)^e \quad \text{für alle } e \geq 0.$$

Also ist

$$\mathrm{rg}\big((A - \lambda I_n)^e\big) = \mathrm{rg}\big((B - \lambda I_n)^e\big) = \sum_{i=1}^{r} \mathrm{rg}\big((B_i - \lambda I_{k_i})^e\big),$$

wobei sich der letzte Schritt aus der Blockdiagonalform von $B - \lambda I_n$ ergibt. Ist B_i *kein* Jordan-Kästchen zum Eigenwert λ, so ist $\mathrm{rg}((B_i - \lambda I_{k_i})^e) = k_i$ (insbesondere unabhängig von e), wie man an den Diagonaleinträgen sieht. Ist B_i ein Jordan-Kästchen zum Eigenwert λ, so ist

$$B_i - \lambda I_{k_i} = \begin{pmatrix} 0 & & & \\ 1 & 0 & & \\ & \ddots & \ddots & \\ & & 1 & 0 \end{pmatrix}.$$

Beim Potenzieren dieser Matrix „wandern die Einsen" jeweils eine Diagonale weiter nach links unten, wie man formal per Induktion nach e zeigen kann. Daher ist

$$\mathrm{rg}((B_i - \lambda I_{k_i})^e) = \begin{cases} k_i - e, & \text{falls } e \leq k_i, \\ 0, & \text{falls } e > k_i. \end{cases}$$

Ohne Einschränkung seien nun $B_1, \ldots, B_s$ die Jordan-Kästchen zum Eigenwert λ der Länge $\geq e$. Dann folgt aus den bisherigen Überlegungen

$$\mathrm{rg}\left((A - \lambda I_n)^{e-1}\right) - \mathrm{rg}\left((A - \lambda I_n)^e\right)$$

$$= \sum_{i=1}^{s} \left(\mathrm{rg}\left((B_i - \lambda I_{k_i})^{e-1}\right) - \mathrm{rg}\left((B_i - \lambda I_{k_i})^e\right)\right)$$

$$= \sum_{i=1}^{s} ((k_i - (e-1)) - (k_i - e)) = s,$$

was zu beweisen war.

(b) Dies folgt aus $\chi_A = \chi_B$ und der Blockdiagonalgestalt von B.

(c) Dies ist der Spezialfall $e = 1$ in (a). $\square$

Wir fassen die Methode zur Berechnung der Jordan-Normalform, die sich aus Satz 7.4.9 ergibt, zusammen.

Der erste Schritt ist die Berechnung des charakteristischen Polynoms χ_A und das Auffinden der Nullstellen. Wir setzen voraus, dass χ_A in Linearfaktoren zerfällt. Damit sind die Eigenwerte und deren algebraische Vielfachheiten bekannt. Hat ein Eigenwert λ die algebraische Vielfachheit 1, so gibt es zu λ genau ein Jordan-Kästchen, und dies hat die Länge 1, ist also einen Diagonaleintrag λ in der Jordan-Normalform ohne Einsen in der Nebendiagonalen. Bei algebraischer Vielfachheit ≥ 2 berechnet man die geometrische Vielfachheit, also $n - \mathrm{rg}(A - \lambda I_n)$. Damit kennt man die Anzahl der Jordan-Kästchen zum Eigenwert λ, womit man zusammen mit der Kenntnis der Gesamtlänge (= algebraische Vielfachheit) häufig schon deren Längen bestimmen kann. Falls das nicht geht, muss man die Ränge der Matrizen $(A - \lambda I_n)^k$ berechnen und Satz 7.4.9(a) anwenden. Das macht man solange, bis man aufgrund der Kenntnis der Gesamtlänge die Längen aller Jordan-Kästchen zum Eigenwert λ bestimmt hat. Auf diese Art arbeitet man alle Eigenwerte λ ab.

Beispiel 7.4.10

(1) Wir betrachten nochmals die Matrix

$$A = \begin{pmatrix} -3 & -1 & 2 \\ 4 & 1 & -4 \\ 0 & 0 & -1 \end{pmatrix} \in \mathbb{R}^{3 \times 3},$$

deren Jordan-Normalform wir eigentlich schon kennen (siehe Beispiel 7.4.5(3)). Das charakteristische Polynom ist

$$\chi_A = \det \begin{pmatrix} x+3 & 1 & -2 \\ -4 & x-1 & 4 \\ 0 & 0 & x+1 \end{pmatrix} = (x+1) \cdot \det \begin{pmatrix} x+3 & 1 \\ -4 & x-1 \end{pmatrix}$$

$$= (x+1) \cdot (x^2 + 2x + 1) = (x+1)^3,$$

wobei wir im ersten Schritt nach der dritten Zeile entwickelt haben. Der einzige Eigenwert ist also $\lambda = -1$ mit algebraischer Vielfachheit 3. Der Rang von

$$A + I_3 = \begin{pmatrix} -2 & -1 & 2 \\ 4 & 2 & -4 \\ 0 & 0 & 0 \end{pmatrix}$$

ist 1, also gibt es zwei Jordan-Kästchen. Da die Gesamtlänge 3 ist, müssen sie die Länge 1 und 2 haben, die Jordan-Normalform ist also

$$\begin{pmatrix} -1 & 0 & 0 \\ 0 & -1 & 0 \\ 0 & 1 & -1 \end{pmatrix}.$$

(2) Wir betrachten die Matrix

$$A = \begin{pmatrix} -3 & -1 & 4 & -3 & -1 \\ 1 & 1 & -1 & 1 & 0 \\ -1 & 0 & 2 & 0 & 0 \\ 4 & 1 & -4 & 5 & 1 \\ -2 & 0 & 2 & -2 & 1 \end{pmatrix} \in \mathbb{R}^{5 \times 5}.$$

Das Berechnen des charakteristischen Polynoms ist aufwändig:

$$\chi_A = \det \begin{pmatrix} x+3 & 1 & -4 & 3 & 1 \\ -1 & x-1 & 1 & -1 & 0 \\ 1 & 0 & x-2 & 0 & 0 \\ -4 & -1 & 4 & x-5 & -1 \\ 2 & 0 & -2 & 2 & x-1 \end{pmatrix}$$

$$\underset{(1)}{=} \det \begin{pmatrix} x+3 & 1 & -x^2-x+2 & 3 & 1 \\ -1 & x-1 & x-1 & -1 & 0 \\ 1 & 0 & 0 & 0 & 0 \\ -4 & -1 & 4x-4 & x-5 & -1 \\ 2 & 0 & -2x+2 & 2 & x-1 \end{pmatrix}$$

$$\underset{(2)}{=} \det \begin{pmatrix} 1 & -x^2-x+2 & 3 & 1 \\ x-1 & x-1 & -1 & 0 \\ -1 & 4x-4 & x-5 & -1 \\ 0 & -2x+2 & 2 & x-1 \end{pmatrix}$$

$$
\underset{(3)}{=} \det \begin{pmatrix} 0 & -x^2 + 3x - 2 & x - 2 & 0 \\ x - 1 & x - 1 & -1 & 0 \\ -1 & 4x - 4 & x - 5 & -1 \\ -x + 1 & 4x^2 - 10x + 6 & x^2 - 6x + 7 & 0 \end{pmatrix}
$$

$$
\underset{(4)}{=} \det \begin{pmatrix} 0 & -x^2 + 3x - 2 & x - 2 \\ x - 1 & x - 1 & -1 \\ -x + 1 & 4x^2 - 10x + 6 & x^2 - 6x + 7 \end{pmatrix}
$$

$$
\underset{(5)}{=} \det \begin{pmatrix} 0 & -x^2 + 3x - 2 & x - 2 \\ x - 1 & x - 1 & -1 \\ 0 & 4x^2 - 9x + 5 & x^2 - 6x + 6 \end{pmatrix}
$$

$$
\underset{(6)}{=} -(x - 1) \cdot \det \begin{pmatrix} -x^2 + 3x - 2 & x - 2 \\ 4x^2 - 9x + 5 & x^2 - 6x + 6 \end{pmatrix}
$$

$$
\underset{(7)}{=} -(x - 1) \cdot \det \begin{pmatrix} 0 & x - 2 \\ x^3 - 3x^2 + 3x - 1 & x^2 - 6x + 6 \end{pmatrix}
$$

$$
= (x - 1)(x - 2)(x^3 - 3x^2 + 3x - 1) = (x - 2)(x - 1)^4.
$$

Die Schritte waren: (1) Addieren des $(-x + 2)$-fachen der ersten Spalte zur dritten, (2) Entwickeln nach der dritten Zeile, (3) Addition der dritten Zeile zur ersten und des $(x - 1)$-fachen der dritten Zeile zur letzten, (4) Entwickeln nach der letzten Spalte, (5) Addieren der zweiten Zeile zur dritten, (6) Entwickeln nach der ersten Spalte und (7) Addieren des $(x - 1)$-fachen der zweiten Spalte zur ersten.

Der Eigenwert 2 ergibt ein Jordan-Kästchen der Länge 1. Der Eigenwert 1 hat algebraische Vielfachheit 4. Wir berechnen den Rang von $A - I_5$:

$$
\mathrm{rg}(A - I_5) = \mathrm{rg} \begin{pmatrix} -4 & -1 & 4 & -3 & -1 \\ 1 & 0 & -1 & 1 & 0 \\ -1 & 0 & 1 & 0 & 0 \\ 4 & 1 & -4 & 4 & 1 \\ -2 & 0 & 2 & -2 & 0 \end{pmatrix} = \mathrm{rg} \begin{pmatrix} 0 & -1 & 0 & 1 & -1 \\ 1 & 0 & -1 & 1 & 0 \\ 0 & 0 & 0 & 1 & 0 \\ 0 & 1 & 0 & 0 & 1 \\ 0 & 0 & 0 & 0 & 0 \end{pmatrix}
$$

$$
= \mathrm{rg} \begin{pmatrix} 0 & 0 & 0 & 1 & 0 \\ 1 & 0 & -1 & 1 & 0 \\ 0 & 0 & 0 & 1 & 0 \\ 0 & 1 & 0 & 0 & 1 \\ 0 & 0 & 0 & 0 & 0 \end{pmatrix} = 3.
$$

Es gibt also $5 - 3 = 2$ Jordan-Kästchen zum Eigenwert 1. Dafür gibt es zwei Möglichkeiten (zwei Kästchen der Länge 2 oder je eines der Länge 1 und 3). Um die Anzahl der Jordan-Kästchen der Länge ≥ 2 nach Satz 7.4.9(a) zu berechnen, brauchen wir den Rang von $(A - I_5)^2$:

$$\text{rg}\left((A - I_5)^2\right) = \text{rg}\begin{pmatrix} 1 & 1 & -1 & 1 & 1 \\ 1 & 0 & -1 & 1 & 0 \\ 3 & 1 & -3 & 3 & 1 \\ 3 & 0 & -3 & 3 & 0 \\ -2 & 0 & 2 & -2 & 0 \end{pmatrix} = \text{rg}\begin{pmatrix} 0 & 1 & 0 & 0 & 1 \\ 1 & 0 & -1 & 1 & 0 \\ 0 & 1 & 0 & 0 & 1 \\ 0 & 0 & 0 & 0 & 0 \\ 0 & 0 & 0 & 0 & 0 \end{pmatrix} = 2.$$

Wir erhalten $3 - 2 = 1$ Jordan-Kästchen der Länge ≥ 2. Also A hat die Jordan-Normalform

$$\begin{pmatrix} 2 & 0 & 0 & 0 & 0 \\ 0 & 1 & 0 & 0 & 0 \\ 0 & 0 & 1 & 0 & 0 \\ 0 & 0 & 1 & 1 & 0 \\ 0 & 0 & 0 & 1 & 1 \end{pmatrix}.$$

◁

Oft ist es von Interesse, nicht nur die allgemeine bzw. Jordan-Normalform B einer Matrix $A \in K^{n \times n}$ zu bestimmen, sondern auch eine transformierende Matrix $S \in \text{GL}_n(K)$ mit $B = S^{-1}AS$. Dies ist gleichbedeutend mit der Bestimmung einer Basis von K^n, bezüglich der φ_A die Darstellungsmatrix B hat. Bisweilen wird eine solche Basis (im Falle der Jordan-Normalform) eine **Jordan-Basis** genannt.

Eine Methode zur Berechnung einer transformierenden Matrix wird aus der Bemerkung vor Korollar 7.4.2 klar: Aus der Kenntnis einer der transformierenden Matrizen für die Äquivalenz der charakteristischen Matrizen $x I_n - A$ und $x I_n - B$ erhält man eine transformierende Matrix für die Ähnlichkeit von A und B. Diese Methode ist jedoch meist zu aufwändig. Daher wird normalerweise eine wesentlich effizientere Methode verwendet, die wir nun (im Fall der Jordan-Normalform) skizzieren.

Es wird vorausgesetzt, dass die Jordan-Normalform einer Matrix $A \in K^{n \times n}$ bekannt ist, und das Ziel ist die Bestimmung einer Jordan-Basis. Diese setzt man zusammen aus Vektoren, die durch Anwendung von A gemäß den einzelnen Jordan-Kästchen transformiert werden. Man behandelt die Eigenwerte λ nacheinander. Zu einem Eigenwert λ sucht man zunächst Basisvektoren, die zu den längsten Jordan-Kästchen zum Eigenwert λ gehören. Ist deren Länge e, so berechnet man den sogenannten **Hauptraum**

$$E_\lambda^{(e)} := \left\{ v \in K^n \mid (A - \lambda I_n)^e \cdot v = 0 \right\}.$$

Haupträume stellen eine Verallgemeinerung der Eigenräume dar. Man ergänzt nun eine Basis des Unterraums $E_\lambda^{(e-1)}$ zu einer Basis von $E_\lambda^{(e)}$. Die ergänzenden Basisvektoren bilden die „Keime" der zu den Jordan-Kästchen gehörenden Basisvektoren. Ist $v \in E_\lambda^{(e)}$ ein solcher, so setzen wir nämlich

$$v_1 := v, \quad v_2 := Av_1 - \lambda v_1, \quad \ldots, \quad v_e := Av_{e-1} - \lambda v_{e-1}. \tag{7.23}$$

Für $i \leq e - 1$ folgt $A \cdot v_i = \lambda \cdot v_i + v_{i+1}$, also genau das Verhalten, das durch ein Jordan-Kästchen beschrieben wird. Aus $v \in E_\lambda^{(e)}$ folgt weiter $Av_e = \lambda \cdot v_e$, was auch dem Jordan-Kästchen entspricht. Die Vektoren v_i fügt man zu der Jordan-Basis hinzu, und so verfährt man mit allen Vektoren, die eine Basis von $E_\lambda^{(e-1)}$ zu einer von $E_\lambda^{(e)}$ ergänzen. Nun hat man Basisvektoren, die zu den Jordan-Kästchen zum Eigenwert λ mit der maximalen Länge e gehören.

Es geht weiter mit den Basisvektoren zu den Jordan-Kästchen der Länge $e - 1$ (falls solche vorhanden sind). Um lineare Abhängigkeit mit den schon in der Jordan-Basis befindlichen Vektoren zu vermeiden, muss man Basen von $E_\lambda^{(e-2)}$ und von $(A - \lambda I_n) \cdot E_\lambda^{(e)}$ zu einer Basis von $E_\lambda^{(e-1)}$ ergänzen. Eine Basis von $(A - \lambda I_n) \cdot E_\lambda^{(e)}$ erhält man hierbei aus den „Abkömmlingen" v_2 gemäß (7.23) der Vektoren aus der Basisergänzung von $E_\lambda^{(e-1)}$ zu $E_\lambda^{(e)}$. Auch hier bilden die ergänzenden Basisvektoren die „Keime" der zu den Jordan-Kästchen der Länge $e-1$ gehörenden Basisvektoren.

Beispiel 7.4.11 Zur Illustration der Methode betrachten wir unsere Standardbeispiele.

(1) Wir betrachten wieder

$$A = \begin{pmatrix} -3 & -1 & 2 \\ 4 & 1 & -4 \\ 0 & 0 & -1 \end{pmatrix} \in \mathbb{R}^{3 \times 3}.$$

Wir wissen, dass es zwei Jordan-Kästchen der Länge 1 und 2 zum Eigenwert -1 gibt (siehe Beispiel 7.4.5(3)). Der Eigenraum E_{-1} hat also die Dimension 2, der Hauptraum $E_{-1}^{(2)}$ muss also Dimension 3 haben. (Diese Dimensionen ergeben sich auch aus der Formel in Satz 7.4.9(a).) Wir können als „Keim" einer Jordanbasis also mit einem beliebigen Vektor außerhalb E_{-1} beginnen. Wir wählen den ersten Standardbasisvektor $v_1 := e_1$. Weiter setzen wir

$$v_2 := Av_1 + v_1 = \begin{pmatrix} -2 \\ 4 \\ 0 \end{pmatrix}.$$

Diese beiden Vektoren gehören zum Jordan-Kästchen der Länge 2. Um einen Basisvektor zum Jordan-Kästchen der Länge 1 zu bekommen, ergänzen wir v_2

durch

$$v_3 = \begin{pmatrix} 0 \\ 2 \\ 1 \end{pmatrix}$$

zu einer Basis von E_{-1}. In der Reihenfolge v_3, v_1, v_2 bilden unsere Vektoren eine Jordan-Basis zu der Jordan-Normalform mit der Reihenfolge der Kästchen wie in Beispiel 7.4.5(3). Eine transformierende Matrix ist

$$S = \begin{pmatrix} 0 & 1 & -2 \\ 2 & 0 & 4 \\ 1 & 0 & 0 \end{pmatrix}.$$

(2) Nun betrachten wir unser zweites Standardbeispiel, nämlich

$$A = \begin{pmatrix} -3 & -1 & 4 & -3 & -1 \\ 1 & 1 & -1 & 1 & 0 \\ -1 & 0 & 2 & 0 & 0 \\ 4 & 1 & -4 & 5 & 1 \\ -2 & 0 & 2 & -2 & 1 \end{pmatrix} \in \mathbb{R}^{5 \times 5}$$

(siehe Beispiel 7.4.10(2)). Für den Eigenwert $\lambda = 2$ finden wir durch Lösen des entsprechenden homogenen LGS den Eigenvektor

$$v_1 = \begin{pmatrix} 0 \\ 1 \\ 2 \\ 3 \\ -2 \end{pmatrix},$$

den wir als ersten Vektor in die Jordan-Basis aufnehmen. Nun behandeln wir den Eigenwert $\lambda = 1$ und suchen als erstes einen Vektor für das Jordan-Kästchen der Länge 3. Hierzu müssen wir $E_1^{(3)}$, also den Kern von $(A - I_5)^3$, berechnen. Wir kennen aus Beispiel 7.4.10(2) bereits die Ränge von $A - I_5$ und $(A - I_5)^2$ (nämlich 3 und 2), und erhalten $\mathrm{rg}\big((A - I_5)^3\big) = 1$ durch Auflösen der Formel aus Satz 7.4.9(a). Es genügt also, eine Zeile von $(A - I_5)^3$ zu berechnen, wobei wir $(A - I_5)^2$ schon aus Beispiel 7.4.10(2) kennen. Am einfachsten ist die dritte Zeile von $(A - I_5)^3$, die sich zu $(2, 0, -2, 2, 0)$ ergibt. Wir wählen

$$v_3 := \begin{pmatrix} 0 \\ 1 \\ 0 \\ 0 \\ 0 \end{pmatrix} \in E_1^{(3)} \setminus E_1^{(2)}.$$

und weiter

$$v_4 := (A - I_5) \cdot v_3 = \begin{pmatrix} -1 \\ 0 \\ 0 \\ 1 \\ 0 \end{pmatrix} \quad \text{und} \quad v_5 := (A - I_5) \cdot v_4 = \begin{pmatrix} 1 \\ 0 \\ 1 \\ 0 \\ 0 \end{pmatrix}.$$

Die Vektoren v_3, v_4, v_5 gehören zum Jordan-Kästchen der Länge 3, was wir durch Nachrechnen von

$$A \cdot v_3 = v_3 + v_4, \quad A \cdot v_4 = v_4 + v_5 \quad \text{und} \quad A \cdot v_5 = v_5$$

bestätigen können. Für das Jordan-Kästchen der Länge 1 brauchen wir einen Vektor aus $E_1^{(1)}$ (also einen Eigenvektor), der zusammen mit v_5 linear unabhängig ist. Wir haben $A - I_5$ in Beispiel 7.4.10(2) bereits mit Spaltenoperationen behandelt und sind auf die Matrix

$$\begin{pmatrix} 0 & 0 & 0 & 1 & 0 \\ 1 & 0 & -1 & 1 & 0 \\ 0 & 0 & 0 & 1 & 0 \\ 0 & 1 & 0 & 0 & 1 \\ 0 & 0 & 0 & 0 & 0 \end{pmatrix}$$

gekommen, an der man die Basis

$$\begin{pmatrix} 0 \\ -1 \\ 0 \\ 0 \\ 1 \end{pmatrix} \quad \text{und} \quad \begin{pmatrix} 1 \\ 0 \\ 1 \\ 0 \\ 0 \end{pmatrix}$$

des Eigenraums $E_1^{(1)}$ abliest. Wir können also als letzten Basisvektor

$$v_2 = \begin{pmatrix} 0 \\ -1 \\ 0 \\ 0 \\ 1 \end{pmatrix}$$

wählen. Die Nummerierung der v_i haben wir so gemacht, dass sie mit der gewählten Reihenfolge der Jordan-Kästchen in Beispiel 7.4.10(2) kompatibel ist. Als transformierende Matrix erhält man

$$S = \begin{pmatrix} 0 & 0 & 0 & -1 & 1 \\ 1 & -1 & 1 & 0 & 0 \\ 2 & 0 & 0 & 0 & 1 \\ 3 & 0 & 0 & 1 & 0 \\ -2 & 1 & 0 & 0 & 0 \end{pmatrix}.$$

◁

Zum Schluss dieses Abschnitts wollen wir noch den Begriff des Minimalpolynoms einer Matrix $A \in K^{n \times n}$ einzuführen. Nach dem Satz von Cayley-Hamilton

(Satz 7.2.17) gilt für das charakteristische Polynom χ_A die Beziehung $\chi_A(A) = 0$, also existiert ein (normiertes) Polynom, das A als „Nullstelle" hat. (Dies hätten wir auch daraus folgern können, dass wegen $\dim(K^{n\times n}) < \infty$ die Potenzen von A linear abhängig sein müssen.) Das **Minimalpolynom** von A ist das normierte Polynom $g \in K[x]$ minimalen Grades, so dass $g(A) = 0$ gilt. Es ist nicht schwer zu sehen, dass g eindeutig bestimmt ist, und dass die Polynome $f \in K[x]$ mit $f(A) = 0$ genau die Vielfachen von g sind. Außerdem haben ähnliche Matrizen das gleiche Minimalpolynom.

Beispiel 7.4.12 Für die „Projektionsmatrix"

$$A = \begin{pmatrix} 1 & 0 & 0 & 0 \\ 0 & 1 & 0 & 0 \\ 0 & 0 & 0 & 0 \\ 0 & 0 & 0 & 0 \end{pmatrix}$$

gilt $A^2 = A$, und A hat das Minimalpolynom $x^2 - x = x(x - 1)$. Das charakteristische Polynom ist $\chi_A = x^2(x - 1)^2$. ◁

Aus der Theorie der Jordan-Normalform sieht man: Ist $\chi_A = \prod_{i=1}^{r}(x - \lambda_i)^{e_i}$ mit paarweise verschiedenen Eigenwerten λ_i, so ist

$$g = \prod_{i=1}^{r}(x - \lambda_i)^{l_i}$$

mit l_i die maximale Länge eines Jordan-Kästchens zum Eigenwert λ_i das Minimalpolynom. Entsprechend verhält es sich mit der allgemeinen Normalform. Äquivalent ist folgende Aussage, deren Beweis wir als Aufgabe 7.4.12 stellen: Das Minimalpolynom von A ist der letzte Elementarteiler d_r der charakteristischen Matrix $x I_n - A$.

Aufgaben

7.4.1 Geben Sie für $n = 2, 3, 4$ alle möglichen Jordan-Normalformen einer Matrix $A \in K^{n\times n}$ mit $\chi_A = (x - \lambda)^n$, also mit nur einem Eigenwert $\lambda \in K$ an.

7.4.2 Es sei $A \in K^{n\times n}$ mit $\chi_A = (x - \lambda)^n$. Zeigen Sie, dass die Matrix $N := A - \lambda I_n$ nilpotent ist, und dass das kleinste l mit $N^l = 0$ gleich der Länge der größten Jordan-Kästchens in einer Jordan-Normalform von A ist. Zeigen Sie außerdem, dass es im Fall $n = 7$, $l = 3$, $m_g(\lambda) = 3$ zwei mögliche Jordan-Normalformen gibt.

7.4.3 Bestimmen Sie die Jordan-Normalform von

$$A = \begin{pmatrix} 3 & -1 & 0 & 0 \\ 1 & 1 & 0 & 0 \\ 2 & 2 & 5 & 3 \\ -2 & -2 & -3 & -1 \end{pmatrix} \in \mathbb{C}^{4\times 4}.$$

7.4.4 Die folgenden Matrizen $A_1, A_2, A_3 \in \mathbb{R}^{3 \times 3}$ haben alle das charakteristische Polynom $(x - 3)^3$. Untersuchen Sie, welche der Matrizen ähnlich sind:

$$A_1 = \begin{pmatrix} 3 & 2 & 1 \\ 0 & 3 & -4 \\ 0 & 0 & 3 \end{pmatrix}, \quad A_2 = \begin{pmatrix} 2 & 0 & -1 \\ 5 & 3 & 5 \\ 1 & 0 & 4 \end{pmatrix}, \quad A_3 = \begin{pmatrix} 6 & -1 & 2 \\ 3 & 2 & 2 \\ -3 & 1 & 1 \end{pmatrix}.$$

7.4.5 Geben Sie für $n = 2, 3, 4$ alle möglichen Jordan-Normalformen einer Matrix $A \in K^{n \times n}$ mit $\chi_A = (x - \lambda)^{n_1}(x - \mu)^{n_2}$ und $n_1 \geq n_2 \geq 1$, also mit zwei verschiedenen Eigenwerten $\lambda, \mu \in K$ an. Zeigen Sie außerdem, dass es im Fall $n = 5$ zwei mögliche Jordan-Normalformen gibt, die sich in den algebraischen und geometrischen Vielfachheiten von λ bzw. μ nicht unterscheiden.

7.4.6 Gegeben sei die von einem Parameter $a \in \mathbb{R}$ abhängige Matrix

$$A = \begin{pmatrix} 5 & -1 & 3 \\ 2 & 2 & 3 \\ a - 3 & 1 & a - 1 \end{pmatrix} \quad \text{mit} \quad \chi_A = (x - 1)(x - 3)(x - (a + 2)).$$

Bestimmen Sie in Abhängigkeit von a die Jordan-Normalform J von A.

7.4.7 📷 *(Video-Link siehe Vorwort, Seite VI)*
Wir betrachten die reelle Matrix

$$A = \begin{pmatrix} 5 & 0 & -1 & 1 & 0 & 0 \\ 1 & 4 & -1 & 1 & 0 & 0 \\ 0 & 1 & 3 & 1 & 0 & 0 \\ 0 & 0 & 0 & 4 & 0 & 0 \\ 0 & 0 & 0 & 1 & 4 & 0 \\ 0 & 0 & 0 & 0 & 0 & 5 \end{pmatrix}.$$

Bestimmen Sie die Jordan-Normalform J von A sowie eine invertierbare Matrix $S \in \mathrm{GL}_6(\mathbb{R})$ mit $S^{-1} A S = J$.

7.4.8 Bestimmen Sie jeweils die allgemeine Normalform der (2×2)-Matrix über dem angegebenen Körper K:

$$A = \begin{pmatrix} 1 & -5 \\ 2 & 3 \end{pmatrix} \in \mathbb{R}^{2 \times 2}, \quad B = \begin{pmatrix} 1 & -5 \\ 2 & 3 \end{pmatrix} \in \mathbb{C}^{2 \times 2}, \quad C = \begin{pmatrix} 2 & 1 \\ 2 & 2 \end{pmatrix} \in \mathbb{F}_3^{2 \times 2}.$$

7.4.9 Bestimmen Sie die allgemeine Normalform der Matrix A aus Aufgabe 7.3.9 über $\mathbb{Q}$ und die Jordan-Normalform von A über $\mathbb{C}$.

7.4.10 Bestimmen Sie die Anzahl der Äquivalenzklassen von ähnlichen Matrizen in $\mathbb{F}_2^{2 \times 2}$ und geben Sie für jede Klasse einen Vertreter an.

7.4.11 Es sei $A \in K^{n \times n}$. Zeigen Sie, dass A ähnlich zu A^T ist.

7.4.12 (a) Es sei $f \in K[x]$ ein normiertes Polynom mit $\deg(f) > 0$. Zeigen Sie, dass die Begleitmatrix B_f das Minimalpolynom f hat.
Tipp: Betrachten Sie $e_1, B_f \cdot e_1, (B_f)^2 \cdot e_1, \ldots$ für den Standardbasisvektor e_1.
(b) Es sei $A \in K^{n \times n}$. Zeigen Sie, dass das Minimalpolynom von A der letzte Elementarteiler d_r der charakteristischen Matrix $x I_n - A$ ist.
Tipp: Es ist A ähnlich zu $B = \operatorname{diag}(B_{d_1}, \ldots, B_{d_r})$, wobei d_i die wesentlichen Elementarteiler von $x I_n - A$ sind.

7.4.13 Es sei $A \in K^{n \times n}$. Zeigen Sie, dass A genau dann diagonalisierbar ist, wenn das Minimalpolynom von A in paarweise verschiedene Linearfaktoren zerfällt.

7.4.14 Es seien V ein endlich-dimensionaler K-Vektorraum, U ein Unterraum von V und $\varphi, \psi : V \to V$ lineare Abbildungen. Zeigen Sie:

(a) Ist φ diagonalisierbar und $\varphi(U) \subseteq U$, so ist $\varphi_{|U}$ diagonalisierbar.
(b) Ist $\varphi \circ \psi = \psi \circ \varphi$, so gilt $\varphi(U) \subseteq U$ für jeden Eigenraum $U = E_\lambda(\psi)$ von ψ.
(c) Ist $\varphi \circ \psi = \psi \circ \varphi$ und sind φ und ψ diagonalisierbar, so gibt es eine Basis B von V bzgl. der beide Darstellungsmatrizen $D_B(\varphi)$ und $D_B(\psi)$ Diagonalmatrizen sind. Man sagt daher auch, dass φ und ψ **simultan diagonalisierbar** sind.

7.4.15 ✋ Es gelte $\operatorname{char}(K) = 0$ und es sei $A \in K^{n \times n}$ eine Matrix, deren charakteristisches Polynom in Linearfaktoren zerfällt. Zeigen Sie, dass A genau dann nilpotent ist, wenn $\operatorname{tr}(A^k) = 0$ für alle $k = 1, \ldots, n$ ist.

7.4.16 ✋ Es sei V ein K-Vektorraum und es sei $\varphi : V \to V$ eine lineare Abbildung. Zu einem Eigenwert $\lambda \in K$ von φ betrachten wir den **Hauptraum**

$$H_\lambda := \bigcup_{e=0}^{\infty} \operatorname{Kern}((\varphi - \lambda \operatorname{id}_V)^e).$$

Es seien nun $\lambda_1, \ldots, \lambda_r$ paarweise verschiedene Eigenwerte von φ. Zeigen Sie, dass die Summe über die Haupträume H_{λ_i} direkt ist.

Projekt: Matrixexponential
In Analysis wird gezeigt, dass für alle $A \in \mathbb{C}^{n \times n}$ die Reihe

$$\exp(A) := \sum_{k=0}^{\infty} \frac{1}{k!} A^k$$

konvergiert. Hiermit ist gemeint, dass für alle $1 \leq i, j \leq n$ die Folge der (i, j)-ten Einträge der Teilsummen $\sum_{k=0}^{N} \frac{1}{k!} A^k$ für $N \to \infty$ gegen einen Grenzwert $c_{i,j} \in \mathbb{C}$ konvergiert. Dies wollen wir im Folgenden ohne Beweis benutzen, ebenso wie die Aussage, dass für alle $S \in \operatorname{GL}_n(\mathbb{C})$ die Formel

$$\exp(S^{-1}AS) = S^{-1} \cdot \exp(A) \cdot S$$

gilt. Des Weiteren lässt sich mit der binomischen Formel und dem Cauchy-Produkt von Reihen zeigen, dass für alle $A, B \in GL_n(\mathbb{C})$ gilt:

$$AB = BA \implies \exp(A + B) = \exp(A) \cdot \exp(B). \tag{7.24}$$

Ein „Gegenbeispiel" für diese Exponentialgleichung findet sich in Aufgabe 7.4.19 und ein Beispiel dafür, dass die Umkehrung von (7.24) nicht gilt in Aufgabe 7.4.20.

In zwei Fällen ist die Exponentialfunktion einer Matrix besonders einfach zu berechnen: Für eine nilpotente Matrix N ist $\exp(N)$ lediglich eine endliche Summe und für eine Diagonalmatrix $D = \mathrm{diag}(\lambda_1, \dots, \lambda_n)$ ist offenbar $\exp(D) = \mathrm{diag}(e^{\lambda_1}, \dots, e^{\lambda_n})$. Da wir eine Jordan-Normalform J zerlegen können als $J = D + N$ in eine Diagonalmatrix D und eine nilpotente untere Dreiecksmatrix N mit $DN = ND$, ergibt sich aus all diesen Überlegungen eine Strategie, $\exp(A)$ für eine beliebige Matrix $A \in \mathbb{C}^{n \times n}$ zu berechnen.

7.4.17 📷 *(Video-Link siehe Vorwort, Seite VI)*
Berechnen Sie $\exp(A)$ für die reelle Matrix

$$A = \begin{pmatrix} -3 & 0 & 1 \\ -2 & -2 & 2 \\ -1 & 0 & -1 \end{pmatrix}.$$

7.4.18 Es sei $A \in \mathbb{C}^{n \times n}$.

(a) Zeigen Sie, dass $\exp(A)$ invertierbar ist und geben Sie die Inverse von $\exp(A)$ an.
(b) Zeigen Sie: $\det(\exp(A)) = e^{\mathrm{tr}(A)}$.
(c) Untersuchen Sie für welche $n \in \mathbb{N}_{\geq 1}$, die reelle Matrixexponentialfunktion $\exp : \mathbb{R}^{n \times n} \to \mathbb{R}^{n \times n}$ injektiv ist.

7.4.19 Bestimmen Sie $\exp(A) \cdot \exp(B)$, $\exp(A + B)$ und $\exp(tC)$ für die folgenden reellen Matrizen ohne Jordan-Normalformen zu berechnen:

$$A = \begin{pmatrix} 1 & 0 \\ 0 & 0 \end{pmatrix}, \quad B = \begin{pmatrix} 0 & 1 \\ 0 & 0 \end{pmatrix}, \quad C = \begin{pmatrix} 0 & 1 \\ -1 & 0 \end{pmatrix}.$$

7.4.20 Es seien $z, w \in \mathbb{C}$ mit $z \neq w$ und $e^z = e^w$. Bestimmen und vergleichen Sie AB und BA sowie $\exp(A) \cdot \exp(B)$ und $\exp(A + B)$ für

$$A = \begin{pmatrix} z & 0 \\ 0 & w \end{pmatrix}, \quad B = \begin{pmatrix} z & 1 \\ 0 & w \end{pmatrix}.$$

Kapitel 8
Euklidische und unitäre Räume (LA)

Zusammenfassung Bis jetzt haben wir die gesamte Theorie der linearen Algebra über beliebigen Körpern entwickelt. Dabei hat jeglicher Begriff von „Abstand" gefehlt. Die Einführung eines Abstandsbegriffs ist über allgemeinen Körpern auch nicht (in geometrisch sinnvoller Weise) möglich. Nun spezialisieren wir den Grundkörper zu $\mathbb{R}$ oder $\mathbb{C}$ und führen Skalarprodukte ein. Mit diesen werden Längen, Abstände und auch Winkel definiert. Schließlich wenden wir uns nochmal der Diagonalisierbarkeit von Matrizen zu.

8.1 Skalarprodukte

Ein Skalarprodukt ordnet zwei Vektoren einen Skalar, also ein Element des Grundkörpers $\mathbb{R}$ oder $\mathbb{C}$ zu. Wir betrachten zunächst den n-dimensionalen Standardraum $\mathbb{R}^n$. Hier ist das **Standardskalarprodukt** zweier Vektoren $v = \begin{pmatrix} x_1 \\ \vdots \\ x_n \end{pmatrix}$ und $w = \begin{pmatrix} y_1 \\ \vdots \\ y_n \end{pmatrix} \in \mathbb{R}^n$ definiert als

$$\langle v, w \rangle := v^T \cdot w = \sum_{i=1}^{n} x_i y_i \in \mathbb{R}.$$

(Achtung: Die Notation ist anfällig für Verwechselungen mit dem Erzeugnis!)

Man überprüft nun direkt die folgenden Rechenregeln für das Standardskalarprodukt:

(a) Für alle $u, v, w \in \mathbb{R}^n$ und $a \in \mathbb{R}$ gelten:

$$\langle u, v + a \cdot w \rangle = \langle u, v \rangle + a \cdot \langle u, w \rangle$$

und

© Springer-Verlag GmbH Deutschland, ein Teil von Springer Nature 2022
G. Kemper, F. Reimers, *Lineare Algebra*,
https://doi.org/10.1007/978-3-662-63724-1_8

$$\langle u + a \cdot v, w \rangle = \langle u, w \rangle + a \cdot \langle v, w \rangle.$$

(Man sagt auch, dass das Skalarprodukt **bilinear** ist.)

(b) Für $v, w \in \mathbb{R}^n$ gilt

$$\langle v, w \rangle = \langle w, v \rangle.$$

(Man sagt auch, dass das Skalarprodukt **symmetrisch** ist.)

(c) Für $v \in \mathbb{R}^n$ mit $v \neq 0$ gilt

$$\langle v, v \rangle > 0.$$

(Man sagt auch, dass das Skalarprodukt **positiv definit** ist.)

Wir nehmen diese Beobachtungen zum Anlass für folgende Definition:

Definition 8.1.1 *Es sei V ein reeller Vektorraum (d. h. ein Vektorraum über dem Körper $\mathbb{R}$). Eine Abbildung*

$$V \times V \to \mathbb{R}, \quad (v, w) \mapsto \langle v, w \rangle$$

heißt eine **symmetrische Bilinearform***, falls sie symmetrisch und bilinear ist. Eine symmetrische Bilinearform heißt ein* **Skalarprodukt***, wenn sie zusätzlich positiv definit ist.*

Ein reeller Vektorraum zusammen mit einem Skalarprodukt heißt ein **euklidischer Raum***.*

Beispiel 8.1.2

(1) Es ist $V = \mathbb{R}^n$ zusammen mit dem Standardskalarprodukt ein euklidischer Raum.

(2) Für reelle Zahlen $a < b$ sei $V := C([a, b], \mathbb{R})$ der Vektorraum aller stetigen Funktionen $[a, b] \to \mathbb{R}$ auf dem abgeschlossenen Intervall $[a, b]$. Durch

$$\langle f, g \rangle := \int_a^b f(x) g(x) dx$$

wird ein Skalarprodukt auf V definiert, wie in der Analysis gezeigt wird.

(3) Auf $V = \mathbb{R}^2$ wird für $v = \begin{pmatrix} x_1 \\ x_2 \end{pmatrix}$ und $w = \begin{pmatrix} y_1 \\ y_2 \end{pmatrix}$ ein Skalarprodukt erklärt durch

$$\langle v, w \rangle = 5x_1 y_1 + 3x_1 y_2 + 3x_2 y_1 + 2x_2 y_2.$$

Die Bilinearität und Symmetrie sind klar, und die positive Definitheit geht aus

$$\langle v, v \rangle = 5x_1^2 + 6x_1 x_2 + 2x_2^2 = (2x_1 + x_2)^2 + (x_1 + x_2)^2$$

hervor.

(4) Ebenso wie in (3) kann man

$$\langle v, w \rangle = x_1 y_1 - x_2 y_2$$

definieren und erhält ein Beispiel für eine symmetrische Bilinearform, die *nicht* positiv definit ist.   ◁

Zu einer symmetrischen Bilinearform auf $\mathbb{R}^n$ erhalten wir durch Einsetzen der Standardbasisvektoren die Werte $a_{i,j} := \langle e_i, e_j \rangle$, die wir zu einer Matrix $A = (a_{i,j}) \in \mathbb{R}^{n \times n}$ zusammenfassen können. Diese Matrix A ist dann symmetrisch und wird die **Darstellungsmatrix** der symmetrischen Bilinearform genannt. Die Bilinearform ist durch A vollständig bestimmt, denn für $v = \begin{pmatrix} x_1 \\ \vdots \\ x_n \end{pmatrix}$ und $w = \begin{pmatrix} y_1 \\ \vdots \\ y_n \end{pmatrix} \in \mathbb{R}^n$ gilt

$$\langle v, w \rangle = \langle \sum_{i=1}^{n} x_i e_i, \sum_{j=1}^{n} y_j e_j \rangle = \sum_{i,j=1}^{n} x_i y_j a_{i,j} = v^T \cdot A \cdot w.$$

Die Darstellungsmatrix des Standardskalarprodukts ist die Einheitsmatrix.

Allgemeiner erhalten wir auch Darstellungsmatrizen von symmetrischen Bilinearformen auf endlich-dimensionalen Vektorräumen, indem wir eine Basis wählen und die Basisvektoren in die Form einsetzen. Eine interessante Frage ist nun, wie sich ein Basiswechsel auf die Darstellungsmatrix auswirkt. Wir werden dieses Thema im Haupttext nicht weiter verfolgen, sondern überlassen diese Untersuchungen den Leserinnen und Lesern in einem Projekt im Anschluss an diesen Abschnitt auf Seite 252. Stattdessen beschäftigen wir uns nun mit komplexen Vektorräumen.

In einem komplexen Vektorraum V (d. h. einem Vektorraum über dem Körper $\mathbb{C}$) kann es kein Skalarprodukt im Sinne von Definition 8.1.1 geben (es sei denn, $V = \{0\}$). Denn für $0 \neq v \in V$ müsste $\langle v, v \rangle > 0$ gelten, also

$$\langle iv, iv \rangle = i^2 \langle v, v \rangle = -\langle v, v \rangle < 0.$$

(Darüber hinaus wäre beispielsweise $\langle (i+1) \cdot v, (i+1) \cdot v \rangle = 2i \langle v, v \rangle$ nicht einmal reell.) Man behilft sich nun mit der *komplexen Konjugation*, die wir in Abschn. 4.4 eingeführt haben und hier kurz in Erinnerung rufen: Für $z = a + bi \in \mathbb{C}$ ist das komplex konjugierte $\overline{z}$ definiert als:

$$\overline{z} := a - bi \in \mathbb{C}.$$

Für $z, w \in \mathbb{C}$ gelten die Regeln

$$\overline{z + w} = \overline{z} + \overline{w} \quad \text{und} \quad \overline{z \cdot w} = \overline{z} \cdot \overline{w}.$$

Wir haben es also mit einem Ring-Homomorphismus zu tun. Außerdem gilt

$$\bar{z} \cdot z = a^2 + b^2 \in \mathbb{R}_{\geq 0},$$

was die Definition des Betrags $|z| := \sqrt{\bar{z} \cdot z}$ möglich macht. Nur die Null hat den Betrag Null. Es ist klar, dass z genau dann reell ist, wenn $z = \bar{z}$ gilt.

Das Standardskalarprodukt auf $\mathbb{R}^n$ wird nun ersetzt, indem wir für Vektoren $v = \begin{pmatrix} x_1 \\ \vdots \\ x_n \end{pmatrix}$ und $w = \begin{pmatrix} y_1 \\ \vdots \\ y_n \end{pmatrix} \in \mathbb{C}^n$ definieren:

$$\langle v, w \rangle := \bar{v}^T \cdot w = \sum_{i=1}^{n} \bar{x}_i y_i \in \mathbb{C}. \tag{8.1}$$

Dies ist ein komplexes Skalarprodukt gemäß der folgenden Definition.

Definition 8.1.3 *Es sei V ein komplexer Vektorraum. Eine Abbildung*

$$V \times V \to \mathbb{C}, \quad (v, w) \mapsto \langle v, w \rangle$$

heißt

(a) **sesquilinear**, *falls für alle* $u, v, w \in V$ *und* $a \in \mathbb{C}$ *gelten:*

$$\langle u, v + a \cdot w \rangle = \langle u, v \rangle + a \cdot \langle u, w \rangle$$

und

$$\langle u + a \cdot v, w \rangle = \langle u, w \rangle + \bar{a} \cdot \langle v, w \rangle.$$

(b) **hermitesch**, *falls für alle* $v, w \in V$ *gilt:*

$$\langle v, w \rangle = \overline{\langle w, v \rangle}.$$

(c) **positiv definit**, *falls für alle* $v \in V \setminus \{0\}$ *gilt:*

$$\langle v, v \rangle \in \mathbb{R} \quad und \quad \langle v, v \rangle > 0.$$

Man spricht dann auch von einer **Sesquilinearform** *bzw. einer* **hermiteschen Form**. *Eine positiv definite, hermitesche Sesquilinearform heißt ein* **komplexes Skalarprodukt**.

Ein komplexer Vektorraum zusammen mit einem komplexen Skalarprodukt heißt ein **unitärer Raum**.

Anmerkung Die Bedingung der Sesquilinearität bedeutet also, dass die Form linear im zweiten und *semilinear* im ersten Argument ist (lateinisch „sesqui"

= eineinhalb). Einige Autoren treffen die umgekehrte Konvention und fordern Linearität im ersten und Semilinearität im zweiten Argument. ◁

Beispiel 8.1.4

(1) Es ist $V = \mathbb{C}^n$ mit dem komplexen *Standardskalarprodukt* (8.1) ein unitärer Raum.

(2) Für reelle Zahlen $a < b$ sei $V := C([a, b], \mathbb{C})$ der Vektorraum aller stetigen Funktionen $[a, b] \to \mathbb{C}$ auf dem abgeschlossenen Intervall $[a, b] \subseteq \mathbb{R}$. Durch

$$\langle f, g \rangle := \int_a^b \overline{f(x)} g(x) dx$$

wird ein komplexes Skalarprodukt auf V definiert. ◁

Zu einer hermiteschen Sesquilinearform auf einem endlich-dimensionalen Vektorraum mit einer Basis $\{v_1, \ldots, v_n\}$ erhalten wir durch Einsetzen der Basisvektoren die Werte $a_{i,j} := \langle v_i, v_j \rangle$ und somit eine Matrix $A = (a_{i,j}) \in \mathbb{C}^{n \times n}$. Es folgt $a_{i,j} = \overline{a_{j,i}}$ für alle $i, j \in \{1, \ldots, n\}$, also

$$A^T = \overline{A}.$$

Matrizen mit dieser Eigenschaft heißen **hermitesch**. Die Darstellungsmatrizen von hermiteschen Sesquilinearformen sind also hermitesche Matrizen.

Von nun an sei V ein euklidischer oder unitärer Raum. Wir kommen als Nächstes zum Abstands- und Längenbegriff.

Definition 8.1.5 *Für $v \in V$ heißt*

$$\|v\| := \sqrt{\langle v, v \rangle} \in \mathbb{R}_{\geq 0}$$

die **Norm** *(auch:* **Länge***) von v.*

Für $v, w \in V$ heißt

$$d(v, w) := \|v - w\| \in \mathbb{R}_{\geq 0}$$

der **Abstand** *von v und w.*

Proposition 8.1.6 (Cauchy-Schwarz-Ungleichung) *Für $v, w \in V$ gilt*

$$|\langle v, w \rangle| \leq \|v\| \cdot \|w\|,$$

und es gilt Gleichheit genau dann, wenn v und w linear abhängig sind.

Beweis Wir können $w \neq 0$ annehmen, da für $w = 0$ die Ungleichung und die Zusatzbehauptung erfüllt sind.

Für $a \in \mathbb{R}$ oder (im Falle eines komplexen Vektorraums) $a \in \mathbb{C}$ gilt

$$0 \leq \|v - aw\|^2 = \langle v - aw, v - aw \rangle = \|v\|^2 - a\langle v, w \rangle - \overline{a}\langle w, v \rangle + \overline{a}a\|w\|^2.$$

Speziell für $a = \frac{\langle w, v \rangle}{\|w\|^2}$ ergibt dies

$$0 \leq \|v\|^2 - \frac{\langle w, v \rangle \langle v, w \rangle}{\|w\|^2} - \frac{\overline{\langle w, v \rangle} \langle w, v \rangle}{\|w\|^2} + \frac{\overline{\langle w, v \rangle} \langle w, v \rangle}{\|w\|^2}$$

$$= \frac{1}{\|w\|^2} \left(\|v\|^2 \|w\|^2 - |\langle v, w \rangle|^2 \right).$$

Dies liefert die Ungleichung und zeigt, dass genau dann Gleichheit gilt, wenn $v = \frac{\langle w, v \rangle}{\|w\|^2} \cdot w$. Die lineare Abhängigkeit ist also notwendig für die Gleichheit. Ist umgekehrt $v = aw$ mit $a \in \mathbb{R}$ bzw. $a \in \mathbb{C}$, so folgt

$$\frac{\langle w, v \rangle}{\|w\|^2} = \frac{a\|w\|^2}{\|w\|^2} = a,$$

also Gleichheit.   □

Nun können wir die wichtigsten Eigenschaften der Länge und des Abstands beweisen.

Satz 8.1.7 *Für alle $u, v, w \in V$ und $a \in \mathbb{R}$ bzw. $a \in \mathbb{C}$ gelten:*

(a) *Falls $v \neq 0$, so folgt $\|v\| > 0$.*
(b) *$\|a \cdot v\| = |a| \cdot \|v\|$.*
(c) *$\|v + w\| \leq \|v\| + \|w\|$ (Dreiecksungleichung).*
(d) *Genau dann gilt $d(v, w) > 0$, wenn $v \neq w$.*
(e) *$d(v, w) = d(w, v)$.*
(f) *$d(u, w) \leq d(u, v) + d(v, w)$ (Dreiecksungleichung).*

Beweis Die Teile (a), (b), (d) und (e) sind unmittelbar klar. Für den Nachweis von (c) rechnen wir:

$$\|v + w\|^2 = \|v\|^2 + \langle v, w \rangle + \langle w, v \rangle + \|w\|^2 = \|v\|^2 + 2 \operatorname{Re}(\langle v, w \rangle) + \|w\|^2$$

$$\leq \|v\|^2 + 2|\langle v, w \rangle| + \|w\|^2 \underset{\text{Proposition 8.1.6}}{\leq} \|v\|^2 + 2\|v\| \cdot \|w\| + \|w\|^2$$

$$= (\|v\| + \|w\|)^2,$$

wobei $\operatorname{Re}(z) := a$ für $z = a + bi \in \mathbb{C}$ den Realteil bezeichnet. Der Nachweis von (f) wird durch

$$d(u, w) = \|u - w\| = \|u - v + v - w\| \underset{(c)}{\leq} \|u - v\| + \|v - w\|$$

$$= d(u, v) + d(v, w)$$

erbracht.   □

Wir nehmen diesen Satz zum Anlass, ein paar Begriffe zu erwähnen, die in diesem Buch nur am Rande auftreten.

Anmerkung 8.1.8

(a) Ein **normierter Raum** ist ein reeller oder komplexer Vektorraum V zusammen mit einer Abbildung

$$V \to \mathbb{R}_{\geq 0}, \quad v \mapsto \|v\|,$$

die die Eigenschaften (a)–(c) aus Satz 8.1.7 erfüllt.

(b) Ein **metrischer Raum** ist eine Menge V zusammen mit einer Abbildung

$$d \colon V \times V \to \mathbb{R}_{\geq 0},$$

die die Eigenschaften (d)–(f) aus Satz 8.1.7 erfüllt. Die Abbildung d heißt dann eine **Metrik** auf V.

(c) Ein Abstandsbegriff zieht die Definition von konvergenten Folgen und von Cauchy-Folgen nach sich. Vollständigkeit bedeutet, dass jede Cauchy-Folge konvergent ist. Ein **Banachraum** ist ein vollständiger normierter Raum. Ein **Hilbertraum** ist ein vollständiger euklidischer oder unitärer Raum.   ◁

Wir erhalten eine hierarchische Anordnung unserer Begriffe: Jeder euklidische oder unitäre Raum ist normiert, und jeder normierte Raum ist metrisch. Jeder Hilbertraum ist ein Banachraum.

Beispiel 8.1.9

(1) Beispiele für Normen, die nicht von einem Skalarprodukt kommen, sind die *Manhattan-Norm* auf $\mathbb{R}^n$, definiert durch

$$\|v\| = \sum_{i=1}^{n} |v_i|$$

(wobei v_i die Komponenten von $v \in \mathbb{R}^n$ sind) und die *Maximum-Norm* auf $C([a, b], \mathbb{C})$, definiert durch

$$\|f\| := \max \{|f(x)| \mid x \in \mathbb{R}, \, a \leq x \leq b\}.$$

(2) Ein Beispiel für eine Metrik, die nicht von einer Norm kommt, ist die *Hamming-Metrik* auf $\mathbb{R}^n$ (oder K^n mit einem Körper K), definiert durch

$$d(v, w) := |\{i \in \{1, \ldots, n\} \mid v_i \neq w_i\}|,$$

wobei v_i und w_i die Komponenten von $v, w \in \mathbb{R}^n$ sind.

(3) Es ist nicht schwer zu zeigen, dass jeder endlich-dimensionale euklidische oder unitäre Raum ein Hilbertraum ist. Ebenso ist jeder endlich-dimensionale normierte Raum ein Banachraum.

(4) Der euklidische Raum $C([a, b], \mathbb{R})$ (siehe Beispiel 8.1.2(2)) ist nicht vollständig, also kein Hilbertraum.

(5) Man kann zeigen, dass $C([a, b], \mathbb{R})$ und $C([a, b], \mathbb{C})$ zusammen mit der Maximum-Norm (siehe (1)) Banachräume sind. Der durch die Maximum-Norm gegebene Konvergenzbegriff ist die gleichmäßige Konvergenz.

(6) Das wohl einfachste Beispiel für einen unendlich-dimensionalen Hilbertraum ist der Raum ℓ^2 aller komplexer Folgen $\mathbf{a} = (a_n)$ mit der Eigenschaft, dass $\sum_{n=1}^{\infty} |a_n|^2$ konvergiert. Das Skalarprodukt wird durch

$$\langle \mathbf{a}, \mathbf{b} \rangle = \sum_{n=1}^{\infty} \overline{a}_n b_n$$

definiert. Der Nachweis der Vollständigkeit von ℓ^2 ist nicht ganz einfach.   ◁

Die Cauchy-Schwarz-Ungleichung (Proposition 8.1.6) ermöglicht es, für Vektoren $v, w \in V$ positiver Länge in einem *euklidischen* Raum den **Winkel** zwischen v und w als die eindeutig bestimmte Zahl α in dem abgeschlossenen Intervall $[0, \pi]$ mit

$$\cos(\alpha) = \frac{\langle v, w \rangle}{\|v\| \cdot \|w\|}$$

zu definieren. Diese Definition erscheint zunächst willkürlich, sie liefert aber genau das Erwartete.

Beispiel 8.1.10

(1) Für $v = \begin{pmatrix} 1 \\ 0 \end{pmatrix}$ und $w = \begin{pmatrix} 1 \\ 1 \end{pmatrix} \in \mathbb{R}^2$ ist

$$\frac{\langle v, w \rangle}{\|v\| \cdot \|w\|} = \frac{1}{\sqrt{2}},$$

also beträgt der Winkel $\pi/4$.

(2) Für Vektoren v, w in einem euklidischen Raum ist der Winkel zwischen v und w offenbar genau dann gleich $\pi/2 = 90°$, wenn $\langle v, w \rangle = 0$ ist.

In unitären Räumen lässt sich kein sinnvoller Winkelbegriff definieren, man kann aber (ebenso wie in euklidischen Räumen) davon sprechen, dass zwei Vektoren senkrecht aufeinander stehen. Dies ist unser nächstes Thema.

Definition 8.1.11 *Es sei V ein euklidischer oder unitärer Raum.*

(a) *Zwei Vektoren $v, w \in V$ heißen* **orthogonal** *(auch: **senkrecht**), falls gilt:*

$$\langle v, w \rangle = 0.$$

(b) *Eine Menge $S \subseteq V$ heißt ein* **Orthogonalsystem**, *falls je zwei Vektoren $v, w \in S$ mit $v \neq w$ orthogonal sind.*

(c) *Ein Orthogonalsystem $S \subseteq V$ heißt ein* **Orthonormalsystem**, *falls zusätzlich alle Vektoren $v \in S$ normiert sind, d. h. die Länge $\|v\| = 1$ haben.*

(d) *Ein Orthonormalsystem $S \subseteq V$ heißt eine* **Orthonormalbasis**, *falls es zusätzlich eine Basis ist. Ebenso heißt ein Orthogonalsystem $S \subseteq V$ eine* **Orthogonalbasis**, *falls es zusätzlich eine Basis ist.*

(e) *Zu einem Unterraum $U \subseteq V$ heißt*

$$U^{\perp} := \{v \in V \mid \langle v, u \rangle = 0 \text{ für alle } u \in U\}$$

das **orthogonale Komplement** *von U. Es ist klar, dass $U^{\perp}$ ein Unterraum von V ist.*

Beispiel 8.1.12

(1) Die Standardbasis ist eine Orthonormalbasis von $\mathbb{R}^n$ bzw. $\mathbb{C}^n$ mit dem Standardskalarprodukt.

(2) Die Vektoren

$$v_1 = \frac{1}{\sqrt{2}} \begin{pmatrix} 1 \\ 0 \\ 1 \end{pmatrix} \quad \text{und} \quad v_2 = \frac{1}{\sqrt{2}} \begin{pmatrix} 1 \\ 0 \\ -1 \end{pmatrix}$$

bilden ein Orthonormalsystem im $\mathbb{R}^3$.

(3) Im Raum $C([0, 2\pi], \mathbb{C})$ der stetigen komplexwertigen Funktionen auf den Intervall $[0, 2\pi]$ mit dem Skalarprodukt aus Beispiel 8.1.4 bilden die Funktionen

$$f_n(t) = \frac{1}{\sqrt{2\pi}} \cdot e^{int} \quad (n \in \mathbb{Z})$$

ein Orthonormalsystem. Die Theorie der Fourierreihen basiert hierauf. ◁

Satz 8.1.13 *Jedes Orthogonalsystem $S \subseteq V$ in einem euklidischen oder unitären Raum, das nicht den Nullvektor enthält, ist linear unabhängig. Falls $|S| = \dim(V) < \infty$, so ist S eine Basis.*

Beweis Es seien $v_1, \dots, v_n \in S$ paarweise verschieden. Weiter sei

$$a_1 v_1 + \dots + a_n v_n = 0$$

mit $a_i \in \mathbb{R}$ bzw. $a_i \in \mathbb{C}$. Für alle $j \in \{1, \dots, n\}$ folgt durch Bildung des Skalarprodukts mit v_j:

$$0 = \langle v_j, 0 \rangle = \left\langle v_j, \sum_{i=1}^{n} a_i v_i \right\rangle = \sum_{i=1}^{n} a_i \langle v_j, v_i \rangle = a_j \langle v_j, v_j \rangle.$$

Wegen $v_j \neq 0$ sind also alle $a_j = 0$, und die lineare Unabhängigkeit ist bewiesen.
Die zweite Aussage folgt mit Korollar 5.3.16(a).   □

Orthonormalbasen haben einige günstige Eigenschaften. Ist beispielsweise $S = \{v_1, \ldots, v_n\}$ eine Orthonormalbasis eines endlich-dimensionalen euklidischen oder unitären Raums und $v \in V$, so sind die Skalarprodukte $\langle v_i, v \rangle$ genau die Koordinaten von v bezüglich der Basis S. Gilt nämlich $v = a_1 v_1 + \ldots + a_n v_n$, so folgt

$$\langle v_i, v \rangle = \left\langle v_i, \sum_{j=1}^{n} a_j v_j \right\rangle = \sum_{j=1}^{n} a_j \langle v_i, v_j \rangle = a_i \langle v_i, v_i \rangle = a_i. \tag{8.2}$$

Mit Orthonormalbasen lassen sich also Koeffizienten „isolieren". Es stellt sich die Frage, ob jeder endlich-dimensionale euklidische oder unitäre Raum eine Orthonormalbasis hat. Diese Frage werden wir konstruktiv durch das Gram-Schmidt-Verfahren beantworten.

Algorithmus 8.1.14 (Gram-Schmidt-Verfahren)

Eingabe: Vektoren $v_1, \ldots, v_k$ eines euklidischen oder unitären Raums V.
Ausgabe: Eine Orthonormalbasis $\{u_1, \ldots, u_m\}$ des von den v_i erzeugten Unterraums von V.

(1) Setze $m := 0$.
(2) Für $i = 1, \ldots, k$ führe Schritte (3) und (4) aus.
(3) Setze

$$w_i := v_i - \sum_{j=1}^{m} \langle u_j, v_i \rangle \cdot u_j. \tag{8.3}$$

(Im Fall $m = 0$ bedeutet dies $w_i := v_i$.)
(4) Falls $w_i \neq 0$, setze $m := m + 1$ und

$$u_m := \frac{1}{\|w_i\|} \cdot w_i.$$

Satz 8.1.15 *Algorithmus* 8.1.14 *liefert eine Orthonormalbasis des Unterraums* $\langle v_1, \ldots, v_k \rangle$ *von* V.

Beweis Wir benutzen Induktion nach der Anzahl k der Erzeuger und können $k \geq 1$ voraussetzen. Nach Induktion gelten nach Durchlaufen der Schleife für $i = 1, \ldots, k - 1$:

$$\langle u_i, u_j \rangle = \delta_{i,j} \quad (1 \leq i, j \leq m) \tag{8.4}$$

und

$$\langle v_1, \ldots, v_{k-1} \rangle = \langle u_1, \ldots, u_m \rangle, \tag{8.5}$$

wobei m das „aktuelle" m nach $k-1$ Schleifendurchläufen ist. Aus (8.3) folgt für $i \leq m$

$$\langle u_i, w_k \rangle = \langle u_i, v_k \rangle - \sum_{j=1}^{m} \langle u_j, v_k \rangle \cdot \langle u_i, u_j \rangle \underset{(8.4)}{=} \langle u_i, v_k \rangle - \langle u_i, v_k \rangle = 0.$$

Außerdem folgt aus (8.3)

$$\langle u_1, \ldots, u_m, w_k \rangle = \langle u_1, \ldots, u_m, v_k \rangle \underset{(8.5)}{=} \langle v_1, \ldots, v_k \rangle.$$

Falls $w_k = 0$, so folgt $\langle v_1, \ldots, v_k \rangle = \langle u_1, \ldots, u_m \rangle$. Falls $w_k \neq 0$, so wird $\{u_1, \ldots, u_{m+1}\}$ ein Orthonormalsystem und ein Erzeugendensystem von $\langle v_1, \ldots, v_k \rangle$, also nach Satz 8.1.13 eine Orthonormalbasis. $\qquad\square$

Beispiel 8.1.16 Wir wollen Algorithmus 8.1.14 auf

$$V := \left\langle \begin{pmatrix} 3 \\ 0 \\ 4 \end{pmatrix}, \begin{pmatrix} 1 \\ 0 \\ 0 \end{pmatrix}, \begin{pmatrix} 1 \\ 0 \\ 2 \end{pmatrix} \right\rangle \subseteq \mathbb{R}^3$$

anwenden und erhalten

$$w_1 = v_1 = \begin{pmatrix} 3 \\ 0 \\ 4 \end{pmatrix} \quad \text{und} \quad u_1 = \frac{1}{\|w_1\|} \cdot w_1 = \begin{pmatrix} 3/5 \\ 0 \\ 4/5 \end{pmatrix}.$$

Im zweiten Schritt erhalten wir

$$w_2 = v_2 - \langle u_1, v_2 \rangle \cdot u_1 = \begin{pmatrix} 1 \\ 0 \\ 0 \end{pmatrix} - \frac{3}{5} \cdot \begin{pmatrix} 3/5 \\ 0 \\ 4/5 \end{pmatrix} = \frac{1}{25} \cdot \begin{pmatrix} 16 \\ 0 \\ -12 \end{pmatrix}$$

und

$$u_2 = \frac{1}{\|w_2\|} \cdot w_2 = \begin{pmatrix} 4/5 \\ 0 \\ -3/5 \end{pmatrix}.$$

Der dritte Schritt liefert

$$w_3 = v_3 - \langle u_1, v_3 \rangle \cdot u_1 - \langle u_2, v_3 \rangle \cdot u_2$$

$$= \begin{pmatrix} 1 \\ 0 \\ 2 \end{pmatrix} - \frac{11}{5} \cdot \begin{pmatrix} 3/5 \\ 0 \\ 4/5 \end{pmatrix} + \frac{2}{5} \cdot \begin{pmatrix} 4/5 \\ 0 \\ -3/5 \end{pmatrix} = \begin{pmatrix} 0 \\ 0 \\ 0 \end{pmatrix}.$$

Also ist $\{u_1, u_2\}$ eine Orthonormalbasis von V.   ◁

Wenn wir das Gram-Schmidt-Verfahren auf eine Basis $B = \{v_1, \ldots, v_k\}$ von V anwenden, erhalten wir eine Orthonormalbasis $B' = \{u_1, \ldots, u_k\}$ von V. Es ist interessant, dass die Basiswechselmatrix $S_{B,B'}$ automatisch eine obere Dreiecksmatrix wird. Dies folgt aus (8.5).

Aus der Korrektheit von Algorithmus 8.1.14 folgt:

Korollar 8.1.17 *Jeder endlich-dimensionale euklidische oder unitäre Raum hat eine Orthonormalbasis.*

Desweiteren ermöglicht es das Gram-Schmidt-Verfahren in Kombination mit dem Basisergänzungssatz eine Orthonormalbasis eines Unterraums U zu einer Orthonormalbasis von V zu ergänzen. Dies kann benutzt werden für den Nachweis, dass das orthogonale Komplement $U^\perp$ in einem endlich-dimensionalen Raum V wirklich ein Komplement (im Sinne von Definition 5.7.1) von U ist. Wir stellen dies als Aufgabe 8.1.4.

Zwischen zwei euklidischen bzw. zwei unitären Räumen wollen wir als Nächstes „strukturerhaltende" Abbildungen studieren.

Definition 8.1.18 *Es seien V und W zwei euklidische bzw. zwei unitäre Räume. Eine lineare Abbildung $\varphi\colon V \to W$ heißt* **orthogonal** *bzw.* **unitär***, falls für alle $u, v \in V$ gilt:*

$$\langle \varphi(u), \varphi(v) \rangle = \langle u, v \rangle.$$

Eine unitäre oder orthogonale Abbildung φ ist injektiv, denn aus $\varphi(v) = 0$ für $v \in V$ folgt $\langle v, v \rangle = \langle \varphi(v), \varphi(v) \rangle = 0$, also $v = 0$. Weiter gilt

$$\|\varphi(v)\| = \|v\|$$

für alle $v \in V$ und damit auch

$$d(\varphi(u), \varphi(v)) = d(u, v)$$

für $u, v \in V$, φ ist also „abstandserhaltend". Abbildungen zwischen metrischen Räumen mit dieser Eigenschaft nennt man auch *Isometrien*. Es ist nicht schwer zu zeigen, dass jede lineare Isometrie zwischen euklidischen oder unitären Räumen eine orthogonale bzw. unitäre Abbildung ist.

Beispiel 8.1.19

(1) Jede Drehung der Ebene um den Nullpunkt definiert eine orthogonale Abbildung $\mathbb{R}^2 \to \mathbb{R}^2$.

(2) Die in Aufgabe 5.4.7 betrachteten linearen Abbildungen, die ein Quadrat im $\mathbb{R}^2$ auf sich selbst abbilden, sind orthogonal. Es handelt sich in Aufgabe 5.4.7 um die Symmetriegruppe des Quadrats.

(3) Auf dem Raum $V = C([a, b], \mathbb{C})$ der stetigen Funktionen eines Intervalls $[a, b]$ in $\mathbb{C}$ wird durch $\varphi\colon V \to V$, $f \mapsto \hat{f}$ mit $\hat{f}(x) = f(a + b - x)$ eine unitäre Abbildung gegeben. ◁

Was sind die orthogonalen bzw. unitären Abbildungen $V \to V$ für $V = K^n$ mit dem Standardskalarprodukt, wobei $K = \mathbb{R}$ bzw. $K = \mathbb{C}$? Ist φ eine solche, so muss φ jede Orthonormalbasis wieder auf eine Orthonormalbasis abbilden. Ist $A \in K^{n \times n}$ die Darstellungsmatrix von φ bezüglich der Standardbasis (also $\varphi = \varphi_A$), so folgt, dass die Spalten von A eine Orthonormalbasis von V bilden. Dies kann man ausdrücken durch die Bedingungen

$$A^T \cdot A = I_n \quad (\text{für } K = \mathbb{R}) \tag{8.6}$$

bzw.

$$\overline{A}^T \cdot A = I_n \quad (\text{für } K = \mathbb{C}), \tag{8.7}$$

wobei $\overline{A}$ durch komplexe Konjugation aller Einträge aus A hervorgeht. (Die zweite Bedingung umfasst eigentlich die erste, da $\overline{A} = A$ für $K = \mathbb{R}$.) Ist umgekehrt $A \in K^{n \times n}$ eine Matrix, die (8.6) bzw. (8.7) erfüllt, so folgt für $u, v \in V$

$$\langle \varphi_A(u), \varphi_A(v) \rangle = (\overline{Au})^T \cdot (Av) = \overline{u}^T \overline{A}^T A v = \langle u, v \rangle.$$

Dies bedeutet, dass genau die Matrizen mit (8.6) bzw. (8.7) orthogonale bzw. unitäre Abbildungen $V \to V$ definieren. Wir nehmen dies zum Anlass für die folgende Definition.

Definition 8.1.20

(a) *Eine Matrix $A \in \mathbb{R}^{n \times n}$ heißt* **orthogonal**, *falls sie (8.6) erfüllt. Dies ist gleichbedeutend damit, dass die Spalten von A eine Orthonormalbasis von $\mathbb{R}^n$ bilden, und wegen $A \cdot A^T = I_n$ auch damit, dass die Zeilen von A eine Orthonormalbasis von $\mathbb{R}^n$ bilden.*

(b) *Eine Matrix $A \in \mathbb{C}^{n \times n}$ heißt* **unitär**, *falls sie (8.7) erfüllt. Dies ist gleichbedeutend damit, dass die Spalten von A eine Orthonormalbasis von $\mathbb{C}^n$ bilden, und wegen $A \cdot \overline{A}^T = I_n$ auch damit, dass die Zeilen von A eine Orthonormalbasis von $\mathbb{C}^n$ bilden.*

(c) *Die Untergruppe*

$$O_n := \left\{ A \in \mathbb{R}^{n \times n} \mid A^T \cdot A = I_n \right\} \subseteq GL_n(\mathbb{R})$$

heißt die **orthogonale Gruppe** *und die Untergruppe*

$$SO_n := O_n \cap SL_n(\mathbb{R})$$

heißt die **spezielle orthogonale Gruppe**.

(d) *Die Untergruppe*

$$U_n := \left\{ A \in \mathbb{C}^{n \times n} \mid \overline{A}^T \cdot A = I_n \right\} \subseteq GL_n(\mathbb{C})$$

heißt die **unitäre Gruppe** *und die Untergruppe*

$$SU_n := U_n \cap SL_n(\mathbb{C})$$

heißt die **spezielle unitäre Gruppe**.

Besonders interessante orthogonale bzw. unitäre Abbildungen sind sogenannte Spiegelungen, die unser letztes Thema dieses Abschnitts sind. Ist $e \in V$ ein Vektor mit $\|e\| = 1$, so heißt

$$\varphi_e : V \to V, \quad v \mapsto v - 2\langle e, v \rangle \cdot e$$

die **Spiegelung** entlang e (auch: *Spiegelung an der Hyperebene* $\langle e \rangle^\perp$). Der folgende Satz besagt, dass die orthogonale Gruppe O_n durch Spiegelungen erzeugt wird.

Satz 8.1.21 (Spiegelungen) *Es sei V ein euklidischer oder unitärer Raum.*

(a) *Jede Spiegelung φ_e (mit $e \in V$, $\|e\| = 1$) ist eine orthogonale bzw. unitäre Abbildung.*

(b) *Ist V euklidisch und $n = \dim(V) < \infty$, so lässt sich jede orthogonale Abbildung $\varphi \colon V \to V$ als Komposition von höchstens n Spiegelungen schreiben. Die orthogonale Gruppe wird also durch Spiegelungen erzeugt.*

Beweis

(a) Es ist klar, dass φ_e linear ist. Für $v, w \in V$ gilt

$$\langle \varphi_e(v), \varphi_e(w) \rangle = \left\langle v - 2\langle e, v \rangle \cdot e, w - 2\langle e, w \rangle \cdot e \right\rangle$$

$$= \langle v, w \rangle - 2\langle e, w \rangle\langle v, e \rangle - 2\overline{\langle e, v \rangle}\langle e, w \rangle + 4\overline{\langle e, v \rangle}\langle e, w \rangle$$

$$= \langle v, w \rangle,$$

also ist φ_e orthogonal bzw. unitär.

(b) Wir führen den Beweis per Induktion nach n. Im Fall $\varphi = id_V$ (der den Induktionsanfang $n = 0$ einschließt) ist nichts zu zeigen. Wir setzen also $\varphi \neq id_V$ voraus und wählen $v \in V$ mit $\varphi(v) \neq v$. Mit

$$e := \frac{1}{\|\varphi(v) - v\|} \cdot (\varphi(v) - v)$$

folgt

$$\varphi_e(v) = v - 2\frac{\langle \varphi(v) - v, v \rangle}{\|\varphi(v) - v\|^2} \cdot (\varphi(v) - v)$$

$$= v - 2\frac{\langle \varphi(v), v \rangle - \|v\|^2}{\|\varphi(v)\|^2 - 2\langle \varphi(v), v \rangle + \|v\|^2} \cdot (\varphi(v) - v)$$

$$= v + (\varphi(v) - v) = \varphi(v).$$

Nun setzen wir

$$\varphi' := \varphi_e^{-1} \circ \varphi$$

und bemerken, dass auch φ' orthogonal ist. Es folgt $\varphi'(v) = v$. Für Vektoren $u \in U := \langle v \rangle^\perp$ folgt

$$\langle v, \varphi'(u) \rangle = \langle \varphi'(v), \varphi'(u) \rangle = \langle v, u \rangle = 0,$$

also $\varphi'(u) \in U$. Damit ist die Einschränkung $\varphi'|_U$ eine orthogonale Abbildung auf U. Wegen $\dim(U) \leq n - 1$ erhalten wir per Induktion die Existenz von $e_1, \ldots, e_k \in U$ mit $k \leq n - 1$ und $\|e_i\| = 1$, so dass

$$\varphi'|_U = \varphi_{e_1} \circ \ldots \circ \varphi_{e_k},$$

wobei die φ_{e_i} hier Spiegelungen auf U sind. Wenn wir die φ_{e_i} als Spiegelungen von V auffassen, gilt $\varphi_{e_i}(v) = v$ wegen $e_i \in U$. Es sei nun $w \in V$. Mit $a := \frac{\langle v, w \rangle}{\langle v, v \rangle}$ gilt dann $w - av \in U$, also

$$\varphi'(w) = \varphi'(av) + \varphi'(w - av) = av + (\varphi_{e_1} \circ \ldots \circ \varphi_{e_k})(w - av)$$

$$= (\varphi_{e_1} \circ \ldots \circ \varphi_{e_k})(w).$$

Also gilt $\varphi' = \varphi_{e_1} \circ \ldots \circ \varphi_{e_k}$ und damit $\varphi = \varphi_e \circ \varphi_{e_1} \circ \ldots \circ \varphi_{e_k}$. $\qquad \square$

Aufgaben

8.1.1 Untersuchen Sie, welche der folgenden Abbildungen $\mathbb{R}^2 \times \mathbb{R}^2 \to \mathbb{R}$, $(v, w) \mapsto \langle v, w \rangle$, Skalarprodukte sind, wobei $v = \begin{pmatrix} x_1 \\ x_2 \end{pmatrix}$, $w = \begin{pmatrix} y_1 \\ y_2 \end{pmatrix}$:

(a) $\langle v, w \rangle := x_1 x_2 - y_1 y_2$,
(b) $\langle v, w \rangle := x_1 y_1 + x_1 y_2 + y_1 y_2$.
(c) $\langle v, w \rangle := x_1 y_1 - 2x_1 y_2 - 2x_2 y_1 + 5x_2 y_2$,
(d) $\langle v, w \rangle := x_1 y_2 + x_2 y_1$.

8.1.2 Es sei $V = \mathbb{R}^{m \times n}$. Zeigen Sie, dass auf V durch $\langle A, B \rangle := \operatorname{tr}(A^T B)$ ein Skalarprodukt definiert wird, und geben Sie eine Orthonormalbasis an.

8.1.3 Es sei V ein euklidischer oder unitärer Vektorraum.

(a) Beweisen Sie die sogenannte **Parallelogrammgleichung** für die vom Skalarprodukt induzierte Norm:

$$\|v + w\|^2 + \|v - w\|^2 = 2\|v\|^2 + 2\|w\|^2 \qquad \text{(für alle } v, w \in V\text{).}$$

(b) Folgern Sie, dass im $\mathbb{R}^n$ für $n \geq 2$ sowohl die Manhattan-Norm, also $\|x\|_1 := \sum_{i=1}^{n} |x_i|$, als auch die Maximum-Norm, also $\|x\|_\infty := \max_{i=1,\dots,n} |x_i|$, nicht von einem Skalarprodukt induziert werden.

(c) Finden Sie eine Formel, wie man das Skalarprodukt $\langle v, w \rangle$ mit $v, w \in V$ aus den Werten der Norm $\|\cdot\|$ bestimmen kann (sog. **Polarisationsformel**), zunächst für $K = \mathbb{R}$ und dann für $K = \mathbb{C}$.

8.1.4 🔲 *(Video-Link siehe Vorwort, Seite VI)*
Es sei V ein endlich-dimensionaler euklidischer oder unitärer Raum. Weiter sei U ein Unterraum von V. Zeigen Sie, dass für das orthogonale Komplement $U^\perp$ von U gelten:

$$U \oplus U^\perp = V, \qquad (U^\perp)^\perp = U.$$

8.1.5 Es sei $V = C([a, b], \mathbb{R})$ wie in Beispiel 8.1.2(2). Weiter sei $c \in [a, b]$ und es sei U der Unterraum

$$U := \{f \in V \mid f(c) = 0\}.$$

Bestimmen Sie $U^\perp$ und $(U^\perp)^\perp$. Gilt $U + U^\perp = V$?

8.1.6 Es sei $V = \mathbb{R}^4$ mit dem Standardskalarprodukt. Bestimmen Sie eine Orthonormalbasis von

$$U = \left\langle \begin{pmatrix} 1 \\ 1 \\ 1 \\ 3 \end{pmatrix}, \begin{pmatrix} 1 \\ 3 \\ 2 \\ 4 \end{pmatrix}, \begin{pmatrix} 2 \\ 2 \\ -1 \\ -1 \end{pmatrix} \right\rangle.$$

8.1.7 In $V = C([-1, 1], \mathbb{R})$ wie in Beispiel 8.1.2(2) betrachten wir die Polynomfunktionen $f_1(x) = 1$, $f_2(x) = x$, $f_3(x) = x^2$. Bestimmen Sie eine Orthogonalbasis von $U = \langle f_1, f_2, f_3 \rangle$.

8.1.8 Es seien $a_0, \dots, a_n \in \mathbb{R}$ paarweise verschieden und es sei $V = \mathbb{R}[x]_{\leq n}$. Zeigen Sie, dass auf V durch

$$\langle f, g \rangle := \sum_{i=0}^{n} f(a_i)g(a_i)$$

ein Skalarprodukt definiert wird, und geben Sie eine Orthonormalbasis an.

8.1.9 🔲 *(Video-Link siehe Vorwort, Seite VI)*
Für $v, w \in \mathbb{R}^3$ ist das **Kreuzprodukt** definiert als

$$v \times w = \begin{pmatrix} v_1 \\ v_2 \\ v_3 \end{pmatrix} \times \begin{pmatrix} w_1 \\ w_2 \\ w_3 \end{pmatrix} = \begin{pmatrix} v_2 w_3 - v_3 w_2 \\ v_3 w_1 - v_1 w_3 \\ v_1 w_2 - v_2 w_1 \end{pmatrix} \in \mathbb{R}^3.$$

Zeigen Sie, dass für alle $u, v, w \in \mathbb{R}^3$ mit dem Standardskalarprodukt gelten:

(a) $\langle u \times v, w \rangle = \det(u|v|w)$,
(b) $v \times w$ ist orthogonal zu v und zu w,
(c) v, w linear unabhängig $\iff$ $v \times w \neq 0$.

8.1.10 Es sei V ein euklidischer Raum mit $2 \leq \dim(V) < \infty$ und es sei $e \in V$ mit $\|e\| = 1$. Weiter sei φ_e die Spiegelung entlang e.

(a) Bestimmen Sie φ_e^2 und φ_e^{-1}.
(b) Bestimmen Sie alle Eigenwerte und Eigenräume von φ_e und zeigen Sie, dass φ_e diagonalisierbar ist.
(c) Bestimmen Sie im Fall $V = \mathbb{R}^n$ mit dem Standardskalarprodukt die Darstellungsmatrix von φ_e bzgl. der Standardbasis.

8.1.11 Wir betrachten die Matrix

$$A = \frac{1}{5} \begin{pmatrix} 4 & -3 \\ -3 & -4 \end{pmatrix} \in \mathbb{R}^{2 \times 2}$$

und die durch A definierte lineare Abbildung $\varphi_A : \mathbb{R}^2 \to \mathbb{R}^2$.

(a) Bestimmen Sie eine Orthogonalbasis $B = \{v_1, v_2\}$ des $\mathbb{R}^2$, so dass gilt $D_B(\varphi_A) = \mathrm{diag}(1, -1)$.
(b) Zeichnen Sie die Gerade $U := \langle v_1 \rangle$ und die Vektoren $v_2, -v_2, v = (-1, 7)^T$, $\varphi_A(v)$ in ein Koordinatensystem, um die Wirkung der linearen Abbildung φ_A zu veranschaulichen.

8.1.12 Für $\alpha \in \mathbb{R}$ bezeichnen $D(\alpha)$ bzw. $S(\alpha)$ die folgende Dreh- bzw. Spiegelungsmatrix:

$$D(\alpha) := \begin{pmatrix} \cos(\alpha) & -\sin(\alpha) \\ \sin(\alpha) & \cos(\alpha) \end{pmatrix}, \quad S(\alpha) := \begin{pmatrix} \cos(\alpha) & \sin(\alpha) \\ \sin(\alpha) & -\cos(\alpha) \end{pmatrix}.$$

Zeigen Sie:

(a) Die Abbildung $D : \mathbb{R} \to \mathrm{SO}_2, \alpha \mapsto D(\alpha)$ ist ein surjektiver Gruppen-Homomorphismus mit $\mathrm{Kern}(D) = 2\pi\mathbb{Z}$.
(b) Die Gruppe O_2 hat die disjunkte Zerlegung:

$$\mathrm{O}_2 = \{D(\alpha) \mid \alpha \in [0, 2\pi)\} \cup \{S(\alpha) \mid \alpha \in [0, 2\pi)\}.$$

8.1.13 Die zu $\sigma \in S_n$ gehörige **Permutationsmatrix** ist die Matrix

$$P_\sigma := (\delta_{i,\sigma(j)}) = (e_{\sigma(1)} | \ldots | e_{\sigma(n)}) \in \mathbb{R}^{n \times n},$$

wobei e_i die Standardbasisvektoren sind. Zeigen Sie:

(a) P_σ ist orthogonal und $\det(P_\sigma) = \mathrm{sgn}(\sigma)$.

(b) Die Abbildung $P : S_n \rightarrow O_n$, $\sigma \mapsto P_\sigma$ ist ein injektiver Gruppen-Homomorphismus.

(c) Für eine Transposition $\tau = (k, l) \in S_n$ ist die von P_τ definierte lineare Abbildung eine Spiegelung.

(d) Ist $A = (a_{i,j}) \in O_n$ mit $a_{i,j} \geq 0$ für alle i, j, so ist A eine Permutationsmatrix.

8.1.14 👆 Es seien V ein unendlich-dimensionaler Hilbertraum und $S \subseteq V$ ein Orthonormalsystem. Zeigen Sie, dass ein $v \in V \setminus \langle S \rangle$ existiert. (Es gibt also keine Orthonormalbasis im Sinne der linearen Algebra in V. Allerdings wird in der Funktionalanalysis der Begriff Orthonormalbasis in Hilberträumen anders definiert.)

Tipp: Ist S unendlich, so können paarweise verschiedene $w_1, w_2, \ldots \in S$ gewählt werden. Zeigen Sie, dass die Reihe $\sum_{n=0}^{\infty} \frac{1}{n} w_n$ konvergiert und betrachten Sie den Grenzwert v. Was ist $\langle w, v \rangle$ für $w \in S$?

Projekt: Darstellungsmatrizen von Bilinearformen

In diesem Projekt untersuchen wir Darstellungsmatrizen von Bilinearformen über allgemeinen Körpern. Neben ein paar grundlegenden Untersuchungen zu speziellen Typen von Bilinearformen werden wir eine Formel für den Basiswechsel beweisen, die sehr viel Ähnlichkeit mit Korollar 5.5.12 aufweist. Für die beiden Haupttypen von Bilinearformen, den symmetrischen bzw. alternierenden, werden wir besonders übersichtliche Darstellungsmatrizen finden (vorausgesetzt die Charakteristik des Körpers ist ungleich 2).

Es sei K ein Körper und es sei V ein K-Vektorraum. Eine bilineare Abbildung $\beta : V \times V \rightarrow K$ heißt eine **Bilinearform** auf V. Weiter heißt β dann

(1.) **symmetrisch**, wenn für alle $v, w \in V$ gilt: $\beta(v, w) = \beta(w, v)$;

(2.) **alternierend**, wenn für alle $v \in V$ gilt: $\beta(v, v) = 0$;

(3.) **antisymmetrisch**, wenn für alle $v, w \in V$ gilt: $\beta(v, w) = -\beta(w, v)$;

(4.) **nicht ausgeartet**, wenn für alle $v \in V$ gelten:

$$\beta(v, w) = 0 \quad \text{für alle } w \in V \quad \Longrightarrow \quad v = 0,$$

$$\beta(w, v) = 0 \quad \text{für alle } w \in V \quad \Longrightarrow \quad v = 0.$$

8.1.15 Es sei β eine Bilinearform auf V. Zeigen Sie:

(a) Ist β alternierend, so ist β antisymmetrisch.

(b) Ist $\mathrm{char}(K) \neq 2$, so gilt auch die Umkehrung in (a).

(c) Ist $\mathrm{char}(K) \neq 2$, so ist β die Summe einer symmetrischen und einer alternierenden Bilinearform.

Ab jetzt gelte $\dim(V) < \infty$ und es sei $B = \{v_1, \ldots, v_n\}$ eine Basis von V. Für eine Bilinearform β auf V heißt

$$M_B(\beta) := (\beta(v_i, v_j))_{i,j} \in K^{n \times n}$$

die **Darstellungsmatrix** von β bzgl. B.

8.1.16 Zeigen Sie:

(a) Für $v = \sum_{i=1}^n x_i v_i$ und $w = \sum_{j=1}^n y_j v_j$ mit $x := (x_1, \ldots, x_n)^T \in K^n$, $y := (y_1, \ldots, y_n)^T \in K^n$ gilt

$$\beta(v, w) = x^T \cdot M_B(\beta) \cdot y.$$

(b) Es ist β genau dann symmetrisch, wenn $M_B(\varphi)$ symmetrisch ist.
(c) Es ist β genau dann antisymmetrisch, wenn $M_B(\varphi)$ antisymmetrisch ist.
(d) Es ist β genau dann nicht ausgeartet, wenn $M_B(\varphi)$ regulär ist.

8.1.17 Zeigen Sie, dass eine Abbildung $\beta : K^n \times K^n \to K$ genau dann eine Bilinearform auf K^n ist, wenn eine Matrix $A \in K^{n \times n}$ existiert mit

$$\beta(x, y) = x^T \cdot A \cdot y \quad \text{für alle } x, y \in K^n.$$

Hierbei ist $A = M_B(\beta)$ die Darstellungsmatrix von β bzgl. der Standardbasis B von K^n.

8.1.18 Es sei β eine Bilinearform auf V und es seien $B = \{v_1, \ldots, v_n\}$, $C = \{w_1, \ldots, w_n\}$ Basen von V. Weiter sei $S := S_{B,C}$ die Basiswechselmatrix. Beweisen Sie die Formel:

$$M_C(\beta) = S^T \cdot M_B(\beta) \cdot S.$$

8.1.19 ✦ Es sei β eine symmetrische Bilinearform auf V und es gelten $\operatorname{char}(K) \neq 2$ und $\dim(V) < \infty$. Zeigen Sie, dass eine Orthogonalbasis von V existiert, also eine Basis B von V, so dass $M_B(\beta)$ eine Diagonalmatrix ist.
Tipp: Ist $\beta \neq 0$, so kann man zunächst die Existenz eines $v_1 \in V$ mit $\beta(v_1, v_1) \neq 0$ folgern. Ergänzen Sie v_1 zu einer Basis $\{v_1, \ldots, v_n\}$ von V und definieren Sie ähnlich wie beim Gram-Schmidt-Verfahren:

$$w_i := v_i - \frac{\beta(v_1, v_i)}{\beta(v_1, v_1)} \cdot v_1 \quad (\text{für } i = 2, \ldots, n).$$

Betrachten Sie nun die Einschränkung von β auf $U := \langle w_2, \ldots, w_n \rangle$.

8.1.20 ✦ Es sei β eine nicht ausgeartete, alternierende Bilinearform auf V und es gelte $\dim(V) < \infty$. Zeigen Sie, dass $\dim(V)$ gerade ist und dass eine Basis B von V existiert, so dass $M_B(\beta)$ die folgende Blockdiagonalmatrix ist:

$$M_B(\beta) = \mathrm{diag}\left(\begin{pmatrix} 0 & 1 \\ -1 & 0 \end{pmatrix}, \begin{pmatrix} 0 & 1 \\ -1 & 0 \end{pmatrix}, \ldots, \begin{pmatrix} 0 & 1 \\ -1 & 0 \end{pmatrix}\right).$$

Tipp: Starten Sie mit passenden Vektoren v_1, v_2, die zu einer Basis $\{v_1, \ldots, v_n\}$ ergänzt und anschließend wie folgt modifiziert werden können:

$$w_i := v_i - \beta(v_2, v_i) \cdot v_1 - \beta(v_1, v_i) \cdot v_2 \quad \text{(für } i = 3, \ldots, n).$$

Betrachten Sie nun die Einschränkung von β auf $U := \langle w_3, \ldots, w_n \rangle$.

8.2 Der Spektralsatz

In diesem Abschnitt steht V wieder für einen euklidischen oder unitären Raum. Wir werden eine Klasse von Matrizen (bzw. linearen Abbildungen) untersuchen, welche mit Hilfe von Orthonormalbasen diagonalisierbar sind.

Definition 8.2.1 *Es sei $\varphi\colon V \to V$ eine lineare Abbildung. Eine lineare Abbildung $\psi\colon V \to V$ heißt zu φ* **adjungiert**, *falls für alle $v, w \in V$ gilt:*

$$\langle v, \varphi(w) \rangle = \langle \psi(v), w \rangle.$$

In diesem Fall schreiben wir auch $\psi = \varphi^*$.

Es besteht Verwechselungsgefahr mit der dualen Abbildung! Das Zusammenfallen der Notationen ist Ausdruck eines Zusammenhangs zwischen dualer und adjungierter Abbildung. Bevor wir Beispiele betrachten, wollen wir uns überzeugen, dass die adjungierte Abbildung eindeutig bestimmt ist (wie die Notation φ^* ja schon andeutet).

Proposition 8.2.2 *Es sei $\varphi\colon V \to V$ eine lineare Abbildung.*

(a) *Falls φ eine adjungierte Abbildung hat, so ist diese eindeutig bestimmt.*
(b) *Falls φ eine adjungierte Abbildung φ^* hat, so ist deren adjungierte Abbildung φ, d. h.*

$$\varphi^{**} = \varphi.$$

Beweis

(a) Es seien $\psi, \psi'\colon V \to V$ zwei adjungierte Abbildungen von φ. Für $v, w \in V$ gilt dann

$$\langle \psi(v) - \psi'(v), w \rangle = \langle \psi(v), w \rangle - \langle \psi'(v), w \rangle = \langle v, \varphi(w) \rangle - \langle v, \varphi(w) \rangle = 0.$$

Setzt man speziell $w = \psi(v) - \psi'(v)$ ein, so ergibt sich $\psi(v) = \psi'(v)$, also
$\psi = \psi'$.

(b) Für $v, w \in V$ gilt

$$\langle v, \varphi^*(w) \rangle = \overline{\langle \varphi^*(w), v \rangle} = \overline{\langle w, \varphi(v) \rangle} = \langle \varphi(v), w \rangle,$$

also ist φ zu φ^* adjungiert. $\qquad\qquad\qquad\qquad\qquad\qquad\qquad$ □

Beispiel 8.2.3

(1) Es sei $V = C([a, b], \mathbb{C})$ wie in Beispiel 8.1.4. Für ein fest gewähltes $h \in V$
betrachten wir $\varphi_h \colon V \to V$, $f \mapsto h \cdot f$. Für $f, g \in V$ gilt

$$\langle f, \varphi_h(g) \rangle = \int_a^b \overline{f(x)} h(x) g(x) dx = \int_a^b \overline{f(x) \overline{h(x)}} g(x) dx = \langle \overline{h} f, g \rangle,$$

also $\varphi_h^* = \varphi_{\overline{h}}$.

(2) Es sei V wie oben und $x_0 \in [a, b]$ fest gewählt. Wir betrachten die lineare
Abbildung $\varphi \colon V \to V$, $f \mapsto f(x_0)$, wobei $f(x_0)$ als konstante Funktion
angesehen wird. Für $f, g \in V$ gilt

$$\langle f, \varphi(g) \rangle = \int_a^b \overline{f(x)} g(x_0) dx = g(x_0) \int_a^b \overline{f(x)} dx$$

Falls φ eine adjungierte Abbildung hätte, so würde mit $h := \varphi^*(f)$ für alle
$g \in V$ gelten:

$$g(x_0) \int_a^b \overline{f(x)} dx = \langle h, g \rangle = \int_a^b \overline{h(x)} g(x) dx.$$

Eine solche Funktion h gibt es aber nur, falls $\int_a^b \overline{f(x)} dx = 0$, was nicht für
alle f der Fall ist. Es folgt, dass φ keine adjungierte Abbildung hat. $\qquad$ ◁

Die folgende Proposition klärt die Situation bei den Standardräumen $\mathbb{R}^n$ und $\mathbb{C}^n$.

Proposition 8.2.4

(a) *Es seien $V = \mathbb{R}^n$ mit dem Standardskalarprodukt und $A \in \mathbb{R}^{n \times n}$. Dann gilt*

$$\varphi_A^* = \varphi_{A^T}.$$

(b) *Es seien $V = \mathbb{C}^n$ mit dem Standardskalarprodukt und $A \in \mathbb{C}^{n \times n}$. Dann gilt*

$$\varphi_A^* = \varphi_{\overline{A}^T}.$$

Beweis Wir führen nur den (etwas schwereren) Nachweis von (b). Für $v, w \in \mathbb{C}^n$
gilt

$$\langle v, \varphi_A(w)\rangle = \bar{v}^T A w = (A^T \bar{v})^T w = \overline{(\overline{A}^T v)}^T w = \langle \varphi_{\overline{A}^T}(v), w\rangle.$$

Dies liefert die Behauptung.   □

Entsprechend verhält es sich bei linearen Abbildungen $\varphi\colon V \to V$ von endlich-dimensionalen euklidischen oder unitären Räumen: Ist S eine Orthonormalbasis von V, so wird die adjungierte Abbildung φ^* gegeben durch die Darstellungsmatrix

$$D_S(\varphi^*) = \overline{D_S(\varphi)}^T.$$

Definition 8.2.5

(a) *Eine lineare Abbildung* $\varphi\colon V \to V$ *heißt* **normal,** *falls die adjungierte Abbildung* φ^* *existiert und*

$$\varphi \circ \varphi^* = \varphi^* \circ \varphi$$

   gilt.

(b) *Eine Matrix* $A \in \mathbb{R}^{n \times n}$ *bzw.* $A \in \mathbb{C}^{n \times n}$ *heißt* **normal,** *falls*

$$A \cdot \overline{A}^T = \overline{A}^T \cdot A$$

   gilt. Im Fall $A \in \mathbb{R}^{n \times n}$ *liest sich das als* $A^T \cdot A = A \cdot A^T$.

Wir haben bereits eine Reihe normaler Abbildungen und Matrizen kennengelernt.

Beispiel 8.2.6

(1) Es sei $A \in \mathbb{R}^{n \times n}$ symmetrisch oder $A \in \mathbb{C}^{n \times n}$ hermitesch. Dann ist A normal.
(2) Es sei $A \in \mathbb{R}^{n \times n}$ mit $A^T = -A$. (Solche Matrizen heißen *antisymmetrisch*.) Dann ist A normal. Ebenso sind antihermitesche Matrizen (mit der offensichtlichen Begriffsbildung) normal.
(3) Jede orthogonale oder unitäre Matrix ist normal.
(4) Für die Matrix $A = \left(\begin{smallmatrix} 1 & 2 \\ 3 & 4 \end{smallmatrix}\right)$ gilt

$$A^T \cdot A = \begin{pmatrix} 1 & 3 \\ 2 & 4 \end{pmatrix} \cdot \begin{pmatrix} 1 & 2 \\ 3 & 4 \end{pmatrix} = \begin{pmatrix} 10 & 14 \\ 14 & 20 \end{pmatrix}, \quad \text{aber} \quad A \cdot A^T = \begin{pmatrix} 5 & 11 \\ 11 & 25 \end{pmatrix},$$

   also ist A nicht normal.

(5) Es sei $\varphi\colon V \to V$ eine surjektive orthogonale bzw. unitäre Abbildung. Dann ist φ bijektiv, und es gilt für $v, w \in V$:

$$\langle v, \varphi(w)\rangle = \langle \varphi^{-1}(v), \varphi^{-1}(\varphi(w))\rangle = \langle \varphi^{-1}(v), w\rangle.$$

Es folgt $\varphi^* = \varphi^{-1}$, also ist φ normal.

(6) Für die Abbildung φ_h aus Beispiel 8.2.3(1) gilt $\varphi_h^* = \varphi_{\overline{h}}$, also ist φ_h normal. Falls h nur reelle Werte annimmt, so gilt $\varphi_h^* = \varphi_h$. Lineare Abbildungen mit dieser Eigenschaft nennt man *selbstadjungiert*. $\lhd$

Unser nächstes Ziel ist es zu zeigen, dass jede normale Abbildung eines endlich-dimensionalen unitären Raums diagonalisierbar ist. Für eine lineare Abbildung $\varphi\colon V \to V$ und $\lambda \in \mathbb{R}$ bzw. $\lambda \in \mathbb{C}$ betrachten wir den Eigenraum

$$E_\lambda(\varphi) := \{v \in V \mid \varphi(v) = \lambda v\}.$$

In Lemma 7.2.14 hatten wir gesehen, dass Eigenvektoren zu verschiedenen Eigenwerten linear unabhängig sind. Für normale Abbildungen gilt nun sogar, dass sie orthogonal sind, wie wir als Nächstes beweisen werden.

Lemma 8.2.7 *Es sei $\varphi\colon V \to V$ normal.*

(a) *Für $\lambda \in \mathbb{R}$ bzw. $\lambda \in \mathbb{C}$ gilt*

$$E_\lambda(\varphi) = E_{\overline{\lambda}}(\varphi^*).$$

(b) *Sind $v \in E_\lambda(\varphi)$ und $w \in E_\mu(\varphi)$ mit $\lambda, \mu \in \mathbb{R}$ bzw. $\lambda, \mu \in \mathbb{C}$ verschieden, so folgt $\langle v, w \rangle = 0$.*

(c) *Es sei $L \subseteq V$ das Erzeugnis aller Eigenvektoren (zu allen Eigenwerten) von φ. Dann gilt*

$$\varphi\left(L^\perp\right) \subseteq L^\perp,$$

und $L^\perp$ enthält keine Eigenvektoren von φ.

Beweis

(a) Für $v \in E_\lambda(\varphi)$ gelten

$$\|\varphi^*(v)\|^2 = \langle v, \varphi\left(\varphi^*(v)\right)\rangle = \langle v, \varphi^*\left(\varphi(v)\right)\rangle = \langle v, \varphi^*(\lambda v)\rangle = \lambda\langle v, \varphi^*(v)\rangle$$

und

$$\langle \varphi^*(v), v\rangle = \langle v, \varphi(v)\rangle = \langle v, \lambda v\rangle = \lambda \cdot \|v\|^2,$$

also

$$\|\varphi^*(v) - \overline{\lambda}v\|^2 = \|\varphi^*(v)\|^2 - \overline{\lambda}\langle\varphi^*(v), v\rangle - \lambda\langle v, \varphi^*(v)\rangle + |\lambda|^2\|v\|^2 = 0.$$

Es folgt $v \in E_{\overline{\lambda}}(\varphi^*)$, also $E_\lambda(\varphi) \subseteq E_{\overline{\lambda}}(\varphi^*)$. Durch Anwenden auf φ^* und $\overline{\lambda}$ ergibt sich

$$E_{\bar{\lambda}}(\varphi^*) \subseteq E_\lambda(\varphi^{**}) = E_\lambda(\varphi),$$

also Gleichheit.

(b) Die Behauptung ergibt sich aus

$$(\lambda - \mu)\langle v, w\rangle = \langle \bar{\lambda}v, w\rangle - \langle v, \mu w\rangle = \underbrace{\langle \varphi^*(v), w\rangle}_{=\langle v, \varphi(w)\rangle} - \langle v, \varphi(w)\rangle = 0,$$

wobei die zweite Gleichheit aus (a) folgt.

(c) Ist v ein Eigenvektor, so gilt $v \in L \setminus \{0\}$ und $\langle v, v\rangle \neq 0$, also $v \notin L^\perp$.

Nun sei $v \in L^\perp$. Für den Nachweis von $\varphi(v) \in L^\perp$ genügt es zu zeigen, dass $\varphi(v)$ zu allen Eigenvektoren $w \in V$ orthogonal ist. Es sei also $\varphi(w) = \lambda w$ mit $\lambda \in \mathbb{R}$ bzw. $\lambda \in \mathbb{C}$. Dann gilt

$$\langle w, \varphi(v)\rangle = \langle \varphi^*(w), v\rangle = \langle \bar{\lambda}w, v\rangle = \lambda\langle w, v\rangle = 0,$$

wobei die zweite Gleichheit aus (a) folgt. Dies schließt den Beweis ab.   □

Satz 8.2.8 (Spektralsatz für unitäre Räume) *Es seien V ein endlich-dimensionaler unitärer Raum und $\varphi\colon V \to V$ eine normale Abbildung. Dann besitzt V eine Orthonormalbasis B, die aus Eigenvektoren von φ besteht. Genauer: Jede Vereinigungsmenge von Orthonormalbasen der Eigenräume von φ bildet eine solche Basis B. Insbesondere ist φ diagonalisierbar.*

Beweis Es seien $\lambda_1, \ldots, \lambda_r$ die paarweise verschiedenen Eigenwerte von φ. Wegen Korollar 8.1.17 gibt es für jeden Eigenraum $E_{\lambda_i}(\varphi)$ eine Orthonormalbasis B_i. Wegen Lemma 8.2.7(b) ist $B := B_1 \cup \ldots \cup B_r$ ein Orthonormalsystem. Wegen Satz 8.1.13 ist B also eine Orthonormalbasis des Unterraums $L \subseteq V$, der von allen Eigenvektoren von φ erzeugt wird. Es ist klar, dass B aus Eigenvektoren von φ besteht. Also ist nur noch $L = V$ zu zeigen.

Wir schreiben $B = \{v_1, \ldots, v_n\}$. Dann ist $L^\perp$ der Kern der linearen Abbildung

$$\psi\colon V \to \mathbb{C}^n, \quad v \mapsto (\langle v_1, v\rangle, \ldots, \langle v_n, v\rangle),$$

wegen Satz 5.4.9 also

$$\dim(V) = \dim(L^\perp) + \dim(\mathrm{Bild}(\psi)) \leq \dim(L^\perp) + \dim(L).$$

(In Wirklichkeit gilt Gleichheit, aber das wird hier nicht gebraucht.) Wäre $L^\perp \neq \{0\}$, so enthielte $L^\perp$ wegen der algebraischen Abgeschlossenheit von $\mathbb{C}$ und der ersten Aussage von Lemma 8.2.7(c) einen Eigenvektor von φ, was der zweiten Aussage von Lemma 8.2.7(c) widerspräche. Es folgt $L^\perp = \{0\}$, also liefert die obige Dimensionsungleichung $L = V$.   □

Korollar 8.2.9 (Spektralsatz für komplexe normale Matrizen) *Es sei* $A \in \mathbb{C}^{n \times n}$ *normal. Dann gibt es eine unitäre Matrix* $S \in U_n$, *so dass* $S^{-1}AS$ *eine Diagonalmatrix ist. Wegen* $S \in U_n$ *gilt* $S^{-1}AS = \overline{S}^T AS$.

Anmerkung 8.2.10 Es gilt auch die Umkehrung von Korollar 8.2.9: Es sei $A \in \mathbb{C}^{n \times n}$ eine Matrix, für die $S \in U_n$ existiert, so dass $S^{-1}AS = D$ eine Diagonalmatrix ist. Dann folgen

$$A = SDS^{-1} = SD\overline{S}^T \quad \text{und} \quad \overline{A}^T = S\overline{D}\,\overline{S}^T,$$

also

$$A \cdot \overline{A}^T = SD\overline{S}^T S\overline{D}\,\overline{S}^T = SD\overline{D}\,\overline{S}^T = \overline{A}^T \cdot A.$$

Damit ist A normal. ◁

Nun wenden wir uns der Frage zu, was im reellen Fall passiert.

Lemma 8.2.11 *Es seien* $A \in \mathbb{R}^{n \times n}$, $\lambda \in \mathbb{C}$ *und* $v \in \mathbb{C}^n$ *mit* $A \cdot v = \lambda v$.

(a) *Für den Vektor* $\overline{v} \in \mathbb{C}^n$, *der aus* v *durch Konjugation aller Koordinaten entsteht, gilt*

$$A \cdot \overline{v} = \overline{\lambda}\overline{v}.$$

(b) *Für den Real- und Imaginärteil von* v *gelten*

$$A \cdot \operatorname{Re}(v) = \operatorname{Re}(\lambda)\operatorname{Re}(v) - \operatorname{Im}(\lambda)\operatorname{Im}(v)$$

und

$$A \cdot \operatorname{Im}(v) = \operatorname{Im}(\lambda)\operatorname{Re}(v) + \operatorname{Re}(\lambda)\operatorname{Im}(v).$$

Beweis

(a) Dies ergibt sich aus

$$A \cdot \overline{v} = \overline{A} \cdot \overline{v} = \overline{A \cdot v} = \overline{\lambda v} = \overline{\lambda}\overline{v}.$$

(b) Es gilt

$$A \cdot \operatorname{Re}(v) + iA \cdot \operatorname{Im}(v) = A \cdot v = \lambda v$$
$$= \operatorname{Re}(\lambda)\operatorname{Re}(v) - \operatorname{Im}(\lambda)\operatorname{Im}(v) + i\left(\operatorname{Im}(\lambda)\operatorname{Re}(v) + \operatorname{Re}(\lambda)\operatorname{Im}(v)\right).$$

Die Behauptung ergibt sich durch Vergleich von Real- und Imaginärteil. □

Korollar 8.2.12 (Spektralsatz für reelle normale Matrizen) *Es sei* $A \in \mathbb{R}^{n \times n}$
normal. Dann gibt es eine orthogonale Matrix $S \in O_n$, *so dass*

$$
S^{-1}AS = \begin{pmatrix}
\lambda_1 & & & & & & & 0 \\
& \ddots & & & & & & \\
& & \lambda_r & & & & & \\
& & & \boxed{\begin{matrix} a_1 & -b_1 \\ b_1 & a_1 \end{matrix}} & & & & \\
& & & & \ddots & & & \\
0 & & & & & \boxed{\begin{matrix} a_s & -b_s \\ b_s & a_s \end{matrix}}
\end{pmatrix}
$$

mit $\lambda_1, \ldots, \lambda_r, a_1, \ldots, a_s, b_1, \ldots, b_s \in \mathbb{R}$ *und* $b_i > 0$ *für alle* i.
Wegen $S \in O_n$ *gilt* $S^{-1}AS = S^T AS$.

Beweis Das charakteristische Polynom χ_A zerfällt über $\mathbb{C}$ in Linearfaktoren, wir
können also schreiben

$$
\chi_A = \prod_{i=1}^{r}(x - \lambda_i) \prod_{i=1}^{s}(x - \mu_i) \prod_{i=1}^{t}(x - \nu_i)
$$

mit $\lambda_i \in \mathbb{R}$, $\mu_i . \nu_i \in \mathbb{C}$, so dass $\mathrm{Im}(\mu_i) < 0$ und $\mathrm{Im}(\nu_i) > 0$. Aus der eindeutigen
Primzerlegung folgt durch komplexe Konjugation wegen $\overline{\chi_A} = \chi_A$

$$
\prod_{i=1}^{t}(x - \nu_i) = \prod_{i=1}^{s}(x - \overline{\mu_i}),
$$

also $s = t$ und

$$
n = \deg(\chi_a) = r + s + t = r + 2s.
$$

Wir wenden Satz 8.2.8 auf $\varphi_A \colon \mathbb{C}^n \to \mathbb{C}^n$ an und erhalten Vektoren $u_1, \ldots, u_r$,
$v_1, \ldots, v_s \in \mathbb{C}^n$ mit

$$
A \cdot u_i = \lambda_i u_i, \quad A \cdot v_i = \mu_i v_i, \quad \langle u_i, u_j \rangle = \delta_{i,j}, \quad \text{und} \quad \langle v_i, v_j \rangle = \delta_{i,j}
$$

für alle i, j. (Satz 8.2.8 liefert auch Eigenvektoren für die Eigenwerte ν_i, aber
die brauchen wir hier nicht.) Die u_i können aus beliebigen Orthonormalbasen
der Eigenräume E_{λ_i} gewählt werden, also können wir $u_i \in \mathbb{R}^n$ annehmen. Für
$i = 1, \ldots, s$ setzen wir

$$
w_i := \sqrt{2}\,\mathrm{Re}(v_i), \quad w_i' := \sqrt{2}\,\mathrm{Im}(v_i), \quad a_i := \mathrm{Re}(\mu_i) \quad \text{und} \quad b_i := -\mathrm{Im}(\mu_i).
$$

Falls

$$B := \{u_1, \ldots, u_r, w_1, w_1', \ldots, w_s, w_s'\}$$

eine Basis von $\mathbb{C}^n$ ist, so folgt aus Lemma 8.2.11(b), dass $D_B(\varphi_A)$ genau die im Korollar angegebene Blockdiagonalmatrix ist, also folgt die Behauptung mit $S := (u_1, \ldots, u_r, w_1, w_1', \ldots, w_s, w_s') \in \mathrm{GL}_n(\mathbb{R})$. Wegen $n = |B|$ genügt es nach Satz 8.1.13 zu zeigen, dass B ein Orthonormalsystem ist, und dann folgt auch $S \in \mathrm{O}_n$. Für $j \in \{1, \ldots, r\}$ und $k \in \{1, \ldots, s\}$ gilt

$$\langle u_j, w_k \rangle + i \langle u_j, w_k' \rangle = \sqrt{2} \langle u_j, v_k \rangle = 0,$$

also $\langle u_j, w_k \rangle = \langle u_j, w_k' \rangle = 0$. Weiter gilt für $j, k \in \{1, \ldots, s\}$:

$$\langle w_j, w_k \rangle = \left\langle \frac{1}{\sqrt{2}}(v_j + \overline{v_j}), \frac{1}{\sqrt{2}}(v_k + \overline{v_k}) \right\rangle$$

$$= \frac{1}{2} \left(\langle v_j, v_k \rangle + \langle v_j, \overline{v_k} \rangle + \langle \overline{v_j}, v_k \rangle + \langle \overline{v_j}, \overline{v_k} \rangle \right) = \delta_{j,k},$$

wobei $\langle v_j, \overline{v_k} \rangle = 0$ und $\langle \overline{v_j}, v_k \rangle = 0$ aus Lemma 8.2.11(a) und Lemma 8.2.7(b) folgen. Entsprechende Rechnungen liefern

$$\langle w_j', w_k' \rangle = \delta_{j,k} \quad \text{und} \quad \langle w_j, w_k' \rangle = 0.$$

Dies schließt den Beweis ab.   □

Wir spezialisieren dieses Resultat nun für die beiden wichtigsten Klassen von normalen reellen Matrizen, den orthogonalen und den symmetrischen Matrizen. Wir beginnen mit dem orthogonalen Fall.

Es sei also $A \in \mathrm{O}_n$. Wegen Korollar 8.2.12 gibt es ein $S \in \mathrm{O}_n$, so dass $B := S^{-1}AS$ die im Korollar angegebene Form hat. Dann muss B selbst orthogonal sein, also gilt für die λ_i, a_i und b_i:

$$\lambda_i = \pm 1 \quad \text{und} \quad a_i^2 + b_i^2 = 1.$$

Wegen $b_i > 0$ folgt insbesondere $|a_i| < 1$, also $a_i = \cos(\alpha_i)$ mit $0 < \alpha_i < \pi$ und $b_i = \sin(\alpha_i)$. Für $\alpha \in \mathbb{R}$ schreiben wir

$$D(\alpha) := \begin{pmatrix} \cos(\alpha) & -\sin(\alpha) \\ \sin(\alpha) & \cos(\alpha) \end{pmatrix}$$

und nennen dies ein **Drehkästchen**. Es beschreibt eine Drehung der Ebene $\mathbb{R}^2$ um den Winkel α mit festgehaltenem Nullvektor. Wir formulieren unser Resultat geometrisch.

Korollar 8.2.13 (orthogonale Abbildungen) *Es sei $\varphi\colon \mathbb{R}^n \to \mathbb{R}^n$ eine orthogonale Abbildung. Dann gibt es eine Orthonormalbasis $B \subseteq \mathbb{R}^n$, bezüglich der die Darstellungsmatrix von φ die Blockdiagonalgestalt*

$$
D_B(\varphi) =
\begin{pmatrix}
1 & & & & & & & & 0 \\
 & \ddots & & & & & & & \\
 & & 1 & & & & & & \\
 & & & -1 & & & & & \\
 & & & & \ddots & & & & \\
 & & & & & -1 & & & \\
 & & & & & & \boxed{D(\alpha_1)} & & \\
 & & & & & & & \ddots & \\
0 & & & & & & & & \boxed{D(\alpha_s)}
\end{pmatrix}
$$

mit $\alpha_i \in \mathbb{R}$, $0 < \alpha_i < \pi$ annimmt.

Beispiel 8.2.14 Jede orthogonale Abbildung $\varphi\colon \mathbb{R}^3 \to \mathbb{R}^3$ hat bezüglich einer geeigneten Orthonormalbasis B die Darstellungsmatrix

$$
D_B(\varphi) =
\begin{pmatrix}
\pm 1 & 0 & 0 \\
0 & \cos(\alpha) & -\sin(\alpha) \\
0 & \sin(\alpha) & \cos(\alpha)
\end{pmatrix}
$$

mit $0 \le \alpha \le \pi$. Genau dann liegt φ in der speziellen orthogonalen Gruppe, wenn der erste Eintrag der Matrix 1 ist. Die Elemente der SO_3 beschreiben also Drehungen um eine gewisse Achse.   ◁

Wir behandeln nun die symmetrischen Matrizen und beweisen das wichtige Resultat, dass sie diagonalisierbar sind. Dies Ergebnis läuft manchmal unter der Bezeichnung *Hauptachsentransformation*. Außerdem beweisen wir, dass auch hermitesche Matrizen reelle Eigenwerte haben.

Korollar 8.2.15

(a) *Es sei $A \in \mathbb{R}^{n \times n}$ eine symmetrische Matrix. Dann gibt es eine orthogonale Matrix $S \in O_n$, so dass $S^{-1}AS$ eine Diagonalmatrix ist. Insbesondere sind alle Eigenwerte von A reell, und A ist diagonalisierbar.*

(b) *Es sei $A \in \mathbb{C}^{n \times n}$ hermitesch (so dass A nach Korollar 8.2.9 mit einer unitären Matrix diagonalisierbar ist). Dann sind alle Eigenwerte von A reell.*

Beweis

(a) Nach Korollar 8.2.12 gibt es $S \in O_n$, so dass $S^T A S =: D$ die im Korollar angegebene Gestalt hat. Es folgt

$$D^T = S^T A^T S = S^T A S = D,$$

d. h. D ist symmetrisch. Hieraus folgt, dass in D kein Block der Form $\begin{pmatrix} a_i & -b_i \\ b_i & a_i \end{pmatrix}$ auftritt, da ein solcher wegen $b_i > 0$ der Symmetrie widersprechen würde.

(b) Wegen Korollar 8.2.9 gibt es $S \in U_n$ mit $\overline{S}^T A S = \mathrm{diag}(\lambda_1, \ldots, \lambda_n) =: D$. Es folgt

$$\overline{D} = \overline{D}^T = \overline{S}^T \overline{A}^T S = \overline{S}^T A S = D$$

also $\lambda_i \in \mathbb{R}$ für alle i. $\square$

Beispiel 8.2.16

(1) Wir betrachten die symmetrische Matrix

$$A = \begin{pmatrix} 2 & 1 & 1 \\ 1 & 2 & 1 \\ 1 & 1 & 2 \end{pmatrix} \in \mathbb{R}^{3 \times 3}.$$

Um A zu diagonalisieren, berechnen wir das charakteristische Polynom und erhalten

$$\chi_A = \det \begin{pmatrix} x-2 & -1 & -1 \\ -1 & x-2 & -1 \\ -1 & -1 & x-2 \end{pmatrix} = (x-2)^3 - 2 - 3(x-2)$$

$$= x^3 - 6x^2 + 9x - 4 = (x-1)(x^2 - 5x + 4) = (x-1)^2(x-4).$$

Damit wissen wir schon, dass A zu $\mathrm{diag}(1, 1, 4)$ ähnlich ist. Wir wollen eine orthogonale Transformationsmatrix ausrechnen. Hierfür müssen wir die Eigenräume bestimmen. Der Eigenraum E_1 zum Eigenwert 1 ergibt sich als Lösungsraum des homogenen LGS mit Matrix $A - I_3$. Wir erhalten

$$E_1 = \left\langle \begin{pmatrix} 1 \\ 0 \\ -1 \end{pmatrix}, \begin{pmatrix} 1 \\ -1 \\ 0 \end{pmatrix} \right\rangle.$$

Auf die Basis von E_1 wenden wir das Gram-Schmidt-Verfahren an. Der erste Schritt liefert

$$u_1 = \frac{1}{\sqrt{2}} \begin{pmatrix} 1 \\ 0 \\ -1 \end{pmatrix}.$$

Weiter erhalten wir

$$w_2 = \begin{pmatrix} 1 \\ -1 \\ 0 \end{pmatrix} - \frac{1}{\sqrt{2}} u_1 = \frac{1}{2} \begin{pmatrix} 1 \\ -2 \\ 1 \end{pmatrix}, \quad \text{also} \quad u_2 = \frac{1}{\sqrt{6}} \begin{pmatrix} 1 \\ -2 \\ 1 \end{pmatrix}.$$

Wir berechnen E_4 durch Lösen des entsprechenden LGS (oder durch die Beobachtung, dass alle Zeilensummen von A gleich 4 sind). Anschließend wählen wir einen normierten Basisvektor von E_4:

$$E_4 = \left\langle \begin{pmatrix} 1 \\ 1 \\ 1 \end{pmatrix} \right\rangle, \quad \text{also} \quad u_3 = \frac{1}{\sqrt{3}} \begin{pmatrix} 1 \\ 1 \\ 1 \end{pmatrix}.$$

Damit gelten

$$S = \begin{pmatrix} \frac{1}{\sqrt{2}} & \frac{1}{\sqrt{6}} & \frac{1}{\sqrt{3}} \\ 0 & \frac{-2}{\sqrt{6}} & \frac{1}{\sqrt{3}} \\ \frac{-1}{\sqrt{2}} & \frac{1}{\sqrt{6}} & \frac{1}{\sqrt{3}} \end{pmatrix} \in O_3(\mathbb{R}), \quad \text{und} \quad S^{-1}AS = \begin{pmatrix} 1 & 0 & 0 \\ 0 & 1 & 0 \\ 0 & 0 & 4 \end{pmatrix}.$$

(2) Es stellt sich die Frage, ob Korollar 8.2.15(a) auch über anderen Körpern als $\mathbb{R}$ gilt, z. B. als $\mathbb{C}$. Um diese zu beantworten, betrachten wir die symmetrische Matrix

$$A = \begin{pmatrix} 1 & i \\ i & -1 \end{pmatrix} \in \mathbb{C}^{2 \times 2}.$$

Das charakteristische Polynom ist

$$\chi_A = \det \begin{pmatrix} x - 1 & -i \\ -i & x + 1 \end{pmatrix} = (x - 1)(x + 1) + 1 = x^2,$$

also haben wir 0 als einzigen Eigenwert. Die algebraische Vielfachheit ist 2, die geometrische aber 1, also ist A nicht diagonalisierbar. Mit $\mathbb{C}$ statt $\mathbb{R}$ wäre Korollar 8.2.15(a) also nicht korrekt. Ebenso verhält es sich mit $\mathbb{Q}$ statt $\mathbb{R}$. ◁

Anmerkung 8.2.17 Die Aussagen über reelle Eigenwerte in Korollar 8.2.15 stehen in einem breiteren Kontext. In der Tat sind die Eigenwerte einer selbstadjungierten Abbildung $\varphi: V \to V$ eines unitären Raums immer reell. Es seien nämlich $\lambda \in \mathbb{C}$ ein Eigenwert und $v \in V \setminus \{0\}$ ein zugehöriger Eigenvektor. Dann gilt

$$\lambda \cdot \|v\|^2 = \langle v, \lambda v \rangle = \langle v, \varphi(v) \rangle = \langle \varphi(v), v \rangle = \langle \lambda v, v \rangle = \overline{\lambda} \cdot \|v\|^2.$$

Hieraus folgt $\lambda \in \mathbb{R}$. ◁

Korollar 8.2.15(a) hat beispielsweise physikalische Anwendungen. Zu einem starren Körper betrachtet man den sogenannten *Trägheitstensor*. Dieser ist eine Matrix $I \in \mathbb{R}^{3 \times 3}$, die die Winkelgeschwindigkeit (als Vektor) mit dem Drehimpuls verbindet, ähnlich wie die Masse die Geschwindigkeit mit dem Impuls verbindet. Es stellt sich heraus, dass I symmetrisch ist. Also liefert Korollar 8.2.15, dass es für jeden starren Körper drei senkrecht zueinander stehende Achsen gibt, so dass bei einer Drehung um diese Achsen die Drehgeschwindigkeit und der Drehimpuls in dieselbe Richtung zeigen. Diese Achsen heißen *Hauptträgheitsachsen*. Wegen des Drehimpulserhaltungssatzes bedeutet dies, dass Drehungen um die Hauptträgheitsachsen „schlingerfrei" möglich sind. Bei konstantem Drehimpuls ist eine Drehung um die Achse mit dem größten Eigenwert (= *Hauptträgheitsmoment*) die energetisch günstigste und daher stabilste.

Wir haben bereits im Zusammenhang mit symmetrischen Bilinearformen und hermiteschen Sesquilinearformen von positiver Definitheit gesprochen. Nun übertragen wir dies auf Matrizen. Da alle Eigenwerte einer (reellen) symmetrischen oder (komplexen) hermiteschen Matrix reell sind, können wir fragen, ob sie positiv sind.

Definition 8.2.18 *Es sei $A \in \mathbb{R}^{n \times n}$ symmetrisch bzw. $A \in \mathbb{C}^{n \times n}$ hermitesch. Dann heißt A*

- **positiv definit**, *falls alle Eigenwerte von A positiv sind;*
- **positiv semidefinit**, *falls alle Eigenwerte von A positiv oder Null sind;*
- **negativ definit**, *falls alle Eigenwerte von A negativ sind;*
- **negativ semidefinit**, *falls alle Eigenwerte von A negativ oder Null sind;*
- **indefinit**, *falls es sowohl positive als auch negative Eigenwerte gibt.*

Satz 8.2.19 *Eine symmetrische Matrix $A \in \mathbb{R}^{n \times n}$ bzw. hermitesche Matrix $A \in \mathbb{C}^{n \times n}$ ist genau dann positiv definit, wenn für alle $v \in \mathbb{R}^n \setminus \{0\}$ bzw. $v \in \mathbb{C}^n \setminus \{0\}$ gilt:*

$$\langle v, A \cdot v \rangle > 0.$$

Die Bedingung bedeutet, dass die durch A definierte Bilinearform bzw. Sesquilinearform positiv definit ist. Des Weiteren ist A genau dann positiv semidefinit, wenn $\langle v, A \cdot v \rangle \geq 0$ für alle $v \in \mathbb{R}^n$ bzw. $v \in \mathbb{C}^n$ gilt. Entsprechendes gilt für negativ (semi-)definit.

Beweis Wegen Korollar 8.2.15 gibt es ein $S \in O_n$ bzw. $S \in U_n$ mit

$$\overline{S}^T A S = \begin{pmatrix} \lambda_1 & & 0 \\ & \ddots & \\ 0 & & \lambda_n \end{pmatrix} =: D,$$

wobei die $\lambda_i \in \mathbb{R}$ die Eigenwerte von A sind. Wegen der Invertierbarkeit von $\overline{S}^T$ ist für jeden Vektor $v \in \mathbb{R}^n \backslash \{0\}$ bzw. $v \in \mathbb{C}^n \backslash \{0\}$ auch $\begin{pmatrix} x_1 \\ \vdots \\ x_n \end{pmatrix} := \overline{S}^T \cdot v$ ungleich 0, und jeder Vektor aus $\mathbb{R}^n \backslash \{0\}$ bzw. $\mathbb{C}^n \backslash \{0\}$ tritt als ein solches $\overline{S}^T \cdot v$ auf. Es gilt

$$\langle v, A \cdot v \rangle = \overline{v}^T S D \overline{S}^T v = (\overline{x}_1, \ldots, \overline{x}_n) D \begin{pmatrix} x_1 \\ \vdots \\ x_n \end{pmatrix} = \sum_{i=1}^n \lambda_i |x_i|^2.$$

Hieraus folgen alle Behauptungen. $\qquad\qquad\qquad\qquad\qquad\qquad\qquad\qquad$ $\square$

Beispiel 8.2.20 Wir betrachten

$$A = \begin{pmatrix} a & 0 & -a & 0 \\ 0 & b & 0 & -b \\ -a & 0 & a & 0 \\ 0 & -b & 0 & b \end{pmatrix} \quad \text{mit} \quad a, b \in \mathbb{R}.$$

Wir wenden Satz 8.2.19 zur Feststellung der Definitheitseigenschaften von A an. Für $v = \begin{pmatrix} x_1 \\ \vdots \\ x_4 \end{pmatrix} \in \mathbb{R}^4$ gilt

$$\langle v, A \cdot v \rangle = (x_1, x_2, x_3, x_4) \cdot \begin{pmatrix} a(x_1 - x_3) \\ b(x_2 - x_4) \\ -a(x_1 - x_3) \\ -b(x_2 - x_4) \end{pmatrix} = a(x_1 - x_3)^2 + b(x_2 - x_4)^2.$$

Damit ist die Matrix A positiv semidefinit, falls $a, b \geq 0$ sind, negativ semidefinit, falls $a, b \leq 0$ sind, und sonst indefinit. $\qquad\qquad\qquad\qquad\qquad\qquad$ $\triangleleft$

Aufgaben

8.2.1 Es sei $\varphi : V \to V$ eine lineare Abbildung und $\varphi^* : V \to V$ eine Abbildung, die $\langle \varphi(v), w \rangle = \langle v, \varphi^*(w) \rangle$ für alle $v, w \in V$ erfüllt. Zeigen Sie, dass φ^* linear und somit die Adjungierte von φ ist.

8.2.2 Es sei $\varphi : V \to V$ eine lineare Abbildung, deren adjungierte Abbildung φ^* existiert. Zeigen Sie:

$$\mathrm{Kern}(\varphi^*) = \mathrm{Bild}(\varphi)^\perp, \quad \mathrm{Kern}(\varphi) = \mathrm{Bild}(\varphi^*)^\perp.$$

Falls $\dim(V) < \infty$ ist, so gelten außerdem

$$\mathrm{Bild}(\varphi^*) = \mathrm{Kern}(\varphi)^\perp, \quad \mathrm{Bild}(\varphi) = \mathrm{Kern}(\varphi^*)^\perp.$$

8.2.3 Wir haben drei „Haupttypen" normaler Matrizen $A \in \mathbb{R}^{n \times n}$ kennen gelernt. Zeigen Sie, dass jede normale Matrix $A \in \mathbb{R}^{2 \times 2}$ von einem dieser drei Typen ist, wobei wir den Typ „orthogonal" hierzu etwas allgemeiner fassen müssen:

(1.) symmetrisch: $A^T = A$,

(2.) antisymmetrisch: $A^T = -A$,

(3.) orthogonal bzw. etwas allgemeiner: $A^T A = \lambda I_n$ mit einem $\lambda \in \mathbb{R}_{>0}$.
(Hier bilden die Spalten von A eine Orthogonalbasis von $\mathbb{R}^n$, in der alle Vektoren die gleiche Länge haben.)

8.2.4 Wir betrachten die Matrix

$$A = \begin{pmatrix} 1 & 1 & 0 \\ 0 & 1 & 1 \\ 1 & 0 & 1 \end{pmatrix} \in \mathbb{R}^{3 \times 3}.$$

(a) Zeigen Sie, dass A normal ist.

(b) Bestimmen Sie eine unitäre Matrix $U \in \mathrm{U}_3$ sowie eine Diagonalmatrix $D \in \mathbb{C}^{3 \times 3}$ mit $\overline{U}^T A U = D$.

(c) Bestimmen Sie $Q \in \mathrm{O}_3$, so dass $Q^T A Q$ die Form aus Korollar 8.2.12 hat.

8.2.5 Wir betrachten den $\mathbb{C}$-Vektorraum V aller unendlich oft differenzierbaren Funktionen $f : \mathbb{R} \to \mathbb{C}$, die $f(x) = f(x+1)$ für alle $x \in \mathbb{R}$ erfüllen. Mit dem Skalarprodukt

$$\langle f, g \rangle := \int_0^1 \overline{f(x)} g(x) dx \qquad (\text{für } f, g \in V)$$

wird V ein unitärer Raum. Bestimmen Sie die adjungierte Abbildung φ^* zur linearen Abbildung $\varphi : V \to V, f \mapsto f'$.

8.2.6 Bestimmen Sie für die folgende symmetrische Matrix eine orthogonale Matrix $S \in \mathrm{O}_3$ und eine Diagonalmatrix $D \in \mathbb{R}^{3 \times 3}$ mit $S^T A S = D$:

$$A = \begin{pmatrix} 1 & 2 & 3 \\ 2 & 4 & 6 \\ 3 & 6 & 9 \end{pmatrix} \in \mathbb{R}^{3 \times 3}.$$

8.2.7 Es sei V ein unitärer Raum und es sei $\varphi : V \to V$ eine lineare Abbildung. Zeigen Sie:

(a) Wenn ein Polynom $f \in \mathbb{C}[x]$ existiert, so dass $f(\varphi) = \varphi^*$ die adjungierte Abbildung zu φ ist, dann ist φ normal.

(b) Jetzt sei $\dim(V) < \infty$. Dann gilt auch die Umkehrung in (a): Wenn φ normal ist, so existiert ein $f \in \mathbb{C}[x]$ mit $f(\varphi) = \varphi^*$.

8.2.8 (a) 👉 Es sei $A \in \mathbb{C}^{n \times n}$ hermitesch (bzw. $A \in \mathbb{R}^{n \times n}$ symmetrisch) und positiv semidefinit. Zeigen Sie, dass genau eine hermitesche Matrix $B \in \mathbb{C}^{n \times n}$ (bzw. symmetrische Matrix $B \in \mathbb{R}^{n \times n}$) existiert, die positiv semidefinit ist und eine **Quadratwurzel** von A ist, also $B^2 = A$ erfüllt.

(b) Berechnen Sie die symmetrische und positiv definite Matrix $B \in \mathbb{R}^{2 \times 2}$ mit $B^2 = A = \begin{pmatrix} 4 & 1 \\ 1 & 4 \end{pmatrix} \in \mathbb{R}^{2 \times 2}$.

8.2.9 👉 Ein Minor, der aus den gleichen Zeilen- und Spaltennummern gebildet wird, heißt **Hauptminor**. Für die Matrix $\begin{pmatrix} a & b & c & d \\ e & f & g & h \\ w & x & y & z \end{pmatrix}$ ist beispielsweise $ay - cw$ ein Hauptminor, $ag - ce$ hingegen nicht. Werden hierfür die ersten k Zeilen und Spalten einer Matrix benutzt, so spricht man von einem **führenden Hauptminor**. Für eine $n \times n$-Matrix $A = (a_{i,j})$ sind die führenden Hauptminoren also die n Determinanten der Matrizen

$$A_k := \begin{pmatrix} a_{1,1} & \dots & a_{1,k} \\ \vdots & & \vdots \\ a_{k,1} & \dots & a_{k,k} \end{pmatrix}$$

mit $k = 1, \dots, n$. Jetzt sei $A = (a_{i,j}) \in \mathbb{R}^{n \times n}$ symmetrisch.

(a) Zeigen Sie, dass A genau dann positiv definit ist, wenn alle führenden Hauptminoren positiv sind.
    Tipp: Wäre A nicht positiv definit und $\det(A) > 0$, so existierten Eigenwerte λ, μ von A mit $\lambda < 0$, $\mu < 0$ und orthogonale Eigenvektoren v, w zu λ bzw. μ. Betrachten Sie nun $x^T A x$ für eine Linearkombination $x = a \cdot v + b \cdot \mu$.

(b) Leiten Sie aus (a) eine entsprechende Bedingung für negativ definit her.

(c) Zeigen Sie analog zu (a), dass A genau dann positiv *semidefinit* ist, wenn *alle* Hauptminoren ≥ 0 sind.

8.2.10 Untersuchen Sie mit Hilfe von Aufgabe 8.2.9, für welche $a \in \mathbb{R}$ die symmetrische Matrix

$$A := \begin{pmatrix} a & 2 & -1 \\ 2 & -4 & 0 \\ -1 & 0 & -3 \end{pmatrix} \in \mathbb{R}^{3 \times 3}$$

positiv bzw. negativ definit ist.

8.2.11 Es sei $A \in \mathbb{C}^{n \times n}$ normal und es seien $\lambda_1, \dots, \lambda_n$ die Eigenwerte von A. Zeigen Sie:

(a) A ist genau dann unitär, wenn alle $|\lambda_i| = 1$ sind.

(b) A ist genau dann hermitesch, wenn alle λ_i reell sind.

(c) A ist genau dann antihermitesch, wenn alle λ_i rein imaginär sind, also alle $\mathrm{Re}(\lambda_i) = 0$ sind.

8.2.12 🔲 *(Video-Link siehe Vorwort, Seite VI)*
Ist $\beta : \mathbb{R}^n \times \mathbb{R}^n \to \mathbb{R}$ eine symmetrische Bilinearform, so nennen wir die Abbildung $q : \mathbb{R}^n \to \mathbb{R}$, $v \mapsto \beta(v, v)$ eine **quadratische Form** auf $\mathbb{R}^n$. Die Urbilder $q^{-1}(\{c\})$ mit $c \in \mathbb{R}$ heißen **Quadriken**. Mit Hilfe der Hauptachsentransformation lässt sich jede Quadrik im $\mathbb{R}^2$ oder $\mathbb{R}^3$ auf einen von wenigen „Grundtypen" (Ellipse, Hyperbel, ...) zurückführen.

(a) Bestimmen Sie für die folgende symmetrische Matrix $A \in \mathbb{R}^{2 \times 2}$ eine orthogonale Matrix $S \in O_2$, so dass $S^T A S$ eine Diagonalmatrix ist:

$$A = \begin{pmatrix} 41 & -12 \\ -12 & 34 \end{pmatrix}.$$

(b) Untersuchen Sie mit Hilfe von (a), wie die Quadrik $q^{-1}(\{25\})$, die zur folgenden quadratischen Form gehört, geometrisch aussieht:

$$q : \mathbb{R}^2 \to \mathbb{R}, \quad \begin{pmatrix} x_1 \\ x_2 \end{pmatrix} \mapsto 41x_1^2 - 24x_1 x_2 + 34x_2^2.$$

8.2.13

(a) Zeigen Sie, dass sich jede invertierbare Matrix $A \in \mathrm{GL}_n(\mathbb{R})$ eindeutig als Produkt $A = QR$ mit einer orthogonalen Matrix $Q \in O_n$ und einer oberen Dreiecksmatrix $R \in \mathrm{GL}_n(\mathbb{R})$ mit positiven Diagonalelementen schreiben lässt. Das ist die sogenannte **QR-Zerlegung** von A.
Tipp: Wenden Sie das Gram-Schmidt-Verfahren auf die Spalten von A an.
(b) Berechnen Sie die QR-Zerlegung von $A = \begin{pmatrix} 1 & 1 \\ 1 & 3 \end{pmatrix}$.

8.2.14 Es sei $A = (a_1 | a_2 | \ldots | a_n) \in \mathbb{R}^{n \times n}$. Beweisen Sie die sogenannte **Hadamard-Ungleichung**:

$$|\det(A)| \leq \prod_{i=1}^{n} \|a_i\|,$$

wobei $\|\cdot\|$ die vom Standardskalarprodukt induzierte Norm im $\mathbb{R}^n$ ist. Zeigen Sie weiter: Ist A invertierbar, so gilt in der Ungleichung genau dann Gleichheit, wenn $a_1, \ldots, a_n$ eine Orthogonalbasis von $\mathbb{R}^n$ bilden.
Tipp: Sie können die QR-Zerlegung aus Aufgabe 8.2.13 benutzen.

8.2.15 🦋 Zeigen Sie, dass eine reelle $(n \times n)$-Matrix A genau dann normal ist, wenn gilt:

$$\mathrm{tr}((A^T A)^2) - \mathrm{tr}((A^T)^2 A^2) = 0.$$

(Zusatz: Geben Sie diese Gleichung für $n = 2$ einmal explizit an.)
Tipp: Benutzen Sie Aufgabe 8.1.2.

8.2.16 🖐 Es sei K ein Körper. In Aufgabe 7.1.12 haben wir gezeigt, dass die Minoren einer Matrix ihren Rang „detektieren". Jetzt sei $A \in K^{n \times n}$ symmetrisch. Zeigen Sie: Ist $A \neq 0$, so ist der Rang von A das maximale r, so dass ein $r \times r$-Hauptminor (siehe Aufgabe 8.2.9) ungleich 0 existiert.

8.3 Singulärwertzerlegung und die Moore-Penrose-Inverse

Eine (nicht nur) in der numerischen Mathematik wichtige Technik ist die sogenannte *Singulärwertzerlegung*, die durch den folgenden Satz gegeben wird. Wie wir im Beweis sehen werden, verdankt die Singulärwertzerlegung ihre Existenz Korollar 8.2.15, das wir im reellen Fall als Hauptachsentransformation bezeichnet haben.

Satz 8.3.1 (Singulärwertzerlegung) *Es sei $A \in \mathbb{C}^{m \times n}$ eine (nicht notwendigerweise quadratische) Matrix. Dann gibt es unitäre Matrizen $U \in U_m$ und $V \in U_n$, so dass*

$$\overline{U}^T A V = \begin{pmatrix} \sigma_1 & & & & \\ & \ddots & & & 0 \\ & & \sigma_r & & \\ \hline & 0 & & 0 & \end{pmatrix} =: \Sigma \in \mathbb{R}^{m \times n} \tag{8.8}$$

mit $\sigma_1 \geq \sigma_2 \geq \ldots \geq \sigma_r > 0$, wobei $r = \mathrm{rg}(A)$ ist. Im Fall $A \in \mathbb{R}^{m \times n}$ können $U \in O_m$ und $V \in O_n$ gewählt werden. Die zur obigen Gleichung äquivalente Gleichung

$$A = U \Sigma \overline{V}^T$$

bezeichnet man als eine **Singulärwertzerlegung** *von A.*

Beweis Die Matrix $\overline{A}^T A \in \mathbb{C}^{n \times n}$ ist wegen

$$\left(\overline{A}^T A \right)^T = A^T \overline{A} = \overline{\overline{A}^T A}$$

hermitesch. Außerdem ist sie gemäß Satz 8.2.19 positiv semidefinit, denn für Vektoren $v \in \mathbb{C}^n$ gilt

$$\langle v, \overline{A}^T A v \rangle = \overline{v}^T \overline{A}^T A v = \overline{Av}^T A v = \langle Av, Av \rangle \geq 0.$$

Wegen Korollar 8.2.15 gibt es $V \in U_n$ (wobei $V \in O_n$ im reellen Fall), so dass

$$\overline{V}^T \overline{A}^T A V = \begin{pmatrix} \lambda_1 & & \\ & \ddots & \\ & & \lambda_n \end{pmatrix} \tag{8.9}$$

mit $\lambda_i \in \mathbb{R}_{\geq 0}$, die wir so anordnen können, dass $\lambda_1 \geq \ldots \geq \lambda_n$. Es sei r maximal mit $\lambda_r > 0$. (Später werden wir $r = \mathrm{rg}(A)$ sehen.) Für $i \in \{1, \ldots, r\}$ setzen wir

$$\sigma_i := \sqrt{\lambda_i}.$$

Wir schreiben $v_1, \ldots, v_n$ für die Spalten von V, und für $i \in \{1, \ldots, r\}$ setzen wir

$$u_i := \sigma_i^{-1} A v_i \in \mathbb{C}^m. \tag{8.10}$$

Sind $i, j \in \{1, \ldots, r\}$, so folgt

$$\langle u_i, u_j \rangle = (\sigma_i \sigma_j)^{-1} \overline{A v_i}^T A v_j = (\sigma_i \sigma_j)^{-1} \overline{v_i}^T \overline{A}^T A v_j$$
$$\underset{(8.9)}{=} (\sigma_i \sigma_j)^{-1} \lambda_i \delta_{i,j} = \delta_{i,j},$$

also bilden $u_1, \ldots, u_r$ ein Orthonormalsystem. Dies lässt sich, etwa mit dem Gram-Schmidt-Verfahren, zu einer Orthonormalbasis $u_1, \ldots, u_m$ von $\mathbb{C}^m$ ergänzen. Wir setzen

$$U := (u_1, \ldots, u_m) \in \mathrm{U}_m.$$

Es seien $i \in \{1, \ldots, m\}$ und $j \in \{1, \ldots, n\}$. Falls $j \leq r$, so gilt

$$\overline{u_i}^T A v_j \underset{(8.10)}{=} \overline{u_i}^T \sigma_j u_j = \delta_{i,j} \sigma_j.$$

Falls $j > r$, so folgt

$$\|A v_j\|^2 = \overline{v_j}^T \overline{A}^T A v_j \underset{(8.9)}{=} \lambda_j = 0,$$

also $A v_j = 0$ und daher auch

$$\overline{u_i}^T A v_j = 0.$$

damit ist (8.8) gezeigt. Es folgt nun auch $A = U \Sigma \overline{V}^T$. Da U und $\overline{V}^T$ reguläre Matrizen sind, folgt hieraus

$$\mathrm{rg}(A) = \mathrm{rg}(\Sigma) = r.$$

Schließlich bemerken wir, dass im Fall $A \in \mathbb{R}^{m \times n}$ alle vorkommenden Matrizen reell sind und insbesondere U und V orthogonal sind.   □

Anmerkung 8.3.2

(a) Ist $A \in \mathbb{C}^{m \times n}$ eine Matrix mit Singulärwertzerlegung $A = U \Sigma \overline{V}^T$, so folgt

$$\overline{A}^T A = V \overline{\Sigma}^T \overline{U}^T U \Sigma \overline{V}^T = V \Sigma^T \Sigma \overline{V}^T,$$

also ist $\Sigma^T \Sigma = \operatorname{diag}(\sigma_1^2, \ldots, \sigma_r^2, 0, \ldots, 0) \in \mathbb{R}^{n \times n}$ ähnlich zu $\overline{A}^T A$. Die σ_i^2 sind also genau die Eigenwerte von $\overline{A}^T A$, die nicht Null sind. Damit sind die σ_i (wegen $\sigma_1 \geq \ldots \geq \sigma_r$) eindeutig bestimmt. Man nennt sie die **Singulärwerte** von A. (Die Matrizen U, V aus der Singulärwertzerlegung sind im Allgemeinen nicht eindeutig bestimmt.)

(b) Die folgende Rechnung liefert eine Interpretation des größten Singulärwerts σ_1. Für $v \in \mathbb{C}^n \backslash \{0\}$ setzen wir $w := \overline{V}^T v$ und schreiben w_i für die Koordinaten von w. Dann gilt

$$\|Av\| = \|U\Sigma w\| = \|\Sigma w\| = \sqrt{\sum_{i=1}^{r} \sigma_i^2 |w_i|^2} \leq \sigma_1 \cdot \|w\| = \sigma_1 \cdot \|v\|,$$

wobei Gleichheit gilt, wenn v die erste Spalte von V ist. Es folgt

$$\sigma_1 = \max \left\{ \frac{\|Av\|}{\|v\|} \,\middle|\, v \in \mathbb{C}^n \backslash \{0\} \right\} =: \|A\|_s.$$

Die mit $\|A\|_s$ bezeichnete Zahl nennt man die *Spektralnorm* von A. Wir haben also die Gleichheit von Spektralnorm und dem ersten Singulärwert gezeigt. Die Spektralnorm ist eine Norm auf $\mathbb{C}^{m \times n}$ im Sinne von Anmerkung 8.1.8(a), die zusätzlich *submultiplikativ* ist, d. h. es gilt die Regel $\|AB\|_s \leq \|A\|_s \cdot \|B\|_s$ für $A \in \mathbb{C}^{m \times n}$, $B \in \mathbb{C}^{n \times l}$.

(c) Ist $A \in \mathbb{C}^{n \times n}$ quadratisch mit Singulärwertzerlegung $A = U \Sigma \overline{V}^T$, so folgt

$$A = U \overline{V}^T V \Sigma \overline{V}^T = B \cdot C$$

mit $B := U \overline{V}^T \in \mathrm{U}_n$ unitär und $C := V \Sigma \overline{V}^T$ hermitesch und positiv semidefinit (definit genau dann, wenn $A \in \mathrm{GL}_n(\mathbb{C})$. Eine solche Zerlegung $A = BC$ mit B unitär und C hermitesch und positiv semidefinit heißt eine *Polarzerlegung* von A.   ◁

Beispiel 8.3.3 Die Matrix

$$A = \begin{pmatrix} 1 & 2 \\ -2 & -3{,}99 \end{pmatrix} \in \mathbb{R}^{2\times 2}$$

hat den Rang 2, ist aber nahe an einer Matrix vom Rang 1. Dies wird widergespiegelt durch die Singulärwerte, die sich näherungsweise zu

$$\sigma_1 \approx 4{,}992 \quad \text{und} \quad \sigma_2 \approx 0{,}002$$

ergeben. Ersetzt man $-3{,}99$ in A durch -4, so sieht man, dass für $v = \begin{pmatrix} 1 \\ 2 \end{pmatrix}$ (der kein Eigenvektor ist) die Spektralnorm 5 „erreicht" wird. ◁

Die Singulärwertzerlegung spielt in der numerischen Mathematik eine große Rolle. Weitere Anwendungen gibt es beispielsweise in der Bildkompression. Ein digitales Bild mit $m \times n$ Pixeln lässt sich durch eine $m \times n$-Matrix A darstellen. Bei vielen Bildern weist die Folge der Singulärwerte (σ_i) einen dramatischen Abbruch auf, d. h. ab einem gewissen (kleinen) s sind die Werte der σ_i für $i > s$ extrem klein im Verhältnis zu den σ_i mit $i \leq s$. Setzt man in der Singulärwertzerlegung

$$A = U\Sigma\overline{V}^T$$

alle σ_i mit $i > s$ gleich Null, so erhält man eine neue Matrix Σ', so dass der Übergang von A zu $A' := U\Sigma'\overline{V}^T$ zwar einen Datenverlust darstellt, der aber im Bild nicht sichtbar ist. Der Gewinn ist, dass man für das Auswerten von $A' = U\Sigma'\overline{V}^T$ nur die ersten s Spalten von $U\Sigma'$ und die ersten s Zeilen von $\overline{V}^T$ speichern muss, insgesamt also

$$s \cdot (n + m) \quad \text{statt} \quad m \cdot n$$

Einträge. Dies kann zu einer erheblichen Datenkompression führen.

Eine weitere wichtige Anwendung der Singulärwertzerlegung ist die Berechnung (und der Existenznachweis) der Moore-Penrose-Inversen, die wir nun definieren. Die Moore-Penrose-Inverse ist wohl die wichtigste Vertreterin der *Pseudo-Inversen*, die das Ziel haben, für nicht invertierbare Matrizen einen für gewisse Zwecke tauglichen Ersatz für eine Inverse zur Verfügung zu stellen.

Definition 8.3.4 *Es sei $A \in \mathbb{C}^{m\times n}$ eine (nicht notwendigerweise quadratische) komplexe Matrix. Eine Matrix $A^+ \in \mathbb{C}^{n\times m}$ heißt* **Moore-Penrose-Inverse** *von A, falls gelten:*

(1) $AA^+A = A$,

(2) $A^+AA^+ = A^+$ *und*

(3) AA^+ *und* A^+A *sind hermitesch.*

Wir werden nun die Existenz und Eindeutigkeit der Moore-Penrose-Inversen beweisen. Falls A invertierbar ist, erfüllt A^{-1} alle Eigenschaften (1)–(3), also liefert die Eindeutigkeit in diesem Fall $A^+ = A^{-1}$. Die Moore-Penrose-Inverse verallgemeinert also die Inverse.

Satz 8.3.5 *Es sei $A \in \mathbb{C}^{m \times n}$.*

(a) *Ist*

$$A = \left(\begin{array}{ccc|c} \sigma_1 & & & \\ & \ddots & & 0 \\ & & \sigma_r & \\ \hline & 0 & & 0 \end{array} \right) \in \mathbb{R}^{m \times n}$$

eine Diagonalmatrix mit $r \le \min\{m, n\}$ und $\sigma_i \ne 0$ für alle i, so ist

$$A^+ = \left(\begin{array}{ccc|c} \sigma_1^{-1} & & & \\ & \ddots & & 0 \\ & & \sigma_r^{-1} & \\ \hline & 0 & & 0 \end{array} \right) \in \mathbb{R}^{n \times m}$$

eine Moore-Penrose-Inverse von A.

(b) *Ist $A = U \Sigma \overline{V}^T$ eine Singulärwertzerlegung von A, so ist*

$$A^+ = V \Sigma^+ \overline{U}^T$$

eine Moore-Penrose-Inverse von A. Dabei kann Σ^+ aus (a) verwendet werden.

(c) *Die Moore-Penrose-Inverse von A ist eindeutig bestimmt.*

Beweis Der Nachweis von (a) und (b) geschieht durch direktes Nachprüfen der Eigenschaften (1)–(3) in Definition 8.3.4. Für den Nachweis von (c) machen wir folgende Vorbemerkung. Für eine Matrix $B \in \mathbb{C}^{m \times n}$ mit $\overline{B}^T \cdot B = 0$ folgt

$$\|Bv\|^2 = \overline{v}^T \overline{B}^T Bv = 0 \qquad \text{(für alle } v \in \mathbb{C}^n\text{)},$$

also $B = 0$. Es seien nun $A^+, \widetilde{A} \in \mathbb{C}^{n \times m}$ zwei Moore-Penrose-Inverse von A. Dann gelten

$$\overline{(A^+ A - \widetilde{A}A)}^T (A^+ A - \widetilde{A}A) \underset{(3)}{=} (A^+ A - \widetilde{A}A)^2 \underset{(1)}{=} A^+ A - A^+ A - \widetilde{A}A + \widetilde{A}A = 0$$

und

$$\overline{(AA^+ - A\widetilde{A})}^T (AA^+ - A\widetilde{A}) \underset{(3)}{=} (AA^+ - A\widetilde{A})^2 \underset{(1)}{=} AA^+ - A\widetilde{A} - AA^+ + A\widetilde{A} = 0,$$

also gemäß unserer Vorbemerkung $A^+A = \widetilde{A}A$ und $AA^+ = A\widetilde{A}$. Hieraus folgt

$$A^+ \underset{(2)}{=} A^+AA^+ = \widetilde{A}AA^+ = \widetilde{A}A\widetilde{A} \underset{(2)}{=} \widetilde{A},$$

die Eindeutigkeit ist also bewiesen. □

Die Moore-Penrose-Inverse hat viele interessante Eigenschaften. Um die wichtigsten zu beweisen, werden wir uns mit dem Begriff einer orthogonalen Projektion beschäftigen, der von unabhängigem Interesse ist.

Satz 8.3.6 *Es sei* φ: $V \to V$ *eine lineare Abbildung eines euklidischen oder unitären Raums* V, *für die* $\varphi^2 = \varphi$ *(mit* $\varphi^2 := \varphi \circ \varphi$*) gilt. Wir schreiben* $U := \mathrm{Bild}(\varphi)$.

(a) *Genau dann ist* φ *selbstadjungiert, wenn für alle* $u \in U$ *und* $w \in \mathrm{Kern}(\varphi)$ *gilt:* $\langle u, w \rangle = 0$ *(d. h. Bild und Kern von* φ *stehen senkrecht aufeinander). In diesem Fall heißt* φ *eine* **orthogonale Projektion** *(auf* U*).*
(b) *Falls* φ *eine orthogonale Projektion ist, so gilt für alle* $v \in V$: $\varphi(v)$ *ist der eindeutig bestimmte Vektor aus* U, *der zu* v *minimalen Abstand hat.*
(c) *Falls* φ *eine orthogonale Projektion ist, so gilt dies auch für* $\psi := \mathrm{id}_V - \varphi$.

Beweis

(a) Zunächst sei φ selbstadjungiert und $u \in U$ und $w \in \mathrm{Kern}(\varphi)$, also $u = \varphi(v)$ mit $v \in V$. Es folgt

$$\langle u, w \rangle = \langle \varphi(v), w \rangle = \langle v, \varphi(w) \rangle = \langle v, 0 \rangle = 0.$$

Umgekehrt nehmen wir an, dass Bild und Kern von φ senkrecht aufeinander stehen. Für $v, w \in V$ folgt

$$\langle v, \varphi(w) \rangle = \langle \underbrace{v - \varphi(v)}_{\in \mathrm{Kern}(\varphi)} + \varphi(v), \varphi(w) \rangle = \langle \varphi(v), \varphi(w) \rangle,$$

und ebenso $\langle \varphi(v), w \rangle = \langle \varphi(v), \varphi(w) \rangle$. Also ist φ selbstadjungiert.
(b) Es sei $u \in U$, also auch $u - \varphi(v) \in U$. Wegen $\varphi^2 = \varphi$ gilt $\varphi(v) - v \in \mathrm{Kern}(\varphi)$, also $\langle u - \varphi(v), \varphi(v) - v \rangle = 0$. Es folgt

$$\|u - v\|^2 = \langle u - \varphi(v) + \varphi(v) - v, u - \varphi(v) + \varphi(v) - v \rangle$$
$$= \|u - \varphi(v)\|^2 + \|\varphi(v) - v\|^2.$$

Also wird $\|u - v\|$ genau für $u = \varphi(v)$ minimal.

(c) Dies folgt aus

$$\psi^2 = \mathrm{id}_V^2 - 2\varphi + \varphi^2 = \mathrm{id}_V - \varphi = \psi$$

und $\psi^* = \mathrm{id}_V^* - \varphi^* = \mathrm{id}_V - \varphi = \psi$.   □

Aus dem nächsten Satz geht hervor, dass die Moore-Penrose-Inverse sich in Bezug auf das Lösen von linearen Gleichungssystemen so verhält, wie man dies optimalerweise von einer Pseudo-Inversen erwarten würde. Interessant ist, dass hierbei Aussagen über nicht lösbare sowie über nicht eindeutig lösbare lineare Gleichungssysteme gemacht werden können.

Satz 8.3.7 (Eigenschaften der Moore-Penrose-Inversen) *Zu einer Matrix* $A \in \mathbb{C}^{m \times n}$ *und* $b \in \mathbb{C}^m$ *betrachten wir das lineare Gleichungssystem* $Ax = b$.

(a) *Ist das lineare Gleichungssystem lösbar, so ist* $x = A^+ b \in \mathbb{C}^n$ *eine Lösung, und* $A^+ b$ *hat unter allen Lösungen die minimale Länge.*

(b) *Für alle* $x \in \mathbb{C}^n$ *gilt:*

$$\|Ax - b\| \geq \|AA^+ b - b\|.$$

Der Vektor $A^+ b$ *liefert also eine bestmögliche näherungsweise Lösung. Unter allen Vektoren, die eine bestmögliche näherungsweise Lösung liefern, ist* $A^+ b$ *der kürzeste.*

(c) *Im Falle* $b = 0$ *(homogenes lineares Gleichungssystem) wird der Lösungsraum* L *durch die Spalten von* $I_n - A^+ A$ *erzeugt. Genauer:* $I_n - A^+ A$ *definiert eine orthogonale Projektion auf* L.

Beweis

(c) Wegen $A^+ A A^+ A = A^+ A$ und weil $A^+ A$ hermitesch ist, wird durch $A^+ A$ gemäß Satz 8.3.6(a) eine orthogonale Projektion gegeben, also nach Satz 8.3.6(c) auch durch $I_n - A^+ A$. Wegen

$$A \cdot (I_n - A^+ A) = A - A A^+ A = A - A = 0$$

liegt deren Bild im Lösungsraum L, und umgekehrt gilt für $x \in L$:

$$(I_n - A^+ A)x = I_n x = x,$$

also ist L im Bild der Projektion enthalten.

(b) Wegen $A A^+ A A^+ = A A^+$ und weil $A A^+$ hermitesch ist, wird durch $A A^+$ gemäß Satz 8.3.6(a) eine orthogonale Projektion $\varphi \colon \mathbb{C}^m \to \mathbb{C}^m$ gegeben. Es gilt

$$\mathrm{Bild}(\varphi) \subseteq \{Ax \mid x \in \mathbb{C}^n\} =: U,$$

und umgekehrt gilt für $Ax \in U$

$$Ax = AA^+Ax = \varphi(Ax) \in \text{Bild}(\varphi).$$

Also ist φ eine orthogonale Projektion auf U. Damit folgt aus Satz 8.3.6(b) die behauptete Ungleichung.

Für den Beweis der zweiten Behauptung in (b) machen wir zunächst eine Vorbemerkung: Wir haben $(I_n - A^+A)A^+b = A^+b - A^+b = 0$, nach (c) liegt A^+b also im Kern der orthogonalen Projektion auf L. Nach Satz 8.3.6(a) folgt $A^+b \in L^\perp$. Nun sei $x \in \mathbb{C}^n$ mit $\|Ax - b\| = \|AA^+b - b\|$. Aus der Eindeutigkeit des Vektors aus U mit minimalem Abstand zu b folgt $Ax = AA^+b$, also $x - A^+b \in L$. Wir erhalten

$$\|x\|^2 = \|x - A^+b + A^+b\|^2 = \|x - A^+b\|^2 + \|A^+b\|^2,$$

wobei die zweite Gleichung aus $A^+b \in L^\perp$ folgt. Nun sehen wir, dass $\|x\|$ genau für $x = A^+b$ minimal wird, was die zweite Behauptung in (b) zeigt.

(a) Ist das lineare Gleichungssystem lösbar, so gibt es ein $x \in \mathbb{C}^n$ mit $\|Ax - b\| = 0$. Aus (b) folgt $AA^+b = b$ und die Minimalität der Länge von A^+b unter den Lösungen. $\qquad\square$

Satz 8.3.5(b) enthält eine Methode zur Bestimmung der Moore-Penrose-Inversen über die Singulärwertzerlegung, deren Berechnung aus dem Beweis von Satz 8.3.1 hervorgeht. Diese Methode ist numerisch stabil, aber aufwändig. Eine einfachere Methode funktioniert wie folgt: Ist $A \in \mathbb{C}^{m \times n}$ mit $r = \text{rg}(A)$, so lässt sich A zerlegen als

$$A = B \cdot C$$

mit $B \in \mathbb{C}^{m \times r}$ und $C \in \mathbb{C}^{r \times n}$, beide vom Rang r. Beispielsweise kann man r linear unabhängige Spalten von A aussuchen und diese in B schreiben und dann in C „hineincodieren", wie sich die Spalten von A als Linearkombinationen der Spalten von B ausdrücken. Aus Anmerkung 8.3.2(a) folgt die Beziehung

$$\text{rg}(A) = \text{rg}(\overline{A}^T A) = \text{rg}(A\overline{A}^T), \tag{8.11}$$

angewandt auf B und C ergibt dies also die Invertierbarkeit der Produkte $\overline{B}^T B$ und $C\overline{C}^T$. Nun verifiziert man durch Überprüfung der Eigenschaften aus Definition 8.3.4, dass

$$A^+ = \overline{C}^T \left(C\overline{C}^T\right)^{-1} \left(\overline{B}^T B\right)^{-1} \overline{B}^T \tag{8.12}$$

gilt.

Beispiel 8.3.8 Bei

$$A := \begin{pmatrix} 2 & 3 & -2 \\ 3 & 5 & -3 \\ -2 & -3 & 2 \end{pmatrix} \in \mathbb{R}^{3 \times 3}$$

ist die dritte Spalte gleich dem Negativen der ersten, also

$$A = \begin{pmatrix} 2 & 3 \\ 3 & 5 \\ -2 & -3 \end{pmatrix} \cdot \begin{pmatrix} 1 & 0 & -1 \\ 0 & 1 & 0 \end{pmatrix} =: B \cdot C.$$

Auswerten von (8.12) liefert

$$A^+ = \frac{1}{4} \begin{pmatrix} 5 & -6 & -5 \\ -6 & 8 & 6 \\ -5 & 6 & 5 \end{pmatrix}.$$

Für das lineare Gleichungssystem

$$Ax = \begin{pmatrix} 1 \\ 2 \\ 1 \end{pmatrix} =: b$$

liefert

$$x = A^+ b = \begin{pmatrix} -3 \\ 4 \\ 3 \end{pmatrix}$$

nach Satz 8.3.7(b) den kürzesten Vektor, dessen Produkt mit A möglichst nah an b liegt.   ◁

Aufgaben

8.3.1 Bestimmen Sie eine Singulärwertzerlegung der Matrix

$$A = \begin{pmatrix} 2 & 1 \\ 1 & -2 \\ 2 & 1 \end{pmatrix} \in \mathbb{R}^{3 \times 2}.$$

8.3.2 Bestimmen Sie für

$$b = \begin{pmatrix} 0{,}9 \\ -2 \\ 1 \end{pmatrix} \in \mathbb{R}^3 \quad \text{und} \quad A = \begin{pmatrix} 2 & 1 \\ 1 & -2 \\ 2 & 1 \end{pmatrix} \in \mathbb{R}^{2 \times 3}$$

eine bestmögliche Näherungslösung x_0 für das lineare Gleichungssystem $Ax = b$, also ein $x_0 \in \mathbb{R}^2$ mit

$$\|Ax_0 - b\| \leq \|Ax - b\| \qquad \text{für alle } x \in \mathbb{R}^2.$$

8.3.3 Es sei V ein endlich-dimensionaler euklidischer oder unitärer Raum und es sei $U \subseteq V$ ein Unterraum. Nach Aufgabe 8.1.4 existiert zu jedem $v \in V$ ein eindeutiges $u \in U$ mit $v - u \in U^\perp$. Zeigen Sie, dass durch die Zuordnung $\varphi(v) := u$ die eindeutige orthogonale Projektion $\varphi : V \to V$ auf U definiert wird.

8.3.4 Es seien $A \in \mathbb{C}^{m \times n}$ und $b \in \mathbb{C}^m$. Zeigen Sie, dass die bestmöglichen Näherungslösungen für das LGS $Ax = b$, also diejenigen $x_0 \in \mathbb{C}^n$ mit

$$\|Ax_0 - b\| \leq \|Ax - b\| \qquad \text{für alle } x \in \mathbb{C}^n,$$

genau die Lösungen des LGS $\overline{A}^T A x = \overline{A}^T b$ sind.
Tipp: Untersuchen Sie die orthogonale Projektion auf $U := \text{Bild}(\varphi_A)$.

8.3.5 Es sei $A \in \mathbb{C}^{m \times n}$ mit $\text{rg}(A) = n$.

(a) Zeigen Sie, dass

$$A^+ = (\overline{A}^T A)^{-1} \overline{A}^T$$

die Moore-Penrose-Inverse von A ist. (Dies ist ein Spezialfall von (8.12).)
(b) Berechnen Sie A^+ für

$$A = \begin{pmatrix} 1 & 2 \\ 0 & -1 \\ 1 & 3 \end{pmatrix} \in \mathbb{R}^{3 \times 2}.$$

8.3.6 Es sei V ein endlich-dimensionaler euklidischer oder unitärer Raum. Weiter seien $U \subseteq V$ ein Unterraum und $S = \{v_1, \ldots, v_k\}$ eine Orthonormalbasis von U. Zeigen Sie, dass die orthogonale Projektion auf U gegeben ist durch

$$\varphi : V \to V, \qquad v \mapsto \sum_{i=1}^{k} \langle v_i, v \rangle \cdot v_i.$$

8.3.7 (a) Es sei V ein endlich-dimensionaler euklidischer oder unitärer Raum. Weiter seien $v \in V$ und $X \subseteq V$ ein affiner Unterraum. Zeigen Sie, dass genau ein Vektor in X existiert, der zu v minimalen Abstand hat.
(b) Jetzt sei $V = \mathbb{R}^3$ mit dem Standardskalarprodukt und es seien

$$v = \begin{pmatrix} 1 \\ 2 \\ 3 \end{pmatrix}, \ w_1 = \begin{pmatrix} 1 \\ -1 \\ 2 \end{pmatrix}, \ w_2 = \begin{pmatrix} 2 \\ -1 \\ 2 \end{pmatrix}, \ U_1 = \langle \begin{pmatrix} 1 \\ 0 \\ 1 \end{pmatrix}, \begin{pmatrix} 1 \\ 1 \\ 1 \end{pmatrix} \rangle, \ U_2 = \langle \begin{pmatrix} -2 \\ 1 \\ 1 \end{pmatrix} \rangle.$$

Bestimmen Sie den Abstand des Punktes v
(i) zur Ebene $X_1 = w_1 + U_1$,   bzw.   (ii) zur Geraden $X_2 = w_2 + U_2$.

8.3.8 📷 *(Video-Link siehe Vorwort, Seite VI)*
Bei einer **linearen Ausgleichsrechnung** sind Messpunkte $(t_i, b_i) \in \mathbb{R}^2$ mit $i = 1, \dots, m$ sowie Basisfunktionen $f_j : \mathbb{R} \to \mathbb{R}$ mit $j = 1, \dots, n$ gegeben. Gesucht ist eine Linearkombination f der Basisfunktionen, die die Messwerte „möglichst gut annähert". Bei der auf Gauß zurückgehenden *Methode der kleinsten Quadrate* lautet die Bedingung an f, dass die Summe

$$\sum_{i=1}^{m} (f(t_i) - b_i)^2 \tag{8.13}$$

der Fehlerquadrate minimiert werden soll.

(a) Geben Sie ein LGS $Ax = b$ an, so dass eine bestmögliche Näherungslösung $x = (\lambda_1, \dots, \lambda_n)^T$ des LGS genau die Koeffizienten einer Linearkombination $f = \sum_{j=1}^{n} \lambda_j f_j$ liefert, welche den Wert (8.13) unter allen Linearkombinationen der f_j minimiert.
(b) Es seien f_j die Polynomfunktionen $f_1(t) = 1$, $f_2(t) = t$, $f_3(t) = t^2$. Berechnen Sie mit dieser Methode zu den Messwerten

t_i	-2	-1	0	1	2
b_i	1	2	2	4	6

die passende „Ausgleichsparabel".

8.3.9 Eine weitere in der numerischen Mathematik benutzte Technik ist die **Cholesky-Zerlegung** einer symmetrischen, positiv definiten Matrix $A \in \mathbb{R}^{n \times n}$. Zeigen Sie, dass für eine solche Matrix A eine eindeutige untere Dreiecksmatrix $L \in \mathbb{R}^{n \times n}$ mit positiven Diagonalelementen und $A = LL^T$ existiert.
Tipp: Benutzen Sie die Quadratwurzel B von A aus Aufgabe 8.2.8 und für diese die QR-Zerlegung aus Aufgabe 8.2.13.

Projekt: Das Tensorprodukt
Am Ende dieses Kapitels, in dem Bilinearformen omnipräsent waren, wollen wir noch das Tensorprodukt zweier Vektorräume einführen. Tensorprodukte sind ein abstraktes Konzept, das (ähnlich wie Dualräume) in vielen Bereichen der Mathematik Anwendung findet. An dieser Stelle werden wir uns mit der Existenz und Eindeutigkeit sowie den wichtigsten Aussagen über Basis und Dimension begnügen. Abschließend wollen wir noch einen kurzen Blick auf das Tensorprodukt zweier linearer Abbildungen werfen.

Es seien nun K ein Körper und V, W zwei K-Vektorräume. Als Vorbereitung behandeln wir zunächst die bilineare Fortsetzung.

8.3.10 Beweisen Sie das Prinzip der *bilinearen Fortsetzung*: Es seien $B = \{v_1, \dots, v_n\}$ bzw. $C = \{w_1, \dots, w_m\}$ Basen von V bzw. W und es seien $z_{i,j}$ mit $i = 1, \dots, n$, $j = 1, \dots, m$ Vektoren in einem K-Vektorraum Z. Dann gibt es genau eine bilineare Abbildung $\beta : V \times W \to Z$ mit $\beta(v_i, w_j) = z_{i,j}$ für alle i und j.

Analog zu Aufgabe 5.4.9 gilt auch eine entsprechende Version für unendlich-dimensionale Vektorräume.

Das **Tensorprodukt** von V und W ist ein K-Vektorraum $V \otimes W$ zusammen mit einer bilinearen Abbildung $V \times W \to V \otimes W$, $(v, w) \mapsto v \otimes w$, so dass folgende *universelle Eigenschaft* gilt: Für jeden K-Vektorraum Z mit einer bilinearen Abbildung $\beta : V \times W \to Z$ existiert genau eine lineare Abbildung $\varphi : V \otimes W \to Z$ mit $\varphi(v \otimes w) = \beta(v, w)$ für alle $v \in V$ und $w \in W$. Die Situation wird durch folgendes Diagramm veranschaulicht:

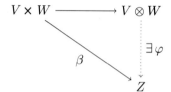

8.3.11 Zeigen Sie, dass das Tensorprodukt durch die universelle Eigenschaft „bis auf kanonische Isomorphie" eindeutig bestimmt ist. Es seien dazu also U_1, U_2 zwei K-Vektorräume mit bilinearen Abbildungen $\alpha_i : V \times W \to U_i$ (für $i = 1, 2$), so dass U_1 und U_2 obige universelle Eigenschaft erfüllen. Zeigen Sie, dass dann genau ein Isomorphismus $\Phi : U_1 \to U_2$ mit $\Phi(\alpha_1(v, w)) = \alpha_2(v, w)$ für alle $(v, w) \in V \times W$ existiert.

Als Nächstes zeigen wir, dass stets ein Tensorprodukt existiert. Zusammen mit Aufgabe 8.3.11 ist dann die Bezeichnung $V \otimes W$ für *das* Tensorprodukt der Vektorräume V und W gerechtfertigt.

8.3.12 ✍ Wir betrachten den Vektorraum $K^{(V \times W)}$ aus Aufgabe 5.3.8. Die Abbildungen $\delta_{v,w} : V \times W \to K$, $(x, y) \mapsto \delta_{x,v}\delta_{y,w}$ bilden eine Basis dieses Raums. Es sei nun U der Unterraum erzeugt von allen Elementen der Form

$$\delta_{av,w} - a\delta_{v,w}, \quad \delta_{v_1+v_2,w} - \delta_{v_1,w} - \delta_{v_2,w},$$

$$\delta_{v,aw} - a\delta_{v,w}, \quad \delta_{v,w_1+w_2} - \delta_{v,w_1} - \delta_{v,w_2}.$$

Wir schreiben $V \otimes W := K^{(V \times W)}/U$ für den Faktorraum und $v \otimes w := \delta_{v,w} + U$ für die Äquivalenzklasse von $\delta_{v,w}$ im Faktorraum. Zeigen Sie, dass $V \otimes W$ auf diese Weise die universelle Eigenschaft eines Tensorprodukts von V und W erfüllt.

Die Vektoren der Form $v \otimes w$ in $V \otimes W$ werden *einfache Tensoren* genannt. Direkt aus der Konstruktion in Aufgabe 8.3.12 ergibt sich, dass die einfachen Tensoren ein Erzeugendensystem von $V \otimes W$ bilden.

8.3.13 ☞ Es seien nun $B = \{v_1, \ldots, v_n\}$ eine Basis von V und $C = \{w_1, \ldots, w_m\}$ eine Basis von W. Zeigen Sie, dass die Tensoren $v_i \otimes w_j$ mit $i = 1, \ldots, n$ und $j = 1, \ldots, m$ eine Basis von $V \otimes W$ bilden und dass gilt

$$\dim(V \otimes W) = \dim(V) \cdot \dim(W).$$

Abschließend wollen wir noch das Tensorprodukt zweier linearer Abbildungen behandeln. Zu linearen Abbildungen $\varphi : V \to V'$ und $\psi : W \to W'$ ist die Abbildung

$$V \times W \to V' \otimes W', \quad (v, w) \mapsto \varphi(v) \otimes \psi(w)$$

bilinear, wie man leicht überprüft. Daher gibt es genau eine lineare Abbildung

$$\varphi \otimes \psi : V \otimes W \to V' \otimes W'$$

mit der Eigenschaft

$$(\varphi \otimes \psi)(v \otimes w) = \varphi(v) \otimes \psi(w) \quad \text{(für alle } v \in V, w \in W\text{)}.$$

8.3.14 Es seien $\varphi : V \to V$ und $\psi : W \to W$ lineare Selbstabbildungen. Weiter seien $B = \{v_1, \ldots, v_n\}$ bzw. $C = \{w_1, \ldots, w_m\}$ Basen von V bzw. W und X, Y die Darstellungsmatrizen $X := D_B(\varphi)$, $Y := D_C(\psi)$. Zeigen Sie, dass das **Kronecker-Produkt**

$$X \otimes Y := (x_{i,j} Y) := \begin{pmatrix} x_{1,1}Y & x_{1,2}Y & \ldots & x_{1,n}Y \\ x_{2,1}Y & x_{2,2}Y & \ldots & x_{2,n}Y \\ \vdots & \vdots & & \vdots \\ x_{n,1}Y & x_{n,2}Y & \ldots & x_{n,n}Y \end{pmatrix} \in K^{mn \times mn}$$

die Darstellungsmatrix von $\varphi \otimes \psi$ bzgl. der Basis aus Aufgabe 8.3.13 ergibt (in einer naheliegenden Reihenfolge der Basisvektoren).
Zusatz: Zeigen Sie, dass für Spur und Determinante gelten:

$$\mathrm{tr}(X \otimes Y) = \mathrm{tr}(X) \cdot \mathrm{tr}(Y) \quad \text{und} \quad \det(X \otimes Y) = \det(X)^m \det(Y)^n.$$

Kapitel 9
Kombinatorik und Zählen (D)

Zusammenfassung Wir beginnen unseren Teilstrang über diskrete Mathematik mit diesem Kapitel über Kombinatorik und grundlegende Zählprinzipien. Laut Wiktionary ist Kombinatorik die „mathematische Disziplin, die sich mit der Frage befasst, welche Möglichkeiten (Kombinationen) es gibt, eine bestimmte Anzahl von Dingen miteinander zu kombinieren". Wenn die „Dinge" mathematische Objekte sind, läuft das Zählen von Kombinationen in der Regel auf das Bestimmen der Elementanzahl einer endlichen Menge hinaus. Hiervon handelt Abschn. 9.1.

In Abschn. 9.2 werden wir dann die Technik der erzeugenden Funktionen einführen, um Rekursionsgleichungen aufzulösen. Das Beispiel der Catalan-Zahlen nimmt hierbei einen prominenten Platz ein.

9.1 Kombinatorik und Binomialkoeffizienten

Wir beginnen unser Zählen von Elementanzahlen mit den zwei einfachsten Fällen.

Satz 9.1.1

(a) *Sind $A_1, \ldots, A_n$ paarweise disjunkte, endliche Mengen, so gilt*

$$|A_1 \uplus \ldots \uplus A_n| = |A_1| + \ldots + |A_n|.$$

(b) *Sind $A_1, \ldots, A_n$ endliche Mengen, so gilt für das kartesische Produkt*

$$|A_1 \times \ldots \times A_n| = |A_1| \cdot \ldots \cdot |A_n|.$$

Intuitiv ist der Satz völlig einleuchtend und es ist legitim, ihn ohne formalen Beweis zu verwenden (was wir auch schon getan haben, zum Beispiel in der vorletzten Zeile im Beweis von Satz 7.2.13). Leserinnen und Leser, die sich auch an dieser Stelle für exakte Begründungen interessieren, seien auf unsere Grundlagenkapitel zur Mengenlehre verwiesen: In Kap. 4 werden die Addition und Multiplikation natürlicher Zahlen eingeführt und in Kap. 6 (genauer: Definition 6.1.9) wird festgelegt, was für endliche Menge mit $|A| = |B|$ überhaupt gemeint ist. Schließlich folgt Satz 9.1.1 dann induktiv aus Aufgabe 6.2.1.

   Den schwierigeren Fall von nicht disjunkten Vereinigungen werden wir später behandeln (siehe Satz 9.1.8).

Beispiel 9.1.2 Es seien A und B endliche Mengen mit $k := |A|$ und $n := |B|$.

(1) Für die Menge aller Abbildungen von A nach B gilt:

$$|B^A| = |B|^{|A|} = n^k.$$

Im Fall $A = \emptyset$ stimmt die Formel, da es genau eine Abbildung $\emptyset \to B$ gibt. Im Fall $A \neq \emptyset$ können wir die Formel aus Satz 9.1.1 herleiten, denn für $A = \{a_1, \dots, a_k\}$ ist $B^A \to B^k$, $f \mapsto (f(a_1), \dots, f(a_k))$ eine Bijektion.

(2) Wir wollen die Anzahl der injektiven Abbildungen $g\colon A \to B$ bestimmen. Falls $A = \emptyset$, so gibt es genau eine solche Abbildung. Andernfalls wählen wir $a_0 \in A$ und zerlegen die Menge F der injektiven Abbildungen $A \to B$ disjunkt als

$$F = \bigcup_{b \in B} \underbrace{\left\{ g\colon A \to B \mid g \text{ injektiv, } g(a_0) = b \right\}}_{=:F_b}.$$

Die Einschränkung auf $A \setminus \{a_0\}$ liefert eine Bijektion von F_b auf die Menge der Injektionen $A \setminus \{a_0\} \to B \setminus \{b\}$. Die gesuchte Elementanzahl $f(k, n) = |F|$ erfüllt also die Gleichung

$$f(k, n) = n \cdot f(k - 1, n - 1).$$

Nun liefert eine einfache Induktion nach k die Formel

$$|F| = n(n - 1) \cdot \dots \cdot (n - k + 1) = \prod_{i=0}^{k-1} (n - i) =: n^{\underline{k}}.$$

Die Zahl $n^{\underline{k}}$ wird die k-te **fallende Faktorielle** von n genannt. Für $k \leq n$ ist dies gleich $n!/(n - k)!$, und für $k > n$ ist dies gleich 0. Insbesondere erhalten wir die bekannte Formel $|S_n| = n!$ für die symmetrische Gruppe.

Wir hätten das obige Beispiel auch weniger formal behandeln können und die Zahl $|B^A| = n^k$ in (1) interpretieren können als die Anzahl der Möglichkeiten, aus n Kugeln hintereinander k Stück mit Zurücklegen zu ziehen, wobei es auf die Reihenfolge der Züge ankommt. Entsprechend können wir die Zahl $|F| = n^{\underline{k}}$ in (2) interpretieren als die Anzahl der Möglichkeiten, aus n Kugeln k Stück *ohne* Zurücklegen (aber weiterhin unter Beachtung der Reihenfolge) zu ziehen.

   Kommt es beim Ziehen ohne Zurücklegen jedoch *nicht* auf die Reihenfolge der Züge an, so muss man die fallende Faktorielle durch $k!$ dividieren. Es gibt also $n^{\underline{k}}/k!$ Möglichkeiten, eine ungeordnete Menge von k Kugeln aus einer Urne mit n Kugeln ohne Zurücklegen zu ziehen. Wir werden dies später mathematischer formulieren und formaler beweisen (siehe Satz 9.1.6), nehmen die obige Formel aber zum Anlass für die folgende etwas allgemeinere Definition.

Definition 9.1.3 *Für eine komplexe Zahl $a \in \mathbb{C}$ und eine natürliche Zahl $k \in \mathbb{N}$ ist*

$$\binom{a}{k} = \frac{\prod_{i=0}^{k-1}(a-i)}{k!} = \frac{a}{1} \cdot \frac{a-1}{2} \cdot \ldots \cdot \frac{a-(k-1)}{k} = \frac{a^{\underline{k}}}{k!}$$

der k-te **Binomialkoeffizient** *von a. Er wird häufig gelesen als „a über k". Im Fall $k = 0$ interpretieren wir das leere Produkt als 1, also $\binom{a}{0} = 1$.*

Ebenso wie für komplexe Zahlen a lässt sich $\binom{a}{k}$ für Elemente $a \in R$ eines kommutativen Ringes R, der die rationalen Zahlen $\mathbb{Q}$ enthält, definieren. Interessant und wichtig ist dabei der Fall $a = x \in \mathbb{Q}[x]$, in dem

$$\binom{x}{k} = \frac{\prod_{i=0}^{k-1}(x-i)}{k!} \in \mathbb{Q}[x]$$

ein Polynom vom Grad k ist. Einsetzen von $x = a$ in dieses Polynom ergibt $\binom{a}{k}$.

Die Binomialkoeffizienten stehen in einem Geflecht von Beziehungen zueinander und zu anderen Größen. Die vielleicht wichtigsten davon fassen wir in folgendem Satz zusammen.

Satz 9.1.4 (Binomialkoeffizienten) *Für alle $k \in \mathbb{N}$, $n \in \mathbb{Z}$ und $a, b \in \mathbb{C}$ (oder allgemeiner a, b Elemente in einem kommutativen Ring, der $\mathbb{Q}$ enthält) gelten:*

(a)

$$\binom{n}{k} \in \mathbb{Z} \quad \text{(Ganzzahligkeit)}.$$

(b) *Falls $n \geq k$, dann*

$$\binom{n}{k} = \frac{n!}{k!(n-k)!} > 0.$$

(c) *Falls $n \geq k$, dann*

$$\binom{n}{k} = \binom{n}{n-k} \quad \text{(Symmetrie)}.$$

(d) *Falls $0 \leq n < k$, dann*

$$\binom{n}{k} = 0 \quad \text{(Nullstellen)}.$$

(e)

$$\binom{a}{k} + \binom{a}{k+1} = \binom{a+1}{k+1} \quad \textit{(Formel für das } \text{Pascal'sche } \textit{Dreieck).}$$

(f)

$$\binom{a}{0} = 1 \quad \textit{und} \quad \binom{a}{1} = a \quad \textit{(spezielle Werte).}$$

(g)

$$\binom{-a}{k} = (-1)^k \binom{a+k-1}{k}.$$

(h) *Falls* $n \geq 0$, *dann*

$$(a+b)^n = \sum_{k=0}^{n} \binom{n}{k} a^k b^{n-k} \quad \textit{(binomische Formel).}$$

(Dies gilt sogar auch, wenn a und b Elemente in einem kommutativen Ring sind, der nicht $\mathbb{Q}$ enthält.)

(i) *Falls* $n \geq 0$, *dann*

$$\sum_{i=0}^{n} \binom{i}{k} = \binom{n+1}{k+1} \quad \textit{(Summenformel).}$$

(j)

$$\sum_{j=0}^{k} \binom{a}{j} \binom{b}{k-j} = \binom{a+b}{k} \quad \textit{(Vandermonde'sche Identität).}$$

Beweis Die Aussagen (b), (d), (f) und (g) folgen direkt aus der Definition, und (c) folgt aus (b). Teil (e) ergibt sich aus der Rechung

$$\binom{a}{k} + \binom{a}{k+1} = \frac{(k+1)\prod_{i=0}^{k-1}(a-i) + \prod_{i=0}^{k}(a-i)}{(k+1)!}$$

$$= \frac{(k+1+a-k)\prod_{j=1}^{k}(a-j+1)}{(k+1)!} = \binom{a+1}{k+1}.$$

Wie wir sehen werden, wird (e) für alle weiteren Nachweise entscheidend verwendet.

Die Ganzzahligkeit (a) gilt für $k = 0$ oder $n = 0$ nach (f) und (d). Für positive n und k folgt sie per Induktion nach n mit (e), und für negative n dann aus (g).

Die binomische Formel (h) zeigen wir per Induktion. Für $n = 0$ folgt sie aus (f). Wir setzen die Formel nun für n voraus und zeigen:

$$(a + b)^{n+1} = (a + b) \cdot \left(\sum_{k=0}^{n} \binom{n}{k} a^k b^{n-k} \right)$$

$$= \sum_{k=0}^{n} \binom{n}{k} a^k b^{n+1-k} + \sum_{k=0}^{n} \binom{n}{k} a^{k+1} b^{n-k}$$

$$= 1 \cdot b^{n+1} + \sum_{k=1}^{n} \left(\binom{n}{k} + \binom{n}{k-1} \right) a^k b^{n+1-k} + 1 \cdot a^{n+1}$$

$$\underset{(e)}{=} \sum_{k=0}^{n+1} \binom{n+1}{k} a^k b^{n+1-k}.$$

Teil (i) lässt sich ebenfalls durch Induktion nach n zeigen. Für $n = 0$ lautet die Behauptung $\binom{0}{k} = \binom{1}{k+1}$, was wegen (d) und (f) stimmt. Der Induktionsschritt lautet:

$$\sum_{i=0}^{n+1} \binom{i}{k} = \binom{n+1}{k+1} + \binom{n+1}{k} \underset{(e)}{=} \binom{n+2}{k+1}.$$

Der Nachweis der Vandermonde'schen Identität (j) ist der schwierigste und interessanteste. Wir beginnen mit dem Spezialfall, dass a und b im Polynomring $\mathbb{Q}[x]$ liegen, und zwar, noch spezieller, dass $a = x$ und $b = n \in \mathbb{N}$. Wir benutzen Induktion nach n. Zu zeigen ist also

$$\sum_{j=0}^{k} \binom{x}{j} \binom{n}{k-j} = \binom{x+n}{k}, \tag{9.1}$$

was für $n = 0$ zu der Gleichung $\binom{x}{k} = \binom{x}{k}$ wird, und für $k = 0$ zu $1 \cdot 1 = 1$. Wir setzen nun $k \geq 1$ voraus und rechnen

$$\sum_{j=0}^{k} \binom{x}{j} \binom{n+1}{k-j} \underset{(e)}{=} \binom{x}{k} + \sum_{j=0}^{k-1} \binom{x}{j} \left(\binom{n}{k-j} + \binom{n}{k-j-1} \right)$$

$$= \binom{x+n}{k} + \binom{x+n}{k-1} \underset{(e)}{=} \binom{x+n+1}{k},$$

wobei wir für die zweite Gleichheit Induktion verwendet haben. Hiermit ist (9.1) nachgewiesen. Es mag erstaunen, dass dieser Spezialfall eigentlich schon den allgemeinen Fall beinhaltet. Denn (9.1) sagt, dass (für jedes $k \in \mathbb{N}$) das Polynom

$$\sum_{j=0}^{k} \binom{x}{j}\binom{y}{k-j} - \binom{x+y}{k}$$

in der Variablen y und mit Koeffizienten aus $\mathbb{Q}[x]$ alle natürlichen Zahlen als Nullstellen hat. Es muss sich also um das Nullpolynom handeln. Setzt man nun in dieses Polynom $x = a$ und $y = b$ ein, ergibt sich (j). $\square$

Die Binomialkoeffizienten lassen sich am Pascal'schen Dreieck veranschaulichen, das über die Startwerte $\binom{n}{0} = 1 = \binom{n}{n}$ (auf den äußeren Diagonalen) und die Formel aus Satz 9.1.4(e) zeilenweise aufgebaut wird. Wir zeichnen hier die ersten sechs Zeilen (also für $n = 0, \dots, 5$):

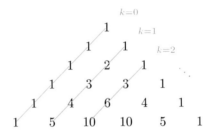

Die offensichtliche Symmetrie im Pascal'schen Dreieck veranschaulicht die Formel aus Satz 9.1.4(c). Es sei den Leserinnen und Lesern überlassen auch die Summenformel (i) am Dreieck graphisch darzustellen.

Alle Eigenschaften aus Satz 9.1.4 sind wichtig für Anwendungen. Für die Formel in (e) werden wir einige sehen. Nicht direkt klar ist, warum die Summenformel (i) und die Vandermonde'sche Identität (9.1) wichtig sind. Letztere wird im nächsten Abschn. 9.2 eine interessante Rolle spielen. Die Summenformel wenden wir in folgendem Beispiel an.

Beispiel 9.1.5 Die berühmte Formel

$$1 + 2 + \dots + n = \frac{n(n+1)}{2}$$

ist der Fall $k = 1$ in Satz 9.1.4(i). Man erhält auch Summenformeln für $\sum_{i=0}^{n} i^k$, indem man das Polynom x^k als eine (ganzzahlige) Linearkombination von $\binom{x}{1}, \dots, \binom{x}{k}$ darstellt und dann Satz 9.1.4(i) für die Summation der Binomialkoeffizienten benutzt. Im Beispiel $k = 3$ läuft das so:

$$x^3 = 6\binom{x}{3} + 6\binom{x}{2} + \binom{x}{1},$$

also nach Satz 9.1.4(i)

$$\sum_{i=0}^{n} i^3 = 6\binom{n+1}{4} + 6\binom{n+1}{3} + \binom{n+1}{2} = \frac{n^4}{4} + \frac{n^3}{2} + \frac{n^2}{4} = \frac{n^2(n+1)^2}{4},$$

wobei wir die Details der Rechnung weggelassen haben. ◁

Nun können wir unsere frühere Behauptung über „ungeordnetes Ziehen von k Kugeln ohne Zurücklegen" beweisen. Dies bedeutet nichts anderes als die Auswahl einer k-elementigen Teilmenge, und entsprechend formulieren wir das Ergebnis.

Satz 9.1.6 *Es seien A eine endliche Menge mit n Elementen und $k \in \mathbb{N}$ eine natürliche Zahl. Dann gilt für die Menge*

$$M := \{T \subseteq A \mid |T| = k\}$$

aller k-elementigen Teilmengen von A die Formel

$$|M| = \binom{n}{k}.$$

Beweis Im Falle $k = 0$ gilt $M = \{\emptyset\}$, also $|M| = 1 = \binom{n}{k}$ wegen Satz 9.1.4(f). Wir setzen ab jetzt $k \geq 1$ voraus und benutzen Induktion nach n. Für $n = 0$ gilt $|M| = 0 = \binom{n}{k}$ wegen Satz 9.1.4(d). Es bleibt der Fall $n \geq 1$, in dem wir ein Element $x \in A$ wählen können. Es gilt

$$M = \underbrace{\{T \subseteq A \mid |T| = k \text{ und } x \in T\}}_{=:M_x} \cup \underbrace{\{T \subseteq A \mid |T| = k \text{ und } x \notin T\}}_{=:M_{\bar{x}}}.$$

Ordnet man einer $(k-1)$-elementigen Teilmenge $S \subseteq A \setminus \{x\}$ die Menge $S \cup \{x\}$ zu, so ergibt dies eine Bijektion $|\{S \subseteq A \setminus \{x\} \mid |S| = k-1\} \to M_x$. Außerdem gilt $M_{\bar{x}} = \{T \subseteq A \setminus \{x\} \mid |T| = k\}$. Wir erhalten

$$|M| \underset{\text{Satz 9.1.1(a)}}{=} |M_x| + |M_{\bar{x}}|$$

$$= |\{S \subseteq A \setminus \{x\} \mid |S| = k-1\}| + |\{T \subseteq A \setminus \{x\} \mid |T| = k\}|$$

$$\underset{\text{(Induktion)}}{=} \binom{n-1}{k-1} + \binom{n-1}{k} \underset{\text{Satz 9.1.4(e)}}{=} \binom{n}{k}.$$

Damit ist der Satz bewiesen. □

Beispiel 9.1.7 Ein Beispiel für Lottospieler: Die Anzahl der Möglichkeiten, aus 49 Zahlen 6 auszuwählen, ist

$$\binom{49}{6} = 13983816.$$

Die Wahrscheinlichkeit für sechs Richtige (und eventuell auch noch die richtige Zusatzzahl) beträgt also 1 zu 13983816.   ◁

Durch Satz 9.1.6 motiviert ist die häufig benutzte Schreibweise

$$\binom{A}{k} := \{T \subseteq A \mid |T| = k\}$$

für eine Menge A. Mit dieser Schreibweise lautet der Satz

$$\left| \binom{A}{k} \right| = \binom{|A|}{k}.$$

Eine weitere gängige Schreibweise ist

$$[n] := \{1, 2, \ldots, n\}$$

für $n \in \mathbb{N}$.

Im folgenden Satz geht es um die Elementanzahl einer Vereinigung von endlich vielen endlichen Mengen, die nicht disjunkt sein müssen. Wir könnten solche Mengen als $A_1, \ldots, A_n$ aufzählen oder sie als endliches Mengensystem schreiben. Der Satz enthält beide Varianten und benutzt die obigen Schreibweisen.

Satz 9.1.8 (Inklusion-Exklusion) *Für endliche Mengen $A_1, \ldots, A_n$ gilt*

$$\left| \bigcup_{i=1}^{n} A_i \right| = \sum_{k=1}^{n} \left((-1)^{k-1} \sum_{I \in \binom{[n]}{k}} \left| \bigcap_{i \in I} A_i \right| \right). \tag{9.2}$$

Gleichbedeutend hierzu ist: Es sei $\mathcal{M}$ ein endliches Mengensystem bestehend aus endlichen Mengen. Dann gilt

$$\left| \bigcup \mathcal{M} \right| = \sum_{\emptyset \neq \mathcal{N} \subseteq \mathcal{M}} (-1)^{|\mathcal{N}|-1} \left| \bigcap \mathcal{N} \right|. \tag{9.3}$$

Beispiel 9.1.9 Vor dem Beweis des Satzes schauen wir die Fälle $n = 2$ und $n = 3$ an. Mit endlichen Mengen A, B, C lauten diese:

$$|A \cup B| = |A| + |B| - |A \cap B| \tag{9.4}$$

und

$$|A \cup B \cup C| = |A| + |B| + |C| - |A \cap B| - |A \cap C| - |B \cap C| + |A \cap B \cap C|.$$

Beide Formeln sind einigermaßen einsichtig und werden nun bewiesen. ◁

Beweis von Satz 9.1.8 Wir benutzen Induktion nach n. Für $n = 1$ lautet die Behauptung $|A_1| = |A_1|$ (und auch für $n = 0$ stimmt der Satz mit den leeren Summen interpretiert als 0). Für den Induktionsschritt brauchen wir den Fall $n = 2$. Es seien also A und B irgendwelche endliche Mengen. Dann gelten

$$A \cup B = A \uplus (B \setminus A) \quad \text{und} \quad B = (B \setminus A) \uplus (A \cap B),$$

woraus sich mit Satz 9.1.1(a) die Formel (9.4) ergibt. Für den Fall $n \geq 3$ ist es günstig, die behauptete Formel (9.2) umzuschreiben zu

$$\left| \bigcup_{i=1}^{n} A_i \right| = \sum_{\emptyset \neq I \subseteq [n]} (-1)^{|I|-1} \left| \bigcap_{i \in I} A_i \right|,$$

wodurch auch die Äquivalenz zu (9.3) klar wird.
Wir setzen $B := \bigcup_{i=1}^{n-1} A_i$. Wegen $\bigcup_{i=1}^{n} A_i = B \cup A_n$ ergibt sich aus (9.4)

$$\left| \bigcup_{i=1}^{n} A_i \right| = |B| + |A_n| - |B \cap A_n|.$$

Anwendung der Induktionsannahme auf B und auf $B \cap A_n = \bigcup_{i=1}^{n-1} (A_i \cap A_n)$ liefert

$$\left| \bigcup_{i=1}^{n} A_i \right| = \sum_{\emptyset \neq I \subseteq [n-1]} (-1)^{|I|-1} \left| \bigcap_{i \in I} A_i \right| + |A_n| +$$

$$\sum_{\emptyset \neq I \subseteq [n-1]} (-1)^{|I|} \left| \bigcap_{i \in I \cup \{n\}} A_i \right| = \sum_{\emptyset \neq I \subseteq [n]} (-1)^{|I|-1} \left| \bigcap_{i \in I} A_i \right|,$$

was den Beweis abschließt. □

Beispiel 9.1.10 In diesem Beispiel geht es um sogenannte *fixpunktfreie Permutationen*. Damit ist Folgendes gemeint: Eine Permutationen $\sigma \in S_A$ einer Menge A heißt **fixpunktfrei**, falls es kein $x \in A$ gibt mit $\sigma(x) = x$. Wir setzen voraus, dass A endlich ist und schreiben $D \subseteq S_A$ für die Menge aller fixpunktfreien Permutationen. Das Komplement $S_A \setminus D$ ist die Vereinigungsmenge der Mengen

$$(S_A)_x := \big\{ \sigma \in S_A \mid \sigma(x) = x \big\} \quad \text{(mit } x \in A),$$

aber die Vereinigung ist nicht disjunkt. Mit $n := |A|$ liefert Satz 9.1.8

$$|S_A \setminus D| = \sum_{k=1}^{n} \left((-1)^{k-1} \sum_{I \in \binom{A}{k}} \left| \bigcap_{x \in I} (S_A)_x \right| \right).$$

Für eine nichtleere Teilmenge $I \subseteq A$ besteht die Schnittmenge $\bigcap_{x \in I}(S_A)_x$ aus den Permutationen, die jedes Element von I fixieren. Die Abbildung

$$\bigcap_{x \in I}(S_A)_x \to S_{A \setminus I}, \quad \sigma \mapsto \sigma|_{A \setminus I} \quad \text{(Einschränkung)}$$

ist bijektiv, also ist $\left| \bigcap_{x \in I}(S_A)_x \right| = |S_{A \setminus I}| = (n - |I|)!$, und somit erhalten wir

$$|D| = |S_A| - |S_A \setminus D|$$

$$= n! - \sum_{k=1}^{n} \left((-1)^{k-1} \binom{n}{k}(n-k)! \right) \underset{\text{Satz 9.1.4(b)}}{=} \sum_{k=0}^{n} \frac{n!}{k!}(-1)^k.$$

Der Quotient $\frac{|D|}{|S_A|} = \frac{|D|}{n!}$ ist also $\sum_{k=0}^{n} \frac{(-1)^k}{k!}$, was für $n \to \infty$ sehr schnell gegen $\exp(-1) = \frac{1}{e}$ konvergiert. Als Fazit haben wir gelernt, dass ungefähr 37 Prozent aller Permutationen fixpunktfrei sind.   ◁

Aufgaben
9.1.1 📷 *(Video-Link siehe Vorwort, Seite VI)*
Zeigen Sie:

(a) Für die Summe der Binomialkoeffizienten gilt:

$$\sum_{k=0}^{n} \binom{n}{k} = 2^n.$$

(Zusammen mit Satz 9.1.6 liefert dies die Elementanzahl der Potenzmenge einer endlichen Menge; man vergleiche auch mit Aufgabe 6.1.1.)

(b) Für die alternierende Summe der Binomialkoeffizienten gilt:

$$\sum_{k=0}^{n}(-1)^k \binom{n}{k} = \begin{cases} 0, & \text{falls } n \geq 1, \\ 1, & \text{falls } n = 0. \end{cases}$$

(c) Die Summe der Quadrate der Binomialkoeffizienten von n ergibt den mittleren Binomialkoeffizienten von $2n$:

$$\sum_{k=0}^{n} \binom{n}{k}^2 = \binom{2n}{n}.$$

9.1.2 Es seien k und n natürliche Zahlen mit $k \geq 5$ und $n \geq 5$. Geben Sie jeweils die Anzahl aller Abbildungen $f : [k] \to [n]$ an, die

(a) $f(5) = 4$ erfüllen,
(b) $f(1) = 1$ oder $f(2) = 1$ erfüllen,
(c) $\min f([k]) \leq 5$ erfüllen,
(d) $f(1) \geq f(2)$ erfüllen,
(e) bijektiv sind,
(f) injektiv sind,
(g) streng monoton wachsend sind,
(h) $\max f([k]) = 1 + \min f([k])$ erfüllen.

9.1.3 Bestimmen Sie für jede natürliche Zahl $n \in \mathbb{N}$ die Anzahl aller Abbildungen $f : [n] \to \mathbb{N}$ mit $\sum_{i=1}^{n} f(i) = 3$.

9.1.4 Eine **Multimenge** ist eine ungeordnete Sammlung von Elementen mit Häufigkeiten. Für endliche Multimengen ist die gleiche Schreibweise wie für Mengen üblich. Zum Beispiel sind $\{1, 1, 2\}$ und $\{1, 2, 2\}$ zwei verschiedene dreielementige Multimengen, obwohl sie dieselbe zweielementige Menge darstellen.

Formal definieren wir eine Multimenge M auf einer Menge A als eine Abbildung $M : A \to \mathbb{N}$. Dabei interpretieren wir $M(a)$ als die Häufigkeit, mit der a in M auftaucht. Ist A endlich, so heißt $\sum_{a \in A} M(a)$ die *Elementanzahl* von M.

Es seien $k, n \in \mathbb{N}$ und A eine Menge mit $|A| = n$. Zeigen Sie, dass für die Anzahl $f_{n,k}$ der k-elementigen Multimengen auf A gilt:

$$f_{n,k} = \binom{n + k - 1}{k}.$$

Kombinatorisch ist $f_{n,k}$ die Anzahl der Möglichkeiten k Kugeln *mit Zurücklegen* und *ohne Beachtung der Reihenfolge* aus einer Menge von n Kugeln zu ziehen.

9.1.5 Ein Polynom $f \in \mathbb{Q}[x]$ heißt **ganzwertig**, wenn $f(n) \in \mathbb{Z}$ für alle ganzen Zahlen $n \in \mathbb{Z}$ gilt. Zeigen Sie:

(a) Für die Menge M der ganzwertigen Polynome aus $\mathbb{Q}[x]$ gilt:

$$M = \{\sum_{k=0}^{d} a_k \binom{x}{k} \mid d \in \mathbb{N}, a_k \in \mathbb{Z}\}.$$

(b) Für ein ganzwertiges Polynom $f = \sum_{k=0}^{d} c_k x^k \in \mathbb{Q}[x]$ vom Grad d gilt für den höchsten Koeffizienten: $c_d \cdot d! \in \mathbb{Z}$.

9.1.6 Berechnen Sie explizit die Werte der Binomialkoeffizienten $\binom{1/2}{k}$ für $k = 0, \dots, 4$.

9.1.7 Es seien A und B endliche Mengen mit $|A| = k$ und $|B| = n$. Leiten Sie eine Formel für die Anzahl surjektiver Abbildungen von A nach B her.

9.2 Erzeugende Funktionen

Wir beginnen mit den berühmten Fibonacci-Zahlen, benannt nach Leonardo Fibonacci, der im frühen 13. Jahrhundert das Wachstum von Kaninchenpopulationen unter folgenden idealisierten Annahmen untersuchte:

- Ab dem Alter von zwei Monaten bekommen Kaninchen Nachwuchs.
- Jedes Paar von Kaninchen bekommt pro Monat zwei Nachkommen, die sich gleichmäßig in männliche und weibliche aufteilen.
- Sie hören nie auf, Nachkommen zu bekommen.

Aus diesen (sicherlich nur für eingeschränkte Zeiträume halbwegs realistischen) Annahmen ergibt sich für die Anzahl a_{n+2} der Kaninchenpaare im Monat $n + 2$ die Gleichung

$$a_{n+2} = a_{n+1} + a_n,$$

wobei die Summanden den Bestand vom Vormonat und die Nachkommen der mindestens zwei Monate alten Kaninchen darstellen. Die Zahlen a_n sind die Fibonacci-Zahlen, wobei zusätzlich

$$a_0 = 0 \quad \text{und} \quad a_1 = 1$$

festgelegt wird. Dies ergibt die Folge $(a_n)_n = (0, 1, 1, 2, 3, 5, 8, 13, 21, 34, \dots)$. Gesucht ist eine Formel für die Berechnung der a_n. Eine solche lässt sich finden, indem man die obige Rekursionsgleichung in Matrix-Schreibweise bringt und dann per Diagonalisierung die Potenzen der vorkommenden Matrix berechnet (siehe „Projekt: Lineare Rekursionen" am Ende des Abschnitts). Wir wählen hier einen anderen Weg, der auf eine größere Klasse von durch Rekursionsgleichungen definierten Zahlenfolgen anwendbar ist.

Wir stellen die sogenannte **erzeugende Funktion** auf, womit die Potenzreihe mit den a_n als Koeffizienten gemeint ist, also

$$f = \sum_{n=0}^{\infty} a_n x^n.$$

Dieser Ansatz ist zugleich gewagt und naiv. Gewagt, weil es zunächst unplausibel erscheint, dass bei Verwendung irgendeiner Zahlenfolge als Koeffizienten einer Potenzreihe eine „sinnvolle" Funktion herauskommt. Und naiv deshalb, weil wir uns keine Gedanken über die Konvergenz der Potenzreihe gemacht haben. Diese Gedanken werden wir nachholen und der Konvergenzfrage auf eine vielleicht überraschende Art begegnen. Zunächst rechnen wir weiter und tun so, also sei alles in Ordnung. Aus den obigen Gleichungen ergibt sich

$$f = x + \sum_{n=0}^{\infty} a_{n+2}x^{n+2} = x + \sum_{n=0}^{\infty} (a_n + a_{n+1})x^{n+2} = x + (x + x^2)f,$$

und durch Auflösen nach f:

$$f = \frac{x}{1 - x - x^2}.$$

Dies ist tatsächlich eine handhabbare Funktion, deren Potenzreihenentwicklung wir nun durch *Partialbruchzerlegung* bestimmen werden. Hiermit ist gemeint, dass wir den Ansatz

$$f = \frac{\beta_1}{1 - \gamma_1 x} + \frac{\beta_2}{1 - \gamma_2 x}$$

mit $\beta_1, \beta_2, \gamma_1, \gamma_2 \in \mathbb{C}$ machen, der äquivalent ist zu

$$x(1 - \gamma_1 x)(1 - \gamma_2 x) = \big(\beta_1(1 - \gamma_2 x) + \beta_2(1 - \gamma_1 x)\big)(1 - x - x^2).$$

Vergleich der konstanten Koeffizienten liefert $\beta_2 = -\beta_1$, nach Division mit x also

$$(1 - \gamma_1 x)(1 - \gamma_2 x) = \beta_1(\gamma_1 - \gamma_2)(1 - x - x^2),$$

also $\beta_1 = \frac{1}{\gamma_1 - \gamma_2}$, $\gamma_1 + \gamma_2 = 1$ und $\gamma_1 \gamma_2 = -1$. Die γ_i müssen also Nullstellen des Polynoms $x^2 - x - 1$ sein, also etwa

$$\gamma_1 = \frac{1 + \sqrt{5}}{2}, \quad \gamma_2 = \frac{1 - \sqrt{5}}{2}, \quad \beta_1 = \frac{1}{\sqrt{5}} \quad \text{und} \quad \beta_2 = \frac{-1}{\sqrt{5}}.$$

Was haben wir durch die Partialbruchzerlegung gewonnen? Wir können $\frac{1}{1 - \gamma_i x}$ durch die geometrische Reihe $\sum_{n=0}^{\infty} (\gamma_i x)^n$ ausdrücken und erhalten

$$f = \sum_{n=0}^{\infty} (\beta_1 \gamma_1^n + \beta_2 \gamma_2^n)x^n = \sum_{n=0}^{\infty} \frac{1}{\sqrt{5}} \left(\left(\frac{1 + \sqrt{5}}{2} \right)^n - \left(\frac{1 - \sqrt{5}}{2} \right)^n \right) x^n.$$

Durch Koeffizientenvergleich erhalten wir nun die gewünschte Formel für die
Fibonacci-Zahlen:

$$a_n = \frac{1}{\sqrt{5}} \left(\left(\frac{1+\sqrt{5}}{2} \right)^n - \left(\frac{1-\sqrt{5}}{2} \right)^n \right). \tag{9.5}$$

Wir haben unser Ziel erreicht, müssen allerdings unsere Rechnungen nun (nachträglich) auf solide Füße stellen.

Dies tun wir, indem wir Potenzreihen nicht als (konvergente) Reihen betrachten,
sondern sie definieren als *formale* Potenzreihen, bei denen Konvergenzbetrachtun-
gen keine Rolle spielen. Dazu erinnern wir uns an unsere Definition von Polynomen
(Definition 2.2.11) und modifizieren diese auf scheinbar geringfügige Weise.

Definition 9.2.1 *Es sei R ein kommutativer Ring.*

(a) *Eine* **formale Potenzreihe** *über R ist eine Abbildung $f: \mathbb{N} \to R$, $n \mapsto a_n$ (d. h.
ein R-wertige Folge). Die a_n heißen die* **Koeffizienten** *von f. Der Unterschied
zwischen einem Polynom und einer formalen Potenzreihe ist also, dass bei
einem Polynom nur endliche viele Koeffizienten ungleich 0 sein dürfen.*

(b) *Für zwei formale Potenzreihen $f: \mathbb{N} \to R$, $n \mapsto a_n$ und $g: \mathbb{N} \to R$, $n \mapsto b_n$
definieren wir*

$$f + g : \mathbb{N} \to R, \quad n \mapsto a_n + b_n$$

und

$$f \cdot g : \mathbb{N} \to R, \quad n \mapsto \sum_{j=0}^{n} a_j b_{n-j} = \sum_{\substack{j,k \in \mathbb{N} \\ mit \ j+k=n}} a_j \cdot b_k.$$

(c) *Für eine formale Potenzreihe benutzen wir die Schreibweise*

$$f = \sum_{n=0}^{\infty} a_n x^n,$$

*wobei man statt x bisweilen andere Variablennamen verwendet. Mit dieser
Schreibweise erkennen wir das oben definierte Produkt als das übliche Cauchy-
Produkt von Potenzreihen.*

(d) *Die Menge aller formalen Potenzreihen über R heißt der* **formale Potenzreihenring** *über R und wird mit $R[\![x]\!]$ bezeichnet. Es gilt also $R[x] \subseteq R[\![x]\!]$.*

Der formale Potenzreihenring ist tatsächlich ein kommutativer Ring, wobei sich
der Beweis von Satz 2.2.12(a) wörtlich überträgt. Das Betrachten von formalen
Potenzreihen hat gegenüber dem Betrachten von Potenzreihen in der Analysis einige
Vorteile:

- Man braucht sich nicht um Konvergenz zu kümmern.
- Die Definition funktioniert über allen kommutativen Ringen R, auch über solchen, in denen überhaupt kein Konvergenzbegriff existiert.
- Die Aussage, dass zwei Potenzreihen genau dann übereinstimmen, wenn alle ihre Koeffizienten übereinstimmen ("Koeffizientenvergleich"), ergibt sich unmittelbar aus der Definition.

Es gibt jedoch, verglichen mit Polynomen und konvergenten Potenzreihen, auch Einschränkungen:

- Man kann formale Potenzreihen nicht auswerten, d. h. man kann keine Werte einsetzen. Deshalb kann man sie auch nicht als Funktionen $R \to R$ interpretieren.
- Formale Potenzreihen haben keinen Grad. Allerdings bildet das *minimale n* mit $a_n \neq 0$ in mancher Hinsicht einen Ersatz.

Im formalen Potenzreihenring gibt es sehr viel mehr invertierbare Elemente als im Polynomring, wie der folgende Satz zeigt.

Satz 9.2.2 *Eine formale Potenzreihe $f = \sum_{n=0}^{\infty} a_n x^n$ über einem kommutativen Ring R ist genau dann invertierbar (als Element von $R[\![x]\!]$), falls a_0 (als Element von R) invertierbar ist.*

Beweis Zunächst sei f invertierbar, es gibt also eine formale Potenzreihe $g \in R[\![x]\!]$ mit $fg = 1$. Dann muss das Produkt von a_0 und dem konstanten Koeffizienten von g gleich 1 sein, also ist a_0 invertierbar.

Nun setzen wir umgekehrt voraus, dass a_0 invertierbar ist, also gibt es $b_0 \in R$ mit $a_0 b_0 = 1$. Wir definieren rekursiv eine Folge (b_n) durch

$$b_n := -b_0 \cdot \sum_{j=1}^{n} a_j b_{n-j} \qquad \text{(für } n \geq 1\text{)}.$$

Es folgt $\sum_{j=0}^{n} a_j b_{n-j} = 0$, für die formale Potenzreihe $g = \sum_{n=0}^{\infty} b_n x^n$ ergibt sich also $f \cdot g = 1$ direkt aus der Definition des Produkts. $\qquad \square$

Beispiel 9.2.3 Das Polynom $1 - x$ hat in $R[\![x]\!]$ die geometrische Reihe $\sum_{n=0}^{\infty} x^n$ als Inverse. Da das inverse Element eines Ringelements r gewöhnlich als r^{-1} oder $\frac{1}{r}$ geschrieben wird, ist die Gleichung

$$\frac{1}{1-x} = \sum_{n=0}^{\infty} x^n \qquad (9.6)$$

korrekt. Für Ringelemente β und $\gamma \in R$ gilt weiter

$$\frac{\beta}{1 - \gamma x} = \sum_{n=0}^{\infty} \beta \gamma^n x^n. \qquad (9.7)$$

◁

Nun können wir unsere Rechnungen zu den Fibonacci-Zahlen vollständig rechtfertigen: Die Potenzreihe $f = \sum_{n=0}^{\infty} a_n x^n$ (mit den Fibonacci-Zahlen a_n) ist eine formale Potenzreihe in $\mathbb{C}[\![x]\!]$, und für diese haben wir die Gleichung $f = x + (x + x^2) f$ hergeleitet. Da $1 - x - x^2$ in $\mathbb{C}[\![x]\!]$ invertierbar ist, folgt $f = \frac{x}{1-x-x^2}$. Auch die Rechnungen zur Partialbruchzerlegung spielen sich komplett im formalen Potenzreihenring ab, und die Formel (9.5) für die a_n ergibt sich aus (9.7).

In $R[\![x]\!]$ gibt es auch zahlreiche Elemente mit Quadratwurzeln. Man kann beispielsweise ähnlich wie in Satz 9.2.2 zeigen, dass $f = \sum_{n=0}^{\infty} a_n x^n$ in $R[\![x]\!]$ eine Quadratwurzel hat, falls a_0 in R invertierbar ist und eine Quadratwurzel in R hat und außerdem 2 in R invertierbar ist (siehe Aufgabe 9.2.3). Inverse bzw. Quadratwurzeln werden hierbei durch rekursive Formeln gegeben. Mit Hilfe des folgenden Satzes werden wir dies für einige formale Potenzreihen explizit machen.

Satz 9.2.4 (Binomialreihe) *Es seien $a, b \in R$ Elemente eines kommutativen Rings, der $\mathbb{Q}$ enthält. Mit*

$$F_a := \sum_{k=0}^{\infty} \binom{a}{k} x^k \in R[\![x]\!]$$

gilt dann

$$F_a \cdot F_b = F_{a+b}.$$

Insbesondere gelten

$$F_a^{-1} = F_{-a} \quad und \quad F_a^n = F_{na} \quad für \; n \in \mathbb{N}.$$

Man nennt F_a eine Binomialreihe.

Beweis Die erste Gleichung ist eine direkte Folgerung aus der Vandermonde'schen Identität (Satz 9.1.4(j)). Die zweite folgt wegen $F_0 = 1$, und die dritte per Induktion. $\qquad\square$

Beispiel 9.2.5 Für $a = 1$ gilt $F_a = 1 + x$, also

$$\frac{1}{1+x} = \sum_{k=0}^{\infty} \binom{-1}{k} x^k \underset{\text{Satz } 9.1.4(\text{g})}{=} \sum_{k=0}^{\infty} (-1)^k x^k,$$

woraus (9.6) folgt. Weiter gilt $F_{1/2}^2 = F_1$, was man salopp als

$$\sqrt{1+x} = \sum_{k=0}^{\infty} \binom{1/2}{k} x^k$$

schreiben kann. (Die Schreibweise ist deshalb ungenau, weil die Quadratwurzel nicht eindeutig definiert ist.) ◁

Als eine interessante Anwendung von erzeugenden Funktionen und des obigen Satzes werden wir nun die sogenannten Catalan-Zahlen behandeln. Wir werden zwei Zählprobleme anschauen und jeweils aus Rekursionsgleichungen mit Hilfe von erzeugenden Funktionen Ausdrücke für die gesuchten Zahlen herleiten.

Als erstes fragen wir, wie viele Möglichkeiten es gibt, ein regelmäßiges n-Eck (oder allgemeiner ein konvexes n-Eck) durch Verbindungslinien zwischen einigen der Eckpunkte in Dreiecke aufzuteilen. Eine solche Aufteilung in Dreiecke nennt man eine Triangulation. Triangulationen spielen in der Topologie eine wichtige Rolle, weil sie helfen können, Oberflächen und andere geometrische Objekte zu klassifizieren. Für Vierecke ($n = 4$) gibt es zwei Möglichkeiten:

Für $n = 5$ sieht man, dass es genau fünf Möglichkeiten gibt:

Alle fünf Triangulierungen gehen durch Symmetrie (genauer: Drehungen) auseinander hervor, und ebenso verhält es sich für $n = 4$. Komplizierter ist der Fall $n = 6$. Hier kommt man auf drei wesentlich verschiedene Triangulierungen:

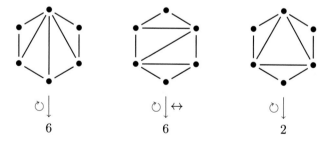

Die ersten beiden Triangulierungen führen durch Anwendung von Drehungen und Spiegelungen zu jeweils fünf weiteren, und die dritte zu einer. Insgesamt erhalten wir so 14 verschiedene Triangulierungen. Durch angestrengtes Nachdenken findet man, dass es keine weiteren gibt. Beginnen wir mit der Anzahl der Triangulierungen für $n = 3$, also mit 1, so erhalten wir die Zahlenfolge

$$1, 2, 5, 14, \ldots$$

Das zweite Zählproblem, das in keinem offensichtlichen Zusammenhang mit dem ersten steht, fragt, wie viele Möglichkeiten es gibt, ein Produkt $A_1 \cdot \ldots \cdot A_n$ von n nicht kommutierenden quadratischen Matrizen auszurechnen, indem man nacheinander Multiplikationen von jeweils zwei Matrizen ausführt. Diese Möglichkeiten entsprechen *Klammerungen* des Produkts. Für $n = 3$ gibt es beispielsweise zwei Möglichkeiten $K_{3,1}$ und $K_{3,2}$:

$$\underbrace{A_1(A_2 A_3)}_{K_{3,1}} \quad \text{und} \quad \underbrace{(A_1 A_2) A_3}_{K_{3,2}}.$$

Für $n = 4$ erhalten wir genau fünf Klammerungen:

$$A_1(A_2(A_3 A_4)), \quad A_1((A_2 A_3) A_4), \quad (A_1 A_2)(A_3 A_4),$$

$$(A_1(A_2 A_3)) A_4 \quad \text{und} \quad ((A_1 A_2) A_3) A_4.$$

Bei der dritten Klammerung hat man die Möglichkeiten, zuerst $A_1 A_2$ und dann $A_3 A_4$ auszurechnen oder umgekehrt. Wir lassen jedoch die Reihenfolge der Berechnungen außer Acht, betrachten also tatsächlich nur die Klammerung. Wer in der Auflistung der Klammerungen für $n = 4$ eine Systematik entdeckt hat, kann nun in derselben Weise fortfahren mit dem Fall $n = 5$, bei dem die Sequenz der Klammerungen beginnt mit

$$A_1(A_2(A_3(A_4 A_5))), \quad A_1(A_2((A_3 A_4) A_5)), \quad A_1((A_2 A_3)(A_4 A_5)) \ldots$$

Am Ende erhält man 14 Klammerungen. Da es für $n = 2$ genau eine Klammerung gibt, erhalten wir die Zahlenfolge

$$1, 2, 5, 14, \ldots$$

Wir beobachten Übereinstimmung für beide Zählprobleme, und solche Übereinstimmungen sind selten Zufall!

Um der Sache auf den Grund zu gehen, erarbeiten wir nun eine Rekursionsformel für die Anzahl a_n der Möglichkeiten, ein Produkt $A_1 \cdot \ldots \cdot A_n$ zu klammern. Dazu teilen wir eine Klammerung in zwei Teilprodukte auf, im Beispiel $n = 4$ also

$$\underbrace{A_1}_{\substack{K_{1,1} \\ j=1}} \underbrace{(A_2(A_3A_4))}_{K_{3,1}}, \quad \underbrace{A_1}_{\substack{K_{1,1} \\ j=1}} \underbrace{((A_2A_3)A_4)}_{K_{3,2}}, \quad \underbrace{(A_1A_2)}_{K_{2,1}} \underbrace{(A_3A_4)}_{\substack{K_{2,1} \\ j=2}},$$

$$\underbrace{(A_1(A_2A_3))}_{\substack{K_{3,1} \\ j=3}} \underbrace{A_4}_{K_{1,1}} \quad \text{und} \quad \underbrace{((A_1A_2)A_3)}_{\substack{K_{3,2} \\ j=3}} \underbrace{A_4}_{K_{1,1}}.$$

Bei jeder Klammerung bezeichnet die darunter stehende Zahl j die Anzahl der Matrizen, die zum linken Teilprodukt gehören. Ist M die Menge aller Klammerungen des Produkts $A_1 \cdot \ldots \cdot A_n$, so erhalten wir eine disjunkte Zerlegung

$$M = M_1 \uplus \ldots \uplus M_{n-1},$$

wobei M_j die Menge aller Klammerungen ist, bei der das linke Teilprodukt j Matrizen enthält. Da linkes und rechtes Teilprodukt beliebig geklammert sein können, ergibt sich mit Satz 9.1.1(b) die Formel $|M_j| = a_j \cdot a_{n-j}$, wobei wir (wie oben eingeführt) $a_n := |M|$ schreiben. Dies ergibt mit Satz 9.1.1(a) die gewünschte Rekursionsformel

$$a_n = \sum_{j=0}^{n} a_j a_{n-j} \qquad (n \geq 2), \tag{9.8}$$

wobei wir $a_0 := 0$ gesetzt haben. Die Folge der a_n ist durch (9.8) und $a_0 = 0$, $a_1 = 1$ eindeutig bestimmt.

Bevor wir eine explizite Formel für die a_n herleiten, wollen wir uns vergewissern, dass unsere beiden Zählprobleme wirklich dieselbe Lösung haben. Dies bedeutet, dass a_n die Anzahl der Triangulierungen eines $(n+1)$-Ecks sein sollte. Wenn wir b_n für die Anzahl der Triangulierungen eines $(n+1)$-Ecks schreiben und $b_0 := 0$, $b_1 := 1$ setzen, so ist die Rekursionsformel (9.8) für die b_n nachzuweisen.

Wir nummerieren die Ecken unseres $(n+1)$-Ecks mit $1, 2, \ldots, n+1$. Bei jeder Triangulierung ist die Kante zwischen den Punkten n und $n+1$ Bestandteil von genau einem Dreieck. Die dritte Ecke dieses Dreiecks sei die Ecke j, also $j \in \{1, \ldots, n-1\}$. Indem wir die Triangulierungen nach dem Wert von j sortieren, erhalten wir eine disjunkte Zerlegung der Menge aller Triangulierungen. Für $n = 6$ sieht diese wie folgt aus:

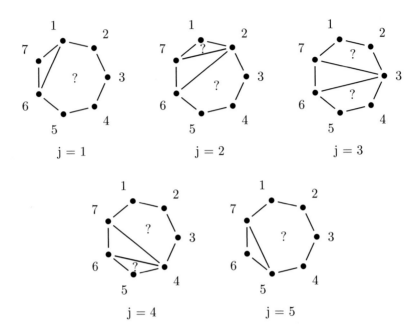

Die Fragezeichen deuten dabei an, dass in den m-Ecken ober- und unterhalb des gewählten Dreiecks beliebige Triangulationen vorgenommen werden können. Genauer haben wir oberhalb ein $(j+1)$-Eck und unterhalb ein $(n-j+1)$-Eck, wobei es für $j=1$ bzw. $j=n-1$ kein m-Eck ober- bzw. unterhalb gibt. Für die Anzahl b_n der Triangulationen des $(n+1)$-Ecks ergibt sich damit die Formel

$$b_n = b_{n-1} + \sum_{j=2}^{n-2} b_j b_{n-j} + b_{n-1} = \sum_{j=0}^{n} b_j b_{n-j} \qquad (n \geq 2),$$

wobei sich die letzte Gleichung aufgrund der Konventionen $b_0 = 0$ und $b_1 = 1$ ergibt. Da die Folge der a_n dieselbe Rekursionsgleichung und dieselben Anfangswerte hat, folgt in der Tat $a_n = b_n$ für alle n.

Nun wollen wir eine Formel für die Zahlen $a_n = b_n$ herleiten, und dazu benutzen wir die erzeugende Funktion

$$f := \sum_{n=0}^{\infty} a_n x^n \in \mathbb{C}[\![x]\!].$$

Aus (9.8) und $a_0 = 0$, $a_1 = 1$ erhalten wir

$$f = x + \sum_{n=2}^{\infty} \left(\sum_{j=0}^{n} a_j a_{n-j} \right) x^n = x + \sum_{n=0}^{\infty} \left(\sum_{j=0}^{n} a_j a_{n-j} \right) x^n = x + f^2,$$

also $f^2 - f + x = 0$ und durch Auflösen nach f

$$f = \frac{1 \pm \sqrt{1 - 4x}}{2}.$$

Die Existenz und Bedeutung der Quadratwurzel wird hierbei durch Beispiel 9.2.5 gegeben, also

$$\sqrt{1 - 4x} = \sum_{n=0}^{\infty} \binom{1/2}{n} (-4)^n x^n \in \mathbb{C}[\![x]\!].$$

Der konstante Koeffizient hiervon ist 1. Da der konstante Koeffizient von f gleich 0 ist, muss von den obigen Lösungen für f diejenige mit „$-$" die richtige sein. Wir erhalten die Formel

$$a_n = \frac{-1}{2} (-4)^n \binom{1/2}{n} \qquad (n \geq 1).$$

Diese Formel lässt sich vereinfachen, und das geht am besten, wenn man die Folge der a_n verschiebt, indem man $c_n := a_{n+1}$ setzt. Für $n \geq 0$ gilt

$$c_n = \frac{-1}{2} (-4)^{n+1} \binom{1/2}{n+1} = \frac{-(-4)^{n+1} \prod_{i=0}^{n}(1/2 - i)}{2(n+1)!}$$

$$= \frac{-2^{n+1} \prod_{i=0}^{n}(2i - 1)}{2(n+1)!} = \frac{2^n \prod_{i=1}^{n}(2i - 1)}{(n+1)!}$$

$$= \frac{\prod_{i=1}^{n}(2i) \prod_{i=1}^{n}(2i - 1)}{n!(n+1)!} = \frac{(2n)!}{(n+1)(n!)^2} = \frac{1}{n+1} \binom{2n}{n}.$$

Die Zahl c_n heißt die n-te **Catalan-Zahl**. Die Folge der Catalan-Zahlen beginnt mit

$$c_0 = 1, \ c_1 = 1, \ c_2 = 2, \ c_3 = 5, \ c_4 = 14, \ c_5 = 42, \ldots$$

Wir fassen zusammen:

Satz 9.2.6 *Für $n \geq 1$ gibt die n-te Catalan-Zahl*

$$c_n = \frac{1}{n+1} \binom{2n}{n} \in \mathbb{N}$$

an, auf wie viele Arten ein Produkt von $n + 1$ nicht kommutierenden Matrizen geklammert werden kann, und auf wie viele Arten ein regelmäßiges $(n + 2)$-Eck trianguliert werden kann.

Die zwei Anwendungsbeispiele, anhand derer wir die Catalan-Zahlen eingeführt haben, reichen nicht aus, um deren Wichtigkeit erahnen zu lassen. Tatsächlich gehören sie zu den „Stars" der Kombinatorik, wie man in den Lehrbüchern von Stanley,[1] in denen über 60 Anwendungen gegeben werden, nachlesen kann.

Aufgaben

9.2.1 Es sei R ein kommutativer Ring. Zeigen Sie, dass in $R[\![x]\!]$ für alle natürlichen Zahlen $m \in \mathbb{N}$ gilt:

$$\frac{1}{(1-x)^{m+1}} = \sum_{n=0}^{\infty} \binom{n+m}{m} x^n.$$

9.2.2 Es sei R ein kommutativer Ring. Bestimmen Sie $f, g \in R[x]$, so dass in $R[\![x]\!]$ gilt:

$$\frac{f}{g} = \sum_{n=0}^{\infty} n^2 x^n.$$

9.2.3 Es sei $f = \sum_{n=0}^{\infty} a_n x^n$ eine Potenzreihe über einem kommutativen Ring R. Wir setzen voraus, dass 2 und a_0 in R invertierbar sind und dass a_0 in R eine Quadratwurzel besitzt. Zeigen Sie, dass dann eine Potenzreihe $g \in R[\![x]\!]$ mit $g^2 = f$ existiert.

9.2.4 Zu einer Potenzreihe $f = \sum_{n=0}^{\infty} a_n x^n$ über einem kommutativen Ring R definieren wir die **formale Ableitung** $D(f)$ als

$$D(f) := \sum_{n=0}^{\infty} (n+1) a_{n+1} x^n \in R[\![x]\!].$$

Zeigen Sie für alle $f, g \in R[\![x]\!]$:

(a) Es gilt die Produktregel: $D(f \cdot g) = D(f) \cdot g + f \cdot D(g)$.
(b) Ist g invertierbar, so gilt die Quotientenregel:

$$D\left(\frac{f}{g}\right) = \frac{D(f) \cdot g - f \cdot D(g)}{g^2}.$$

9.2.5 🎦 *(Video-Link siehe Vorwort, Seite VI)*
Wir betrachten die rekursiv definierte Folge reeller Zahlen:

$$a_n := 3a_{n-1} + n \quad \text{(für alle } n \geq 1), \quad a_0 := 0.$$

---

[1]Richard P. Stanley, Enumerative Combinatorics, Volume 1 and 2, Cambridge University Press 1997.

Bestimmen Sie mit Hilfe der erzeugenden Funktion $f := \sum_{n=0}^{\infty} a_n x^n \in \mathbb{C}[[x]]$ eine explizite Formel für die a_n.

9.2.6 Es sei R ein kommutativer Ring, der $\mathbb{Q}$ enthält. Wir definieren die speziellen Potenzreihen in $R[[x]]$:

$$C := \sum_{n=0}^{\infty} (-1)^n \frac{x^{2n}}{(2n)!}, \qquad S := \sum_{n=0}^{\infty} (-1)^n \frac{x^{2n+1}}{(2n+1)!}.$$

Berechnen Sie die formalen Ableitungen (siehe Aufgabe 9.2.4) von C und S und zeigen Sie: $C^2 + S^2 = 1$.

9.2.7 ✤ Es seien $a \in \mathbb{Z}$ und $m \in \mathbb{N}_{\geq 1}$. Zeigen Sie durch Induktion nach $k \in \mathbb{N}$, dass die Binomialkoeffizienten

$$\binom{a/m}{k} \in \mathbb{Q}$$

Brüche der Form b/m^n mit $b \in \mathbb{Z}$ und $n \in \mathbb{N}$ sind.

Tipp: Betrachten Sie die m-te Potenz der Binomialreihe $F_{\frac{a}{m}}$.

9.2.8 Betrachten Sie die rationale Funktion

$$f = \frac{6 - 7x}{(1 - 2x)^2(1 + 3x)}$$

als Element $f = \sum_{n=0}^{\infty} a_n x^n$ des formalen Potenzreihenrings $\mathbb{R}[[x]]$ und bestimmen Sie mit Hilfe einer Partialbruchzerlegung (siehe Aufgabe 9.2.9(c)) eine Formel für die Folgenglieder a_n.

9.2.9 In dieser Aufgabe soll die Existenz der **Partialbruchzerlegung** im formalen Potenzreihenring $K[[x]]$ über einem Körper K nachgewiesen werden. Zeigen Sie dazu der Reihe nach:

(a) Zu teilerfremden $g_1, g_2 \in K[x]$ mit $g_1(0) \neq 0$ und $g_2(0) \neq 0$ existieren $h_1, h_2 \in K[x]$, so dass in $K[[x]]$ gilt:

$$\frac{1}{g_1 g_2} = \frac{h_1}{g_1} + \frac{h_2}{g_2}.$$

Tipp: Benutzen Sie Proposition 7.3.12 in der Version für Polynome aus $K[x]$.

(b) Zu $\gamma \in K$, $e \in \mathbb{N}$ und $h \in K[x]$ existieren $p \in K[x]$ und $a_1, \ldots, a_e \in K$ mit

$$\frac{h}{(1 - \gamma x)^e} = p + \sum_{j=1}^{e} \frac{a_j}{(1 - \gamma x)^j}.$$

Tipp: Benutzen Sie Induktion nach e und Division mit Rest.

(c) Zu paarweise verschiedenen $\gamma_1, \ldots, \gamma_n \in K$, $e_i \in \mathbb{N}$ und $f \in K[x]$ existieren $a_{i,j} \in K$ und $p \in K[x]$ mit

$$\frac{f}{(1 - \gamma_1 x)^{e_1} \cdot \ldots \cdot (1 - \gamma_n x)^{e_n}} = p + \sum_{i=1}^{n} \sum_{j=1}^{e_i} \frac{a_{i,j}}{(1 - \gamma_i x)^j}.$$

Ist $\deg(f) < e_1 + \ldots + e_n$, so ist hierbei $p = 0$.

Tipp: Benutzen Sie Induktion nach n.

Projekt: Lineare Rekursionen

In diesem Abschnitt sei K ein Körper. Wir wollen lineare Rekursionsgleichungen mit Hilfe der linearen Algebra untersuchen. Dazu betrachten wir den Vektorraum $V = K^{\mathbb{N}}$ aller K-wertigen Folgen $(a_n)_{n \in \mathbb{N}}$. Für eine natürliche Zahl $k \geq 1$ und $c_1, \ldots, c_k \in K$ betrachten wir die **lineare Rekursion**

$$a_n = c_1 a_{n-1} + \ldots + c_{k-1} a_{n-k+1} + c_k a_{n-k} \tag{9.9}$$

Etwas ausführlicher wird dies auch als eine *homogene lineare Rekursionsgleichung mit konstanten Koeffizienten* bezeichnet. Wir setzen ab jetzt $c_k \neq 0$ voraus. Dann heißt k die *Ordnung* der Rekursionsgleichung. Wir betrachten die lineare Abbildung

$$\psi : K^{\mathbb{N}} \to K^{\mathbb{N}}, \quad (a_n)_{n \geq 0} \mapsto (a_{n+1})_{n \geq 0},$$

welche eine Folge verschiebt, wobei der Anfangswert a_0 verschwindet. Aus ψ ergibt sich die lineare Abbildung

$$\varphi := \psi^k - \sum_{i=1}^{k} c_i \psi^{k-i}.$$

Damit ist die Menge L aller Folgen $(a_n)_{n \in \mathbb{N}}$, welche (9.9) für alle $n \geq k$ erfüllen, gleich Kern(φ), also insbesondere ein Unterraum von $V = K^{\mathbb{N}}$. Aus Aufgabe 4.1.6 folgt, dass die Projektion auf die ersten k Folgenglieder

$$\pi : L \to K^k, \quad (a_n)_{n \in \mathbb{N}} \mapsto (a_0, a_1, \ldots, a_{k-1})$$

ein Isomorphismus von K-Vektorräumen ist. Insbesondere ist $\dim(L) = k$.

Wir können die Rekursionsgleichung als ein Matrix-Vektor-Produkt schreiben und per Induktion auf die Startwerte $a_0, \ldots, a_{k-1}$ zurückführen:

$$\begin{pmatrix} a_{n-k+1} \\ \vdots \\ a_{n-1} \\ a_n \end{pmatrix} = \underbrace{\begin{pmatrix} 0 & 1 & & 0 \\ & \ddots & \ddots & \\ 0 & & 0 & 1 \\ c_k & \cdots & c_2 & c_1 \end{pmatrix}}_{=:A} \cdot \begin{pmatrix} a_{n-k} \\ \vdots \\ a_{n-2} \\ a_{n-1} \end{pmatrix} = \ldots = A^{n-k+1} \cdot \begin{pmatrix} a_0 \\ \vdots \\ a_{k-2} \\ a_{k-1} \end{pmatrix}.$$

Man beachte, dass A die Transponierte der Begleitmatrix B_f des Polynoms

$$f := x^k - \sum_{i=0}^{k-1} c_{k-i} x^i \in K[x]$$

ist. Wenn A diagonalisierbar ist, können wir die Potenzen von A besonders gut berechnen.

9.2.10 Zeigen Sie:

(a) Die Matrix A ist genau dann diagonalisierbar ist, wenn f in paarweise verschiedene Linearfaktoren zerfällt.

(b) Wenn $f = \prod_{i=1}^{k} (x - \lambda_i)$ in paarweise verschiedene Linearfaktoren zerfällt, dann gilt mit der transponierten Vandermonde-Matrix $S = (s_{i,j}) = (\lambda_j^{i-1}) \in K^{k \times k}$ die Formel:

$$S^{-1} \cdot A \cdot S = \mathrm{diag}(\lambda_1, \ldots, \lambda_k).$$

Aus Aufgabe 9.2.10 ergibt sich ein Lösungsverfahren für die lineare Rekursion mit gegebenen Anfangswerten $a_0, \ldots, a_{k-1}$ unter der Voraussetzung, dass f keine mehrfachen Nullstellen hat. Für eine Gleichung der Ordnung 2 machen wir das in der folgenden Aufgabe explizit.

9.2.11 Es sei $k = 2$ und es zerfalle $f = x^2 - c_1 x - c_2 = (x - \lambda_1)(x - \lambda_2)$ in verschiedene Linearfaktoren. Zeigen Sie über die Rechnungen

$$a_n = \begin{pmatrix} 0 & 1 \end{pmatrix} \cdot \begin{pmatrix} a_{n-1} \\ a_n \end{pmatrix} = \begin{pmatrix} 0 & 1 \end{pmatrix} \cdot A^{n-1} \cdot \begin{pmatrix} a_0 \\ a_1 \end{pmatrix}$$

und

$$S^{-1} A S = \begin{pmatrix} \lambda_1 & 0 \\ 0 & \lambda_2 \end{pmatrix} =: D \quad \text{mit} \quad S = \begin{pmatrix} 1 & 1 \\ \lambda_1 & \lambda_2 \end{pmatrix},$$

dass die eindeutige Lösung der Rekursionsgleichung (9.9) mit den Anfangswerten a_0, a_1 durch die folgende Formel gegeben ist:

$$a_n = \frac{1}{\lambda_2 - \lambda_1} \cdot ((a_0\lambda_2 - a_1) \cdot \lambda_1^n + (a_1 - a_0\lambda_1) \cdot \lambda_2^n).$$

In Aufgabe 9.2.11 ist jede Folge in L also eine Linearkombination der „Basisfolgen" $(\lambda_1^n)_{n\in\mathbb{N}}$ und $(\lambda_2^n)_{n\in\mathbb{N}}$. Dieses Ergebnis beweisen wir in der nächsten Aufgabe auch für Rekursionsgleichungen höherer Ordnung.

9.2.12

(a) Es sei $\lambda \in K$ eine Nullstelle von f. Zeigen Sie, dass die Folge $(\lambda^n)_{n\in\mathbb{N}}$ die Rekursionsgleichung (9.9) erfüllt.

(b) Wir nehmen nun an, dass $f = \prod_{i=1}^{k}(x - \lambda_i)$ in paarweise verschiedene Linearfaktoren zerfällt. Zeigen Sie, dass die Folgen $((\lambda_i)^n)_{n\in\mathbb{N}}$ mit $i = 1, \ldots, k$ eine Basis von L bilden.

Zum Abschluss behandeln wir den komplizierteren Fall, dass f mehrfache Nullstellen besitzt. Das Endergebnis, dass wir als Basisfolgen für den Raum L noch Folgen der Form $(n \cdot \lambda^n)_{n\in\mathbb{N}}$, $(\binom{n}{2} \cdot \lambda^n)_{n\in\mathbb{N}}$, usw. hinzunehmen müssen, ist nicht schwer zu formulieren, aber der Beweis ist diesmal wesentlich aufwändiger.

9.2.13 ✥ Es sei λ eine Nullstelle von f der Vielfachheit m.

(a) Zeigen Sie, dass dann die Folgen $(\binom{n}{j} \cdot \lambda^n)_{n\in\mathbb{N}}$ mit $j = 0, \ldots, m - 1$ die Rekursionsgleichung (9.9) erfüllen.
   Tipp: Zeigen Sie, dass die Folgen im Kern von $(\psi - \lambda \, \mathrm{id}_V)^m$ liegen.

(b) Wir nehmen nun an, dass $f = \prod_{i=1}^{r}(x - \lambda_i)^{m_i}$ in Linearfaktoren zerfällt mit paarweise verschiedenen λ_i. Zeigen Sie, dass die Folgen $(\binom{n}{j} \cdot \lambda_i^n)_{n\in\mathbb{N}}$ mit $i = 1, \ldots, r$, $j = 0, \ldots, m_i - 1$ eine Basis von L bilden.
   Tipp: Benutzen Sie aus Aufgabe 7.4.16, dass die Haupträume von ψ eine direkte Summe bilden.

Kapitel 10
Codierungstheorie (D)

Zusammenfassung In diesem Abschnitt werden Konzepte der linearen Algebra auf die Datenübertragung über einen nicht perfekten Kanal angewandt. Wir stellen uns vor, dass nacheinander Bits $x_1, x_2, x_3, \ldots$ über einen Kanal gesendet (oder auf einem Datenträger gespeichert) werden. Hierbei sind Fehler möglich: Mit einer gewissen Wahrscheinlichkeit (etwa $p = 10^{-6}$) wird ein Bit fehlerhaft übertragen bzw. gespeichert. Um trotzdem die korrekten Daten rekonstruieren zu können, oder um zumindest mit großer Wahrscheinlichkeit auf einen Fehler aufmerksam zu werden, schickt man die Daten mit einer gewissen Redundanz.

Die naivste Idee ist hierbei das Wiederholen: Alle Daten werden zweimal gesendet (oder drei-, viermal, und so weiter). Bei Einteilung in Viererblocks wird also statt (x_1, x_2, x_3, x_4) das „Wort" $(x_1, x_2, x_3, x_4, x_1, x_2, x_3, x_4)$ gesendet.

Als allgemeinen Rahmen wollen wir die folgende Situation betrachten: Ein Bit wird als ein Element des Körpers $K = \mathbb{F}_2 = \mathbb{Z}/(2)$ modelliert. Wir können jedoch auch Elemente eines anderen (endlichen) Körpers K betrachten. Der zu sendende Bit-Strom wird in Blocks der Länge k zerlegt, z. B. $k = 4$. Statt $(x_1, \ldots, x_k) \in K^k$ wird $(c_1, \ldots, c_n) \in K^n$ mit $n \geq k$ gesendet (bzw. gespeichert). Hierbei gibt es eine Zuordnung $(x_1, \ldots, x_k) \mapsto (c_1, \ldots, c_n)$. Diese ist häufig linear, d. h. nach Satz 5.5.5 gegeben durch eine Matrix $G \in K^{n \times k}$, also:

$$\begin{pmatrix} c_1 \\ \vdots \\ c_n \end{pmatrix} = G \cdot \begin{pmatrix} x_1 \\ \vdots \\ x_k \end{pmatrix}.$$

(In diesem Abschnitt schreiben wir Spaltenvektoren, wenn wir diese an eine Matrix multiplizieren wollen, ansonsten je nach Bequemlichkeit meist Zeilenvektoren.) Der gesendete Vektor $(c_1, \ldots, c_n)$ heißt **Codewort** und $(x_1, \ldots, x_k)$ heißt **Informationswort**. Die Matrix G heißt **Generatormatrix**. Die Menge

© Springer-Verlag GmbH Deutschland, ein Teil von Springer Nature 2022
G. Kemper, F. Reimers, *Lineare Algebra*,
https://doi.org/10.1007/978-3-662-63724-1_10

$$C := \left\{ G \cdot \begin{pmatrix} x_1 \\ \vdots \\ x_k \end{pmatrix} \; \middle| \; \begin{pmatrix} x_1 \\ \vdots \\ x_k \end{pmatrix} \in K^k \right\}$$

aller Codewörter bildet einen Unterraum des K^n. Eine solche Datenübertragung ist nur sinnvoll, wenn die Zuordnung zwischen Informations- und Codewörtern injektiv ist. Das LGS $G \cdot x = c$ muss also für alle $c \in C$ eindeutig lösbar sein, also $\mathrm{rg}(G) = k$. Aus unserem Test auf lineare Unabhängigkeit auf Seite 111 folgt, dass die Spalten von G linear unabhängig sind. Diese Spalten erzeugen C, also folgt

$$\dim(C) = k.$$

Ausgehend von dieser Situation machen wir folgende Definition:

Definition 10.0.1 *Ein* **linearer Code** *ist ein Unterraum* $C \subseteq K^n$. *Mit* $k :=$ $\dim(C)$ *bezeichnen wir* C *auch als einen* (n, k)-*Code. Die* **Länge** *von* C *ist* n. *Die* **Informationsrate** *ist* k/n, *die* **Redundanz** *ist* $n - k$.

Bei der Definition fällt auf, dass die Abbildung $K^k \to K^n$ nicht in die Definition des Codes aufgenommen wird. Für die meisten Fragestellungen der Codierungstheorie ist diese nämlich unerheblich. Als Generatormatrix eines Codes C kann man jede Matrix nehmen, deren Spalten eine Basis von C bilden. Wir bemerken noch, dass bisweilen auch nichtlineare Codes betrachtet werden.

Beispiel 10.0.2

(1) Die Generatormatrix

$$G := \begin{pmatrix} 1 & 0 & 0 & 0 \\ 0 & 1 & 0 & 0 \\ 0 & 0 & 1 & 0 \\ 0 & 0 & 0 & 1 \\ 1 & 0 & 0 & 0 \\ 0 & 1 & 0 & 0 \\ 0 & 0 & 1 & 0 \\ 0 & 0 & 0 & 1 \end{pmatrix}$$

liefert den *Wiederholungscode*, bei dem alles einmal wiederholt wird. Dies ist ein (8,4)-Code, die Informationsrate ist also 1/2. Falls bei der Übertragung höchstens ein Fehler auftritt, wird dies beim Empfang festgestellt. Der Fehler kann jedoch nicht korrigiert werden. Man spricht von einem *1-fehlererkennenden Code*.

(2) Der sogenannte *Parity-Check-Code* ist gegeben durch die Generatormatrix

$$G := \begin{pmatrix} 1 & 0 & 0 & 0 \\ 0 & 1 & 0 & 0 \\ 0 & 0 & 1 & 0 \\ 0 & 0 & 0 & 1 \\ 1 & 1 & 1 & 1 \end{pmatrix}.$$

Als Abbildung kann man ihn als

$$(x_1, \ldots, x_4) \mapsto (x_1, \ldots, x_4, x_1 + x_2 + x_3 + x_4)$$

definieren. Dies ist ein (5,4)-Code. Falls ein oder drei Fehler auftreten, wird dies erkannt. Also ist auch dieser Code 1-*fehlererkennend*. Aber seine Informations-rate ist mit 4/5 höher als die des Wiederholungscodes. Der Parity-Check-Code ist wohl eine der ältesten Ideen der Informatik.

(3) Es ist auch möglich, jedes Informationswort dreimal zu senden. Der entspre-chende Code hat die Generatormatrix

$$G = \begin{pmatrix} I_4 \\ I_4 \\ I_4 \end{pmatrix} \in K^{12 \times 4}.$$

Dies ist ein (12,4)-Code. Falls höchstens ein Fehler auftritt, kann man diesen nach Empfang korrigieren. Man spricht von einem 1-*fehlerkorrigierenden Code*.   ◁

Das *Decodieren* läuft folgendermaßen ab: Das empfangene Wort $c' = (c'_1, \ldots, c'_n)$ kann sich vom gesendeten Wort c durch Übertragungsfehler unterscheiden. Falls c' ein Codewort ist, also $c' \in C$, so wird $c = c'$ angenommen, denn dann ist der wahrscheinlichste Fall, dass kein Fehler auftrat. In diesem Fall wird durch das Auflösen des LGS $G \cdot x = c'$ das (wahrscheinliche) Informationswort $x \in K^k$ ermittelt. Interessanter ist der Fall $c' \notin C$. Es wird (wieder) mit der Annahme gearbeitet, dass die Anzahl der Fehlerbits mit hoher Wahrscheinlichkeit klein ist. Also sucht man ein Codewort $c'' \in C$, das sich von c' an möglichst wenig Koordinaten unterscheidet. Dabei kann man eine Maximalanzahl von Koordinaten festlegen, in denen sich c'' und c' unterscheiden dürfen. Falls es genau ein solches c'' gibt, wird $c = c''$ angenommen und $x \in K^k$ mit $G \cdot x = c''$ ausgegeben. Andernfalls wird eine Fehlermeldung ausgegeben: dann ist sinnvolles Decodieren nicht möglich. Die Güte eines Codes entscheidet sich darin, dass dieser Fall möglichst vermieden wird, und dass korrektes Decodieren ($c'' = c$) mit möglichst hoher Wahrscheinlichkeit passiert.

Definition 10.0.3 *Für $c = (c_1, \ldots, c_n) \in K^n$ ist*

$$w(c) := \left| \{ i \in \{1, \ldots, n\} \mid c_i \neq 0 \} \right|$$

das **Hamming-Gewicht** *von c. Für $c, c' \in K^n$ ist*

$$d(c, c') := w(c - c') = \left| \{ i \in \{1, \ldots, n\} \mid c_i \neq c_i' \} \right|$$

der **Hamming-Abstand** *von c und c'. (Nebenbei: Dies ist eine Metrik auf K^n.) Für eine Teilmenge $C \subseteq K^n$ ist*

$$d(C) := \min \left\{ d(c, c') \mid c, c' \in C, \ c \neq c' \right\}$$

der **Hamming-Abstand** *von C. (Falls $|C| \leq 1$, so setzen wir $d(C) := n + 1$.) Falls C ein Unterraum ist, ergibt sich*

$$d(C) = \min \left\{ w(c) \mid c \in C \setminus \{0\} \right\}.$$

Beispiel 10.0.4

(1) Der (8,4)-Wiederholungscode (Beispiel 10.0.2(1)) hat den Hamming-Abstand $d(C) = 2$.
(2) Der (5,4)-Parity-Check-Code (Beispiel 10.0.2(2)) hat ebenfalls $d(C) = 2$.
(3) Der (12,4)-Wiederholungscode (Beispiel 10.0.2(3)) hat $d(C) = 3$.   ◁

Folgende Überlegung zeigt, dass der Hamming-Abstand entscheidend ist für die Güte eines Codes.

Es sei zunächst $d(C) = 2e + 1$ ungerade. Das (durch Übertragungsfehler bedingte) Ändern von höchstens e Bits in einem Codewort ergibt ein empfangenes Wort $c' \in K^n$ mit $d(c, c') \leq e$. Dann ist c das eindeutig bestimmte Codewort $c'' \in C$ mit $d(c'', c') \leq e$. Aus $d(c'', c') \leq e$ und $c'' \in C$ folgt nämlich $d(c'', c) \leq 2e$, also $c'' = c$ wegen der Annahme. Wenn man nach Empfang von c' also das (eindeutig bestimmte) Codewort sucht, dass zu c' höchstens den Abstand e hat, dann findet man garantiert das ursprünglich gesendete Wort, der Übertragungsfehler ist also korrigiert. Dies bedeutet, dass korrekt decodiert werden kann, falls höchstens e Übertragungsfehler auftreten. Einen Code, bei dem dies möglich ist, nennen wir e-**fehlerkorrigierend**. Bei mehr als e Fehlern ist es allerdings möglich, dass es mehrere Codewörter gibt, die minimalen Anstand zum empfangenen Wort haben (damit ist Decodieren dann unmöglich), oder gar, dass ein anderes als das gesendete Codewort zum empfangenen Wort einen Abstand $\leq e$ hat und damit fehlerhaft decodiert wird.

Nun sei $d(C) = 2e + 2$ gerade. Nach obigem Argument ist C jedenfalls e-fehlerkorrigierend. Beim Decodieren wird man dieselbe Strategie wie oben benutzen, nämlich ein Codewort suchen, dass von dem empfangenen Wort c' höchstens den Abstand e hat. Der erhöhte Hamming-Abstand $d(C) = 2e + 2$ bietet aber gegenüber $2e + 1$ einen zusätzlichen Vorteil: Falls nämlich genau $e + 1$ Fehler auftreten, so gibt es kein Codewort $c'' \in C$ mit $d(c'', c') \leq e$, denn dann wäre $c'' \neq c$ und

$$d(c, c'') \leq d(c, c') + d(c', c'') \leq e + 1 + e < d(C),$$

ein Widerspruch. Also wird beim Decodieren eine Fehlermeldung ausgegeben. Das stellt deshalb einen Vorteil dar, weil bei $d(C) = 2e + 1$ und $e + 1$ Fehlern eine falsche Decodierung passieren kann, was schlimmer ist als eine Fehlermeldung. Bei $d(C) = 2e + 2$ werden also e Fehler korrigiert und $e + 1$ Fehler zumindest erkannt. Ein Code, bei dem dies möglich ist, nennen wir $(e + 1)$-**fehlererkennend**.
Wir fassen zusammen:

Satz 10.0.5 *Es sei $C \subseteq K^n$ ein Code.*

(a) *Falls $d(C) = 2e + 1$, so ist der Code e-fehlerkorrigierend.*
(b) *Falls $d(C) = 2e + 2$, so ist der Code e-fehlerkorrigierend und $(e + 1)$-fehlererkennend.*

Die Beobachtungen der letzten zwei Seiten zum Decodieren und zum Hamming-Abstand gelten auch für nichtlineare Codes. Nun fokussieren wir uns wieder auf lineare Codes, also Unterräume $C \subseteq K^n$, die von den (linear unabhängigen) Spalten einer Matrix G erzeugt werden. Wegen $\mathrm{rg}(G) = k$ ist es gemäß Proposition 5.3.15 möglich, k linear unabhängige Zeilen von G auszusuchen. Durch Vertauschungen der Zeilen kann man also annehmen, dass die ersten k Zeilen von G linear unabhängig sind. Dies bedeutet, dass wir auch bei den Codewörtern $c \in C$ die Reihenfolge der Koordinaten c_i ändern, eine unwesentliche Änderung. Nun können wir auf G elementare *Spalten*operationen anwenden und G auf strenge *Spaltenstufenform* bringen; dies entspricht den gewohnten Zeilenoperationen auf der transponierten Matrix G^T. Wegen Proposition 5.2.10 ändern die Spaltenoperationen den Code C nicht. Wir ersetzen G durch die in strenge Spaltenstufenform gebrachte Matrix. Wegen der linearen Unabhängigkeit der ersten k Zeilen ergibt sich (nach Normieren der Diagonaleinträge)

$$G = \begin{pmatrix} I_k \\ A \end{pmatrix} \tag{10.1}$$

mit $A \in K^{(n-k) \times k}$. Bei unseren bisherigen Beispielen lag G jeweils schon zu Beginn in dieser Form vor. Nun bilden wir die Matrix

$$P := \left(-A \; I_{n-k} \right) \in K^{(n-k) \times n},$$

wobei wir hier überall die für Codierungstheorie uninteressanten Fälle $k = 0$ und $k = n$ ausschließen. Die Matrix P hat den Rang $n - k$ und es gilt

$$P \cdot G = \left(-A \; I_{n-k} \right) \cdot \begin{pmatrix} I_k \\ A \end{pmatrix} = 0.$$

Hieraus folgt $P \cdot c = 0$ für alle Codewörter $c \in C$. Andererseits hat die Lösungsmenge L des homogenen LGS $P \cdot x = 0$ nach Proposition 5.3.14 die Dimension $n - (n - k) = k = \dim(C)$. Aus Korollar 5.3.17(b) folgt $L = C$. Wir halten fest, dass für $c \in K^n$ gilt:

$$c \in C \quad \Longleftrightarrow \quad P \cdot c = 0.$$

Die Matrix P heißt **Parity-Check-Matrix**. Nebenbei sei erwähnt, dass für lineare Codes auch ohne die Voraussetzung (10.1) eine Parity-Check-Matrix existiert (siehe hierzu Aufgabe 5.8.6).

Beispiel 10.0.6

(1) Der (8,4)-Wiederholungscode (Beispiel 10.0.2(1)) hat die Parity-Check-Matrix

$$P = \begin{pmatrix} -1 & 0 & 0 & 0 & 1\,0\,0\,0 \\ 0 & -1 & 0 & 0 & 0\,1\,0\,0 \\ 0 & 0 & -1 & 0 & 0\,0\,1\,0 \\ 0 & 0 & 0 & -1 & 0\,0\,0\,1 \end{pmatrix} \in K^{4 \times 8}.$$

(2) Der (5,4)-Parity-Check-Code (Beispiel 10.0.2(2)) hat die Parity-Check-Matrix

$$P = \left(-1 \; -1 \; -1 \; -1 \; 1 \right) \in K^{1 \times 5}.$$

$\lhd$

Mit Hilfe der Parity-Check-Matrix kann man das Decodierungsverfahren verbessern. Es sei $c' \in K^n$ das empfangene Wort. Den Unterschied von c und c' quantifizieren wir durch den (dem Empfänger nicht bekannten) *Fehlervektor* $f :=$ $c' - c \in K^n$. Es ergibt sich

$$P \cdot c' = P \cdot (c + f) = 0 + P \cdot f = P \cdot f.$$

Der Vektor $P \cdot c' \in K^{n-k}$ heißt das **Syndrom** von c'. Es misst, wie weit c' von einem Codewort abweicht. Nach obiger Gleichung haben empfangenes Wort und Fehlervektor das gleiche Syndrom. Das Decodieren kann nun so geschehen: Man berechnet das Syndrom $P \cdot c'$ und sucht anschließend ein $f \in K^n$, welches unter allen $f' \in K^n$ mit $P \cdot f' = P \cdot c'$ minimales Hamming-Gewicht hat. Falls $c' \in C$, so ergibt sich automatisch $f = 0$. Falls es ein eindeutig bestimmtes solches f gibt, setzt man $c'' := c' - f \in C$ und gibt $x \in K^k$ mit $G \cdot x = c''$ aus. Falls es kein eindeutiges f gibt, gibt man eine Fehlermeldung aus. Dies entspricht genau dem oben beschriebenen Decodierverfahren. Da es nur $|K|^{n-k}$ mögliche Syndrome gibt, kann man das f (oder Fehlermeldung) zu jedem Syndrom in einer Tabelle speichern. Oft gibt es noch bessere Methoden zur Ermittlung von f. Dies ist in folgendem Beispiel der Fall.

Der (7,4)-Hamming-Code

Wir definieren nun den sogenannten (7,4)-Hamming-Code. Dieser zeigt, dass Codierungstheorie zu mehr in der Lage ist, als die bisherigen, relativ offensichtlichen Beispiele von Codes zu analysieren. Der Hamming-Code $C \subseteq \mathbb{F}_2^7$ wird durch die Generatormatrix

$$G = \begin{pmatrix} 1 & 0 & 0 & 0 \\ 0 & 1 & 0 & 0 \\ 0 & 0 & 1 & 0 \\ 0 & 0 & 0 & 1 \\ 0 & 1 & 1 & 1 \\ 1 & 0 & 1 & 1 \\ 1 & 1 & 0 & 1 \end{pmatrix} \in \mathbb{F}_2^{7 \times 4}$$

definiert, als Abbildung $\mathbb{F}_2^4 \to \mathbb{F}_2^7$ also

$$(x_1, \ldots, x_4) \mapsto (x_1, \ldots, x_4, \; x_2 + x_3 + x_4, \; x_1 + x_3 + x_4, \; x_1 + x_2 + x_4).$$

Der Hamming-Code C ist ein (7,4)-Code, hat also eine höhere Informationsrate als der (8,4)-Wiederholungscode aus Beispiel 10.0.2(1). Die Parity-Check-Matrix lautet

$$P = \begin{pmatrix} 0 & 1 & 1 & 1 & 1 & 0 & 0 \\ 1 & 0 & 1 & 1 & 0 & 1 & 0 \\ 1 & 1 & 0 & 1 & 0 & 0 & 1 \end{pmatrix}.$$

Welchen Hamming-Abstand hat C? Dazu müssen wir $w(c)$ für $c \in C \setminus \{0\}$ ermitteln. Die Bedingung $c \in C$ ist gleichbedeutend mit $P \cdot c = 0$. Gibt es ein solches c mit $w(c) = 1$? Dies würde bedeuten, dass (mindestens) eine der Spalten von P eine Nullspalte ist, was nicht der Fall ist. Gibt es ein $c \in \mathbb{F}_2^7$ mit $P \cdot c = 0$ und $w(c) = 2$? Dies würde bedeuten, dass es in P zwei Spalten gibt, die linear abhängig sind. Auch dies ist nicht der Fall! Es folgt also $d(C) > 2$. In diesem Argument zeigt sich die eigentliche Idee des Hamming-Codes: Man beginnt mit der Parity-Check-Matrix und stellt sie so auf, dass sie keine zwei linear abhängigen Spalten enthält. Hieraus folgt dann $d(C) > 2$. Die Generatormatrix G leitet man dann aus der Parity-Check-Matrix her. Da G selbst (sogar mehr als) einen Vektor von Gewicht 3 enthält, folgt

$$d(C) = 3.$$

Der (7,4)-Hamming Code ist also 1-fehlerkorrigierend. Damit hat er einerseits eine höhere Informationsrate, andererseits bessere Fehlerkorrektureigenschaften als der (8,4)-Wiederholungscode!

Das Decodieren ist hier ganz besonders einfach: Es gibt nur acht mögliche Syndrome, nämlich alle Vektoren von $\mathbb{F}_2^3$. Wir können diese schreiben als $v_0 = 0, v_1, \ldots, v_7$, wobei v_i die i-te Spalte von P ist ($i > 0$). Für v_0 ist der Nullvektor das Codewort kleinsten Gewichtes mit Syndrom v_0. Für v_i (mit $i \geq 1$) ist dies der i-te Standardbasisvektor e_i, denn $P \cdot e_i = v_i$. Der vollständige Decodieralgorithmus läuft also so ab: Man ermittelt das Syndrom $s := P \cdot c'$ des empfangenen Wortes $c' = (c_1', \ldots, c_7')$. Falls $s = v_i$ mit $1 \leq i \leq 4$, so gibt man $(x_1, \ldots, x_4) = (c_1', \ldots, c_4') + e_i$ aus (d. h. das i-te Bit wird geändert). Andernfalls gibt man $(x_1, \ldots, x_4) = (c_1', \ldots, c_4')$ aus. (Falls das Syndrom einer der Vektoren v_5, v_6, v_7 ist, so wird e_i mit $i > 4$ zu c' hinzuaddiert, aber dies ändert $(x_1, \ldots, x_4)$ nicht.) In dem wahrscheinlichen Fall, dass bei der Übertragung höchstens ein Fehler auftritt, wird so das korrekte Informationswort ausgegeben.

Der Bauer-Code

Einen weiteren interessanten Code erhalten wir durch folgende Erweiterung des (7,4)-Hamming Codes: Wir hängen einfach zusätzlich noch ein Parity-Bit an, also $c_8 = c_1 + \ldots + c_7$ an, d. h. wir benutzen die Abbildung

$$(x_1, \ldots, x_4) \mapsto (x_1, \ldots, x_4, x_2 + x_3 + x_4, x_1 + x_3 + x_4, x_1 + x_2 + x_4, x_1 + x_2 + x_3).$$

Der hierdurch definierte Code C wird *Bauer-Code* (nach F. L. Bauer, Informatiker an der TU München) genannt. Es handelt sich um einen (8,4)-Code. Was ist der Hamming-Abstand $d(C)$? Auf jeden Fall mindestens 3, denn die ersten 7 Bits sind ja identisch mit dem Hamming-Code. Aber falls ein Wort $(c_1, \ldots, c_7)$ des Hamming-Codes das Gewicht 3 hat, so ist $c_1 + \ldots + c_7 = 1$, also hat das entsprechende Wort in C Gewicht 4. Wir erhalten $d(C) = 4$. Der Bauer-Code ist also 1-fehlerkorrigierend und 2-fehlererkennend. Er hat damit wesentlich bessere Eigenschaften als der (8,4)-Wiederholungscode.

Aufgaben

10.0.1 📷 *(Video-Link siehe Vorwort, Seite VI)*
Wir betrachten den linearen (5, 2)-Code $C \subseteq \mathbb{F}_2^5$, der durch folgende Codierungsvorschrift gegeben ist:

$$(x_1, x_2) \mapsto (x_1, x_2, x_1, x_2, x_1 + x_2).$$

(a) Geben Sie alle Codewörter und den Hamming-Abstand $d(C)$ an.
(b) Geben Sie eine Generatormatrix und eine Parity-Check-Matrix für C an.
(c) Angenommen es werden die Wörter

$$v_1 = (1, 1, 1, 1, 0), \quad v_2 = (0, 1, 1, 1, 1), \quad v_3 = (0, 0, 1, 1, 0)$$

empfangen. Wie lauten wahrscheinlich die gesuchten Informationswörter? Welches Wort würden Sie erneut anfordern?

10.0.2 Es sei $C \subseteq K^n$ ein linearer (n, k)-Code mit $k \neq 0$ und $k \neq n$. Weiter sei $P \in K^{(n-k) \times n}$ eine Parity-Check-Matrix von C. Zeigen Sie, dass für den Hamming-Abstand von C gilt:

$$d(C) = \min\{r \in \mathbb{N}_{\geq 1} \mid \text{es gibt } r \text{ linear abhängige Spalten in } P\}.$$

10.0.3 Es sei $C \subseteq K^n$ ein linearer (n, k)-Code. Beweisen Sie die sogenannte **Singleton-Schranke** für den Hamming-Abstand:

$$d(C) \leq n - k + 1.$$

10.0.4 Wir betrachten den linearen $(6, 4)$-Code $C \subseteq \mathbb{F}_2^6$, der durch folgende Codierungsvorschrift gegeben ist:

$$(x_1, x_2, x_3, x_4) \mapsto (x_1, x_2, x_3, x_4, x_1 + x_2, x_3 + x_4).$$

(a) Geben sie eine Parity-Check-Matrix P für C an und bestimmen Sie den Hamming-Abstand $d(C)$.

(b) Angenommen es werden die Wörter

$$v_1 = (1, 1, 0, 1, 0, 1), \quad v_2 = (0, 0, 1, 0, 1, 1)$$

empfangen. Wie lauten wahrscheinlich die gesuchten Informationswörter? Welches Wort würden Sie erneut anfordern?

10.0.5 Ein linearer Code $C \subseteq K^n$ heißt **zyklisch**, wenn für alle Codewörter $(c_1, \ldots, c_n) \in C$ auch $(c_2, c_3, \ldots, c_n, c_1) \in C$ ist. Wir betrachten den Restklassenring von $K[x]$ modulo $x^n - 1$ und bezeichnen mit $\overline{f}$ die Restklasse von $f \in K[x]$. Weiter sei φ die Abbildung

$$\varphi : K^n \to K[x]/(x^n - 1), \quad (a_0, \ldots, a_{n-1}) \mapsto \overline{a_0 + a_1 x + \ldots + a_{n-1} x^{n-1}}.$$

(a) Zeigen Sie, dass φ ein Isomorphismus von K-Vektorräumen ist (siehe hierzu auch Aufgabe 5.6.6).

(b) Zeigen Sie, dass eine Teilmenge $C \subseteq K^n$ genau dann ein zyklischer Code ist, wenn $\varphi(C)$ ein *Ideal* im Restklassenring ist, d. h. wenn $\varphi(C)$ ein Unterraum ist und für alle $f, g \in K[x]$ mit $\overline{g} \in \varphi(C)$ gilt: $\overline{fg} \in \varphi(C)$.

(c) Bestimmen Sie alle zyklischen Codes über $K = \mathbb{F}_2$ mit $n = 3$.

Kapitel 11
Graphen (D)

Zusammenfassung Graphen bilden eines der Kernthemen der diskreten Mathematik. Sie sind diskrete Objekte, die vielseitig zur Beschreibung realer Situationen einsetzbar sind. Sie modellieren netzwerkartige Strukturen, wie etwa soziale Netzwerke, Kommunikationsstrukturen, Verkehrsnetze und elektronische Schaltungen, aber auch Abstammungsbäume. Die Kapitel dieses Buchs mit ihren Interdependenzen lassen sich als Graph darstellen, so wie nach dem Inhaltsverzeichnis geschehen. Zugleich sind Graphen mathematisch und algorithmisch interessant und Gegenstand aktueller mathematischer und interdisziplinärer Forschung.

11.1 Wege und Bäume

Wir beginnen mit der Definition eines Graphen.

Definition 11.1.1 *Ein* **Graph** *ist ein geordnetes Paar* $G = (V, E)$, *bestehend aus einer nichtleeren, endlichen Menge* V *und einer Menge*

$$E \subseteq \left\{ \{x, y\} \mid x, y \in V, \ x \neq y \right\} = \binom{V}{2}$$

von zweielementigen Teilmengen von V. *Die Elemente von* V *werden* **Knoten** *oder auch* **Ecken** *genannt, die von* E *werden* **Kanten** *genannt.*

Oft werden Graphen durch Diagramme gekennzeichnet oder gegeben, wie durch folgendes Beispiel gezeigt wird.

Beispiel 11.1.2

(1) Die Knotenmenge sei gegeben durch die Länder Zentralamerikas (gekennzeichnet durch ihre Anfangsbuchstaben), also

$$V = \{B, C, E, G, H, N, P\}.$$

© Springer-Verlag GmbH Deutschland, ein Teil von Springer Nature 2022
G. Kemper, F. Reimers, *Lineare Algebra*,
https://doi.org/10.1007/978-3-662-63724-1_11

Falls zwei dieser Länder aneinander grenzen, seien sie durch eine Kante verbunden. Wir erhalten

$$E = \{\{B, G\}, \{C, N\}, \{C, P\}, \{E, G\}, \{E, H\}, \{G, H\}, \{H, N\}\},$$

was sich als das Diagramm

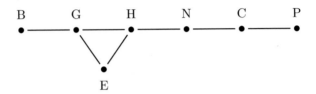

darstellt.

(2) Das folgende Diagramm stellt den Graphen mit den zweielementigen Teilmengen der Menge $\{1, 2, 3, 4\}$ als Knoten dar, wobei zwei Knoten eine Kante haben, falls ihre Schnittmenge nicht leer ist.

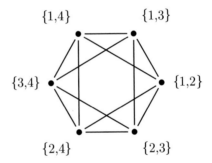

(3) Auch interessant ist der Graph, dessen Knoten alle Nutzer bei Facebook sind, mit Kanten zwischen Facebook-Freunden. Diesen Graphen hier zu zeichnen würde den Umfang des Buchs sprengen.   ◁

Anmerkung 11.1.3 Es gibt einige Varianten des Begriffs eines Graphen. Die wichtigsten hiervon wollen wir hier vorstellen.

(a) Zunächst werden häufig auch unendliche Graphen betrachtet, d. h. die Bedingung der Endlichkeit an V wird weggelassen.

(b) Manchmal werden in Graphen auch Kanten von einem Knoten zu sich selbst (sogenannte *Schleifen*) zugelassen, definiert als einelementige Teilmengen von V.

(c) **Gerichtete Graphen**: Die Kanten haben eine Richtung und werden durch Pfeile gekennzeichnet. Mathematisch definiert man dies, indem man sagt, dass die Kantenmenge eine Teilmenge des kartesischen Produkts $V \times V$ ist, wobei Schleifen (also Kanten der Form (x, x)) meist nicht zugelassen werden. Ein Beispiel ist die Nahrungskette verschiedener Tierarten, die eben im Allgemeinen keine Kette, sondern ein gerichteter Graph ist. Hier betrachten wir: Kormoran (K) und Forelle (F) fressen Steinkrebs (S), Adler (A) und Kormoran fressen Forelle, und Adler frisst Kormoran. Der Graph ist

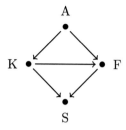

(d) **Multigraphen**: Zwischen zwei Knoten sind mehrere Kanten erlaubt. Die exakte mathematische Definition geben wir später (Definition 11.2.1). Als Beispiel zeichnen wir den Graphen, dessen Knoten die Teilmengen von $S := \{1, 2, 3\}$ sind, wobei jedes gemeinsame Element von zwei Teilmengen für eine Kante sorgt.

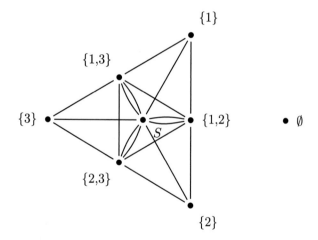

Man betrachtet auch gerichtete Multigraphen.

(e) **Gewichtete Graphen**: Dies sind Graphen, deren Kanten mit Elementen aus einer Menge (oft $\mathbb{R}$ oder $\mathbb{R} \cup \{\infty\}$) „gewichtet" sind. Man kann sie definieren, indem man die Kantenmenge E durch eine Funktion ersetzt, die jeder zweielementigen Menge von Knoten das Gewicht der Kante zwischen ihnen zuordnet. Hierbei kann ein bestimmtes Gewicht (typischerweise 0 oder ∞) als nicht existente Kante gedeutet werden. Ein typisches Beispiel ist der Entfernungsgraph zwischen Städten, dessen Kanten die Entfernung (Straßenverbindung auf dem Landweg) angibt. Für Berlin (B), Edinburgh (E), Hamburg (H), London (L) und München (M) ergibt sich

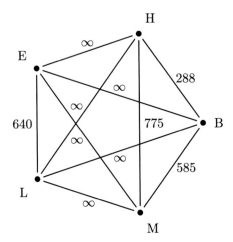

Die mit ∞ gewichteten Kanten bedeuten, dass es keinen Landweg gibt, sie können auch weggelassen werden.

Man betrachtet auch gewichtete gerichtete Graphen sowie Graphen, deren Knoten gewichtet sind.

Im Hinblick auf diese Varianten spricht man bisweilen von einem **einfachen Graph**, um zu spezifizieren, dass ein Graph gemäß Definition 11.1.1 gemeint ist. ◁

Im diesem Abschnitt sei $G = (V, E)$ nun immer ein Graph gemäß Definition 11.1.1.

Definition 11.1.4

(a) *Ein* **Weg** *ist ein* $(n + 1)$-*Tupel* $(x_0, \ldots, x_n)$ *von paarweise verschiedenen Knoten, so dass* $\{x_{i-1}, x_i\} \in E$ *für* $1 \le i \le n$. *Genauer spricht man von einem Weg der Länge* n *von* x_0 *nach* x_n. *Hierbei ist* $n = 0$ *zugelassen, wir fassen* (x_0) *also als Weg von* x_0 *zu sich selbst auf.*

(b) *Ein* **Kreis** *ist ein* $(n + 1)$-*Tupel* $(x_0, \ldots, x_n)$ *von Knoten mit* $n \ge 3$ *und* $x_0 = x_n$, *so dass* $(x_0, \ldots, x_{n-1})$ *ein Weg ist und* $\{x_{n-1}, x_n\} \in E$. *Man spricht auch von einem Kreis der Länge* n.

(c) G *heißt* **zusammenhängend**, *falls es für alle Knoten* $x, y \in V$ *einen Weg von* x *nach* y *gibt.*

(d) G *heißt* **kreisfrei**, *falls* G *keine Kreise hat.*

Beispiel 11.1.5 In dem Graphen aus Beispiel 11.1.2(2) sind zwei Wege von $\{3, 4\}$ nach $\{1, 2\}$ rot und grün gefärbt. Ein Kreis ist blau gefärbt.

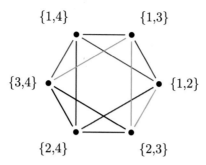

Der Graph ist zusammenhängend. Dies trifft nicht auf das Beispiel in Anmerkung 11.1.3(d) zu. ◁

Anmerkung 11.1.6 Für zwei Knoten x, y von G schreiben wir $x \sim y$, falls es einen Weg von x nach y gibt. Dies ergibt eine Relation auf V, die reflexiv (da es zu jedem $x \in V$ einen Weg der Länge 0 gibt) und symmetrisch ist. Um die Transitivität einzusehen, müssen wir Wege von Knoten x nach y und von y nach z zusammenhängen. Das Resultat ist ein Tupel wie in Definition 11.1.4(a), aber ohne die Verschiedenheit der x_i. Treten in dem Tupel aber zwei gleiche x_i auf, so kann man es verkürzen, indem man das Zwischenstück und eines der x_i herausnimmt. So bekommt man schließlich einen Weg von x nach z. Damit ist gezeigt, dass „$\sim$" eine Äquivalenzrelation ist. Die Äquivalenzklassen, zusammen mit den Kanten zwischen ihren Knoten, heißen die **Zusammenhangskomponenten** von G. Diese sind zusammenhängend, und G selbst ist genau dann zusammenhängend, falls es nur eine Zusammenhangskomponente gibt. ◁

Zum Thema Zusammenhang und Kreisfreiheit werden wir etwas später beweisen:

Satz 11.1.7

(a) *Ist G zusammenhängend, so folgt $|E| \geq |V| - 1$.*
(b) *Ist G kreisfrei, so folgt $|E| \leq |V| - 1$.*
(c) *G ist genau dann kreisfrei, wenn es für zwei Knoten x, y von G höchstens einen Weg von x nach y gibt.*

Ein wichtiger Typ von Graphen wird durch die folgende Definition gegeben.

Definition 11.1.8 *Der Graph G heißt ein* **Baum**, *falls er zusammenhängend und kreisfrei ist. In diesem Zusammenhang nennt man einen kreisfreien Graph auch einen* **Wald**, *da seine Zusammenhangskomponenten Bäume sind.*

Beispielsweise ist der Graph

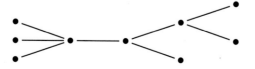

1

ein Baum. Über Bäume werden wir beweisen:

Satz 11.1.9 (Charakterisierung von Bäumen) *Die folgen Aussagen sind äquivalent:*

(a) *G ist ein Baum.*
(b) *Für zwei Knoten x, y von G gibt es genau einen Weg von x nach y.*
(c) *Es gilt $|E| = |V| - 1$, und G ist zusammenhängend oder kreisfrei.*

Hat G also die „richtige" Kantenzahl (nämlich $|V| - 1$), so reicht der Nachweis des Zusammenhangs *oder* der Kreisfreiheit, um die andere dieser Eigenschaften zu garantieren.

Wir beweisen die Sätze 11.1.7 und 11.1.9 nach dem folgenden Satz 11.1.12, für dessen Formulierung wir eine (auch sonst wichtige) Definition brauchen.

Definition 11.1.10

(a) *Ein Graph $H = (W, F)$ heißt ein **Teilgraph** von G, falls $W \subseteq V$ und $F \subseteq E$. Wir drücken dies durch $H \leq G$ aus. Ist $W = V$, so heißt H ein **aufspannender Teilgraph**. Gleichbedeutend mit „Teilgraphen" sprechen wir auch von Untergraphen oder Subgraphen.*
(b) *Ein aufspannender Teilgraph B von G heißt ein **Spannbaum** von G, falls B ein Baum ist.*

Beispiel 11.1.11

(1) Die Zusammenhangskomponenten eines Graphen sind Teilgraphen.
(2) Das folgende Diagramm stellt einen Graphen mit einem (nicht aufspannenden) Teilgraphen dar.

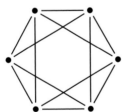 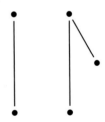

Der Teilgraph ist kreisfrei, aber nicht zusammenhängend. Im folgenden Diagramm sind zwei Spannbäume des linken Graphen farbig markiert.

Wir sehen, dass Spannbäume nicht eindeutig bestimmt sind. Aber aus Satz 11.1.9(c) wissen wir, dass alle Spannbäume dieselbe Kantenzahl haben müssen (in diesem Beispiel: 5). ◁

Satz 11.1.12 (Existenz von Spannbäumen) *Der Graph G sei zusammenhängend, und H ≤ G sei ein kreisfreier Teilgraph. Dann gibt es einen Spannbaum B von G mit H ≤ B. Insbesondere hat jeder zusammenhängende Graph einen Spannbaum.*

Beweis Wir benutzen Induktion nach der Kantenzahl $|E|$. Falls G bereits kreisfrei ist, gibt es nichts zu zeigen. Wir nehmen also an, dass G einen Kreis K hat. Da H kreisfrei ist, gibt es in diesem Kreis zwei aufeinanderfolgende Knoten x, y, so dass die Kante $\{x, y\} \in E$ *nicht* Kante von H ist. Durch Entfernen dieser Kante bilden wir den aufspannenden Teilgraph

$$G' := \big(V, E \setminus \{\{x, y\}\}\big).$$

Es folgt $H \leq G'$. Wir behaupten, dass G' zusammenhängend ist. Auch in G' gibt es einen Weg von x nach y, also $x \sim y$ (siehe Anmerkung 11.1.6 für die verwendete Notation). Ist nun $(x_0, \ldots, x_n)$ irgendein Weg in G, so gilt $x_i \sim x_{i+1}$ für alle i auch in G', also wegen der Transitivität $x_0 \sim x_n$. Nachdem wir wissen, dass G' zusammenhängend ist, liefert die Induktionsannahme einen Spannbaum B von G' mit $H \leq B$. Da G' in G und B in G' aufspannend sind, folgt, dass B auch ein Spannbaum von G ist. □

Vor dem Beweis der Sätze 11.1.7 und 11.1.9 schieben wir eine Definition und zwei Lemmata ein.

Definition 11.1.13 *Der **Grad** eines Knotens $x \in V$ ist die Anzahl der Kanten, die x mit anderen Knoten verbinden, und wird mit* deg(x) *bezeichnet, also:*

$$\deg(x) := \big|\{\{x, y\} \mid \{x, y\} \in E\}\big|.$$

Knoten vom Grad 0 nennt man auch **isolierte Knoten**.

Lemma 11.1.14 *Falls G kreisfrei ist und $E \neq \emptyset$, so hat G mindestens zwei Knoten vom Grad 1.*

Beweis Da es Kanten gibt, gibt es auch Wege. Wir wählen einen Weg $(x_0, \ldots, x_n)$ maximaler Länge n. Also gibt es eine Kante zwischen x_0 und x_1 und damit deg$(x_0) \geq 1$. Um zu zeigen, dass der Grad nicht größer als 1 ist, nehmen wir an, dass es eine Kante $\{x_0, y\} \in E$ mit $y \neq x_1$ gibt. Falls $y = x_i$ für ein i, dann wäre $i \geq 2$ und damit $(y, x_0, \ldots, x_i)$ ein Kreis, im Widerspruch zur Kreisfreiheit von G. Falls aber $y \neq x_i$ für alle i, so wäre $(y, x_0, \ldots, x_n)$ ein Weg der Länge $n + 1$ im Widerspruch zur Maximalität von n. Da dasselbe auch mit x_n anstelle von x_0 gilt, ist das Lemma bewiesen. □

In einem Baum nennt man Knoten von Grad 1 auch **Blätter**.

Lemma 11.1.15 *Ist G ein Baum, so folgt* $|E| = |V| - 1$.

Beweis Wir führen den Beweis per Induktion nach der Knotenzahl $|V|$. Für $|V| = 1$ ist nichts zu zeigen, wir setzen also $|V| \geq 2$ voraus. Weil G zusammenhängend ist, gibt es Kanten, also nach Lemma 11.1.14 auch einen Knoten x_0 vom Grad 1. Es sei $x_1 \in V$ der (einzige) mit x_0 verbundene Knoten. Wir entfernen nun x_0 aus dem Graphen, d. h. wir bilden den (nicht aufspannenden) Teilgraphen

$$G' := \big(V \setminus \{x_0\},\, E \setminus \big\{ \{x_0, x_1\} \big\} \big).$$

Dann ist G' zusammenhängend, denn für verschiedene Knoten x, y von G' gibt es einen Weg in G von x nach y. Weil x_0 nur mit einem einzigen Knoten eine Kante hat, kann in diesem Weg x_0 wegen der Verschiedenheit der Knoten im Weg nicht vorkommen, also liegt der Weg in G'. Da außerdem jeder Teilgraph eines kreisfreien Graphen selbst kreisfrei ist, gilt dies auch für G', also ist G' ein Baum. Die Induktionsannahme liefert nun

$$\big| E \setminus \big\{ \{x_0, x_1\} \big\} \big| = |V \setminus \{x_0\}| - 1,$$

woraus die Behauptung folgt.   □

Beweis von Satz 11.1.7 (a) Nach Satz 11.1.12 hat G einen Spannbaum $B = (V, F)$, für den nach Lemma 11.1.15 $|F| = |V| - 1$ gilt. Wegen $F \subseteq E$ folgt $|E| \geq |V| - 1$.

(b) Durch Hinzufügen von Kanten können wir aus G einen zusammenhängenden Graph G' machen. Nach Satz 11.1.12 hat G' einen Spannbaum $B = (V, F)$ mit $G \leq B$, also $E \subseteq F$. Mit Lemma 11.1.15 folgt $|E| \leq |V| - 1$.

(c) Wir setzen zunächst voraus, dass G kreisfrei ist und nehmen an, dass es zwei verschiedene Wege $(x_0, \ldots, x_n)$ und $(y_0, \ldots, y_m)$ gibt mit $x_0 = y_0 \neq x_n = y_m$. Es sei $k \geq 0$ maximal mit $x_i = y_i$ für $i \leq k$, d. h. die Wege trennen sich nach dem Knoten $x_k = y_k$. Wegen der Verschiedenheit der x_i bzw. der y_i folgt $k < \min\{n, m\}$. Wegen $x_n = y_m$ gibt es auch ein minimales $l > k$, so dass x_l mit einem der y_i übereinstimmt, etwa $x_l = y_j$, d. h. die Wege laufen bei x_l wieder zusammen. Wir erhalten den Kreis

$$(x_k = y_k, y_{k+1} \ldots y_{j-1}, y_j = x_l, x_{l-1}, \ldots, x_k)$$

und damit einen Widerspruch zur Kreisfreiheit von G.

Da umgekehrt jeder Kreis $(x_0, \ldots, x_n = x_0)$ zu zwei verschiedenen Wegen (x_0, x_{n-1}) und $(x_0, x_1, \ldots, x_{n-1})$ führt, folgt auch, dass ein Graph mit höchstens einem Weg zwischen zwei Knoten kreisfrei ist.   □

Beweis von Satz 11.1.9 Die Äquivalenz von (a) und (b) ergibt sich aus Satz 11.1.7(c) und der Definition von „zusammenhängend" für Graphen. Die Implikation „(a) ⟹ (c)" folgt aus der Definition eines Baumes und Lemma 11.1.15.

Es bleibt zu zeigen, dass (a) aus (c) folgt, wir haben also die Fälle zu betrachten, dass G zusammenhängend oder kreisfrei ist. Im ersten Fall hat G nach Satz 11.1.12 einen Spannbaum $B = (V, F)$. Nach Lemma 11.1.15 folgt $|F| = |V| - 1 = |E|$, also $F = E$ und G ist somit selbst ein Baum.

Es sei nun G kreisfrei. Wie im Beweis von Satz 11.1.7(b) finden wir einen Baum $B = (V, F)$ mit $E \subseteq F$, und Lemma 11.1.15 mit der Voraussetzung $|E| = |V| - 1$ liefert wieder $F = E$.   □

An dieser Stelle lohnt es sich, auf einige formale Parallelen zwischen der Theorie der Basen von Vektorräumen und der Theorie der Spannbäume von Graphen hinzuweisen, auch wenn die tatsächlichen Inhalte der Theorien und die Beweise nichts miteinander zu tun haben. Hierbei entsprechen sich die Begriffe „Erzeugendensystem" und „zusammenhängend" sowie „linear unabhängig" und „kreisfrei". Genauer gibt es deutliche Parallelen zwischen Satz 5.3.6 und Satz 11.1.12, zwischen Korollar 5.3.16(a) und Satz 11.1.9(c), zwischen Korollar 5.3.16(b),(c) und Satz 11.1.7(a),(b), sowie zwischen Satz 5.3.5 und Aufgabe 11.1.7.

Aufgaben

11.1.1 Zeigen Sie, dass für die Summe der Knotengrade gilt:

$$\sum_{x \in V} \deg(x) = 2 \cdot |E|.$$

Folgern Sie, dass die Anzahl der Knoten mit ungeradem Grad gerade ist.

11.1.2 Geben Sie jeweils durch eine Skizze ein Beispiel für einen Graphen $G = (V, E)$ an, der die folgende Situation erfüllt:

(a) Es ist $|E| = |V| - 1$, aber G ist kein Baum.
(b) Es ist $|E| > |V| - 1$, aber G ist nicht zusammenhängend.
(c) Es ist $|E| < |V| - 1$, aber G ist nicht kreisfrei.

11.1.3 Es sei $|V| \geq 2$. Zeigen Sie, dass G mindestens zwei Knoten gleichen Grades hat.

11.1.4 📷 *(Video-Link siehe Vorwort, Seite VI)*
Zum Graphen $G = (V, E)$ ist sein **Komplement** $\overline{G}$ definiert als Graph mit der gleichen Knotenmenge V und mit der Kantenmenge

$$\overline{E} := \big\{ \{x, y\} \mid x, y \in V, \, x \neq y \big\} \setminus E.$$

(a) Zeigen Sie, dass G oder $\overline{G}$ zusammenhängend ist.
(b) Geben Sie durch eine Skizze ein Beispiel mit $|V| > 1$ an, so dass G und $\overline{G}$ beide zusammenhängend sind.

11.1.5 Es sei k die Anzahl der Zusammenhangskomponenten von G. Zeigen Sie: Ist G kreisfrei, so gilt:

$$|E| = |V| - k.$$

11.1.6 Für $W \subseteq V$ bezeichne $G - W$ den Teilgraphen von G, in dem alle Knoten aus W und alle Kanten, die einen Knoten aus W enthalten, entfernt wurden. Für $v \in V$ setze $G - v := G - \{v\}$. Ein Kreis $(x_0, \ldots, x_n)$ in G heißt **Hamilton-Kreis**, wenn jeder Knoten aus V darin vorkommt. Der Graph G heißt **hamiltonsch**, wenn es in ihm einen Hamilton-Kreis gibt.

(a) Zeigen Sie: Ist G hamiltonsch, so ist für alle $v \in V$ der Teilgraph $G - v$ zusammenhängend.

(b) Zeigen Sie: Ist G hamiltonsch, so hat für alle $v_1, \ldots, v_m \in V$ der Teilgraph $G - \{v_1, \ldots, v_m\}$ höchstens m Zusammenhangskomponenten.

(c) Zeigen Sie, dass der folgende Graph nicht hamiltonsch ist:

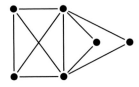

(d) Geben Sie durch eine Skizze einen Hamilton-Kreis im folgenden Graphen an:

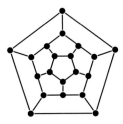

Historische Anmerkung: Der Graph ist die „in die Ebene gezeichnete Version" des ursprünglich von William Rowan Hamilton (1805–1865) gestellten Rätsels einen Rundweg entlang der Kanten auf einem regulären Dodekaeder (siehe Abb. 11.2) zu finden, bei dem jede Ecke genau einmal besucht wird.

11.1.7 Zeigen Sie, dass die folgenden Aussagen äquivalent sind:

(1.) G ist ein Baum,

(2.) G ist *kanten-minimal zusammenhängend*, d. h. G ist zusammenhängend und für alle $e \in E$ ist der Teilgraph $G' := (V, E \setminus \{e\})$ unzusammenhängend.

(3.) G ist *kanten-maximal kreisfrei*, d. h. G ist kreisfrei und für alle $x, y \in V$ mit $x \neq y$ und $e := \{x, y\} \notin E$ enthält der Graph $\widetilde{G} := (V, E \cup \{e\})$ einen Kreis.

11.1.8 Es sei G zusammenhängend. Eine Kante $e \in E$ heißt eine *Brücke*, wenn der Graph $(V, E \setminus \{e\})$ unzusammenhängend ist. Zeigen Sie, dass eine Kante genau dann eine Brücke ist, wenn sie in jedem Spannbaum von G vorkommt.

11.1.9 ✋ Der Graph $G = (V, E)$ heißt **bipartit**, falls eine Zerlegung $V = V_1 \cup V_2$ der Knotenmenge in disjunkte Teilmengen $V_i \subseteq V$ existiert, so dass für jede Kante

$e \in E$ gilt: $|e \cap V_1| = |e \cap V_2| = 1$. (Jede Kante muss also zwischen einem Knoten von V_1 und einem von V_2 verlaufen.) Zeigen Sie, dass G genau dann bipartit ist, wenn G keine Kreise ungerader Länge besitzt.

Tipp: Um zu zeigen, dass G bipartit ist, können Sie annehmen, dass G zusammenhängend ist. Wählen Sie nun einen Knoten x in einem Spannbaum B von G aus und definieren Sie V_1 als Menge aller Knoten y, für die der Weg von x nach y in B gerade Länge hat.

11.2 Multigraphen und eulersche Graphen

Im 18. Jahrhundert gab es in Königsberg (heute: Kaliningrad) sieben Brücken über den Fluss Pregel. Sie verbanden die Königsberger Stadtgebiete (gekennzeichnet durch die Buchstaben A–D) wie folgt:

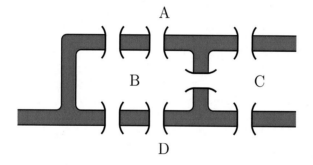

Als das **Königsberger Brückenproblem** bezeichnet man die Frage, ob ein Spaziergang möglich ist, auf dem jede Brücke genau einmal benutzt wird. Im besten Fall sollte dieser Weg sogar geschlossen sein. Dabei dürfen die Stadtgebiete mehrmals besucht werden. Möglicherweise hat Leonhard Euler (1707–1783) als erster erkannt, dass sich das Problem auf eine graphentheoretische Frage reduziert. Da Stadtgebiete durch Brücken verbunden werden, stellt man sie als Knoten und die Brücken als Kanten dar. So erhält man den folgenden Multigraphen

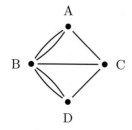

Die Frage ist nun, ob man sich so durch den Graph bewegen kann, dass man jede Kante genau einmal benutzt. Um diese anzugehen, müssen wir zunächst eine exakte Definition von Multigraphen geben. Es gibt verschiedene Möglichkeiten, dies zu tun. Wir folgen der Idee, die Kanten nicht nur als Zweiermengen von Knoten zu definieren, sondern ihnen zusätzlich eine Nummer zu geben, so dass man verschiedene Kanten zwischen denselben beiden Knoten unterscheiden kann.

Definition 11.2.1 *Ein* **Multigraph** *ist ein geordnetes Paar* $G = (V, E)$*, bestehend aus einer nichtleeren, endlichen Menge* V *und einer endlichen Menge* E*, deren Elemente die Form*

$$K = \big(\{x, y\}, n\big)$$

mit $x, y \in V$, $x \neq y$, *und* $n \in \mathbb{N}$ *haben. Ein solches* K *steht für eine Kante zwischen den Knoten* x *und* y.

Der obige Graph wäre also gegeben durch die Kantenmenge

$$E = \big\{\big(\{A, B\}, 1\big), \big(\{A, B\}, 2\big), \big(\{B, C\}, 1\big),$$

$$\big(\{B, D\}, 1\big), \big(\{B, D\}, 2\big), \big(\{A, C\}, 1\big), \big(\{C, D\}, 1\big)\big\}.$$

Multigraphen stellen eine Verallgemeinerung der einfachen Graphen (gemäß Definition 11.1.1) dar. Die Begriffe und Resultate aus Abschn. 11.1 übertragen sich direkt auf den Fall von Multigraphen, wobei man Wege formal anders definieren muss, und ein Begriff inhaltlich geschärft werden muss: Gibt es zwischen zwei Knoten x und y mehr als eine Kante, so sieht man (definitionsgemäß) den Weg von x nach y über eine der Kanten und zurück nach x über eine andere Kante als **Kreis** an, so dass ein Multigraph, der überhaupt mehrfache Kanten hat, niemals kreisfrei ist.

Für den Rest des Abschnitts sei $G = (V, E)$ ein Multigraph, auch wenn wir bisweilen einfach vom „Graphen" G sprechen werden.

Da Leonhard Euler das Königsberger Brückenproblem gelöst hat, sind die Begriffe, die das Problem präzisieren, nach ihm benannt.

Definition 11.2.2

(a) *Ein* **Kantenzug** *ist ein* m*-Tupel* $Z = (K_1, \ldots, K_m)$ *bestehend aus Kanten* $K_i = \big(\{x_{i-1}, x_i\}, n_i\big) \in E$*, wobei* $x_0, \ldots, x_m \in V$ *(nicht notwendigerweise verschiedene) Knoten sind, die* K_i *aber paarweise verschieden sein müssen. Wir sagen, dass der Kantenzug die Kanten* $K_1, \ldots, K_m$ *benutzt und die Knoten* $x_0, \ldots, x_m$ *besucht. Ein Kantenzug ist also eine „Tour", bei der jede Kante höchstens einmal benutzt werden darf.*

(b) *Ein Kantenzug* Z *wie oben heißt* **geschlossen***, falls* $x_0 = x_m$*. Er heißt* **eulersch***, falls* $m = |E|$*, d. h. falls jede Kante des Graphen benutzt wird.*

(c) *Der Graph* G *heißt* **eulersch***, falls es einen geschlossenen eulerschen Kantenzug gibt. Er heißt* **semi-eulersch***, falls es einen (nicht notwendig geschlossenen) eulerschen Kantenzug gibt.*

Anschaulich gesprochen ist ein Graph semi-eulersch, wenn man seine Kanten in einem Zug, also ohne abzusetzen, durchzeichnen kann. Ziel dieses Abschnittes ist es, einfache Kriterien herzuleiten für die Entscheidung, ob G (semi-)eulersch ist (Sätze 11.2.4 und 11.2.6). Beispiele für einen semi-eulerschen und einen eulerschen Graph sind das „Haus des Nikolaus" und das „Haus des Nikolaus mit Fundament".

Hierbei ist momentan offen, ob das Haus des Nikolaus sogar eulersch und nicht nur semi-eulersch ist. Aus Satz 11.2.4, dessen Beweis wir nun angehen werden, ergibt sich jedoch, dass dies nicht der Fall ist.

Wie bei einfachen Graphen ist auch bei Multigraphen der **Grad** eines Knotens $x \in V$ als die Anzahl der von dem Knoten ausgehenden Kanten definiert. Beispielsweise haben im „Haus des Nikolaus mit Fundament" alle Knoten den Grad 4 bis auf den obersten, der Grad 2 hat.

Proposition 11.2.3 *Die folgenden Aussagen sind äquivalent:*

(a) *Es gibt geschlossene Kantenzüge $Z_1, \ldots, Z_r$, so dass jede Kante von G in genau einem der Z_i benutzt wird.*

(b) *Sämtliche Knoten von G haben eine gerade Zahl als Grad.*

Bevor wir die Proposition beweisen, illustrieren wir die Situation der Aussage (a) am „Haus des Nikolaus mit Fundament", wobei die Kantenzüge Z_i durch verschiedene Farben dargestellt sind:

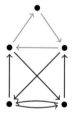

Es gibt viele andere Wahlmöglichkeiten für die Kantenzüge Z_i (und deren Anzahl r).

Beweis von Proposition 11.2.3 Wir setzen zunächst die Aussage (a) voraus. Bei einem geschlossenen Kantenzug wird jeder Knoten, der besucht wird, auch wieder verlassen, und dabei werden verschiedene Kanten benutzt. Hieraus ergibt sich (b).

Nun setzen wir (b) voraus und beweisen (a) mit (starker) Induktion nach der Kantenzahl $|E|$. Im Falle $E = \emptyset$ ist nichts zu zeigen ($r = 0$). Im Falle $E \neq \emptyset$ gibt es Kantenzüge, und wir können einen Kantenzug $Z = (K_1, \ldots, K_m)$ mit maximaler Länge m wählen. Die von Z besuchten Knoten seien $x_0, \ldots, x_m$. Wir nehmen an, dass Z nicht geschlossen sei, also $x_0 \neq x_m$. Dann leisten die Kanten von Z zu dem Grad von x_m (ebenso von x_0) einen ungeraden Beitrag. Wegen (b) folgt, dass von x_m eine von Z nicht benutzte Kante ausgeht. Diese können wir an Z anhängen, im Widerspruch zur Maximalität der Länge von Z. Also ist Z doch geschlossen.

Wir wissen bereits, dass die Kanten von Z zu jedem Grad eines Knotens einen geraden Beitrag leisten. Also gilt (b) auch für den Teilgraph

$$G' := \big(V, E \setminus \{K_1, \ldots, K_m\}\big).$$

Per Induktion folgt nun (a) für G' und damit, durch Hinzufügen von Z zu den Kantenzügen von G', auch für G. $\square$

Für die Formulierung der nächsten beiden Sätze benutzen wir folgende Ad-hoc-Notation: Mit G^0 bezeichnen wir den Teilgraphen, der aus G durch das Entfernen aller isolierten Knoten, aber Beibehalten aller Kanten entsteht.

Satz 11.2.4 *Falls $E \neq \emptyset$, so sind die folgenden Aussagen äquivalent:*

(a) *G ist eulersch.*

(b) *G^0 ist zusammenhängend, und sämtliche Knoten von G haben eine gerade Zahl als Grad.*

In diesem Fall ist jeder eulersche Kantenzug geschlossen.

Beweis Falls G eulersch ist, gilt die Aussage (a) aus Proposition 11.2.3 mit $r = 1$, also haben gemäß der Proposition alle Knoten geraden Grad. Außerdem besucht ein eulerscher Kantenzug jeden nicht isolierten Knoten, woraus der Zusammenhang von G^0 folgt.

Gilt umgekehrt (b), so liefert Proposition 11.2.3 geschlossene Kantenzüge $Z_1, \ldots, Z_r$ mit den dort genannten Eigenschaften. Im Falle $r = 1$ ist (a) gezeigt, wir setzen also $r \geq 2$ voraus. Nun nehmen wir an, dass es für *kein* $i \in \{2, \ldots, r\}$ einen Knoten gibt, der sowohl von Z_i als auch von Z_1 besucht wird. Dann gehen von den von Z_1 besuchten Knoten nur die Kanten aus Z_1 aus. Diese Knoten bilden also eine Zusammenhangskomponente, im Widerspruch zum Zusammenhang von G^0. Es folgt, dass es ein $i \geq 2$ gibt, so dass mindestens ein Knoten sowohl von Z_1 als auch von Z_i besucht wird.

Es sei x ein solcher gemeinsam von Z_1 und Z_i besuchter Knoten. Wir können die Kanten in Z_1 und Z_i so umnummerieren, dass beide bei x beginnen und enden. Nun hängen wir Z_1 und Z_i zusammen, indem wir die entsprechenden Kanten hintereinander schreiben. Dies ergibt einen geschlossenen Kantenzug, der alle Kanten von Z_1 und von Z_i genau einmal benutzt. Nun können wir Z_1 durch den neuen Kantenzug ersetzen und Z_i streichen. Indem wir so fortfahren, erreichen wir schließlich $r = 1$.

Die letzte Behauptung folgt aus der Beobachtung, dass die Endknoten eines nicht geschlossenen eulerschen Kantenzugs ungeraden Grad haben.   □

Beispiel 11.2.5 Das Aneinanderhängen der Kantenzüge aus dem obigen Beweis ist hier anhand des „Hauses des Nikolaus mit Fundament" illustriert:

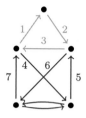
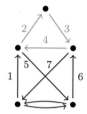
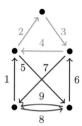

| Aneinanderhängen der grünen und blauen Kantenzüge | Umnummerieren für Start links unten | Anhängen des roten Kantenzugs |

◁

Nach Satz 11.2.4 ist das Haus des Nikolaus also nicht eulersch, aber gemäß dem folgenden Satz semi-eulersch.

Satz 11.2.6 *Falls $E \neq \emptyset$, so sind die folgenden Aussagen äquivalent:*

(a) *G ist semi-eulersch aber nicht eulersch.*

(b) *G^0 ist zusammenhängend, und G hat genau zwei Knoten mit einer ungeraden Zahl als Grad.*

In diesem Fall hat jeder eulersche Kantenzug die beiden Knoten mit ungeradem Grad als Endknoten.

Beweis Falls die Aussage (a) gilt, so gibt es einen nicht geschlossenen eulerschen Kantenzug. Wir haben schon im Beweis von Satz 11.2.4 gesehen, dass hieraus der Zusammenhang von G^0 folgt. Außerdem haben die Endknoten des eulerschen Kantenzugs ungeraden Grad, alle anderen Knoten aber geraden Grad, es folgt also (b).

Nun setzen wir umgekehrt die Aussage (b) voraus. Hieraus folgt, dass *jeder* eulersche Kantenzug die beiden Knoten mit ungeradem Grad als Endknoten hat, die letzte Behauptung des Satzes. Insbesondere gibt es keinen geschlossenen eulerschen Kantenzug, G ist also nicht eulersch. Um einzusehen, dass G semi-eulersch ist, verbinden wir die beiden Knoten mit ungeradem Grad durch eine zusätzliche Kante K. Dadurch entsteht ein Graph G', bei dem alle Knoten geraden Grad haben. Nach Satz 11.2.4 ist G' eulersch, wir haben also einen geschlossenen eulerschen Kantenzug. Dessen Kanten können wir so anordnen, dass die zusätzliche Kante K als *letzte* Kante benutzt wird. Nun streichen wir diese Kante und erhalten so einen eulerschen Kantenzug in G. Die Aussage (a) gilt also.   □

Das „Haus des Nikolaus" ist demnach semi-eulersch, mit den unteren Knoten vom Grad 3. Einen eulerschen Kantenzug erhält man, indem zwischen diesen beiden Knoten eine weitere Kante hinzufügt und nun einen geschlossenen eulerschen Kantenzug konstruiert mit der neuen Kante als letzte. Dies wurde in Beispiel 11.2.5 durchgeführt. Durch Entfernen dieser Kante erhält man folgenden eulerschen Kantenzug für das „Haus des Nikolaus":

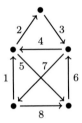

Der obige eulersche Kantenzug ist bei weitem nicht der einzig mögliche.

Nun können wir zurückkommen auf unsere Ausgangsfrage, das Königsberger Brückenproblem. Bei dem entsprechenden Multigraphen (siehe zu Beginn des Abschnitts) haben sämtliche Knoten ungeraden Grad. Der Graph ist daher nicht semi-eulersch, also hat das Problem eine negative Antwort. Wir können noch mehr sagen: Sobald man eine Brücke abreißt oder hinzubaut, ändert man den Grad von genau zwei Knoten um eins, also wird der Graph semi-eulersch. In der heutigen Innenstadt von Kaliningrad fehlen zwei der Brücken: Es gibt nur noch je eine Brücke zwischen der Insel und den nördlichen und südlichen Stadtgebieten. Der heutige Graph ist also

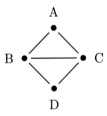

und damit semi-eulersch. Ein Spaziergang, der jede Brücke genau einmal benutzt, ist in der folgenden Skizze eingezeichnet.

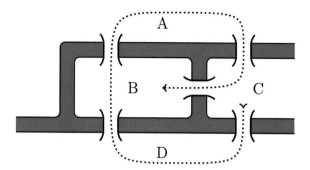

Es gibt aber keinen Rundgang, der jede Brücke genau einmal benutzt.

Aufgaben

11.2.1 Für $n \in \mathbb{N}_{\geq 1}$ ist der **vollständige Graph** K_n definiert als Graph mit n Knoten, in dem je zwei verschiedene Knoten durch genau eine Kante verbunden sind.

(a) Zeichnen Sie K_n für $n = 3, 4, 5$.
(b) Untersuchen Sie, für welche $n \geq 2$ der Graph K_n eulersch ist.
(c) Es sei K_n' der Graph, bei dem genau eine Kante aus K_n entfernt wurde. Untersuchen Sie, für welche $n \geq 3$ der Graph K_n' semi-eulersch ist.

11.2.2 Geben Sie jeweils durch eine Skizze ein Beispiel eines *einfachen* Graphen an, der

(a) hamiltonsch (siehe Aufgabe 11.1.6) und eulersch ist, bzw.
(b) hamiltonsch und nicht eulersch ist, bzw.
(c) eulersch und nicht hamiltonsch ist, bzw.
(d) weder eulersch noch hamiltonsch ist.

11.2.3 📷 *(Video-Link siehe Vorwort, Seite VI)*
Es seien p eine Primzahl und $n \in \mathbb{N}_{\geq 1}$. Weiter sei $G = (V, E)$ mit

$$V = \mathbb{F}_p^n, \quad E = \big\{ \{x, y\} \mid x, y \in V, d(x, y) = 1 \big\},$$

wobei $d(x, y)$ der Hamming-Abstand ist. Zeigen Sie, dass G genau dann eulersch ist, wenn p ungerade oder n gerade ist.

11.2.4 Es seien $n \in \mathbb{N}_{\geq 3}$, $M = \{1, \dots, n\}$ und $G = (V, E)$ mit

$$V = \binom{M}{2}, \quad E = \big\{ \{A, B\} \mid A, B \in V, A \cap B \neq \emptyset \big\},$$

wie in Beispiel 11.1.2(2). Zeigen Sie, dass G eulersch ist.

11.2.5 Es sei G zusammenhängend mit $E \neq \emptyset$. Weiter sei $k \in \mathbb{N}_{\geq 1}$. Zeigen Sie, dass die beiden folgenden Aussagen äquivalent sind:

(i) Es existieren k oder weniger Kantenzüge in G, so dass jede Kante von G von genau einem der Kantenzüge benutzt wird.

(ii) Es gibt höchstens $2k$ Knoten ungeraden Grades in G.

11.2.6 Beantworten Sie mit Hilfe von Aufgabe 11.2.5: Wie oft muss man bei den folgenden Figuren den Stift mindestens ansetzen, um sie zu zeichnen, wenn man kein Teilstück mehrfach zeichnen will?

(a)   (b)

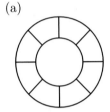
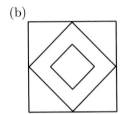

11.2.7 Es sei G eulersch mit $E \neq \emptyset$ und es sei $v \in V$. Dann heißt G *von v aus beliebig durchlaufbar*, wenn jeder maximale (d. h. nicht mehr verlängerbare) Kantenzug, der in v beginnt, ein eulerscher Kantenzug ist. Zeigen Sie, dass G genau dann von v aus beliebig durchlaufbar ist, wenn jeder Kreis von G durch den Knoten v geht.

11.3 Spektrum

In diesem Abschnitt verbinden wir Graphentheorie mit einigen Methoden der linearen Algebra, insbesondere benutzen wir die Diagonalisierbarkeit symmetrischer Matrizen aus Abschn. 8.2. Der Einfachheit halber betrachten wir wieder einfache Graphen gemäß Definition 11.1.1. Ein Graph ist also ein Paar $G = (V, E)$ mit V einer endlichen, nichtleeren Menge von „Knoten" und E einer Menge

$$E \subseteq \{\{x, y\} \mid x, y \in V, \ x \neq y\}$$

von „Kanten".

Definition 11.3.1 *Zwei Graphen $G = (V, E)$ und $G' = (V', E')$ heißen* **isomorph**, *falls es eine Bijektion $f: V \to V'$ gibt, so dass*

$$\bigl\{\{f(x), f(y)\} \mid \{x, y\} \in E\bigr\} = E'.$$

Gewissermaßen sind isomorphe Graphen bis auf die Bezeichnung oder Nummerierung ihrer Knoten identisch. Es ist ein schwieriges Problem, zu zwei gegebenen (großen) Graphen festzustellen, ob sie isomorph sind. Eine Methode, um das

Problem anzugehen, ist das Vergleichen der *Spektren* der Graphen, die wir nun einführen.

Es sei $G = (V, E)$ ein Graph mit durchnummerierter Knotenmenge $V = \{x_1, \ldots, x_n\}$. Wir setzen

$$g_{i,j} := \begin{cases} 1, & \text{falls } \{x_i, x_j\} \in E, \\ 0, & \text{sonst,} \end{cases} \quad \text{und} \quad A := (g_{i,j}) \in \mathbb{R}^{n \times n}.$$

Die Matrix A heißt die **Adjazenzmatrix** von G. Die Menge der Eigenwerte von A (gezählt mit Vielfachheiten) ist das **Spektrum** von G. Während die Matrix A von der Nummerierung der Knoten abhängt, werden wir in Satz 11.3.3 sehen, dass dies auf das Spektrum nicht zutrifft.

Aus der Definition ist klar, dass die Adjazenzmatrix symmetrisch ist. Daher sind wegen Korollar 8.2.15(a) alle Eigenwerte reell, und die algebraischen und geometrischen Vielfachheiten stimmen überein. Da das Spektrum eine Menge mit Vielfachheiten ist, ist es zweckmäßig, die Eigenwerte als der Größe nach geordnete Liste anzugeben.

Beispiel 11.3.2 Der Graph G mit

$$V = \{1, 2, 3, 4\} \quad \text{und} \quad E = \{\{1, 2\}, \{2, 3\}, \{3, 4\}, \{1, 4\}\}$$

wird wie folgt gezeichnet:

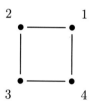

Die Adjazenzmatrix ist

$$A = \begin{pmatrix} 0 & 1 & 0 & 1 \\ 1 & 0 & 1 & 0 \\ 0 & 1 & 0 & 1 \\ 1 & 0 & 1 & 0 \end{pmatrix}.$$

Deren charakteristisches Polynom ergibt sich nach kurzer Rechnung zu

$$\chi_A = \det \begin{pmatrix} x & -1 & 0 & -1 \\ -1 & x & -1 & 0 \\ 0 & -1 & x & -1 \\ -1 & 0 & -1 & x \end{pmatrix} = x^4 - 4x^2.$$

Als Spektrum bekommen wir $-2, 0, 0, 2$.   ◁

Das Interesse am Spektrum eines Graphen ist durch folgenden Satz begründet.

Satz 11.3.3 *Die Spektren isomorpher Graphen stimmen überein.*

Beweis Es seien $A = (g_{i,j})$ und $A' = (g'_{i,j}) \in \mathbb{R}^{n \times n}$ die Adjazenzmatrizen zweier isomorpher Graphen. Die Isomorphie bedeutet, dass es eine Permutation $\sigma \in S_n$ gibt mit

$$g'_{i,j} = g_{\sigma(i),\sigma(j)}.$$

Also geht A' aus A hervor, indem die Permutation σ auf die Zeilen und auf die Spalten angewandt wird. Ebenso geht die Matrix $(x \cdot I_n - A') \in \mathbb{R}[x]^{n \times n}$ aus $x \cdot I_n - A$ durch Permutation der Zeilen und Spalten mit σ hervor. Aus Lemma 7.1.6(b) folgt $\chi_{A'} = \chi_A$, also stimmen die Spektren überein.   □

Man drückt Satz 11.3.3 auch aus, indem man sagt, dass das Spektrum eine *Graph-Invariante* ist. In analoger Sprechweise könnte man auch sagen, dass die Dimension eine Invariante eines Vektorraums ist, oder die Ordnung eine Invariante einer Gruppe. Eine weitere Graph-Invariante ist die Anzahl der Zusammenhangskomponenten. Die Adjazenzmatrix selbst ist aber keine Graph-Invariante.

Gilt auch die Umkehrung von Satz 11.3.3? Werden also Graphen bis auf Isomorphie durch ihr Spektrum bestimmt? Wie das folgende Beispiel zeigt, ist dies leider nicht der Fall.

Beispiel 11.3.4 Die Graphen G und G', gegeben durch

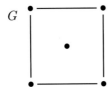 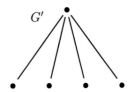

(bei G ist der in der Mitte gezeichnete Punkt mit keinem verbunden), haben beide das Spektrum $-2, 0, 0, 0, 2$. Sie sind aber nicht isomorph. Dies kann man z. B. daran sehen, dass G' zusammenhängend ist, G aber nicht.   ◁

Zwei Graphen mit demselben Spektrum nennt man *isospektral*. Wir führen nun eine Variante des Spektrums ein.

Definition 11.3.5 *Es sei G ein Graph mit Knoten $x_1, \ldots, x_n$ und Adjazenzmatrix $A = (g_{i,j}) \in \mathbb{R}^{n \times n}$. Für $i = 1, \ldots, n$ schreiben wir $d_i := \deg(x_i) = \sum_{j=1}^{n} g_{i,j}$ für den Grad des Knotens x_i. Wir bilden die Matrix*

$$L = (l_{i,j}) \in \mathbb{R}^{n \times n} \quad mit \quad l_{i,j} = \begin{cases} -g_{i,j}, & \text{falls } i \neq j, \\ d_i, & \text{falls } i = j. \end{cases}$$

Die Matrix L heißt die **Laplace-Matrix** *von G. Die Menge der Eigenwerte von L (gezählt mit Vielfachheiten) ist das* **Laplace-Spektrum** *von G.*

Da auch L symmetrisch ist, sind die Eigenwerte reell. Außerdem haben isomorphe Graphen identische Laplace-Spektren. Der Beweis verläuft analog zum Beweis von Satz 11.3.3.

Beispiel 11.3.6

(1) Wenn wir die Knoten des Graphen G aus Beispiel 11.3.4 wie folgt nummerieren,

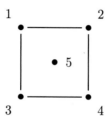

so ergibt sich die Laplace-Matrix

$$L = \begin{pmatrix} 2 & -1 & -1 & 0 & 0 \\ -1 & 2 & 0 & -1 & 0 \\ -1 & 0 & 2 & -1 & 0 \\ 0 & -1 & -1 & 2 & 0 \\ 0 & 0 & 0 & 0 & 0 \end{pmatrix}.$$

Eine kurze Rechnung, die wir hier weglassen, liefert das Laplace-Spektrum $0, 0, 2, 2, 4$. Der Graph G' aus Beispiel 11.3.4 hat im Gegensatz dazu das Laplace-Spektrum $0, 1, 1, 1, 5$. Diese beiden Graphen lassen sich also durch ihre Laplace-Spektren trennen! Wir sehen also, dass das Laplace-Spektrum eine neue Invariante ist, die weitere Informationen liefert.

(2) Nun betrachten wir die folgenden Graphen G und G':

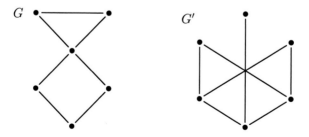

Aufstellen der Laplace-Matrizen und Berechnen der Eigenwerte ergibt, dass G und G' *beide* das Laplace-Spektrum

$$0, \ 3 - \sqrt{5}, \ 2, \ 3, \ 3, \ 3 + \sqrt{5}$$

haben. Die Graphen G und G' sind aber nicht isomorph, wie man z. B. daran sieht, dass G' einen Knoten von Grad 1 enthält, während G keinen solchen Knoten hat.   ◁

Man kann auch Beispiele nicht isomorpher Graphen finden, bei denen das Spektrum und das Laplace-Spektrum übereinstimmen.

Satz 11.3.7 *Die Laplace-Matrix eines Graphen ist positiv semidefinit. Das Laplace-Spektrum besteht also aus nichtnegativen Zahlen.*

Beweis Es sei $A = (g_{i,j}) \in \mathbb{R}^{n \times n}$ die Adjazenzmatrix eines Graphen. Wir benutzen Satz 8.2.19. Für $v = \begin{pmatrix} a_1 \\ \vdots \\ a_n \end{pmatrix} \in \mathbb{R}^n$ gilt

$$\langle v, L \cdot v \rangle = \sum_{i,j=1}^{n} a_i l_{i,j} a_j = \sum_{i=1}^{n} d_i a_i^2 - \sum_{i \neq j} g_{i,j} a_i a_j =$$

$$\sum_{i=1}^{n} \sum_{\substack{j=1 \\ j \neq i}}^{n} g_{i,j} a_i^2 - \sum_{i=1}^{n} \sum_{\substack{j=1 \\ j \neq i}}^{n} g_{i,j} a_i a_j = \sum_{1 \leq i < j \leq n} g_{i,j} \left(a_i^2 + a_j^2 - 2 a_i a_j \right) =$$

$$\sum_{1 \leq i < j \leq n} g_{i,j} (a_i - a_j)^2 \geq 0. \qquad (11.1)$$

□

Indem wir obigen Beweis nochmal anschauen und analysieren, für welche Vektoren $v \in \mathbb{R}^n$ die Gleichung $\langle v, L \cdot v \rangle = 0$ gilt, erhalten wir einen interessanten Zusatz.

Satz 11.3.8 *Die Anzahl der Zusammenhangskomponenten eines Graphen G ist gleich der Vielfachheit des Eigenwertes 0 im Laplace-Spektrum.*

Beweis Wir betrachten die Menge

$$E_0 := \left\{ v \in \mathbb{R}^n \mid \langle v, L \cdot v \rangle = 0 \right\},$$

von der erst im Verlauf des Beweises klar werden wird, dass sie ein Unterraum ist. Welche Vektoren $v = \begin{pmatrix} a_1 \\ \vdots \\ a_n \end{pmatrix} \in \mathbb{R}^n$ liegen in E_0? Wegen (11.1) muss $a_i = a_j$ für alle i, j mit $g_{i,j} = 1$ gelten. Wegen der Transitivität der Gleichheitsbeziehung gilt dann auch automatisch $a_i = a_j$, wenn i und j in derselben Zusammenhangskomponente von G liegen. Es ist klar, dass auch die Umkehrung gilt. Wir folgern hieraus, dass E_0 ein Unterraum ist mit

$$\dim(E_0) = \text{Anzahl der Zusammenhangskomponenten.} \qquad (11.2)$$

Warum ist $\dim(E_0)$ die Vielfachheit des Eigenwertes 0 von L? Wegen Korollar 8.2.15(a) gibt es eine Orthonormalbasis $\{v_1, \ldots, v_n\}$ aus Eigenvektoren. Also $L \cdot v_i = \lambda_i v_i$ mit $\lambda_i \geq 0$ wegen Satz 11.3.7. Durch Umordnen können wir $\lambda_1 = \ldots = \lambda_l = 0$ und $\lambda_i > 0$ für $i > l$ erreichen. Für $v = \sum_{i=1}^n y_i v_i \in \mathbb{R}^n$ folgt

$$\langle v, L \cdot v \rangle = \sum_{i,j=1}^n y_i y_j \langle v_i, L v_j \rangle = \sum_{i,j=1}^n y_i \lambda_j y_j \langle v_i, v_j \rangle = \sum_{i=1}^n \lambda_i y_i^2,$$

also $v \in E_0$ genau dann wenn $y_{l+1} = \ldots = y_n = 0$. Dies ergibt

$$\dim(E_0) = l = \text{Vielfachheit des Eigenwertes 0 von } L.$$

Mit (11.2) folgt die Behauptung. $\square$

Aufgaben

11.3.1 📷 *(Video-Link siehe Vorwort, Seite VI)*
Bestimmen Sie das Laplace-Spektrum des folgenden Graphen:

11.3.2 Es sei G ein einfacher Graph. Dann heißt G **regulär**, wenn alle Knoten den gleichen Grad haben. Weiter sei v der Vektor $v := (1, 1, \ldots, 1)^T \in \mathbb{R}^n$.

(a) Zeigen Sie, dass G genau dann regulär ist, wenn v ein Eigenvektor der Adjazenzmatrix A von G ist.

(b) Jetzt sei G regulär. Zeigen Sie, dass G genau dann zusammenhängend ist, wenn der zugehörige Eigenwert d von v die Vielfachheit 1 hat.

11.3.3 Es sei $G = (V, E)$ ein einfacher Graph mit $n \geq 2$ Knoten $x_1, \ldots, x_n$ und $m \geq 1$ Kanten $e_1, \ldots, e_m$. Die Matrix $B = (b_{i,j}) \in \mathbb{R}^{n \times m}$ mit

$$b_{i,j} = \begin{cases} 1, & \text{falls } e_j = \{x_i, x_k\} \text{ mit } x_k \in V \text{ und } i \leq k, \\ -1, & \text{falls } e_j = \{x_i, x_k\} \text{ mit } x_k \in V \text{ und } i > k, \\ 0, & \text{sonst,} \end{cases}$$

heißt **orientierte Inzidenzmatrix** von G. Zeigen Sie, dass für die Laplace-Matrix L von G gilt:

$$L = B \cdot B^T.$$

Projekt: Spannbäume zählen

In diesem Projekt leiten wir eine überraschende Verbindung zwischen Spannbäumen und der Laplace-Matrix her. Hierzu sind einige Vorarbeiten zu Minoren nötig, die auch von eigenem Interesse sind. Zunächst aber veranschaulichen wir das Endresultat an einem Beispiel.

11.3.4 Bestimmen Sie die Anzahl der Spannbäume des Graphen in Aufgabe 11.3.1 und vergleichen Sie das Ergebnis mit einem beliebigen 3×3-Minor der Laplace-Matrix.

Es sei K ein Körper. Wir benötigen im Folgenden eine vollständige Notation für Minoren. Für $M \in K^{m \times n}$, $k = 1, \ldots, \min\{m, n\}$, $I \subseteq [m]$ mit $|I| = k$ und $J \subseteq [n]$ mit $|J| = k$ bezeichne $M_{I,J}$ die $k \times k$-Untermatrix von M gebildet aus den Zeilen mit Nummern aus I und Spalten mit Nummern aus J. Wie immer bei Minoren wird die Reihenfolge der Zeilen bzw. Spalten beim Übergang von M zur Untermatrix nicht geändert. Es ist dann $\det(M_{I,J})$ ein $k \times k$-Minor von M. Für $I = J$ spricht man von einem **Hauptminor**.

11.3.5 ✋

(a) Es sei $C \in K^{n \times n}$. Zeigen Sie, dass für $k = 1, \ldots, n$ der Koeffizient von x^{n-k} im charakteristischen Polynom von C gleich $(-1)^k$ mal der Summe aller $k \times k$-Hauptminoren von C ist.

(b) Es seien $A \in K^{m \times n}$ und $B \in K^{n \times m}$. Beweisen Sie die **Formel von Cauchy-Binet** für die Determinante:

$$\det(AB) = \sum_{I \in \binom{[n]}{m}} \det(A_{[m],I}) \cdot \det(B_{I,[m]}).$$

Tipp: Benutzen Sie (a) und Aufgabe 7.2.18.

11.3.6 ✋ Es sei G ein einfacher Graph mit $n \geq 2$ Knoten und $n - 1$ Kanten. Weiter sei B die orientierte Inzidenzmatrix von G wie in Aufgabe 11.3.3. Zeigen Sie, dass für alle $(n - 1) \times (n - 1)$-Minoren d von B gilt:

$$d = \begin{cases} 1 \text{ oder } -1, & \text{falls } G \text{ ein Baum ist,} \\ 0, & \text{sonst.} \end{cases}$$

11.3.7 ✋ Es sei G ein zusammenhängender einfacher Graph mit $n \geq 2$ Knoten. Beweisen Sie den **Satz von Kirchhoff**: Für jeden $(n - 1) \times (n - 1)$-Minor d der Laplace-Matrix L von G ist $|d|$ gleich der Anzahl der Spannbäume von G.

11.4 Planare Graphen

In diesem Abschnitt kommen wir zu einem wichtigen und klassischen Thema in der Graphentheorie, in dem diskrete Mathematik und Geometrie verbunden werden. Es geht darum, ob sich ein Graph (also ein diskretes Objekt) ohne Überkreuzungen der Kanten in die Ebene $\mathbb{R}^2$ (ein geometrisches Objekt) zeichnen lässt. Im nächsten Abschnitt werden die Ergebnisse dann auf die Klassifikation der regulären konvexen Polyeder, also ein wirklich geometrisches Problem, angewandt.

Auch in diesem Abschnitt betrachten wir nur einfache Graphen, auch wenn sich die Begriffe und die meisten Resultate auf Multigraphen und Graphen mit Schleifen erweitern lassen.

Definition 11.4.1 *Es sei $G = (V, E)$ ein Graph mit $V = \{x_1, \ldots, x_n\}$.*

(a) *Eine* **Einbettung** *von G ist ein geordnetes Paar $\mathcal{G} = (\mathcal{V}, \mathcal{E})$, wobei $\mathcal{V} = \{p_1, \ldots, p_n\} \subseteq \mathbb{R}^2$ aus n paarweise verschiedenen Punkten in der Ebene besteht und $\mathcal{E}$ aus genau denjenigen Strecken zwischen je zwei Punkten p_i und p_j, für die $\{x_i, x_j\} \in E$ gilt. Strecken sind hierbei so zu verstehen, dass sie ihre Endpunkte nicht enthalten. Es heißt $\mathcal{G}$ auch ein* **eingebetteter Graph**.

(b) *Der Graph G heißt* **planar**, *falls G eine Einbettung $\mathcal{G} = (\mathcal{V}, \mathcal{E})$ besitzt, so dass sich keine Kante aus $\mathcal{E}$ mit einer anderen Kante oder mit $\mathcal{V}$ schneidet. So eine Einbettung nennt man dann* **kreuzungsfrei**.

Salopp gesprochen ist eine Einbettung also nichts anderes als eine Zeichnung eines Graphen; und jedes Mal, wenn wir einen Graphen zeichnen, produzieren wir eigentlich einen eingebetteten Graphen.

Beispiel 11.4.2

(1) Wir betrachten den sogenannten *vollständigen Graphen* K_4, d. h. den Graphen mit vier Knoten und Kanten zwischen sämtlichen Knotenpaaren. Die zweite der hier gegebenen Einbettungen

zeigt, dass K_4 planar ist, obwohl die erste, nicht kreuzungsfreie Einbettung das Gegenteil vermuten lässt. Wir sehen also, dass es gar nicht so leicht ist, zu entscheiden, ob ein Graph planar ist.

(2) Der „Dodekaedergraph"

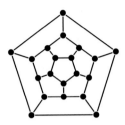

aus Aufgabe 11.1.6(d) ist planar.

(3) Wir betrachten den vollständigen Graphen K_5 und den sogenannten *vollständigen bipartiten Graphen* $K_{3,3}$:

 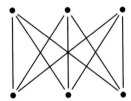

Bei beiden deutet die gegebene Einbettung darauf hin, dass sie nicht planar sind. Uns fehlen aber noch die Hilfsmittel, um auszuschließen, dass es nicht doch Einbettungen gibt, die die Planarität zeigen.

(4) Jeder kreisfreie Graph ist planar (siehe Aufgabe 11.4.1).

◁

Anmerkung 11.4.3 In unserer Definition müssen die Kanten von eingebetteten Graphen Strecken sein. Häufig werden stattdessen allgemeinere Kurven zugelassen. Ein Resultat von Fáry und Wagner[1] besagt, dass dies für den Begriff von planaren Graphen keinen Unterschied macht. Falls also ein Graph eine Einbettung hat, bei der die Kanten kreuzungsfreie Kurven sind, dann kann man diese so modifizieren, dass die Kanten zu Strecken werden.   ◁

Jeder eingebettete Graph $\mathcal{G} = (\mathcal{V}, \mathcal{E})$ teilt die Ebene in Teilflächen ein, die wir künftig einfach als *Flächen* bezeichnen werden. Intuitiv ist dies ziemlich klar, wobei die Intuition dazu neigt, die „äußere" Fläche zu ignorieren. Exakt definieren kann man die Flächen wie folgt: Mit $\Gamma := \mathcal{V} \cup \bigcup \mathcal{E}$ (also die Vereinigung aller Knoten und Kanten) nennen wir zwei Punkte aus $\mathbb{R}^2 \setminus \Gamma$ *äquivalent*, wenn sie sich durch einen Streckenzug verbinden lassen, der sich nirgends mit Γ schneidet. Abgesehen davon muss ein solcher Streckenzug nichts mit $\mathcal{G}$ zu tun haben:

---

[1] Siehe *István Fáry, On straight-line representation of planar graphs, Acta Sci. Math. (Szeged)* **11** *(1948), 229—233.*

Keinesfalls fordern wir, dass die Strecken der Menge $\mathcal{E}$ entnommen sein müssen oder dass ihre Endpunkte aus $\mathcal{V}$ kommen. Die **Flächen** sind nun definiert als die Äquivalenzklassen. In der Sprache der Topologie könnte man die Flächen auch als die Zusammenhangskomponenten von $\mathbb{R}^2 \setminus \Gamma$ definieren.

Beispiel 11.4.4

(1) Hier sind die Flächen der beiden Einbettungen des vollständigen Graphen K_4 aus Beispiel 11.4.2(1) nummeriert:

(2) Der Dodekaedergraph aus Beispiel 11.4.2(2) hat 12 Flächen, wie man leicht nachzählt.

◁

Das folgende Ergebnis ist grundlegend für die Theorie der planaren Graphen.

Satz 11.4.5 (Euler'sche Polyederformel) *Ist* $(\mathcal{V}, \mathcal{E})$ *ein zusammenhängender, kreuzungsfrei eingebetteter Graph mit* $v = |\mathcal{V}|$ *Knoten,* $e = |\mathcal{E}|$ *Kanten und* f *Flächen, so gilt*

$$v - e + f = 2. \tag{11.3}$$

Insbesondere hat jede kreuzungsfreie Einbettung eines zusammenhängenden planaren Graphen gleich viele Flächen.

Warum (11.3) als *Polyederformel* bezeichnet wird, werden wir im nächsten Abschnitt, genauer in Korollar 11.5.2, verstehen. Als Vorbereitung für den Beweis brauchen wir drei Lemmata. Diese erscheinen möglicherweise einigen Leserinnen und Lesern offensichtlich, die wir dann ausdrücklich einladen möchten, die Beweise zu überspringen. Andererseits sind die Beweis eine gute Übung in der Praxis, auch für intuitiv einleuchtend erscheinende Sachverhalte Beweise zu entwickeln.

Lemma 11.4.6 *Jede kreuzungsfreie Einbettung eines kreisfreien Graphen hat nur eine Fläche.*

Beweis Wir benutzen Induktion nach der Anzahl der Kanten. Falls es keine Kanten gibt, so ist die Behauptung klar. Andernfalls enthält unser Graph nach Lemma 11.1.14 einen Knoten p vom Grad 1. Indem wir die (einzige) Kante s an diesen Knoten entfernen, erhalten wir eine kreuzungsfreie Einbettung eines kleineren kreisfreien Graphen. Per Induktion hat diese nur eine einzige Fläche. Wenn wir aber s wieder hinzufügen, bleiben je zwei Punkte von $\mathbb{R}^2 \setminus \Gamma$ äquivalent, denn falls ein Streckenzug zwischen ihnen die Kante s schneiden sollte, dann kann man die entsprechenden Teilstrecken durch Streckenzüge ersetzen, die um $s \cup \{p\}$ herum führen.   □

Für einen Baum gilt also $f = 1$, mit der Formal $e = v - 1$ aus Lemma 11.1.15 folgt die Gültigkeit der Polyederformel (11.3).

Es sei nun $\mathcal{G}$ ein kreuzungsfrei eingebetteter Graph, und p_i, p_j seien zwei Knoten, zwischen denen es eine Kante gibt. Dann gibt es auf beiden Seiten der Kante offene Trapeze (d. h. wir betrachten nur das Innere der Trapeze ohne Rand), die (1) die Punkte p_i und p_j als Eckpunkte haben und (2) mit Γ (der Vereinigung aller Knoten und Kanten von $\mathcal{G}$) disjunkt sind. Die Situation wird in folgender Abbildung beispielhaft dargestellt, wobei die beiden Trapeze durch verschiedene Grautöne gekennzeichnet sind.

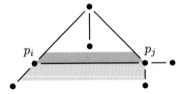

Innerhalb jedes der Trapeze sind je zwei Punkte äquivalent. Jedes der Trapeze ist also Teil einer Fläche des Graphen. Wir sprechen von den an die Kante **angrenzenden Flächen**. Ob es sich dabei um zwei verschiedene oder ein und dieselbe Fläche handelt, hängt von den Gegebenheiten des Graphen ab. Im ersten Fall (der in der obigen Abbildung vorliegt) sagen wir, dass die Kante eine **Randstrecke** der beiden Flächen ist. Ob die Kante eine Randstrecke ist oder nicht, ist unabhängig von der Auswahl der beiden Trapeze, ebenso wie die angrenzende(n) Fläche(n) selbst.

Lemma 11.4.6 hat sich mit dem Fall von kreisfreien Graphen befasst. Im nächsten Lemma, das auch der Vorbereitung des Beweises von Satz 11.4.5 dient, geht es um den komplementären Fall, dass ein Graph Kreise besitzt.

Lemma 11.4.7 *Jede Kante, die in einem Kreis innerhalb eines kreuzungsfrei eingebetteten Graphen $\mathcal{G}$ vorkommt, ist eine Randstrecke.*

Beweis Wir betrachten zunächst den Fall, dass $\mathcal{G}$ aus einem einzigen Kreis besteht. In diesem Fall ist es intuitiv klar, dass der Kreis die Ebene in zwei Zusammenhangskomponenten teilt, und dass jede Kante ein Stück des Randes bildet. In diesem Zusammenhang erwähnen wir, dass dies ein Spezialfall des Jordan'schen Kurvensatzes ist, der genau diese Aussagen für eine geschlossene, kreuzungsfreie Kurve in der Ebene macht. Auch der Jordan'sche Kurvensatz scheint intuitiv offensichtlich. Er bildet ein Beispiel für das seltene Phänomen, dass eine Aussage intuitiv klar erscheint und doch mathematisch schwierig zu beweisen ist. Nun gibt es in dem uns interessierenden Spezialfall, dass die Kurve aus lauter Strecken besteht, einen elementaren Beweis.[2] Da wir nicht allzu viel Zeit verwenden möchten, um eine intuitiv offensichtlich erscheinende Aussage zu beweisen, werden wir den exakten Beweis etwas skizzenhaft darstellen.

Gegeben ist also ein kreuzungsfrei eingebetteter Graph, der ein Kreis (im Sinne von Definition 11.1.4) ist. Wir wählen die Koordinaten so, dass die Knoten paarweise verschiedene x-Koordinaten haben, insbesondere gibt es also keine vertikalen Kanten. Zu einem gegebenen Punkt $p \in \mathbb{R}^2 \setminus \Gamma$ (wobei Γ wieder die Vereinigung der Knoten und Kanten ist) betrachten wir die vertikale Halbgerade von p nach oben und zählen, wie oft diese Halbgerade eine Kante des Graphen schneidet. Hierbei ist eine „Sonderregelung" zu treffen, falls die Halbgerade einen der Knoten trifft. Wir nennen p *gerade* bzw. *ungerade* je nachdem, ob die Anzahl der gezählten Schnitte gerade oder ungerade ist. Nun kann man recht leicht sehen, dass sowohl die Menge A aller geraden als auch die Menge B aller ungeraden Punkte offen ist. Hieraus lässt sich folgern, dass kein Streckenzug in $\mathbb{R}^2 \setminus \Gamma$ einen Punkt aus A mit einem Punkt aus B verbinden kann.

Wenn wir nun irgendeine Kante von $\mathcal{G}$ betrachten und, so wie vor dem Lemma erklärt, Trapeze T_1 und T_2 an beiden Seiten wählen, so gibt es Punkte $p_1 \in T_1$ und $p_2 \in T_2$, die direkt übereinander liegen, und deren Verbindungsstrecke die Kante schneidet. Einer dieser Punkte liegt also in A und der andere in B, also sind sie nicht äquivalent. Dies zeigt, dass jede Kante von $\mathcal{G}$ eine Randstrecke ist.

Damit ist das Lemma für den Spezialfall eines Kreises bewiesen, und wir wenden uns dem allgemeinen Fall zu. Wir haben also eine Kante, die in einem Kreis von $\mathcal{G}$ vorkommt. Wir betrachten wieder die Trapeze T_1 und T_2 an beiden Seiten der Kante und darin Punkte p_1 und p_2. Gemäß des schon bewiesenen Spezialfalls sind diese Punkte schon bezüglich der durch den Kreis gegebenen Äquivalenzrelation nicht äquivalent. Beim Übergang von dem Kreis zu dem gesamten Graphen $\mathcal{G}$ kommen aber Knoten und Kanten hinzu, wodurch es für zwei Punkte nur schwieriger werden kann, äquivalent zu sein. Also sind p_1 und p_2 auch bezüglich der durch $\mathcal{G}$ gegebenen Äquivalenzrelation nicht äquivalent, d. h. sie liegen in verschiedenen Flächen von $\mathcal{G}$. Damit ist unsere Kante eine Randstrecke. □

Es folgt das dritte und letzte Lemma für den Beweis der Polyederformel.

Lemma 11.4.8 *Es sei $\mathcal{G}$ ein kreuzungsfrei eingebetteter Graph und es sei $\mathcal{G}'$ ein Subgraph, der durch Entfernen einer Kante s (aber keiner Knoten) entsteht. Dann hat $\mathcal{G}'$ folgende Flächen:*

(1) *die Fläche $A \cup B \cup s$, wobei A und B die an s angrenzenden Flächen von $\mathcal{G}$ sind, und*

(2) *sämtliche Flächen von $\mathcal{G}$, die nicht an s angrenzen.*

In dem Lemma gilt $A \neq B$ nur dann, wenn s eine Randstrecke ist, was aber nicht vorausgesetzt wird.

---

[2]Dieser findet sich als Lemma 1 in *Helge Tverberg, A proof of the Jordan curve theorem, Bull. London Math. Soc.* **12** *(1980), 34–38.*

Beweis Es seien Γ die Vereinigung der Knoten und Kanten von $\mathcal{G}$ und $\Gamma' = \Gamma \setminus e$ die entsprechende Menge von $\mathcal{G}'$. Wir betrachten zunächst eine Fläche C von $\mathcal{G}$, die aber keine Fläche von $\mathcal{G}'$ ist. Dann gibt es Punkte $p \in C$ und $q \in (\mathbb{R}^2 \setminus \Gamma') \setminus C$, die durch einen Streckenzug in $\mathbb{R}^2 \setminus \Gamma'$ verbunden sind. Dieser Streckenzug muss s schneiden oder sogar in s enden, denn sonst läge q in C. Wenn wir den Streckenzug von p aus verfolgen, schneidet er irgendwann zum ersten (vielleicht auch zum einzigen) Mal s, und „kurz vorher" schneidet er eines der Trapeze um s. Damit haben wir auch einen Streckenzug innerhalb von $\mathbb{R}^2 \setminus \Gamma$, der p mit einem Punkt in einem der Trapeze verbindet. Dieser liegt in A oder B, aber auch in C. Da A, B und C Äquivalenzklassen sind, folgt $C = A$ oder $C = B$.

Dies zeigt, dass alle Flächen von $\mathcal{G}$, die *nicht* an s angrenzen, auch Flächen von $\mathcal{G}'$ sind. Diese decken $(\mathbb{R}^2 \setminus \Gamma) \setminus (A \cup B) = (\mathbb{R}^2 \setminus \Gamma') \setminus (A \cup B \cup s)$ ab, also ist nur noch zu ermitteln, wie sich $A \cup B \cup s$ in Flächen von $\mathcal{G}'$ aufteilt. Nun sind aber die Trapeze um s durch Strecken in $\mathbb{R}^2 \setminus \Gamma'$ verbunden, und sie sind auch mit s verbunden. Es folgt, dass $A \cup B \cup s$ eine einzige Fläche von $\mathcal{G}'$ ist, und der Beweis ist abgeschlossen.   □

Nach diesen Vorbereitungen ist der Beweis der Polyederformel erstaunlich einfach.

Beweis von Satz 11.4.5 Wir führen den Beweis durch Induktion nach der Anzahl e der Kanten. Wir betrachten zunächst den Fall, dass $\mathcal{G}$ ein Baum ist, der den Induktionsanfang $e = 0$ einschließt. In diesem Fall haben wir uns aber schon im Anschluss an Lemma 11.4.6 von der Gültigkeit der Polyederformel (11.3) überzeugt. Als zweiter Fall bleibt zu betrachten, dass es in $\mathcal{G}$ einen Kreis gibt. Wir wählen eine Kante s, die in dem Kreis vorkommt, sie ist also wegen Lemma 11.4.7 eine Randstrecke. Nun bilden wir den Subgraphen $\mathcal{G}'$ durch Entfernen der Kante s (aber keiner Knoten). Wie im Beweis von Satz 11.1.12 sehen wir, dass auch $\mathcal{G}'$ zusammenhängend ist. Der Subgraph $\mathcal{G}'$ hat v Knoten, $e - 1$ Kanten und $f - 1$ Flächen (nach Lemma 11.4.8). Durch Anwenden der Induktionsannahme auf $\mathcal{G}'$ folgt $v - (e - 1) + f - 1 = 2$ und damit auch die behauptete Formel (11.3).   □

In der Polyederformel kommt die Flächenzahl f vor, sie macht also keine Aussage über planaren Graphen, sondern nur über Einbettungen von planaren Graphen. Als Nächstes wollen wir daraus eine Folgerung herleiten, bei der es tatsächlich um planare Graphen geht.

Korollar 11.4.9 *Es sei G ein zusammenhängender und planarer Graph mit $v \geq 3$ Knoten und e Kanten. Dann gilt*

$$e \leq 3v - 6.$$

Mit Korollar 11.4.9 sieht man zum Beispiel sofort, dass der vollständige Graph K_5 aus Beispiel 11.4.2(3) nicht planar sein kann: Für ihn gilt $v = 5$ und $e = 10$. Auch hier brauchen wir für den Beweis ein Lemma.

Lemma 11.4.10 *Es seien $\mathcal{G}$ ein kreuzungsfrei eingebetteter Graph und A eine Fläche von $\mathcal{G}$. Weiter sei $\mathcal{G}'$ der Subgraph, der durch Entfernen aller Kanten, an die A nicht angrenzt, entsteht. Dann gilt: Falls $\mathcal{G}'$ kreisfrei ist, so ist auch $\mathcal{G}$ kreisfrei.*

Beweis Mehrfaches Anwenden von Lemma 11.4.8 zeigt, dass A eine Fläche von $\mathcal{G}'$ ist. Falls $\mathcal{G}'$ kreisfrei ist, dann ist A nach Lemma 11.4.6 die einzige Fläche von $\mathcal{G}'$, also $A = \mathbb{R}^2 \setminus \Gamma' \supseteq \mathbb{R}^2 \setminus \Gamma$ (mit der üblichen Bedeutung von Γ und Γ'). Es folgt, dass A auch die einzige Fläche von $\mathcal{G}$ ist, und nun liefert Lemma 11.4.7 die Kreisfreiheit von $\mathcal{G}$. □

Beweis von Korollar 11.4.9 Wir betrachten zuerst den Fall, dass G *kein* Baum ist. Es sei G eine kreuzungsfreie Einbettung mit f Flächen. Für jede Fläche A bilden wir den Subgraph $\mathcal{G}'$ aus Lemma 11.4.10. Das Lemma zeigt, dass $\mathcal{G}'$ nicht kreisfrei ist, also hat $\mathcal{G}'$ mindestens drei Kanten. Die Kanten von $\mathcal{G}'$ sind aber diejenigen Kanten von $\mathcal{G}$, an die A angrenzt. Wir sehen also, dass jede Fläche von $\mathcal{G}$ an mindestens drei Kanten angrenzt. Andererseits hat eine Kante höchstens zwei angrenzende Flächen. Es folgt $2e \geq 3f$. Wenn wir die Polyederformel (11.3) nach f auflösen und das Ergebnis in die Ungleichung einsetzen, folgt die Behauptung.

Im verbleibenden Fall, dass G ein Baum ist, haben wir nach Lemma 11.1.15 die Gleichung $e = v - 1$, also $3v - e = 2v + 1 \geq 6$ wegen $v \geq 3$. Auch hier folgt die Behauptung. □

Aufgabe 11.4.5 behandelt eine Verschärfung von Korollar 11.4.9, aus der folgt, dass auch der Graph $K_{3,3}$ aus Beispiel 11.4.2(3) nicht planar ist. Dies sind die kleinsten Beispiele für nichtplanare Graphen (siehe hierzu auch Aufgabe 11.4.2) und auch die wichtigsten. Der **Satz von Kuratowski**, den wir hier nicht mehr behandeln, besagt nämlich, dass ein Graph genau dann planar ist, wenn er keine *Unterteilung* von K_5 oder $K_{3,3}$ als Subgraphen enthält. Unterteilung erlaubt es hierbei, dass möglicherweise nicht direkt einer der Graphen als Subgraph auftritt, sondern in einer Form, bei der eine Kante in mehrere Kanten (mit neuen Knoten) unterteilt wurde.

Aufgaben

11.4.1 Zeigen Sie, dass jeder kreisfreie Graph planar ist.

11.4.2 Es seien K_5' und $K_{3,3}'$ die Graphen, die aus K_5 bzw. $K_{3,3}$ durch Entfernen einer Kante (aber Beibehalten aller Knoten) entstehen. Zeigen Sie, dass K_5' und $K_{3,3}'$ planar sind.

11.4.3 Man könnte sich vorstellen, dass bei einem kreuzungsfrei eingebetteten Graphen mit mehreren Flächen die Randstücke einer gegebenen Fläche immer einen Kreis bilden. Zeigen Sie durch ein Gegenbeispiel, dass diese Vorstellung im Allgemeinen falsch ist. Kann man für das Gegenbeispiel einen zusammenhängenden Graphen wählen?

11.4.4 Zeigen Sie für einen kreuzungsfrei eingebetteten Graphen mit v Knoten, e Kanten, f Flächen und n Zusammenhangskomponenten die Formel

$$v - e + f = n + 1.$$

Dies verallgemeinert Satz 11.4.5.

11.4.5 Wir nennen einen Graph G *dreiecksfrei*, falls er keinen Kreis der Länge 3 enthält.

(a) Zeigen Sie, dass ein dreiecksfreier, zusammenhängender, planarer Graph mit $v \geq 3$ Knoten und e Kanten die Ungleichung $e \leq 2v - 4$ erfüllt.

(b) Folgern Sie, dass der Graph $K_{3,3}$ aus Beispiel 11.4.2(3) nicht planar ist.

11.4.6 Der **vollständige bipartite Graph** $K_{n,m}$ ist definiert durch eine Menge $V = \{x_1, \ldots, x_n, y_1, \ldots, y_m\}$ mit $n + m$ Knoten und die Kantenmenge $E = \{\{x_i, y_j\} \mid 1 \leq i \leq n, \ 1 \leq j \leq m\}$. Für welche n und m ist $K_{n,m}$ planar?

11.4.7 Überlegen Sie, wie man die Begriffe und Ergebnisse dieses Abschnitts auf Multigraphen mit zugelassenen Schleifen verallgemeinern könnte. Überträgt sich die Polyederformel auf diese Situation? Wie sieht es mit Korollar 11.4.9 aus? In dieser Aufgabe dürfen Sie auch intuitiv argumentieren.

11.5   Konvexe Polyeder

Im letzten Abschnitt dieses Buches betrachten wir eine geometrische Anwendung, nämlich die Klassifikation der regulären konvexen Polyeder. Dies führt auf die berühmten platonischen Körper, die seit der Antike bekannt sind.

In der Literatur konkurrieren verschiedene Definitionen für den Begriff eines Polyeders. Für unsere Zwecke genügt es, unter einem **Polyeder** einen dreidimensionalen Körper (also eine zusammenhängende, kompakte Teilmenge von $\mathbb{R}^3$ mit nichtleerem Inneren) zu verstehen, dessen Oberfläche (in topologischer Sprechweise ist damit der Rand gemeint) eine Vereinigung von endlich vielen ebenen Flächenstücken ist. Ein Polyeder (oder irgendeine Teilmenge von $\mathbb{R}^3$) heißt **konvex**, falls für je zwei Punkte des Polyeders die komplette Verbindungsstrecke zwischen ihnen eine Teilmenge des Polyeders ist. Beispiele für konvexe Polyeder sind Quader, Tetraeder, Prismen, Pyramiden, und vieles andere mehr. In ein konvexes Polyeder können wir jedes Flächenstück, das Bestandteil der Oberfläche ist, durch den Schnitt des Polyeders mit der das Flächenstück enthaltenden Ebene ersetzen. Dies liefert eindeutig bestimmte maximale Flächenstücke, die selbst konvex sind und deren Rand aus endlich vielen Strecken besteht. Wir sprechen von den **Flächen**, oder auch den **Teilflächen**, des Polyeders. Die berandenden Strecken der Flächen sind dann die **Kanten**, und die Endpunkte der Kanten heißen **Ecken**. Nun können wir dem Polyeder einen Graphen zuordnen, indem wir die Ecken des Polyeders als Knoten nehmen, mit einer Kante zwischen zwei Knoten, falls die entsprechenden Ecken des Polyeders durch eine Kante verbunden sind. Die folgende Abbildung zeigt eine Pyramide und ihren Graphen.

Dabei haben wir die „Perspektive" gewechselt, um den Graphen in einer kreuzungsfreien Einbettung zu zeigen. Die Frage, ob das immer geht, wird durch den folgenden Satz beantwortet. Im Beweis wird allerdings etwas mehr getan als nur die „Perspektive" zu wechseln: Zunächst wird die Oberfläche des Polyeders auf eine Sphäre (also eine Kugeloberfläche) projiziert, und von da aus dann auf eine Ebene.

Satz 11.5.1 *Der einem konvexen Polyeder zugeordnete Graph ist planar. Die Flächen einer kreuzungsfreien Einbettung des Graphen entsprechen bijektiv den Teilflächen des Polyeders.*

Beweis Wir wählen einen inneren Punkt P_0 des Polyeders. Außerdem betrachten wir eine Kugel mit P_0 als Mittelpunkt und beliebigem Radius, und deren Oberfläche S. Per „Zentralprojektion" können wir die Oberfläche des Polyeders wie folgt auf S abbilden: Wegen der Kompaktheit und Konvexität des Polyeders schneidet jede Halbgerade ausgehend von P_0 die Oberfläche des Polyeders in genau einem Punkt P. Sie schneidet auch S in genau einem Punkt Q. Indem wir P auf Q abbilden, erhalten wir unsere Zentralprojektion φ. Man sieht leicht, dass sie bijektiv ist, und dass sie, ebenso wie φ^{-1}, stetig ist. (In der Sprache der Topologie ist φ also ein Homöomorphismus.) Nützlich, wenn auch für den Beweis nicht unbedingt erforderlich, ist die Beobachtung, dass φ eine Gerade, die P_0 nicht enthält, auf den Schnitt einer Ebene mit S abbildet, also auf einen Kreis. Deshalb wird jede Kante des Polyeders auf ein Kreissegment in S abgebildet; und die Ecken gehen auf die Endpunkte dieser Kreissegmente. Die Injektivität von φ liefert die Disjunktheit der Kreissegmente. Insgesamt erhalten wir einen kreuzungsfreien, in die Sphäre S eingebetteten Graphen $\mathcal{G}_S$. Er ist eine Einbettung des dem Polyeder zugeordneten Graphen G. Wenn man aus der Oberfläche des Polyeders die Ecken und Kanten entfernt, so sind die Zusammenhangskomponenten des verbleibenden Gebildes genau die Teilflächen (ohne ihre Ränder) des Polyeders. Es folgt, dass diese von φ bijektiv auf die Flächen von $\mathcal{G}_S$ abgebildet werden.

Um von einer Einbettung von G im Sinne von Definition 11.4.1 sprechen zu können, bilden wir nun $\mathcal{G}_S$ in eine Ebene ab. Wir benutzen hierzu eine sogenannte **stereographische Projektion**. Das bedeutet, dass wir einen Punkt N (wie *Nordpol*) auf der Sphäre S auswählen, der kein Knoten von $\mathcal{G}_S$ ist und auch in keiner Kante enthalten ist. E sei die Tangentialebene von S an dem *Südpol*. Alternativ kann man für E auch die Äquatorebene nehmen, wie in der folgenden Abbildung. Die stereographische Projektion ψ bildet nun einen Punkt $P \in S$ mit $P \neq N$ auf den Schnittpunkt der Verbindungsgerade von N und P mit der Ebene E ab.

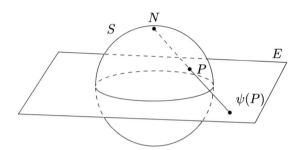

Man sieht leicht, dass die stereographische Projektion $\psi\colon S \setminus \{N\} \to E$ eine Bijektion ist und dass sie, ebenso wie ihre Inverse ψ^{-1}, stetig ist. Allein hieraus folgt, dass ψ den Graph $\mathcal{G}_S$ auf einen (in die Ebene E) eingebetteten Graphen $\mathcal{G}$ abbildet. Allerdings sind die Kanten von $\mathcal{G}$ keine Strecken, wie eigentlich in der Definition eines eingebetteten Graphen gefordert. Dies lässt sich jedoch gemäß Anmerkung 11.4.3 reparieren. Interessant, wenn auch für den Beweis nicht erforderlich, ist die Tatsache, dass die stereographische Projektion Kreise in S immer auf Kreise oder Geraden in E abbildet (siehe Aufgabe 11.5.1). Die Kanten von $\mathcal{G}$ sind also Kreissegmente oder Strecken. Aus der Stetigkeit von ψ und ψ^{-1} folgt, dass die Flächen von $\mathcal{G}_S$ auf die Flächen von $\mathcal{G}$ gehen. Eine kleine Sonderbetrachtung benötigt hierbei die Fläche, die den Punkt N enthält: Sie wird nach Entfernen von N auf die „äußere" Fläche von $\mathcal{G}$ abgebildet.

Da $\mathcal{G}_S$ eine kreuzungsfreie Einbettung von G in S ist, folgt aus der Injektivität von ψ, dass $\mathcal{G}$ eine kreuzungsfreie Einbettung von G in E ist. Weil zusätzlich Flächen immer auf Flächen abgebildet werden, ist der Beweis damit komplett. □

Mit Satz 11.4.5 erhalten wir nun direkt das folgende Resultat, das auch die Bezeichnung „Polyederformel" für (11.3) erklärt.

Korollar 11.5.2 (Euler'scher Polyedersatz) *Für ein konvexes Polyeder mit e Ecken, k Kanten und f Teilflächen gilt*

$$e - k + f = 2. \tag{11.4}$$

Aus dem Beweis von Satz 11.5.1 können wir sehen, dass die Formel (11.4) deshalb für ein konvexes Polyeder gilt, weil sich seine Oberfläche auf die Sphäre abbilden lässt. In der Sprache der Topologie ausgedrückt ist sie homöomorph zur Sphäre. Es gibt nun nicht konvexe Polyeder, deren Oberfläche zu anderen topologischen Objekten homöomorph ist, zum Beispiel zum Torus, einem der Lieblingsobjekte der Topologie. Und bei solchen Polyedern stellt sich tatsächlich heraus, dass $e - k + f$ nicht notwendigerweise 2 ergibt, sondern eine Zahl, die von der Topologie abhängt. Die folgende Abbildung zeigt einen Torus und ein Polyeder mit hierzu homöomorpher Oberfläche. Bei genauem Hinsehen zählt man $e = 9$ Ecken, $f = 9$ Teilflächen und $k = 18$ Kanten, also $e - k + f = 0$.

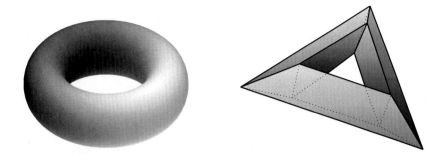

Man sagt, dass die Sphäre *Euler-Charakteristik* 2 hat, und der Torus *Euler-Charakteristik* 0.

Nach diesem kleinen Exkurs wenden wir uns wieder den konvexen Polyedern zu, und beschäftigen uns mit einer sehr speziellen aber auch sehr prominenten Klasse: Ein konvexes Polyeder heißt **regulär**, falls gelten:

- Alle Teilflächen sind regelmäßige n-Ecke (mit demselben n) und
- für jede Ecke E bilden die Mittelpunkte der von E ausgehenden Kanten ein regelmäßiges l-Eck (wieder alle mit demselben l).

Es folgt dann automatisch, dass alle Kanten dieselbe Länge haben. Unser Ziel ist es, die regulären konvexen Polyeder zu klassifizieren. Gegeben sei also ein reguläres konvexes Polyeder mit e Ecken, k Kanten und f Teilflächen. Weil jede Kante zwei Ecken verbindet und an jede Kante zwei Teilflächen angrenzen, folgen die Gleichungen

$$le = 2k \quad \text{und} \quad nf = 2k. \tag{11.5}$$

Mit der Polyederformel (11.4) ergibt sich $\frac{2k}{l} - k + \frac{2k}{n} = 2$, also

$$\frac{1}{l} - \frac{1}{2} + \frac{1}{n} = \frac{1}{k}. \tag{11.6}$$

Erstaunlicherweise ist die hieraus erhaltene Ungleichung

$$\frac{1}{l} + \frac{1}{n} > \frac{1}{2} \tag{11.7}$$

einschränkend genug, um den wesentlichen Schritt in der Klassifikation zu machen. Es gelten nämlich außerdem $n \geq 3$ und $l \geq 3$, da es kein regelmäßiges 2-Eck gibt. Nun folgt aus (11.7), dass es für n und l nur die fünf Möglichkeiten $(n, l) \in \{(3, 3), (3, 4), (4, 3), (3, 5), (5, 3)\}$ gibt. Aus der Kenntnis von n und l erhält man mit (11.6) und (11.5) auch Kenntnis von k, e und f. Die so erhaltenen möglichen Parameter für ein reguläres konvexes Polyeder werden in Tab. 11.1 zusammengefasst. In dieser tragen wir schon vorauseilend die Namen für die entsprechenden Polyeder ein, obwohl wir im Moment noch gar nicht wissen können,

Tab. 11.1 Reguläre konvexe
Polyeder und ihre Parameter
und Drehgruppen

Name	n	l	f	e	k	G
Tetraeder	3	3	4	4	6	A_4
Oktaeder	3	4	8	6	12	S_4
Hexaeder (Würfel)	4	3	6	8	12	S_4
Ikosaeder	3	5	20	12	30	A_5
Dodekaeder	5	3	12	20	30	A_5

ob zu es den bloßen *Möglichkeiten* für unsere Parameter tatsächlich Polyeder
gibt. Die letzte Spalte der Tabelle mit der Überschrift G ist im Moment noch
unerklärt. Deren Bedeutung werden wir ganz am Ende des Abschnitts aufklären.
Die Eintragung der Namen war auch insofern vorauseilend, als wir im Moment
nicht wissen, ob ein reguläres konvexes Polyeder durch die Parameter in der Tabelle
eindeutig bestimmt ist, falls es denn existiert. In den allermeisten Texten wird diese
Eindeutigkeit nicht behandelt. Sie ist jedoch keine Selbstverständlichkeit, denn die
Definition eines regulären Polyeders ist lokal („Alle Teilflächen ...", „für jede Ecke
...''), während die Eindeutigkeit eine globale Aussage über das gesamte Polyeder
ist. Wir wollen uns deshalb die Mühe machen, uns durch folgende Überlegung von
der Eindeutigkeit zu überzeugen.

Gegeben seien zwei reguläre konvexe Polyeder P und P', bei denen die
Parameter, insbesondere n und l gleich sind. Da die behauptete Eindeutigkeit nur
bis auf Skalierung gelten kann, präzisieren wir unsere Behauptung entsprechend.
Wir können also durch Umskalierung annehmen, dass die Kantenlängen beider
Polyeder gleich sind. Als zweite Präzisierung unserer Behauptung wollen wir nun
zeigen, dass beide Polyeder *kongruent* sind, d. h. durch eine Verschiebung gefolgt
von einer orthogonalen Abbildung aufeinander abgebildet werden können. Wir
starten, indem wir von P und P' jeweils eine Teilfläche wählen. Durch Verschiebung
und Drehung von P und P' können wir erreichen, dass beide Teilflächen den
Nullpunkt von $\mathbb{R}^3$ als Mittelpunkt haben, und dass sie in der x-y-Ebene liegen.
Gegebenenfalls nach Anwendung weiterer Drehungen können wir erreichen, dass
P und P' beide oberhalb der x-y-Ebene liegen. Die beiden betrachteten Teilflächen
sind regelmäßige n-Ecke derselben Kantenlänge, also können wir schließlich eines
der Polyeder so drehen, dass die beiden Teilflächen sogar identisch sind. Es sei K_0
die Menge der Ecken dieser Teilfläche.

Ab jetzt betrachten wir die Mengen V und V' der Ecken von P und P'. Als einen
Kranz (in V bzw. V') bezeichnen wir die Menge aller Ecken, die zu einer gewissen
Teilfläche (von P bzw. P') gehören. Also ist K_0 ein Kranz in V und in V'. Wir
definieren U als die Vereinigungsmenge aller Kränze, die sowohl in V als auch in V'
Kranz sind. Es gilt also $U \subseteq V \cap V'$. Wenn wir zeigen können, dass mit jeder Ecke
$E \in U$ alle in P zu E benachbarten Ecken auch in U liegen, dann folgt $U = V$,
also $V \subseteq V'$. Nach Voraussetzung ist $|V| = |V'|$, also gilt Gleichheit. Aufgrund
der Konvexität folgt, dass P und P' dann auch die gleichen Kanten und Teilflächen
haben, und schließlich $P = P'$.

Es bleibt zu zeigen, dass mit jeder Ecke $E \in \mathcal{U}$ auch ihre in P benachbarten Ecken in $\mathcal{U}$ liegen. Hierzu nehmen wir das Gegenteil an, und E sei eine Ausnahme-Ecke. Wir schreiben $\mathcal{S}(E) \subseteq \mathcal{V}$ für die Menge aller Ecken $\widetilde{E} \in \mathcal{V}$, so dass P eine Kante zwischen E und $\widetilde{E}$ enthält, und entsprechend $\mathcal{S}'(E) \subseteq \mathcal{V}'$. Unsere Annahme bedeutet also $\mathcal{S}(E) \not\subseteq \mathcal{U}$. Gemäß der Definition eines regulären konvexen Polyeders bilden die Mittelpunkte der von E ausgehenden Kanten ein regelmäßiges l-Eck. Das gilt dann auch für die Endpunkte dieser Kanten; deren l-Eck hat die doppelte Kantenlänge. Also bilden die Punkte von $\mathcal{S}(E)$ ein regelmäßiges l-Eck. Wir schreiben $\mathcal{S}(E) = \{E_1, E_2, \ldots, E_l\}$ und ordnen die E_i dabei zyklisch an, es gibt also Kränze $K_1, K_2, \ldots, K_l$ in $\mathcal{V}$ mit $E, E_i, E_{i+1} \in K_i$. (Formal setzen wir $E_{l+1} := E_1$.) Die folgende Abbildung zeigt die Situation.

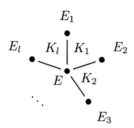

Wegen $E \in \mathcal{U}$ ist mindestens einer der Kränze K_i auch Kranz in $\mathcal{V}'$, wegen $\mathcal{S}(E) \not\subseteq \mathcal{U}$ gilt das aber nicht für alle. Durch Umnummerieren können wir erreichen, dass K_1 Kranz in $\mathcal{V}$ und $\mathcal{V}'$ ist, K_2 aber nur in $\mathcal{V}$. Damit gilt $E_1, E_2 \in \mathcal{S}(E) \cap \mathcal{S}'(E)$, und es folgt, dass die regelmäßigen l-Ecke $\mathcal{S}(E)$ und $\mathcal{S}'(E)$ dieselbe Kantenlänge b haben, nämlich den Abstand von E_1 zu E_2.

Auch in dem l-Eck $\mathcal{S}'(E)$ liegen E_1 und E_2 nebeneinander, und neben E_2 liegt ein weiter Punkt $E_3' \in \mathcal{S}'(E)$. Die Punkte E, E_2 und E_3' liegen also in einem Kranz K_2' in $\mathcal{V}'$. Der Abstand von E_3' zu E_2 ist b, und der Abstand von E_3' zu E_1 ist der Abstand, den zwei nicht direkt nebeneinanderliegende Punkte eines regelmäßigen l-Ecks der Kantenlänge b eben haben, also derselbe Abstand wie E_3 und E_1. Außerdem haben sowohl E_3 als auch E_3' zu E denselben Abstand, nämlich die gemeinsame Kantenlänge von P und P'. Insgesamt liegen E_3 und E_3' in der Schnittmenge dreier Sphären um E, E_1 und E_2. Weil E, E_1 und E_2 auf keiner gemeinsamen Geraden liegen, haben diese Sphären höchstens zwei Schnittpunkte, und diese sind Spiegelpunkte zueinander an der Ebene A, die E, E_1 und E_2 enthält. Es ist A Teil der Oberfläche von P und P', wegen der Konvexität liegen also ganz P und ganz P' auf einer Seite von A. Falls $\mathcal{U} = K_0$, dann ist A die x-y-Ebene, also liegen P und P' auf derselben Seite von A (nämlich oberhalb). Andernfalls hat $\mathcal{U}$ Punkte außerhalb von A, und da die Punkte von $\mathcal{U}$ gemeinsam in P und P' liegen, müssen dann auch P und P' auf derselben Seite von A liegen. In jedem Fall liegen insbesondere E_3 und E_3' auf derselben Seite von A. Also sind sie *derselbe* Schnittpunkt der drei Sphären. Demnach gilt $E_3 = E_3' \in \mathcal{V} \cap \mathcal{V}'$.

Zusammengefasst haben wir $E, E_2, E_3 \in K_2 \cap K_2'$, wobei K_2 und K_2' Kränze in $\mathcal{V}$ bzw. $\mathcal{V}'$ sind. K_2 und K_2' sind also regelmäßige n-Ecke, die drei aufeinanderfolgende Eckpunkte gemeinsam haben. Es folgt $K_2 = K'_2$. Also ist K_2 ein Kranz in $\mathcal{V}'$. Oben haben wir aber festgehalten, dass dies gerade nicht der Fall ist. Mit diesem Widerspruch ist der Beweis abgeschlossen.

Nachdem die Eindeutigkeit nun bewiesen ist, wissen wir, dass es (bis auf Skalierung und Kongruenz) höchstens fünf reguläre konvexe Polyeder geben kann. Um so mehr drängt nun die Frage nach der Existenz. Deren Antwort wurde schon vorweggenommen durch die Benennung von fünf Polyedern: Es gibt sie wirklich, und sie werden als die fünf **platonischen Körper** bezeichnet. Aber wie lässt sich das beweisen? Der vielleicht beste Weg ist es, explizite Koordinaten für die Eckpunkte anzugeben. Für die ersten drei platonische Körper geht das recht leicht: Die Ecken des Tetraeders kann man als $(1, 1, 1)$, $(1, -1, -1)$, $(-1, 1, -1)$ und $(-1, -1, 1)$ wählen und verifiziert sofort, dass alle gegenseitigen Abstände gleich sind. Für das Oktaeder sind $\pm e_i$, die Standardbasisvektoren und ihre Negativen, möglich, und für das Hexaeder (Würfel) die Punkte $(\pm 1, \pm 1, \pm 1)$. Weit schwieriger zu behandeln sind Ikosaeder und Dodekaeder. Für den Ikosaeder hat man beispielsweise Koordinaten $(\pm 1, \pm \varphi, 0)$, $(\pm \varphi, 0, \pm 1)$, $(0, \pm 1, \pm \varphi)$, wobei $\varphi = \frac{1+\sqrt{5}}{2}$ der goldene Schnitt ist. Sich anhand dieser Koordinaten den entsprechenden Körper bildlich vorzustellen, geschweige denn sich durch geometrische Anschauung zu überzeugen, dass es sich dabei tatsächlich um den gesuchten platonischen Körper handelt, dazu sehen sich zumindest die Autoren dieses Buches außerstande.

Man kann die Verifikation aber auf verschiedene Arten durchführen. Heutzutage bietet sich wegen der Verfügbarkeit von Computeralgebrasystemen ein rechnerischer, theoretisch wenig aufwändiger Zugang an: Zunächst haben die 12 gegebenen Vektoren $v_1, \ldots, v_{12}$ denselben Abstand vom Nullpunkt, sind also tatsächlich Eckpunkte eines konvexen Polyeders P. Dieses hat genau dann eine Kante zwischen zwei gegebenen Vektoren v_i und v_j, falls das Skalarprodukt $\langle v_i + v_j, v_k \rangle$ genau für $k = i$ und $k = j$ sein Maximum a annimmt. Denn in diesem Fall liegen v_i und v_j auf der durch $\langle v_i + v_j, v \rangle = a$ gegebenen Ebene, und alle anderen Punkte liegen in dem durch $\langle v_i + v_j, v \rangle < a$ gegebenen „Halbraum". Auf diese Art bekommt man eine Liste aller Kanten und sieht, dass es genau 30 gibt. Aus der Polyederformel weiß man nun, dass es 20 Teilflächen gibt, und falls P wirklich das gesuchte Polyeder ist, muss jede von ihnen drei Ecken haben. Man kann nun alle Tripel v_i, v_j, v_k durchgehen, zwischen denen es paarweise Kanten gibt, und verifizieren, dass sie Eckpunkte von Teilflächen sind. Das (hinreichende) Kriterium hierfür ist wieder, dass genau diese drei Vektoren das Skalarprodukt mit $v_i + v_j + v_k$ maximieren. Zum Schluss ist noch zu verifizieren, dass alle Teilflächen aus regelmäßigen Dreiecken bestehen, und dass für jede Ecke v_i die Mittelpunkte der Kanten an v_i ein regelmäßiges Fünfeck bilden. Auch das geht rechnerisch. In ganz ähnlicher Weise kann man auch die Existenz des Dodekaeders anhand von gegebenen Koordinaten bestätigen. Wir halten fest:

Satz 11.5.3 *Die regulären konvexen Polyeder sind genau die fünf platonischen Körper.*

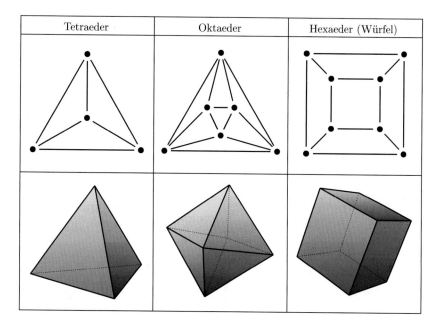

Abb. 11.1 Platonische Körper und ihre Graphen, I

Man kann auch nicht konvexe reguläre Polyeder betrachten. Dadurch vergrößert sich der „Zoo" beispielsweise um die vier sogenannten Kepler-Poinsot-Körper. Die Abb. 11.1 und 11.2 zeigen die platonischen Körper und die ihnen zugeordneten Graphen.

Die platonischen Körper wirken auf den ersten Blick sehr symmetrisch. Mathematisch gefasst und quantifiziert wird dies durch die **Symmetriegruppe** und spezieller durch die **Drehgruppe**. Diese Gruppen sind für alle dreidimensionalen geometrischen Objekte definiert, wobei man annehmen kann, dass der Schwerpunkt des Objekts beim Nullpunkt von $\mathbb{R}^3$ liegt. Dann ist die Symmetriegruppe definiert als die Untergruppe der orthogonalen Gruppe O_3 bestehend aus all denjenigen orthogonalen Abbildungen, die unser Objekt (als Teilmenge des $\mathbb{R}^3$) auf sich selbst abbilden. Für die Drehgruppe schränkt man auf Elemente der speziellen orthogonalen Gruppe SO_3 ein, man lässt also nur Drehungen zu (siehe Beispiel 8.2.14). In Aufgabe 11.5.2 wird unter anderem gezeigt, dass sich beliebige Ecken und beliebige Teilflächen der platonischen Körper durch ein Element der Drehgruppe aufeinander abbilden lassen. In diesem Sinne sind die platonischen Körper also maximal symmetrisch. In der Aufgabe wird auch gezeigt, dass die Ordnung der Drehgruppe $2k$ ist, also zweimal die Kantenzahl. Für die Bestimmung der Gruppenstruktur braucht man für die verschiedenen platonischen Körper Einzelfallbetrachtungen, wobei man die sogenannten dualen Körper (Oktaeder und Hexaeder einerseits, Ikosaeder und Dodekaeder andererseits) jeweils gemeinsam behandeln kann. Wir werden diese

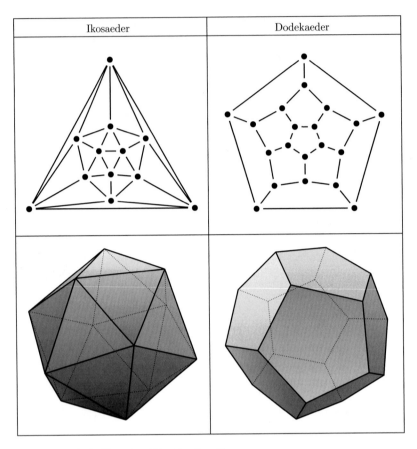

Ikosaeder	Dodekaeder

Abb. 11.2 Platonische Körper und ihre Graphen, II

Überlegungen hier nicht durchführen,[3] haben aber die Ergebnisse in Tab. 11.1 in der letzten Spalte eingetragen. In dieser Spalte sind zur Drehgruppe isomorphe Gruppen eingetragen, womit die Gruppenstruktur vollständig bestimmt ist. Hierbei stehen S_n für die symmetrische Gruppe und A_n für die alternierende Gruppe, die in (7.5) definiert wurde.

Aufgaben

11.5.1 Gegeben seien die Sphäre $S = \{ \begin{pmatrix} x \\ y \\ z \end{pmatrix} \in \mathbb{R}^3 \mid x^2 + y^2 + z^2 = 1 \}$ mit dem Nordpol $N = \begin{pmatrix} 0 \\ 0 \\ 1 \end{pmatrix}$ und die Äquatorebene $E = \{ \begin{pmatrix} x \\ y \\ z \end{pmatrix} \in \mathbb{R}^3 \mid z = 0 \}$. Wir betrachten die **stereographische Projektion** $\psi \colon S \setminus \{N\} \to E$.

---

[3]Man findet die Bestimmungen der Drehgruppen in *Gerd Fischer, Lehrbuch der Algebra, 4. Auflage, Springer Spektrum 2017*.

(a) Zeigen Sie, dass ψ gegeben ist durch die Vorschrift

$$\begin{pmatrix} x \\ y \\ z \end{pmatrix} \mapsto \frac{1}{1-z} \begin{pmatrix} x \\ y \\ 0 \end{pmatrix}.$$

(b) Zeigen Sie, dass durch

$$\eta : E \to S \setminus \{N\}, \quad \begin{pmatrix} u \\ v \\ 0 \end{pmatrix} \mapsto \frac{1}{u^2 + v^2 + 1} \begin{pmatrix} 2u \\ 2v \\ u^2 + v^2 - 1 \end{pmatrix}$$

die Inverse von ψ gegeben ist.

(c) Nun sei ein Kreis in S gegeben durch

$$K := S \cap \left\{ \begin{pmatrix} x \\ y \\ z \end{pmatrix} \mid ax + by + cz + d = 0 \right\}$$

mit $a, b, c, d \in \mathbb{R}$, nicht alle $= 0$. (Hierbei definiert nicht jede Auswahl von a, b, c, d einen Kreis, aber alle Kreise in S sind von dieser Form; dies müssen Sie nicht zeigen.) Beweisen Sie, dass die Bildmenge $\psi(K \setminus \{N\})$ ein Kreis oder eine Gerade in E ist. Wann ist es eine Gerade?
Tipp: Es gilt $\psi(K \setminus \{N\}) = \eta^{-1}(K \setminus \{N\})$, wobei die Urbildmenge leichter zu berechnen sein dürfte.

11.5.2 ✎ Es sei P ein reguläres konvexes Polyeder und es sei G seine Drehgruppe.

(a) Es seien E, E' Eckpunkte von P und F, F' Teilflächen von P mit $E \in F$ und $E' \in F'$. Zeigen Sie, dass es ein $\varphi \in G$ gibt mit

$$\varphi(E) = E' \quad \text{und} \quad \varphi(F) = F'.$$

Tipp: Sie können den Beweis, dass P durch seine Parameter n und l bis auf Skalierung und Kongruenz eindeutig bestimmt ist, benutzen.

(b) Zeigen Sie nun, dass das Gruppenelement φ aus Teil (a) eindeutig bestimmt ist.

(c) Folgern Sie $|G| = 2k$, wobei k die Kantenzahl von P ist.

Anmerkung: Will man statt der Drehgruppe die volle Symmetriegruppe behandeln, so kann man statt der Paare (E, F) wie in Teil (a) Tripel (E, K, F) mit E einem Eckpunkt, K einer Kante und E einer Teilfläche, so dass $E \in K \subseteq F$ gilt, benutzen. Die Ordnung der vollen Symmetriegruppe ergibt sich dann zu $4k$.

Glossar (Deutsch-Englisch)

Abbildung - **map**
abelsche Gruppe - **abelian group**
Ableitung - **derivative**
Abstand - **distance**
abzählbar unendlich - **countably infinite**
Adjazenzmatrix - **adjacency matrix**
adjungierte Abbildung - **adjoint linear map**
adjunkte Matrix - **adjugate matrix**
affin - **affine**
ähnliche Matrizen - **similar matrices**
algebraisch abgeschlossen - **algebraically
  closed**
allgemeine lineare Gruppe - **general linear
  group**
alternierende Gruppe - **alternating group**
angeordneter Körper - **ordered field**
antisymmetrisch - **antisymmetric, skew-
  symmetric**
äquivalent - **equivalent**
Äquivalenzklasse - **equivalence class**
Äquivalenzrelation - **equivalence relation**
assoziativ - **associative**
Auswahlaxiom - **axiom of choice**
Auswahlfunktion - **choice function**
Axiom - **axiom**

Basis - **basis**
Basiswechsel - **change of basis**
Baum - **tree**
Begleitmatrix - **companion matrix**
beschränkt - **bounded**
Betrag - **absolute value**
bijektiv - **bijective**

Bild - **image**
Bilinearform - **bilinear form**
Binomialkoeffizient - **binomial coefficient**
bipartiter Graph - **bipartite graph**

Charakteristik - **characteristic**
charakteristisches Polynom - **characteristic
  polynomial**

Darstellungsmatrix - **transformation matrix**
Definitionsbereich - **domain**
Determinante - **determinant**
  Entwicklung - **expansion**
diagonalisierbar - **diagonalizable**
Diagonalmatrix - **diagonal matrix**
differenzierbar - **differentiable**
Differenzmenge - **set difference, relative
  complement**
Dimension - **dimension**
direkte Summe - **direct sum**
disjunkt - **disjoint**
Drehung - **rotation**
Dreiecksungleichung - **triangle inequality**
Dualraum - **dual space**

Ebene - **plane**
echte Teilmenge - **proper subset**
Eigenraum - **eigenspace**
Eigenvektor - **eigenvector**
Eigenwert - **eigenvalue**
einfacher Graph - **simple graph**

© Springer-Verlag GmbH Deutschland, ein Teil von Springer Nature 2022
G. Kemper, F. Reimers, *Lineare Algebra*,
https://doi.org/10.1007/978-3-662-63724-1

Einheitsmatrix - **identity matrix**
Einschränkung - **restriction**
Elementanzahl - **size**
elementare Zeilenumformungen - **elementary row operations**
Elementarteiler - **elementary divisors, invariant factors**
elementfremde Zykel - **disjoint cycles**
endlich - **finite**
endlich-dimensional - **finite-dimensional**
erzeugende Funktion - **generating function**
Erzeugendensystem - **spanning set, generating set**
euklidischer Raum - **Euclidean space**
eulerscher Graph - **Eulerian graph**
eulerscher Kantenzug - **Eulerian trail**

Faktorraum - **quotient space**
Fakultät - **factorial**
fehlererkennender Code - **error detection code, error detecting code**
fehlerkorrigierender Code - **error correction code, error correcting code**
fixpunktfreie Permutation - **derangement**
Fläche (eines Polyeders) - **face (of a polyhedron)**
Folge - **sequence**
formale Potenzreihe - **formal power series**
Fortsetzung - **extension**
Funktion - **function**

ganze Zahl - **integer**
Gauß-Algorithmus - **Gaussian elimination**
Generatormatrix - **generator matrix**
geordnete Menge - **partially ordered set (poset)**
geordnetes Paar - **ordered pair**
Gerade - **line**
gerade (Zahl) - **even (number)**
gerichteter Graph - **directed graph**
gewichteter Graph - **weighted graph**
gleichmächtig - **of the same cardinality**
Gleichung - **equation**
Grad - **degree**
Graph - **graph**
größter gemeinsamer Teiler (ggT) - **greatest common divisor (gcd)**
Gruppe - **group**

Hamilton-Kreis - **Hamiltonian cycle**
Hamming-Abstand - **Hamming distance**
Hamming-Gewicht - **Hamming weight**
Hauptminor - **principal minor**
führender - **leading**
Hauptraum - **generalized eigenspace**
hermitesch - **Hermitian**
homogen - **homogeneous**
Homomorphismus - **homomorphism**
Hyperebene - **hyperplane**

Ideal - **ideal**
Identität - **identity map**
Imaginärteil - **imaginary part**
indefinit - **indefinite**
injektiv - **injective**
invers - **inverse**
invertierbar - **invertible**
isolierter Knoten - **isolated vertex**
isomorph - **isomorphic**

Jordan-Normalform - **Jordan normal form, Jordan canonical form**

kanonische Projektion - **canonical map**
Kante - **edge**
Kantenzug - **trail**
Kardinalzahl - **cardinal number**
kartesisches Produkt - **Cartesian product**
Kern - **kernel**
Kette - **chain**
kleinstes gemeinsames Vielfaches (kgV) - **least common multiple (lcm)**
Knoten - **vertex (pl. vertices)**
Koeffizient - **coefficient**
kommutativ - **commutative**
komplex Konjugierte - **complex conjugate**
komplexe Zahl - **complex number**
Komposition - **composition**
kongruent - **congruent**
konvex - **convex**
Koordinatenvektor - **coordinate vector**
Körper - **field**
Kreis (geometrisch) - **circle**
Kreis (Graph) - **cycle, simple circuit**
kreisfreier Graph - **acyclic graph**
Kreuzprodukt - **cross product**
kreuzungsfreie Einbettung - **planar embedding**

Laplace-Entwicklung - **Laplace expansion**
leere Menge - **empty set**
linear abhängig - **linearly dependent**
linear unabhängig - **linearly independent**
lineare Abbildung - **linear map**
lineares Gleichungssystem - **system of linear equations, linear system**
Linearfaktor - **linear factor**
Linearform - **linear form**
Linearkombination - **linear combination**
Lösungsmenge - **solution set**

mächtiger (als) - **of greater cardinality (than)**
Mächtigkeit - **cardinality**
Matrix - **matrix**
Mehrfachkanten - **multiple edges**
Menge - **set**
Methode der kleinsten Quadrate - **least squares**
Metrik - **metric**
metrischer Raum - **metric space**
Minimalpolynom - **minimal polynomial**
Minor - **minor**
Modul - **module**
Multigraph - **multigraph**

natürliche Zahl - **natural number**
negativ definit - **negative definite**
negativ semidefinit - **negative semidefinite**
neutrales Element - **identity element**
nicht ausgeartet - **non-degenerate**
nilpotent - **nilpotent**
Norm - **norm**
normale Matrix - **normal matrix**
Normalteiler - **normal subgroup**
normierter Raum - **normed vector space**
normierter Vektor - **unit vector**
normiertes Polynom - **monic polynomial**
Nullstelle - **root**
Nullteiler - **zero divisor**

obere Dreiecksmatrix - **upper triangular matrix**
obere Schranke - **upper bound**
Ordnungsrelation - **partial order**
orthogonal - **orthogonal**
Orthonormalbasis - **orthonormal basis**

p-adisch - **_p_-adic**
paarweise - **pairwise**

Partialbruchzerlegung - **partial fraction decomposition**
Pivotelement - **pivot element**
planarer Graph - **planar graph**
Polyeder - **polyhedron**
Polynom - **polynomial**
Polynomring - **polynomial ring**
positiv definit - **positive definite**
positiv semidefinit - **positive semidefinite**
Potenzmenge - **power set**
Primfaktorzerlegung - **prime factorization**
Primpolynom - **irreducible polynomial**
Primzahl - **prime number**
Primzahlpotenz - **prime power**
Projektion - **projection**
punktweise - **pointwise**

quadratische Form - **quadratic form**
Quadrik - **quadric**

Rang - **rank**
rationale Zahl - **rational number**
Realteil - **real part**
reelle Zahl - **real number**
reflexiv - **reflexive**
regulär - **regular**
Reihe - **series**
Relation - **relation**
Restklassenring - **residue class ring, factor ring, quotient ring**
Ring - **ring**

Schiefkörper - **division ring**
Schleife - **loop**
Schnittmenge - **intersection**
selbstadjungiert - **self-adjoint**
selbstinverse Matrix - **involutory matrix**
semi-eulerscher Graph - **semi-Eulerian graph**
senkrecht - **perpendicular**
Sesquilinearform - **sesquilinear form**
Singulärwertzerlegung - **singular value decomposition (svd)**
Skalar - **scalar**
Skalarprodukt - **inner product**
Smith-Normalform - **Smith normal form**
Spaltenvektor - **column vector**
Spannbaum - **spanning tree**
Spektrum - **spectrum**
spezielle lineare Gruppe - **special linear group**
Sphäre - **sphere**

Spiegelung - **reflection**
Spur - **trace**
Standardbasis - **standard basis**
Standardskalarprodukt - **dot product, scalar product**
stetig - **continuous**
surjektiv - **surjective**
Symmetriegruppe - **symmetry group**
symmetrisch - **symmetric**
symmetrische Gruppe - **symmetric group**

teilbar - **divisible**
Teilgraph - **subgraph**
Teilmenge - **subset**
Tensorprodukt - **tensor product**
totale Ordnung - **total order**
transitiv - **transitive**
transponierte Matrix - **tranpose**
Transposition - **transposition**

überabzahlbär - **uncountable**
Umkehrabbildung - **inverse map**
unendlich - **infinite**
ungerade (Zahl) - **odd (number)**
Ungleichung - **inequality**
unitär - **unitary**
unitärer Raum - **inner product space, unitary space**
untere Dreiecksmatrix - **lower triangular matrix**

untere Schranke - **lower bound**
Untergruppe - **subgroup**
Unterraum - **subspace**
Urbild - **inverse image, preimage**

Vektor - **vector**
Vektorraum - **vector space**
Vereinigung - **union**
Verknüpfung - **operation**
Vertreter - **representative**
Vielfaches - **multiple**
Vielfachheit - **multiplicity**
vollständige Induktion - **induction**
vollständiger Graph - **complete graph**
Vorzeichen - **sign**

Weg - **path**
Winkel - **angle**
Wohlordnung - **well-order**

Zeilenstufenform - **row echolon form**
  strenge - **reduced**
Zeilenvektor - **row vector**
zusammenhängend - **connected**
Zusammenhangskomponenten - **connected components**
Zykel - **cyclic permutation, cycle**

Notation

$\bigoplus_{i=1}^{n} U_i$ 145
$\sum_{i=1}^{n} U_i$ 145
$\wedge$ 1

$||v||$ 239
V/U 141
$\langle v_1, \ldots, v_n \rangle$ 96
V^* 149
V^{**} 151
$v + U$ 141
$\langle v, w \rangle$ 238
$V \cong W$ 123

$w(\sigma)$ 172

$[x]_{\sim}$ 15
$\lfloor x \rfloor$ 158
$\overline{x}$ 39

$x \notin A$ 53
$\{x \in A \mid \mathcal{C}(x)\}$ 54
$x + Ra$ 38
$x R y$ 13
(x, y) 4, 56
$\{x, y\}$ 55
$x < y$ 18
$x = y$ 52
$x > y$ 18
$x \geq y$ 18
$x \leq y$ 17
$x \mid y$ 14
$x \sim y$ 15
$x \equiv y \mod a$ 38
$x \equiv y \mod m$ 16

$\mathbb{Z}$ 76
$|z|$ 87
$\overline{z}$ 86
$\mathbb{Z}/(m)$ 16

Stichwortverzeichnis